普通高等教育"十二五"规划教材

选矿数学模型

王泽红　陈晓龙　袁致涛　于福家　李丽匣　编著

北　京

冶金工业出版社

2015

内 容 提 要

选矿数学模型是运用数学方法研究选矿工艺过程及设备的学科。全书系统介绍了选矿过程数学模型建立的方法、各个生产环节常用的数学模型及其应用。其中第1~6章主要介绍静态数学模型建立的基础和方法；第7~8章主要介绍动态数学模型建立的基础和方法；第9~14章主要介绍选矿过程各个生产环节常用的数学模型；第15章主要介绍选矿试验测试数据的调整技术；第16章主要介绍高级编程语言在选矿中的应用。

本书可作为高等学校矿物加工工程专业本科生的选修课教材，也可作为矿物加工工程领域硕士研究生和博士研究生的必修课教材，也可供矿物加工工程专业科技工作者参考。

图书在版编目(CIP)数据

选矿数学模型/王泽红等编著. —北京：冶金工业出版社，2015.2

普通高等教育"十二五"规划教材

ISBN 978-7-5024-6819-4

Ⅰ.①选… Ⅱ.①王… Ⅲ.①选矿—数学模型—高等学校—教材 Ⅳ.①TD9 ②O22

中国版本图书馆 CIP 数据核字(2015)第 004381 号

出 版 人 谭学余
地　　址 北京市东城区嵩祝院北巷 39 号　邮编 100009　电话 (010)64027926
网　　址 www.cnmip.com.cn　　电子信箱 yjcbs@cnmip.com.cn
责任编辑 张耀辉 马文欢　美术编辑 吕欣童　版式设计 孙跃红
责任校对 石 静　责任印制 牛晓波
ISBN 978-7-5024-6819-4
冶金工业出版社出版发行；各地新华书店经销；北京印刷一厂印刷
2015 年 2 月第 1 版，2015 年 2 月第 1 次印刷
787mm×1092mm　1/16；22.5 印张；543 千字；349 页
49.00 元

冶金工业出版社　投稿电话　(010)64027932　投稿信箱　tougao@cnmip.com.cn
冶金工业出版社营销中心　电话　(010)64044283　传真　(010)64027893
冶金书店　地址　北京市东四西大街 46 号(100010)　电话　(010)65289081(兼传真)
冶金工业出版社天猫旗舰店　yjgy.tmall.com
（本书如有印装质量问题，本社营销中心负责退换）

前　言

随着科学技术和计算机技术的不断发展与完善，数学的应用已深入到社会生产的各个领域，并被越来越多的人所重视。

数学模型是将实际问题与数学工具相联系的桥梁和纽带，是对某一现象、某一过程的数学描述，或者说是描述某一过程运动物体特征因果关系的数学表达式。具体地讲，数学模型就是对现实世界的某个特定对象，为了某个特定目的，根据其特有的内在规律，做出一些必要的简化和假设，运用适当的数学工具，抽象、归纳而得到的一个数学结构。这里所说的数学结构，包括一段程序、图形、表格以及各种数学表达式等。这个过程就是数学建模。数学模型已经成为处理科学技术领域中各种实际问题的重要工具，并在自然科学、工程技术科学与社会科学等各个领域中得到广泛应用。

选矿数学模型是运用数学方法研究选矿工艺及设备，描述选矿过程运动物体特征因果关系的数学表达式，是近代应用数学、计算机技术和矿物加工工程相结合的产物，是矿物加工工程学科的一个重要分支。由于选矿过程复杂，影响因素多，且随机性大，因此选矿数学模型的研究、建立和应用是一个复杂的课题。目前，选矿数学模型几乎已经渗透到选矿生产和研究的各个方面，如矿石可选性评价、选矿方案对比、可行性研究、过程分析、探寻选矿生产过程的最优化条件、选矿过程或设备的模拟和放大、选矿生产过程的最优控制、矿业经济活动规律以及生产管理等。因此，它已成为选矿工作者非常重视的研究领域之一。

"选矿数学模型"目前已经成为高等院校矿物加工工程专业本科生和研究生的选修课。本书作为普通高等教育"十二五"规划教材，是为适应矿物加工工程学科的发展，以及社会发展和技术发展对选矿工程技术人才的需求，在东北大学原有教材及课程讲义的基础上编写完成的。

本书以选矿数学模型的建立和应用为主线，系统介绍了常用静态数学模型建立的方法和步骤，扼要介绍了选矿工艺过程动态模型的建立方法，并详细介绍了选矿过程中较为实用的粒度模型、粒度分离模型、破碎模型、磨矿模型、磁选模型、浮选模型，以及选矿试验测试数据调整技术和高级编程语言在选矿中的应用；内容丰富，通俗易懂，并列举了大量实例。

本书由王泽红、陈晓龙、袁致涛、于福家、李丽匣共同编著。全书共分 16 章，其中第 1~10 章由王泽红撰写，第 11~12 章由于福家撰写，第 13~14 章由袁致涛撰写，第 15 章和附录由李丽匣撰写，第 16 章由陈晓龙撰写。王泽红对全书进行了统稿、整理和修改审定。

本书的编写和出版得到了东北大学与冶金工业出版社的大力支持和协助，作者表示衷心的感谢！

由于作者水平有限，书中不足之处，恳请广大读者批评和指正。

作　者

2014 年 10 月于沈阳

目　　录

1 绪 论

随着科学技术以及电子计算技术的迅速发展，对研究对象的要求日益精确化、定量化、数学化，对于广大科学技术人员和应用数学工作者来说，数学模型是将实际问题与数学工具联系起来的桥梁和纽带。例如，电气工程师必须建立所要控制的生产过程的数学模型，以便对控制过程作出相应的设计和计算，才能实现对过程的有效控制；炼钢厂的工程师们希望建立一个炼钢过程的数学模型，以模拟炼钢过程、模拟或预测炼钢炉内的温度、实现炼钢过程或炼钢温度的计算机控制；选矿工作者也要建立关于选矿过程和设备的数学模型，以模拟并且控制选矿过程和设备；气象工作者为了得到准确的天气预报，也离不开根据气象站、气象卫星汇集的气压、雨量、风速等资料建立的数学模型，以便预报天气的变化情况；从事城市发展规划的工作者需要建立一个包括人口、交通、经济、资源、环境、污染等大系统的数学模型，为城市发展规划的决策提供科学依据；生理医学专家根据药物浓度在人体内随时间和空间变化的数学模型，就可以分析药物的疗效，有效地指导临床用药；管理者根据产品的市场需求情况、生产条件和成本、储存、运输等信息，可以建立合理安排生产和销售的数学模型，以获得最大的经济效益；在日常生活中，人们也会根据实际情况规划出行路线，如目前人们广泛使用的导航系统，其实也是建立数学模型，寻找最优的路线，等等。总之，数学模型已经成为处理科学技术领域中各种实际问题的重要工具，并在自然科学、工程技术科学与社会科学等各个领域中得到了广泛的应用。

1.1 原型、模型和数学模型

原型指人们在现实世界里关心、研究或者从事生产、管理的实际对象，既包括有形的对象，也包括无形的、思维中的对象，还包括科学技术领域中的各种系统和过程，如机械系统、电力系统、生态系统、生命系统、社会经济系统，又如钢铁冶炼过程、选矿过程、导弹飞行过程、化学反应过程、污染扩散过程、生产销售过程、计划决策过程等。为了更好地研究原型，可将原型加以分解，分成很多部分和层次。

模型是指为了某个特定的目的而构造的整个原型或其一部分或其某一层面的替代物，是将原型的某一部分信息简缩、提炼而构造的原型的替代物。

需要说明的是，模型不是原型原封不动的复制品。原型有各个方面和各种层次的特征，而模型只要求反映与某种目的有关的那些方面和层次。一个原型，为了不同的目的可以有许多不同的模型，如放在展厅里的飞机模型应该在外形上逼真，但不一定会飞；参加航模竞赛的模型飞机要具有良好的飞行性能，在外观上不必苛求；在飞机设计、试制过程中用到的数学模型和计算机模拟，则只要求在数量规律上真实反映飞机的飞行动态特征，并不涉及飞机的实体。因此，模型的基本特征是由构造模型的目的决定的。

模型有各种形式，可作如下分类：

$$
模型\begin{cases} 形象模型\begin{cases} 直观模型——实物模型 \\ 物理模型——利用物理学的相似原理构造的模型 \end{cases} \\ 抽象模型\begin{cases} 思维模型——人思维中的经验模型 \\ 符号模型——利用特定的符号连接得到的模型 \\ 数学模型——现实对象的数学表现形式 \end{cases} \end{cases}
$$

直观模型：指那些供展览用的实物模型，以及玩具、照片等，通常是把原型的尺寸按比例缩小或放大，主要追求外观上的逼真。这类模型的效果一目了然。

物理模型：主要指科技工作者为一定目的根据相似原理构造的模型，它不仅可以显示原型的外形或某些特征，而且可以用来进行模拟试验，间接地研究原型的某些规律，如波浪水箱中的舰艇模型，用模型来模拟波浪冲击下舰艇的航行性能；风洞中的飞机模型，用来试验飞机在气流中的空气动力学特性。有些现象直接用原型研究非常困难，便可借助于这类模型，如地震模拟装置、核爆炸反应模拟设备等，应注意验证原型与模型间的相似关系，以确定模拟试验结果的可靠性。物理模型常可得到实用上有价值的结果，但也存在成本高、时间长、不灵活等缺点。

思维模型：指人们通过对原型的反复认识，将获取的知识以经验形式直接储存于人脑中，从而可以根据思维直接做出相应的决策。如汽车司机对方向盘的操纵，一些技艺性较强的工种（如钳工）的操作，大体上是靠这类模型进行的。通常说的凭经验做决策也是如此。思维模型便于接受，也可以在一定条件下获得满意的结果，但是它往往带有模糊性、片面性、主观性、偶然性等缺点，难以对它的假设条件进行检验，并且不便于人们相互沟通。

符号模型：是指在一些约定或假设下借助于专门的符号、线条等按照一定形式组合起来描述原型的模型（如地图、电路图、化学结构式等），具有简明、方便、目的性强及非量化等特点。

数学模型：数学模型是今天科学技术工作者常常谈论的名词，而且已经成为各门学科（包括人文、社会科学）不可缺少的工具，在许多场合我们都会听到或者有意、无意地用到数学模型，但对其还没有一个公认的定义。有人定义数学模型是对现实世界的一个特定对象，为了特定的目的，根据特有的内在规律，做出一些必要的简化和假设，运用适当的数学工具，得到的一个数学结构。这里所说的数学结构，是指一段程序、图形、表格、各种数学表达式等。这种描述性的定义既说清了数学模型的本质，又给出了具体的建模步骤，具有很好的实用性，但作为定义还欠简练。这里我们将数学模型定义为对某一现象、某一过程的数学描述。或者说是描述某一过程运动物体特征因果关系的数学表达式。

数学模型是既古老又年轻的学科。说它古老，是由于在数学发展的初期就涉及数学模型的问题，那时人们就对数学模型有了研究，但是一直没有将数学模型作为一门学科加以系统地研究，建模理论和方法还很贫乏。直到 20 世纪七八十年代，由于计算机的迅速发展、普及和对数学模型的强烈需求，国际数学界才把数学模型作为一门数学学科来研究。

数学模型是随处可见的，例如大家所熟知的牛顿力学第二定律 $F = m\dfrac{\mathrm{d}v}{\mathrm{d}t}$，$F$ 为作用力，m 为质量，$\dfrac{\mathrm{d}v}{\mathrm{d}t}$ 为质量 m 在外力 F 作用下引起的速度变化率，上式也可写成

$$
\frac{\mathrm{d}v}{\mathrm{d}t} = \frac{1}{m}F
$$

这里 F 为"因", $\dfrac{\mathrm{d}v}{\mathrm{d}t}$ 为"果"。故牛顿力学第二定律就是描述质量 m、外力 F 及加速度 $\dfrac{\mathrm{d}v}{\mathrm{d}t}$ 三者因果关系的数学模型，也可以说牛顿力学第二定律是描述受力后物体运动状态的数学表达式。再比如万有引力定律：$F = G\dfrac{m_1 m_2}{r^2}$，其中 $G = 6.67 \times 10^{-11}$，它是描述天体运动规律的数学表达式。

从本质上而言，数学模型以系统概念为基础，是关于现实世界的一小部分或几个方面的抽象的映象。它是运用数学的语言和工具，对部分现实世界的信息（现象、数据……）加以翻译、归纳的产物，它源于现实，又高于现实。数学模型经过演绎、求解以及推断，给出数学上的分析、预报、决策和/或控制，再经过翻译和解释，回到现实世界中。最后，这些分析、预报、决策或控制必须经受实际的检验，完成实践—理论—实践这一循环（见图 1 - 1）。如果检验结果是正确的或基本正确的，就可以用来指导实际；否则，要重新考虑翻译、归纳的过程，修改数学模型。

图 1 - 1　现实世界和数学模型的关系

1.2　选矿数学模型

运用数学方法研究选矿工艺及设备，描述选矿过程运动物体特征因果关系的数学表达式，简称选矿数学模型。

例如，球磨机处理能力模型：

$$Q = f(D,\ L,\ \phi,\psi,\ \cdots)$$

式中　Q——球磨机处理量；t/h；

D——球磨机筒体直径；

L——球磨机筒体长度；

ϕ——介质充填率，%；

ψ——球磨机转速率，%。

是描述球磨机处理能力与其结构参数和操作参数之间关系的数学模型。

又如，水力旋流器处理能力模型：

$$Q = k d_c D \sqrt{gp}$$

式中　Q——水力旋流器体积流量，$L/\min$；

k——与 d_F/D 有关的常数，根据试验数据通过曲线拟合可以得到：

$$k = \exp\left(4.8\ \frac{d_F}{D} - 1\right)$$

d_F——进口尺寸，cm；

d_c——溢流口直径，cm；

D——水力旋流器直径，cm；

g——重力加速度，9.81m/s^2；

p——进口压力，kgf/cm^2（1kgf/cm^2＝98.0665kPa）。

是描述水力旋流器处理能力与其结构参数、操作参数之间关系的数学模型。

　　选矿数学模型是近代应用数学、电子计算机技术和选矿工程相结合的产物，是选矿工程学科的一个新的分支，也是选矿自动化的重要内容之一。虽然早在 1935 年朱尼加（H. G. Zuniga）曾将化学反应动力学应用于浮选过程，进行了建立浮选速率模型的探索，但对选矿数学模型的系统研究，却是从 20 世纪 60 年代开始的，到了 80 年代，其应用日益广泛，并取得了显著的技术经济效益。近 30 年来，选矿工程领域的最大进展之一，就是数学模型和电子计算机的广泛应用，它已成为表明一个国家选矿现代化水平的重要标志。在矿石粉碎、粒度分离、矿物解离、固－液分离和矿石可选性研究等选矿领域中，数学模型的研究都取得了很大的进展，已建立的模型有破碎机数学模型、棒磨机数学模型、球磨机数学模型、自磨机数学模型、筛分模型、水力旋流器数学模型、螺旋分级机数学模型、浮选模型、磁选模型、重选模型、电选模型、固－液分离模型、矿物解离模型、矿石可选性预测模型和选矿经济模型等。

1.3　选矿数学模型的分类

　　由于选矿过程的复杂性和建立模型的要求不同，选矿数学模型可以从不同角度分类。

　　（1）按照建立数学模型的方式（按照各个参数之间因果关系的性质），可分为理论模型、经验模型和混合模型。1）理论模型：因果关系明确，可以用基本物理量导出各参数之间的确定关系，如一些计算磨矿功耗的理论公式等。理论模型的形式和参数均来自理论，如物理学定律、化学定律，以及过程的机理。由于实际过程的复杂性，在对过程机理进行分析和建立数学模型时，往往需要作出一些假设，从而影响了模型的精度。2）经验模型：各参数之间的关系不明确，依靠试验数据进行回归分析建立各参数之间的相互关系。经验模型的形式和参数均根据生产检测或试验研究的结果确定。无论过程多么复杂，总可以通过输入变量和输出变量之间的关系对过程进行定量分析，建立经验模型。因此，经验模型得到广泛的应用。建立经验模型最常用的方法就是回归分析。3）混合模型：也称为半经验模型。混合模型的形式来自理论，模型的参数取自经验数据，即通过对过程机理的分析确定模型的形式，再通过试验或现场生产数据，用统计方法确定模型的参数。混合模型的适应性比经验模型强，应用也更广。所谓现象学模型和总体平衡模型都属于混合模型一类。

　　选矿工程中存在大量的经验模型和混合模型。

　　（2）按照时空关系（数学模型是否与时间有关），可分为静态模型和动态模型。1）静态模型：也称为稳态模型，单纯反映过程参数之间的相互因果关系而与时间无关，即模型中不包含"时间"变量，并且假定其他变量也不随时间变化。在生产过程中，生产的基本条件（如设备、原料、工艺操作等）一般来说都希望不要有太大的变化。实际上一般情况下波动幅度也不大。我们把以变化或波动不大的生产条件为背景进行试验而建立的数学模型归属为静态模型。静态模型一般用代数方程表示，它是探寻过程最优化工作条件的基础，非常重要。2）动态模型：任何事物都处于不断的运动和变化过程中，描述过程状态随时间而变化的情况，把生产过程中有关参数与时间联系起来的数学表达式称为动态模型，即模型中包含"时间"变量。动态模型一般用微分方程表示。

在选矿工程中，磨矿、浮选、过滤、跳汰等过程都用动态模型来描述，另外，选矿过程的自动控制也常常用动态模型。

（3）按照对研究对象的了解程度，可分为白箱模型、灰箱模型和黑箱模型，即把研究对象当做一个箱子，通过建模来揭示它的奥妙。1）白箱模型：对研究对象的内部规律和机理了解得比较清楚，利用机理分析的方法建立的模型。2）灰箱模型：对研究对象的内部规律尚不十分清楚，有部分了解，又有部分不了解，在建立和改善模型方面都还不同程度地存在有许多工作要做的问题。3）黑箱模型：对研究对象的内部规律还所知甚少，甚至一无所知，借助于系统的输入、输出数据，利用概率统计分析方法建立的数学模型。黑箱模型因素众多、关系复杂，也可简化为灰箱模型来研究。

（4）按照过程变量之间的关系，数学模型又有以下几种分法：

1）确定性模型和随机性模型。确定性模型，模型中变量之间的关系是确切和肯定的；随机模型，模型中变量之间的关系不是确定的，而是随机变化的。选矿过程常受到随机因素的干扰，故可将它当作某种随机过程（例如马尔可夫过程和平稳随机过程等）来研究，建立随机性模型。随机性模型在选矿中的应用已越来越广泛。

2）离散模型和连续模型。离散模型中变量（通常是时间变量）离散化，通常用差分方程描述；连续模型中的时间变量是在一定区间内变化的，通常用微分方程描述。

3）线性模型和非线性模型。线性模型中各量之间的关系是线性的，可以应用叠加原理，即几个不同的输入量同时作用于系统的响应，等于几个输入量单独作用的响应之和。线性模型简单，应用广泛。非线性模型中各量之间的关系不是线性的，不满足叠加原理。在特定情况下或允许情况下，非线性模型往往可以线性化为线性模型。

4）单变量模型和多变量模型。

（5）按照精密程度，可分为集中参数模型和分布参数模型。集中参数模型是用线性或非线性常微分方程描述系统的动态特性，分布参数模型是用各类偏微分方程描述系统的动态特性。在许多情况下，分布参数模型借助于空间离散化的方法，可简化为复杂程度较低的集中参数模型。

（6）按照模型的应用领域，可分为破碎数学模型、筛分数学模型、磨矿数学模型、分级数学模型、浮选数学模型、过滤数学模型等。

（7）按照建立数学模型的目的，可分为描述模型、分析模型、预报模型、优化模型、决策模型、控制模型、规划管理模型等。

1.4　数学模型的形式

数学模型的形式是多种多样的，如代数方程、偏微分方程、常微分方程、差分方程、马尔可夫链、离散事件等，具体采用哪一种形式，应具体问题具体分析。

1.5　数学模型建立的方法和步骤

1.5.1　数学模型建立的方法

建立数学模型主要采用机理分析和统计分析两种方法。

机理分析法是指人们根据客观事物的特性，分析其内部的机理，弄清其因果关系，再在适当的简化假设下，利用合适的数学工具得到描述事物特征的数学模型。

统计分析法是指人们一时得不到（或不清楚）事物的特征机理，便将研究对象看做一个"黑箱"系统，通过对系统输入、输出数据的测量，得到一组试验数据，再利用数理统计知识对该组数据进行处理，从而得到最终的数学模型。

一般来说，如果掌握了实际问题的一些内部机理的知识，模型也要求反映其内在特征，那么，建模就应以机理分析为主；而如果研究对象的内部规律不清楚，模型也不需要反映内部特征，则可以用统计分析。对于许多实际问题，常常将两者结合起来建模，即首先根据机理分析建立模型的结构，然后通过试验或现场生产数据，用统计方法确定模型的参数。

1.5.2　数学模型建立的步骤

建立数学模型的步骤并没有固定的模式，常因问题性质、建模的目的不同而不同。下面只是按照一般情况，提出建立模型的一般步骤，如图 1－2 所示。

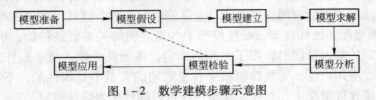

图 1－2　数学建模步骤示意图

1.5.2.1　模型准备

要建立某一系统、某一过程的数学模型，必须对该系统有比较详细的了解，也就是要有相应的准备知识，要了解问题的实际背景，明确建立模型的目的，掌握对象的各种信息，如统计数据等，弄清楚实际对象的特征，总之是做好建立数学模型的准备工作。情况明才能方法对。这一步一定不能忽视，碰到问题要虚心向从事实际工作的人员请教。

1.5.2.2　模型假设

根据实际对象的特征和建立数学模型的目的，对问题进行必要的简化，并且用精确的语言作出假设，这是建立数学模型关键的一步。

确定模型假设要遵循以下原则：

目的性原则：从建模目的出发，在原型中抽象出建模有关的主要因素，简化那些与建模目的关系不大的次要因素。

合理性原则：数学模型是实际对象的数学描述，进行抽象和简化时一定注意到模型假设的合理性，即假设一定要符合研究对象的实际，不可脱离实际。脱离实际的模型是无用的。合理性还要求所给出的假设带来的误差能满足建模目的的允许的误差要求。另外，各个假设之间不应互相矛盾。

适应性原则：所给出的假设一定要准确和适应于模型建立、求解、检验、应用过程。

全面性原则：就是要注意假设的无偏性，还要给出原型所处的环境条件。

不同的简化和假设会得到不同的数学模型。假设做得不合理或过分简单，会导致模型的失败或部分失败，应该进行修改和补充假设；假设做得过于详细，试图把复杂的实际现象的各个因素都考虑进去，则可能使你很难甚至无法继续下一步的工作。所以，重要的是要辨别问题的主要方面和次要方面，果断抓住主要因素，抛弃次要因素，尽量将问题均匀化、线性化。写出假设时，语言要精确。

1.5.2.3 模型建立

模型建立就是根据所做的假设，利用适当的数学工具，建立各个量（常量和变量）之间的等式或不等式关系，列出表格、画出图形或确定其他数学结构。

为了胜任这项工作，常常需要具有比较广阔的应用数学知识，除了微积分、微分方程、线性代数、概率论等基础知识外，还会用到诸如规划论、排队论、图与网络、对策论等。广而言之，可以说任何一个数学分支对不同模型的建立都会有用。当然，这并不是要求你对数学的每一个分支都门门精通，建立数学模型时还有一个原则是尽量采用简单的数学工具，因为你建立的每一个数学模型总是希望使更多的人了解和使用，而不是仅供少数专家欣赏。

1.5.2.4 模型求解

模型求解包括解方程、画图形、优化方法、数值计算、统计分析、证明定理以及逻辑运算等，通过使用传统的和近代的数学方法，特别是数学软件和计算机技术，得到模型的最终形式或建模目的所要求的结果。

1.5.2.5 模型分析

模型分析是根据建模的目的要求，对模型求得的结果进行数学上的分析，利用相关知识结合研究对象的特点进行模型合理性分析。有时是根据问题的性质，分析各变量之间的依赖关系或稳定性状态；有时是根据所得结果给出数学上的预测；有时则是给出数学上的最优决策或控制。不论是哪种情况，都需要进行误差分析、模型对数据和参数的稳定性或灵敏性分析，考察得到的数学解是否具有应用的性质。

1.5.2.6 模型检验

模型检验就是把模型分析的结果"翻译"回到实际对象中，用实际现象、数据等检验模型的合理性和适用性。这一步对模型的成败非常重要，必不可少。当然，有些模型，如核战争模型就不可能要求接受实际的检验了。

如果检验结果不符合或部分不符合实际情况，并且肯定在模型建立和求解过程中没有失误的话，那么问题通常出现在模型假设上，这时应该修改、补充假设，重新建立数学模型，如图1-2中的虚线所示。如果检验结果满意，则进入下一步。

1.5.2.7 模型应用

模型应用的方式因问题的性质和建模的目的而异。

需要说明的是，并不是所有问题的建模都要经过这些步骤，有时各步骤之间的界限也不那么分明，建模时不要拘泥于形式上的按部就班。

1.6　选矿数学模型的应用

选矿过程是很复杂的，它受很多因素的制约，如选矿处理的对象——原料的性质就是一个随机变动的因素。因此选矿数学模型的研究与建立是一个复杂的课题，也是近年来选矿工作者重视和进行研究的一个重要领域。选矿数学模型主要应用在以下几方面：

（1）用于矿石可选性评价。在广泛搜集工艺矿物学研究和选矿试验研究资料及生产数据的基础上，通过计算机处理和统计分析，建立各类矿石的基础数据库、矿石工艺类型判别模型和矿石可选性预测模型，用以预测同类型新开发矿床的矿石可选性，包括确定选矿方法、工艺流程、工艺制度以及可能达到的分选指标。

（2）用于过程分析，揭露选矿过程本质。对过程进行深入的静态或动态分析，找出影响选矿过程和设备的因素及其相关关系，特别是对那些难于用试验方法加以确定的变量进行分析研究，例如给矿粒度变化对磨矿过程的影响、原矿品位波动和精矿冲洗水变化对浮选过程的影响等，使生产过程和工艺设备具有可测性、可控性，以便达到最优化生产。

（3）选矿过程或设备的模拟及放大。由于影响选矿过程的因素很多，而其中不少因素又具有随机性，因此生产过程、选矿方法以及设备的研制往往要靠大量实验室、半工业或工业性试验来解决。这样从经济、时间、人力上都有相当大的耗费。如果通过构建数学模型，根据小型试验设备的结果模拟大型工业设备，或根据实验室单元试验的结果，模拟和预测工业试验的结果，解决从实验室或小型试验到工业生产过渡的准确办法，即建立"过渡（或放大、相似）准则"，将是选矿工程的重大突破。

另外，选矿设备的优化设计也依赖于数学模型，通过数学模型可优化设备的结构和构造，如破碎机破碎腔形状的设计等。

（4）用于生产过程的最优控制。计算机在选矿过程控制中的应用日益广泛，而实现计算机控制的先决条件就是建立数学模型。即预先将生产过程中的输入参数和输出参数之间的关系，以及生产过程内部结构的关系等，用数学模型加以描述，存入计算机中，通过程序安排对生产过程中的有关参数进行有序运算，并通过一些判别方法，得出控制方案以控制生产过程，使之保持最佳工况。

（5）用于分析经济活动，揭示矿业经济活动的规律，考察实际的经济活动效果，预测未来和制定规划。例如，已建立的采、选、冶系统经济计划模型，可以定量地研究采、选、冶系统的生产、供应和销售规律，对该系统进行平衡分析；在平衡分析的基础上，根据系统内部和市场的变化情况，进行模拟和预测；提供使整个系统的产值、利润和金属回收率的多目标优化的静态和动态生产方案，科学地制订生产计划；对优化生产方案进行灵敏度分析；确定影响采、选、冶系统效益的关键环节，提供挖潜方案；对不同矿山采、选、冶系统的生产经营进行科学评比。

（6）设计选矿厂方案的对比、可行性研究、生产管理等，也有赖于数学模型的建立。

（7）选矿工艺流程的计算。

1.7　选矿数学模型的发展趋势

选矿数学模型的发展趋势是：

（1）继续完善现有模型，提高模型精度，扩大其应用范围。例如，对磨矿过程不仅要考虑产品细度，而且还应考虑产品中有用矿物单体解离的情况。如目前已经建立了两种互不相关的模型，即基于矿石性质和磨矿流程特点的磨矿产品粒度分布模型及基于矿石结构分析的矿物单体解离度模型，但分别利用上述两种模型进行预测时，误差都很大。为此，阿普林（A. C. Apling）利用现有的球磨机模型和水力旋流器模型，结合单机试验测定的参数，提出了工业磨矿回路产品粒度和矿物分布模型，提高了模型预测的精度。

（2）研究和建立新模型。选矿数学模型的发展是不平衡的，在重选、磁选、电选、固－液分离和矿业经济方面，数学模型的研究比较薄弱，应该加强这些方面的研究。

（3）由静态模型向动态模型发展，以满足生产过程控制的需要。

（4）由确定性模型向非线性随机状态模型发展。由于选矿生产过程经常受到随机因素的干扰，为了对过程进行更真实的描述，提高模型的精度和扩大模型的应用范围，随机模型的研究日益受到重视，其中随机现象学模型是一个重要的研究方向。

（5）由单元作业（或设备）模型向系统模型发展。为了使整个选矿过程优化，获取最佳技术和经济指标，必须建立能够准确描述整个工艺过程的大系统、全流程模型。为此目的，目前有两种做法：一是利用现有的单元作业模型，通过工艺流程中的各个结点（即料流交汇点）将它们串联起来，以描述整个选矿厂的运行状态；二是从宏观系统出发，直接建立系统的状态模型。

（6）加强矿石可选性预测模型和矿业经济模型的研究。

2 一元线性回归分析

回归分析是研究随机现象中变量之间关系的一种数理统计方法，它在工农业生产和科学试验中有着广泛的应用。近年来，广大科技人员运用回归分析方法，在进行数据处理、寻求经验公式、制定某些产品的新标准、探索新工艺与新配方、研究气象与地震的预报，以及提取自动控制中数学模型等方面，都取得了可喜的成绩，积累了丰富的经验。因此，学习回归分析具有重要的意义。

回归分析是应用性较强的科学方法，是现代应用统计学的一个重要分支，在社会经济各个部门以及各个学科领域都具有广泛的应用。随着社会建设的发展，人们越来越认识到应用定量分析技术研究问题的重要意义，特别是近年来计算机及有关统计软件的日渐普及，为在实际问题中进行大规模、快速、准确的回归分析运算提供了有力的手段。

在建立数学模型的过程中，回归分析占有十分重要的地位，其中最基本也是最重要的是一元线性回归分析。

2.1 变量及变量之间的相互关系

2.1.1 变量

在科学研究中，多数系统（或模型）是由各种变量构成的，所谓变量就是在过程中可以改变的物理量。变量可分为自变量和因变量。

自变量定义为某种关系的原因或影响。自变量是能引起其他量变化而不受其他量约束的量，即可以独立变化的物理量，作为研究对象的反应形式、特征、目的是独立的，是某种具体现象产生的原因，因此也称为解释变量。

因变量是因其他变量的变化而变化的物理量，因而被称为因变量，也称为被解释变量，是可以被测定或被记录的变量。因变量常常是某一过程的成果或检验的标准，或是受自变量影响的结果。在应用研究中，因变量值常常表现为因自变量的变化和影响而产生的结果值。因变量在评价自变量的效果方面是可测量的，即它所受到的影响可以被测定并记录下来。

例如，某商品的单价为 500 元/件，则该商品的销售量 x 与销售额 y 之间的关系为

$$y = 500x \qquad\qquad (2-1)$$

式中的销售量 x 即为自变量，它在销售的过程中可以独立变化；y 为因变量，它随着销售量 x 的变化而变化。

2.1.2 变量与变量之间的相互关系

在生产和科学实验中，经常遇到一些同处于一个统一体中的变量。在这个统一体中，

这些变量是相互联系、相互制约的，也就是说，它们之间客观上存在一定的关系。为了了解事物的本质，往往需要找出描述这些变量之间依存关系的数学表达式。

变量之间的相互关系可以分为两类：一种是函数关系；另一种是相关关系。

2.1.2.1 函数关系

函数关系是指自变量和因变量之间存在着一种确定性的数量依存关系，一一对应，即当一个变量数值变动时，另一个变量有确定的数值与之相对应。函数关系通常以 $y = f(x)$ 的形式表示。例如，银行存款中，本利与本金之间的关系；商品销售中，销售额与销售量及销售价格的关系等。又如，描述电路中电压（U）、电流（I）与电阻（R）三者之间关系的欧姆定律，$I = U/R$；以及描述理想气体的体积（V）、压强（p）和绝对温度（T）之间的关系，$pV = RT$（式中 R 为常数）等。上述例子描述的几种变量之间的关系均为确定性关系，即为函数关系。

函数关系可以用数学方法推导。

2.1.2.2 相关关系

相关关系是指变量和变量之间存在着一种非确定性的数量依存关系，某些变量的取值具有随机性，即当一个变量发生数量变化时，另一变量也相应地发生数量变化，但其对应值是不固定的，往往同时出现几个不同的数值，在一定的范围内变动，这些数值分布在它们的平均值周围。相关关系通常以 $y = f(x) + u$ 的形式表示，如储蓄额与居民收入之间的关系、商品的需求量与价格水平以及居民收入水平之间的关系等。

变量和变量之间的相关关系也有其客观规律，这种规律性利用统计原理是可以找到的。

如人的血压与年龄之间的关系，对每个人来说不可能完全一致，但在大量的统计分析之后却有规律可循（见图 2 – 1），其经验公式为

$$y = 100 + x \qquad\qquad (2 - 2)$$

式中　y——人的血压，mmHg；

　　　x——人的年龄，岁；

　　100——经验常数。

再如，人的记忆能力与年龄之间的关系，对每个人来说也不可能完全一样，但经过大量的统计分析之后同样有规律可循，如图 2 – 2 所示。

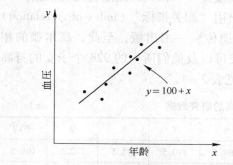

图 2 – 1　人的血压与年龄之间的关系

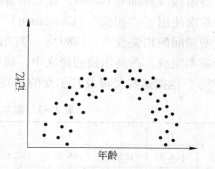

图 2 – 2　人的记忆能力与年龄之间的关系

在选矿生产过程中存在着大量的相关关系。选矿过程受很多因素的影响，要找到它们

之间的关系就必须通过大量的试验数据，采用统计分析的方法得到变量和变量之间的数学表达式。如水力旋流器的折算效率与相对粒度之间的关系（见图 2-3），经过大量的试验数据统计分析之后得到二者之间关系的数学表达式为

$$E_d = \frac{e^{\alpha x} - 1}{e^{\alpha x} + e^{\alpha} - 2} \tag{2-3}$$

式中 E_d——水力旋流器的折算效率，% ;

      α——模型参数；

      x——相对粒度，$x = \dfrac{d}{d_{50(c)}}$。

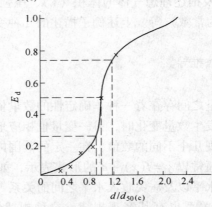

图 2-3   水力旋流器折算效率与相对粒度之间的关系

建立变量之间相关关系的方法就是回归分析。

2.2   回归及回归分析

2.2.1   回归

"回归"和"相关"问题最初来源于生物界。生物界中存在着许多相关现象，达尔文曾认为相关是生物有机体的一种有规律的特性。1886 年英国生物学家兼统计学家弗朗西斯·高尔顿（Francis Galton）在其所著的《相关及其度量——以人体测定材料为依据》一文中首次使用了"相关"（correlation）一词，并提出用"相关指标"（index of correlation）度量变量间的相关程度。1889 年，高尔顿的《自然遗传》一书出版，至此，高尔顿的相关论基本完成。在高尔顿的论文中，研究了 204 对父母以及他们所生的 928 个子女的身高（成年），他把这些父母及其子女的身高分为 9 类，见表 2-1。

表 2-1   高尔顿关于人类身高的研究数据   （cm）

组别	1	2	3	4	5	6	7	8	9	平均
父亲	164.5	165.5	166.5	167.5	168.5	169.5	170.5	171.5	172.5	168.5
子女	165.8	166.7	167.2	167.6	168.3	168.9	169.5	169.9	172.2	168.5
差值	+1.3	+1.2	+0.7	+0.1	-0.2	-0.6	-1.0	-1.6	-0.3	

高尔顿发现同一种族中儿子的平均高度介于其父亲的高度与种族平均高度之间，父亲矮的，其儿子的平均高度较父亲的高，但比种族平均高度矮；父亲高的，其儿子的平均高度较父亲的矮，但比种族的平均高度高。儿子的高度有返归于种族平均高度的趋势，或者说，子代身高有差距变小的趋势，亦即回归于种族平均高度。

随着人类社会的发展，人类的身高有彼此靠近的趋势，即靠近某一种族的平均身高，这一现象称为高尔顿回归定律。

在此后不久，高尔顿的学生、现代统计学的奠基者之一皮尔逊（K. Pearson）通过上千个家庭成员身高的调查记录进一步证实了高尔顿提出的"回归定律"。在这里，高尔顿首次应用了"回归"（regression）一词，这就是"回归"一词在遗传学上的原始含义。

随着科学的发展，人们循着前人的足迹发现了许多类似的现象，于是回归的含义逐步扩大。

凡是利用一个变量或一组变量的变异来估计或预测另一变量的变异情况，即根据已知的自变量的变异来估计或预测因变量的变异情况，都称为回归。一般采用下面的形式表示：

$$y = f(x_1, x_2, x_3, \cdots, x_m) \tag{2-4}$$

2.2.2 回归分析

针对某一随机性问题，通过大量的试验，运用统计的方法，寻求隐藏在随机性事件之中的统计规律，进而得到变量间相关关系的方法，称为回归分析。

由此可见，回归分析研究的主要对象是客观事物变量间的关系，它是建立在对客观事物进行大量试验和观察的基础上，用来寻找隐藏在那些看上去是不确定的现象中的统计规律的统计方法。回归分析是通过建立统计模型研究变量间相互关系的密切程度、结构状态、模型预测的一种有力的工具。

2.3 回归分析的应用

概括起来回归分析主要解决以下几个方面的问题：

（1）确定几个特定变量之间是否存在相关关系，如果存在，找出它们之间的数学表达式。

（2）利用统计检验的办法对求出的数学表达式进行可信程度检验。

（3）进行方差分析，判断哪些因素的影响是主要的（显著的），哪些是次要的。

（4）利用求得的数学表达式对生产过程进行预报和控制。

（5）根据回归分析方法，特别是根据预报和控制所提出的要求，选择试验点，这就构成试验设计。利用试验设计将试验安排和回归分析结合起来，可达到试验次数减少但所得信息较多且较好地符合统计规律的目的，这样可大大减少试验和计算工作量。

2.4 回归分析的步骤

利用回归分析建立静态模型大致可分为以下几个步骤：

（1）对某一过程有比较深入、系统的了解。回归分析通常首先从正确描述问题开始，就是确定要通过分析回答哪些问题,即回归分析的目标是什么。描述问题是回归分析的第一步,如果错误地归结问题会导致变量选择的错误、统计方法选择的错误,最终导致徒劳无获;其次,根据回归分析的目标,分析影响过程变化的因素有哪些,并根据实际情况和工业实践经验,确定各参数的变化范围和大小,各参数之间是否存在交互作用等。在选择变量、分析变量时,要注意与一些专门领域的专家合作,帮助确定模型的变量,并分析变量的特征、取值大小以及交互作用。

(2)正确安排试验以获得必要的试验数据。通常在进行试验之前要进行试验设计,这样可以避免试验的盲目性,使在较少的试验工作量下获得尽可能多的数据信息。选矿的试验安排有以下两种情况:

1)可控试验,即自变量可以随试验要求在一定范围内调节。在这种情况下可根据具体情况进行下述三种类型的试验安排:

①常规条件试验。

②试验设计,如回归正交设计、旋转设计等。

③调优试验。

2)非可控试验,又称浮动试验。当某些自变量不能根据要求予以控制、有意识地安排试验时,可根据试验记录、生产记录,或利用某种测量手段观测过程的某种情况,获得足够的观测数据予以统计分析,从中找出过程的内在规律。例如,根据选矿厂某一定时期的生产记录或报表建立某种数学模型,用以预报或指导生产。在研究许多自然或社会现象时,往往采用随机的统计处理办法。

(3)进行试验并获得数据。回归分析建立模型是基于回归变量的样本统计数据。当明确回归分析的目标、确定好回归模型的变量之后,就要根据试验安排进行试验,收集变量的试验数据,即观测数据。收集的数据由 k 个个体的观测构成,每一个体的观测由有关的各变量的测量值构成,通常以表 2-2 的形式给出。表 2-2 中 x_{ij} 表示第 j 个变量的第 i 个观测值,即第一个下标表示第 i 个观测,第二个下标表示第 j 个变量。

表 2-2 回归分析中数据的记号

观测序号	因变量	自 变 量			
		x_1	x_2	$\cdots$	x_k
1	y_1	x_{11}	x_{12}	$\cdots$	x_{1k}
2	y_2	x_{21}	x_{22}	$\cdots$	x_{2k}
$\vdots$	$\vdots$	$\vdots$	$\vdots$		$\vdots$
n	y_n	x_{n1}	x_{n2}	$\cdots$	x_{nk}

(4)试验数据处理。在进行回归运算以前,应根据误差理论对观测数据进行处理,剔除可疑数据。剔除可疑数据常用的方法有 3δ 准则(或称来特准则)和肖维涅(W. Chauvent)准则。

1)3δ 准则。假设对某一物理量进行了 n 次观测,n 次观测的数据如下:

$$y_1, y_2, y_3, \cdots, y_n$$

则

$$\bar{y} = \frac{1}{n} \sum_{i=1}^{n} y_i \tag{2-5}$$

式中，$\bar{y}$ 为 y_i 的平均值。

设 δ 为观测数据的标准差，按下式计算：

$$\delta = \sqrt{\frac{1}{f}\sum_{i=1}^{n}(y_i - \bar{y})^2} \qquad (2-6)$$

式中　y_i——观测值，$i = 1, 2, 3, \cdots, n$；

　　　n——观测次数；

　　　f——自由度。

当 $n < 30$ 时，$f = n - 1$；当 $n \geqslant 30$ 时，$f = n - 1 \approx n$。

观测值 y_i 与 $\bar{y}$ 之差称为离差，以 g_i 表示，即 $g_i = y_i - \bar{y}$。当某一观测值的离差的绝对值 $|g_i|$ 大于 3δ 时，认为该数据可疑，应将其剔除。3δ 准则的判据为

$$|g_i| = |(y_i - \bar{y})| > 3\delta \qquad (2-7)$$

当剔除某一观测数据以后，对余下的 $n - 1$ 个数据重新计算 δ 及 $\bar{y}$，然后按式（2-7）重新进行检验，直到所有观测数据的离差 $|g_i| = |(y_i - \bar{y})| < 3\delta$ 为止。

应指出的是 3δ 准则是建立在 $n \to \infty$ 的前提下，当 n 有限或较小时，3δ 准则不十分可靠，这时可用肖维涅准则。

2）肖维涅准则。肖维涅准则按下式进行判断：

$$|g_i| = |(y_i - \bar{y})| > k\delta \qquad (2-8)$$

式中　k——与观测次数 n 有关的参数（见表 2-3）。

表 2-3　肖维涅准则中 k 值

n	k	n	k	n	k
5	1.65	18	2.20	35	2.45
6	1.73	19	2.22	40	2.50
7	1.79	20	2.24	50	2.58
8	1.86	21	2.26	60	2.69
9	1.92	22	2.28	80	2.74
10	1.96	23	2.30	100	2.81
11	2.00	24	2.32	150	2.93
12	2.04	25	2.33	185	3.00
13	2.07	26	2.34	200	3.02
14	2.10	27	2.35	250	3.11
15	2.13	28	2.37	500	3.29
16	2.16	29	2.38	1000	3.48
17	2.18	30	2.39	2000	3.66

当某一观测值的离差的绝对值 $|g_i|$ 大于 $k\delta$ 时，即认为该数据可疑，应把它去掉，然后把剩下的观测数据重新计算和检验，直至所有观测值离差的绝对值小于 $k\delta$ 为止。

肖维涅准则是在频率趋近于概率的前提下建立的。因此，当 $n < 10$ 时，使用这个准则也较勉强；当 $n < 185$ 时，肖维涅准则较 3δ 准则窄；当 $n \approx 185$ 时，肖维涅准则与 3δ 准则

相当；当 $n > 185$ 时，肖维涅准则较 3δ 准则宽。

　　除了根据误差理论对观测数据进行处理外，有时候还要进行数据调整。例如，在进行选矿流程作业计算时，由于取样、化验、粒度分析等误差，往往使计算值偏离作业真值，从而产生矛盾结果，因而需要对数据进行调整。数据调整的方法有简单调整法、最小二乘法、拉格朗日法等，详见本书第 15 章。

　　(5) 作散点图，判断变量之间的关系。散点图是观察两个变量之间关系的一种非常直观的方法。先选定直角坐标系，将 n 组观测数据 (x_i, y_i) $(i = 1, 2, \cdots, n)$ 画在平面上得到 n 个点，每个点 (x_i, y_i) 称为一个观测点，所有观测点组成的图，称为散点图。

　　散点图做好后，通过点的分布形状、分布模式和疏密程度可判断两个变量之间的相关关系，选配适宜的数学表达式。如图 2-4 所示，分别为变量 x 与 y 及变量 T 与 s 的观测值的散点图。从图 2-4(a) 的散点图可以看出，散点大致围绕一条直线散布，而图 2-4(b) 的散点则大致围绕一条抛物线散布，这就是变量间统计规律性的一种表现，于是就可判断回归方程的类型是直线方程还是抛物线方程。

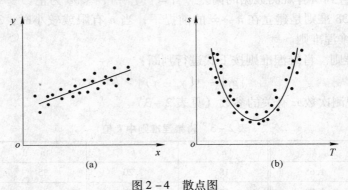

图 2-4　散点图

　　根据散点图，初步判定回归方程的类型后，还必须从研究对象的有关理论去分析，验证此类型是否合理、正确，最后才能对回归方程应属何种类型下结论。

　　当自变量多于两个时，通常先建立近似的模拟方程，然后逐项去掉不显著的项。

　　(6) 回归建模。根据散点图初步确定模型的形式后，利用收集、整理的观测数据对模型中的未知参数给出估计是回归分析的重要内容。未知参数的估计方法最常用的是普通最小二乘法，它是经典的估计方法。对于不满足模型基本假设的回归问题，人们给出了种种新方法，如岭回归、主成分回归、偏最小二乘估计等，但它们都是以普通最小二乘法为基础的。需要说明的是，参数估计当变量及样本较多时，计算量很大，需要依靠计算机及相关的软件才能得到可靠的结果。

　　(7) 统计检验。当模型的未知参数估计出来后，就初步建立了一个回归模型。建立回归模型的目的是为了应用它研究实际问题，但如果立即就用建立的模型进行预测、控制和分析，显然是不够慎重的，因为这个模型是否真正揭示了自变量和因变量之间的关系，其预报精度和稳定性如何，必须通过模型的检验才能确定。模型的检验一般采用统计检验，包括回归方程的显著性检验以及回归系数的显著性检验等。

　　如果回归模型没有通过检验，就要对模型进行修改。模型的修改有时要从设置变量是否合理开始，如遗漏了某些重要变量，或是交互影响考虑不足，或是试验数据太少，亦或是拟合曲线不合理等，都有可能造成回归结果不合理。

　　模型的建立往往要反复几次修改，特别是建立一个实际问题的回归模型，要反复修正才能得到一个理想模型。

　　（8）模型应用。回归模型的应用要具体问题具体分析。

　　需要说明的是，回归分析是建立静态模型的基本方法，利用回归分析建立的数学模型主要是线性回归模型及多项式回归模型；后者可简化为前者，但后者本身也有另外一些特殊处理方式。本章主要介绍一元线性回归分析。

2.5　回归分析中的几个概念

回归分析中的几个重要概念包括：

　　（1）观测值。也称为实际值，是指进行试验观测时，实际观测到的研究对象特征数据值，常用(x_i, y_i)表示，其中，x_i为自变量，y_i为因变量（$i = 1, 2, 3, \cdots, n$，n为观测次数）。

　　（2）平均值。常用$(\overline{x}, \overline{y})$表示。平均值包括母体（即无限次观测数据的集合）平均值和样本（即有限次观测数据的集合）平均值。以x_i为例，其母体平均值的数学表达式为

$$\mu = \lim_{n \to \infty} \left(\frac{1}{n} \sum_{i=1}^{n} x_i \right) \tag{2-9}$$

而其样本平均值的数学表达式为

$$\overline{x} = \frac{1}{n} \sum_{i=1}^{n} x_i \tag{2-10}$$

通常情况下，我们所接触到的都是样本平均值。

　　（3）回归值。根据观测值得到一条曲线，用数学方法拟合这条曲线，可以得到数学模型，根据这个数学模型计算出来的与观测值相对应的值即是回归值，用$\hat{y}_i$表示。

　　例如，一元线性回归方程的回归值为

$$\hat{y}_i = a + bx_i$$

多元线性回归方程的回归值为

$$\hat{y}_i = b_0 + b_1 x_{i1} + b_2 x_{i2} + b_3 x_{i3} + \cdots + b_k x_{ik}$$

　　（4）误差。指计算值或观测值与真实值之间的偏差。由于真值我们永远都不知道，通常是以多次试验的平均值来代替真值，因此，实际工作中所采用的误差是计算值或观测值与平均值之间的偏差。误差包括绝对误差和相对误差。

　　例如，对某一观测值y_i，其多次观测的平均值为$\overline{y}$，则其绝对误差为$(y_i - \overline{y})$，相对误差为$\dfrac{|y_i - \overline{y}|}{\overline{y}} \times 100\%$。

　　（5）离差。指观测值与平均值之差，其数学表达式为

$$g_i = y_i - \overline{y} \tag{2-11}$$

　　（6）剩余（残差）。指观测值与回归值之差，其数学表达式为

$$q_i = y_i - \hat{y}_i \tag{2-12}$$

剩余（残差）反映了除自变量 x 对 y 的影响之外的一切因素（包括测量误差）对 y 的变差的作用。

（7）回归差。指回归值与平均值之差，其数学表达式为

$$u_i = \hat{y}_i - \bar{y} \tag{2-13}$$

回归差可以看做是由于自变量 x 的变化而引起的 y 值的变化。

离差、剩余（残差）和回归差如图 2-5 所示。

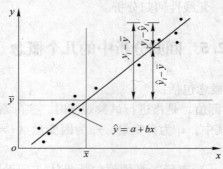

图 2-5 变差的图示

由图 2-5 直观分析，可以看出：

$$y_i - \bar{y} = (y_i - \hat{y}_i) + (\hat{y}_i - \bar{y}) \tag{2-14}$$

即   离差 g_i = 剩余 q_i + 回归差 u_i $\qquad$ (2-15)

（8）离差平方和。其数学表达式为

$$G = \sum_{i=1}^{n} (y_i - \bar{y})^2 \tag{2-16}$$

（9）剩余平方和。其数学表达式为

$$Q = \sum_{i=1}^{n} (y_i - \hat{y}_i)^2 \tag{2-17}$$

（10）回归平方和。其数学表达式为

$$U = \sum_{i=1}^{n} (\hat{y}_i - \bar{y})^2 \tag{2-18}$$

2.6   一元线性回归模型的建立

一元线性回归是描述两个变量之间统计关系的最简单的回归模型。一元线性回归分析虽然简单，但通过一元线性回归模型的建立过程，可以了解回归分析方法的基本统计思想以及它在实际问题研究中的应用原理。

假定对某一系统已经有了比较详细、清楚的了解，则一元线性回归模型的建立可按照下述步骤进行。

（1）通过试验获得一组观测数据：

$$(x_1, y_1), (x_2, y_2), (x_3, y_3), \cdots, (x_i, y_i), \cdots, (x_n, y_n)$$

其中，n 为观测次数。

（2）根据获得的观测数据（x_i，y_i）作散点图（见图 2-6）。根据散点图判断变量（x_i，y_i）之间存在的相关关系性质。

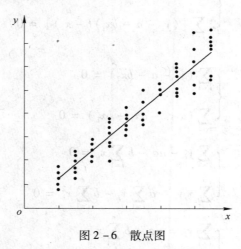

图 2-6 散点图

（3）确定模型的形式。如根据图 2-6 散点图判断变量（x_i，y_i）之间存在的相关关系性质为直线，则设计如下的线性模型：

$$\hat{y} = a + bx \tag{2-19}$$

（4）估计模型参数 a、b。对某一观测点（x_i，y_i），将 x_i 代入式（2-19）中，由线性回归方程（2-19）可以得到一回归值为

$$\hat{y}_i = a + bx_i \tag{2-20}$$

这个回归值 $\hat{y}_i$ 与实际观测值 y_i 之差（即剩余 q_i）为

$$q_i = y_i - \hat{y}_i = y_i - a - bx_i \tag{2-21}$$

式（2-21）刻画了实际观测值 y_i 与回归直线 $\hat{y} = a + bx$ 的偏离度（见图 2-5）。

求什么样的 a、b 呢？一个自然的想法就是求所有剩余的总和达极小时的 a、b 值。总和的获得方法主要有三种：代数求和、绝对值求和以及平方后求和（即剩余平方和）。显然，利用剩余平方和可以很好地表示剩余的总和，换句话说，此处所要求的是剩余平方和达极小时的 a、b 值。

平方运算为"二乘"运算，而确定回归方程所根据的原则是使其所有观测数据误差的平方和达到极小值，因此，上述求回归方程的方法通常称为最小二乘法。

剩余平方和为

$$Q = \sum_{i=1}^{n} q_i^2 = \sum_{i=1}^{n} (y_i - \hat{y}_i)^2 = \sum_{i=1}^{n} (y_i - a - bx_i)^2 \tag{2-22}$$

式（2-22）表示所有观测值 y_i 与回归直线 $\hat{y} = a + bx$ 的偏离平方和，刻画了所有观测值与回归直线的偏离度。由于式（2-22）是二次函数，又是非负的，所以它的最小值总是存在的。

为了使 $Q = Q_{\min}$，根据微积分学的极值原理，a、b 应该是下列方程组的解：

$$\begin{cases} \dfrac{\partial Q}{\partial a} = 0 \\ \dfrac{\partial Q}{\partial b} = 0 \end{cases} \tag{2-23}$$

即

$$\begin{cases} 2\sum_{i=1}^{n}(y_i - a - bx_i)(-1) = 0 \\ 2\sum_{i=1}^{n}[(y_i - a - bx_i)(-x_i)] = 0 \end{cases} \quad (2-24)$$

由式（2-24）可得

$$\begin{cases} \sum_{i=1}^{n}(y_i - a - bx_i) = 0 \\ \sum_{i=1}^{n}(x_i y_i - ax_i - bx_i^2) = 0 \end{cases}$$

$$\begin{cases} \sum_{i=1}^{n}y_i - na - b\sum_{i=1}^{n}x_i = 0 \\ \sum_{i=1}^{n}x_i y_i - a\sum_{i=1}^{n}x_i - b\sum_{i=1}^{n}x_i^2 = 0 \end{cases}$$

$$\begin{cases} \sum_{i=1}^{n}y_i = na + b\sum_{i=1}^{n}x_i \\ \sum_{i=1}^{n}x_i y_i = a\sum_{i=1}^{n}x_i + b\sum_{i=1}^{n}x_i^2 \end{cases} \quad (2-25)$$

所以

$$\begin{cases} a = \bar{y} - b\bar{x} \\ b = \dfrac{\sum_{i=1}^{n}x_i y_i - \dfrac{1}{n}(\sum_{i=1}^{n}x_i)(\sum_{i=1}^{n}y_i)}{\sum_{i=1}^{n}x_i^2 - \dfrac{1}{n}(\sum_{i=1}^{n}x_i)^2} \end{cases} \quad (2-26)$$

式（2-26）经过变换后可写为

$$\begin{cases} a = \bar{y} - b\bar{x} \\ b = \dfrac{\sum_{i=1}^{n}x_i y_i - n\bar{x}\bar{y}}{\sum_{i=1}^{n}x_i^2 - \dfrac{1}{n}(\sum_{i=1}^{n}x_i)^2} \end{cases} \quad (2-27)$$

实际计算按下面公式进行：

令

$$L_{xx} = \sum_{i=1}^{n}(x_i - \bar{x})^2 \quad (2-28)$$

则

$$L_{xx} = \sum_{i=1}^{n}(x_i - \bar{x})^2 = \sum_{i=1}^{n}x_i^2 - \frac{1}{n}(\sum_{i=1}^{n}x_i)^2 \quad (2-29)$$

令

$$L_{yy} = \sum_{i=1}^{n}(y_i - \bar{y})^2 \quad (2-30)$$

则

$$L_{yy} = \sum_{i=1}^{n}(y_i - \bar{y})^2 = \sum_{i=1}^{n}y_i^2 - \frac{1}{n}(\sum_{i=1}^{n}y_i)^2 \quad (2-31)$$

令

$$L_{xy} = \sum_{i=1}^{n}(x_i - \bar{x})(y_i - \bar{y}) \quad (2-32)$$

则

$$L_{xy} = \sum_{i=1}^{n}(x_i - \bar{x})(y_i - \bar{y}) = \sum_{i=1}^{n}x_i y_i - \bar{y}\sum_{i=1}^{n}x_i - \bar{x}\sum_{i=1}^{n}y_i + n\bar{x}\bar{y}$$

$$= \sum_{i=1}^{n} x_i y_i - \frac{1}{n} \left(\sum_{i=1}^{n} y_i \right) \left(\sum_{i=1}^{n} x_i \right) - \frac{1}{n} \left(\sum_{i=1}^{n} x_i \right) \left(\sum_{i=1}^{n} y_i \right) + n \left(\frac{1}{n} \sum_{i=1}^{n} x_i \right) \left(\frac{1}{n} \sum_{i=1}^{n} y_i \right)$$

$$= \sum_{i=1}^{n} x_i y_i - \frac{1}{n} \left(\sum_{i=1}^{n} x_i \right) \left(\sum_{i=1}^{n} y_i \right) \qquad (2-33)$$

考虑式 (2-29) 和式 (2-33) 可得

$$b = \frac{\sum_{i=1}^{n} (x_i - \bar{x})(y_i - \bar{y})}{\sum_{i=1}^{n} (x_i - \bar{x})^2} \qquad (2-34)$$

所以

$$b = \frac{L_{xy}}{L_{xx}} \qquad (2-35)$$

又可得回归平方和及剩余平方和的计算式为

$$U = \sum_{i=1}^{n} (\hat{y}_i - \bar{y})^2 = \sum_{i=1}^{n} [(a + bx_i) - (a + b\bar{x})]^2 = b^2 \sum_{i=1}^{n} (x_i - \bar{x})^2 = b^2 L_{xx} \qquad (2-36)$$

或

$$U = b \left[b \sum_{i=1}^{n} (x_i - \bar{x})^2 \right] = b \sum_{i=1}^{n} (x_i - \bar{x})(y_i - \bar{y}) = b L_{xy} \qquad (2-37)$$

$$Q = \sum_{i=1}^{n} (y_i - \hat{y}_i)^2 = \sum_{i=1}^{n} (y_i - a - bx_i)^2 = \sum_{i=1}^{n} (y_i - \bar{y} + b\bar{x} - bx_i)^2$$

$$= \sum_{i=1}^{n} [(y_i - \bar{y}) - b(x_i - \bar{x})]^2 = \sum_{i=1}^{n} (y_i - \bar{y})^2 - b^2 \sum_{i=1}^{n} (x_i - \bar{x})^2 \qquad (2-38)$$

或

$$Q = L_{yy} - b^2 L_{xx} \qquad (2-39)$$

或

$$Q = L_{yy} - b L_{xy} \qquad (2-40)$$

下面证明：G(离差平方和) $= Q$(剩余平方和) $+ U$(回归平方和)

根据式 (2-16)~式 (2-18) 可知：

$$G = \sum_{i=1}^{n} (y_i - \bar{y})^2 = \sum_{i=1}^{n} [(y_i - \hat{y}_i) + (\hat{y}_i - \bar{y})]^2$$

$$= \sum_{i=1}^{n} (y_i - \hat{y}_i)^2 + \sum_{i=1}^{n} (\hat{y}_i - \bar{y})^2 + 2 \sum_{i=1}^{n} [(y_i - \hat{y}_i)(\hat{y}_i - \bar{y})]$$

$$= Q + U + 2 \sum_{i=1}^{n} [(y_i - \hat{y}_i)(\hat{y}_i - \bar{y})] \qquad (2-41)$$

式 (2-41) 右端第三项等于 0，现证明如下：

$$\sum_{i=1}^{n} [(y_i - \hat{y}_i)(\hat{y}_i - \bar{y})] = \sum_{i=1}^{n} [(y_i - a - bx_i)(a + bx_i - \bar{y})]$$

$$= \sum_{i=1}^{n} [y_i - (\bar{y} - b\bar{x}) - bx_i][(\bar{y} - b\bar{x} + bx_i) - \bar{y}]$$

$$= \sum_{i=1}^{n} [(y_i - \bar{y}) - b(x_i - \bar{x})][b(x_i - \bar{x})]$$

$$= \sum_{i=1}^{n} [b(x_i - \bar{x})(y_i - \bar{y}) - b^2 (x_i - \bar{x})^2]$$

$$= b \sum_{i=1}^{n} (x_i - \bar{x})(y_i - \bar{y}) - b^2 \sum_{i=1}^{n} (x_i - \bar{x})^2 = 0 \qquad (2-42)$$

式中 b 值见式（2-34）。

因此 $$G = Q + U \qquad\qquad (2-43)$$

采用最小二乘法建立的数学模型具有下述性质：

（1）剩余之和为零，即 $\sum\limits_{i=1}^{n} q_i = 0$。

证明：$\sum\limits_{i=1}^{n}(y_i - \hat{y}_i) = \sum\limits_{i=1}^{n}(y_i - a - bx_i) = \sum\limits_{i=1}^{n} y_i - na - b\sum\limits_{i=1}^{n} x_i = 0$

（2）剩余平方和最小。

$$Q = \sum_{i=1}^{n}(y_i - \hat{y}_i)^2 = Q_{\min}$$

由最小二乘法的实质得到。

（3）剩余与相应变量之积求和为零，即 $\sum\limits_{i=1}^{n} q_i x_i = 0$。

证明：$\sum\limits_{i=1}^{n} q_i x_i = \sum\limits_{i=1}^{n}\left[x_i(y_i - a - bx_i)\right] = \sum\limits_{i=1}^{n} x_i y_i - a\sum\limits_{i=1}^{n} x_i - b\sum\limits_{i=1}^{n} x_i^2 = 0$

（4）回归直线必过 $(\bar{x}, \bar{y})$ 点，即 $\bar{y} = a + b\bar{x}$。证明详见前文模型参数估计过程。

【实例2-1】 已知一组观测数据，如表2-4所示，要求确定模型，并估计模型参数。

表2-4　试验观测数据

观测次数	1	2	3	4	5	6	7	8	9	10
x_i	1	2	3	4	5	6	7	8	9	10
y_i	2	3	4	5	6	7	8	9	10	11

解：根据表2-4中的数据作散点图，如图2-7所示。

由图2-7可知，散点图呈直线趋势，即为线性关系，故设其回归模型为

$$y = a + bx \qquad (2-44)$$

用最小二乘法估计模型（2-44）中的参数 a、b 的最佳值。计算表格及步骤见表2-5。

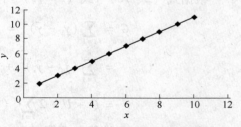

图2-7　x 与 y 之间关系的散点图

表2-5　x 与 y 之间关系的回归方程计算步骤

观测次数	x_i	y_i	x_i^2	$x_i y_i$	y_i^2
1	1	2	1	2	4
2	2	3	4	6	9
3	3	4	9	12	16
4	4	5	16	20	25
5	5	6	25	30	36
6	6	7	36	42	49

续表 2 - 5

观测次数	x_i	y_i	x_i^2	$x_i y_i$	y_i^2
7	7	8	49	56	64
8	8	9	64	72	81
9	9	10	81	90	100
10	10	11	100	110	121
$\sum\limits_{i=1}^{n}$	55	65	385	440	505

$$\sum_{i=1}^{n} x_i = 55; \quad \sum_{i=1}^{n} y_i = 65; \quad n = 10$$

$$\bar{x} = 5.5; \quad \bar{y} = 6.5$$

$$\sum_{i=1}^{n} x_i^2 = 385; \quad \sum_{i=1}^{n} y_i^2 = 505; \quad \sum_{i=1}^{n} x_i y_i = 440$$

$$\frac{1}{n}\left(\sum_{i=1}^{n} x_i\right)^2 = 302.5; \quad \frac{1}{n}\left(\sum_{i=1}^{n} x_i\right)\left(\sum_{i=1}^{n} y_i\right) = 357.5$$

$$b = \frac{\sum\limits_{i=1}^{n} x_i y_i - \frac{1}{n}\left(\sum\limits_{i=1}^{n} x_i\right)\left(\sum\limits_{i=1}^{n} y_i\right)}{\sum\limits_{i=1}^{n} x_i^2 - \frac{1}{n}\left(\sum\limits_{i=1}^{n} x_i\right)^2} = \frac{440 - 357.5}{385 - 302.5} = 1$$

$$a = \bar{y} - b\bar{x} = 6.5 - 1 \times 5.5 = 1$$

将求出的 a、b 值代入式（2 - 44），得到所求的数学模型为

$$y = 1 + x \tag{2-45}$$

【实例 2 - 2】 实际测定球磨机在不同转速率时的空转功率如表 2 - 6 所示。试确定球磨机空转功率 P 与其转速率 ψ 之间关系的数学模型。

表 2 - 6 球磨机在不同转速率时的空转功率

测定次数	1	2	3	4	5	6	7
转速率 ψ/%	28.0	42.1	56.3	69.7	83.7	97.6	110.7
空转功率 P/W	31.29	47.92	60.36	67.47	79.57	93.24	101.52

解：根据表 2 - 6 中的数据作散点图，如图 2 - 8 所示。

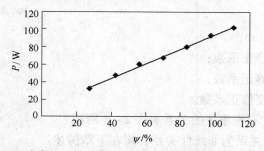

图 2 - 8 球磨机空转功率 P 与其转速率 ψ 之间关系的散点图

由图 2 - 8 可知，散点图呈直线趋势，即为线性关系，故设其回归模型为

$$P = a + b\psi \tag{2-46}$$

用最小二乘法估计模型（2 - 46）中的参数 a、b 的最佳值。计算表格及步骤见表 2 - 7。

表 2 - 7　ψ 与 P 之间关系的回归方程计算步骤

观测次数	ψ	P	ψ^2	P^2	ψP
1	28.0	31.29	784	979.0641	876.12
2	42.1	47.92	1772.41	2296.3264	2017.432
3	56.3	60.36	3169.69	3643.3296	3398.268
4	69.7	67.47	4858.09	4552.2009	4702.659
5	83.7	79.57	7005.69	6331.3849	6660.009
6	97.6	93.24	9525.76	8693.6976	9100.224
7	110.7	101.52	12254.49	10306.3104	11238.264
$\sum\limits_{i=1}^{n}$	488.1	481.37	39370.13	36802.3139	37992.976

$$\sum_{i=1}^{n}\psi_i = 488.1; \quad \sum_{i=1}^{n}P_i = 481.37; \quad n = 7$$

$$\bar{\psi} = 69.73; \quad \bar{P} = 68.77$$

$$\sum_{i=1}^{n}\psi_i^2 = 39370.13; \quad \sum_{i=1}^{n}P_i^2 = 36802.3139; \quad \sum_{i=1}^{n}\psi_iP_i = 37992.976$$

$$\frac{1}{n}(\sum_{i=1}^{n}\psi_i)^2 = 34034.5157; \quad \frac{1}{n}(\sum_{i=1}^{n}\psi_i)(\sum_{i=1}^{n}P_i) = 33565.2424$$

$$b = \frac{\sum\limits_{i=1}^{n}\psi_iP_i - \frac{1}{n}(\sum\limits_{i=1}^{n}\psi_i)(\sum\limits_{i=1}^{n}P_i)}{\sum\limits_{i=1}^{n}\psi_i^2 - \frac{1}{n}(\sum\limits_{i=1}^{n}\psi_i)^2} = \frac{37992.976 - 33565.2424}{39370.13 - 34034.5157} = 0.8298$$

$$a = \bar{P} - b\bar{\psi} = 68.77 - 0.8298 \times 69.73 = 10.908$$

将求得的 a、b 值代入式（2 - 46），得到所求的数学模型为

$$P = 10.908 + 0.8298\psi \tag{2-47}$$

【实例 2 - 3】　已知计算高堰式螺旋分级机产量 $Q(\text{t/h})$ 的经验公式为

$$Q = mk_1k_2k_3(94D^2 + 16D)/24 \tag{2-48}$$

式中　m——螺旋个数；

D——螺旋直径，m；

k_1——矿石密度修正系数；

k_2——分级粒度修正系数；

k_3——分级槽坡度修正系数。

试验获得的 k_1 与矿石密度 δ 的关系如表 2 - 8 所示。

k_2 与分级粒度 d 的关系为非线性关系，将在下章讲述。

由试验已得知　　　　　　　　　$k_3 = 1 - 0.02\alpha$

式中 α——分级槽坡度，(°)。

表 2-8 不同矿石密度时的 k_1 值

矿石密度 δ	2.70	2.85	3.00	3.20	3.30	3.50	3.80	4.00	4.20	4.50
k_1	1.00	1.08	1.15	1.25	1.30	1.40	1.55	1.65	1.75	1.90

试确定高堰式螺旋分级机的矿石修正系数 k_1 与矿石密度 δ 之间关系的数学模型。

解： 根据表 2-8 数据作散点图 2-9，发现 $k_1 = f(\delta)$ 呈线性关系，故设其模型为

$$k_1 = a + b\delta \tag{2-49}$$

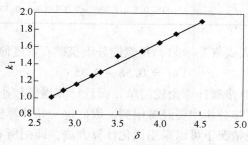

图 2-9 k_1 与 δ 关系的散点图

用最小二乘法求 a、b 的最佳值。计算表格及步骤列于表 2-9 中。

表 2-9 矿石密度修正系数 k_1 与矿石密度 δ 的关系的回归方程计算步骤

序 号	$x_i(\delta_i)$	$y_i(k_{1i})$	$x_i^2(\delta_i^2)$	$y_i^2(k_{1i}^2)$	$x_i y_i(\delta_i k_{1i})$
1	2.70	1.00	7.29	1.00	2.70
2	2.85	1.08	8.12	1.17	3.08
3	3.00	1.15	9.00	1.32	3.45
4	3.20	1.25	10.24	1.56	4.00
5	3.30	1.30	10.89	1.69	4.29
6	3.50	1.49	12.25	1.96	4.90
7	3.80	1.55	14.44	2.40	5.89
8	4.00	1.65	16.00	2.72	6.60
9	4.20	1.75	17.64	3.06	7.35
10	4.50	1.90	20.25	3.61	8.55
$\sum\limits_{i=1}^{n}$	35.05	14.03	126.12	20.49	50.81

$$\sum_{i=1}^{n} x_i = 35.05 \ ; \ \sum_{i=1}^{n} y_i = 14.03 \ ; \ n = 10$$

$$\bar{x} = 3.505 \ ; \ \bar{y} = 1.403$$

$$\sum_{i=1}^{n} x_i^2 = 126.12 \ ; \ \sum_{i=1}^{n} y_i^2 = 20.49 \ ; \ \sum_{i=1}^{n} x_i y_i = 50.81$$

$$\frac{1}{n} \left(\sum_{i=1}^{n} x_i \right)^2 = 122.85 \ ; \ \frac{1}{n} \left(\sum_{i=1}^{n} y_i \right)^2 = 19.68 \ ; \ \frac{1}{n} \left(\sum_{i=1}^{n} x_i \right) \left(\sum_{i=1}^{n} y_i \right) = 49.18$$

$$L_{xx} = \sum_{i=1}^{n} x_i^2 - \frac{1}{n}(\sum_{i=1}^{n} x_i)^2 = 126.12 - 122.85 = 3.27$$

$$L_{yy} = \sum_{i=1}^{n} y_i^2 - \frac{1}{n}(\sum_{i=1}^{n} y_i)^2 = 20.49 - 19.68 = 0.81$$

$$L_{xy} = \sum_{i=1}^{n} x_i y_i - \frac{1}{n}(\sum_{i=1}^{n} x_i)(\sum_{i=1}^{n} y_i) = 50.81 - 49.18 = 1.63$$

$$b = \frac{L_{xy}}{L_{xx}} = \frac{1.63}{3.27} = 0.498 \approx 0.5$$

$$a = \bar{y} - b\bar{x} = 1.403 - 0.5 \times 3.505 = -0.349 \approx -0.35$$

将求出的 a、b 值代入式（2-49），得螺旋分级机矿石密度修正系数 k_1 的数学模型为

$$k_1 = 0.5\delta - 0.35 \tag{2-50}$$

按表 2-9 所述的计算步骤计算比较简单，而且计算误差较小。其中 L_{yy} 在计算回归方程时并不需要，但在进一步分析中要经常用到，因此也一并计算出来。

观测数据很大或其他情况下可以采用简化计算方法，即把所有观测数据同减一个数或同加一个数，然后进行计算，这样计算出的待定系数 a、b 值与前述算法一样。下边推导利用简算法计算回归系数 a、b 的公式。

设 n 个观测值为 (x_i, y_i)，$i=1, 2, \cdots, n$。将观测值 x_i、y_i 作如下变换：

$$x_i' = c_1(x_i - d_1) \tag{2-51}$$

$$y_i' = c_2(y_i - d_2) \tag{2-52}$$

式中　c_1，c_2，d_1，d_2——均为某一常数。

由观测值 x_i、y_i 计算所得数学模型为

$$y = a + bx$$

现将观测值按式（2-51）和式（2-52）进行变换并按变换后的观测值 x_i'、y_i' 计算 a、b 值。

由式（2-51）及式（2-52）得

$$x_i = d_1 + \frac{x_i'}{c_1} \tag{2-53}$$

$$y_i = d_2 + \frac{y_i'}{c_2} \tag{2-54}$$

于是　$\bar{x} = \frac{1}{n}\sum_{i=1}^{n}(d_1 + \frac{x_i'}{c_1}) = \frac{1}{n}(\sum_{i=1}^{n} d_1 + \frac{1}{c_1}\sum_{i=1}^{n} x_i') = d_1 + \frac{\bar{x}'}{c_1}$ $\tag{2-55}$

同理　$\bar{y} = \frac{1}{n}\sum_{i=1}^{n}(d_2 + \frac{y_i'}{c_2}) = d_2 + \frac{\bar{y}'}{c_2}$ $\tag{2-56}$

$$L_{xx} = \sum_{i=1}^{n}(x_i - \bar{x})^2 = \sum_{i=1}^{n} x_i^2 - \frac{1}{n}(\sum_{i=1}^{n} x_i)^2$$

$$= \sum_{i=1}^{n}(d_1 + \frac{x_i'}{c_1})^2 - \frac{1}{n}\Big[\sum_{i=1}^{n}(d_1 + \frac{x_i'}{c_1})\Big]^2$$

$$= nd_1^2 + \frac{1}{c_1^2} \sum_{i=1}^{n} x_i'^2 + 2\frac{d_1}{c_1} \sum_{i=1}^{n} x_i' - \frac{1}{n} \Big[n^2 d_1^2 + \frac{1}{c_1^2} \Big(\sum_{i=1}^{n} x_i' \Big)^2 + 2n\frac{d_1}{c_1} \sum_{i=1}^{n} x_i' \Big]$$

$$= \frac{1}{c_1^2} \Big[\sum_{i=1}^{n} x_i'^2 - \frac{1}{n} \Big(\sum_{i=1}^{n} x_i' \Big)^2 \Big] = \frac{1}{c_1^2} L_{xx}' \tag{2-57}$$

同理

$$L_{yy} = \frac{1}{c_2^2} L_{yy}' \tag{2-58}$$

$$L_{xy} = \frac{1}{c_1 c_2} L_{xy}' \tag{2-59}$$

$$b = \frac{L_{xy}}{L_{xx}} = \frac{\dfrac{1}{c_1 c_2} L_{xy}'}{\dfrac{1}{c_1^2} L_{xx}'} = \frac{c_1}{c_2} \frac{L_{xy}'}{L_{xx}'} \tag{2-60}$$

$$a = \bar{y} - b\bar{x} = \Big(d_2 + \frac{\bar{y}'}{c_2} \Big) - \Big(d_1 + \frac{\bar{x}'}{c_1} \Big) \frac{c_1 L_{xy}'}{c_2 L_{xx}'} \tag{2-61}$$

当 $c_1 = c_2$ 时，即 $c_1 = c_2 = c$，有

$$b = \frac{L_{xy}}{L_{xx}} = \frac{L_{xy}'}{L_{xx}'} \tag{2-62}$$

$$a = \Big(d_2 + \frac{\bar{y}'}{c} \Big) - \Big(d_1 + \frac{\bar{x}'}{c} \Big) \frac{L_{xy}'}{L_{xx}'} \tag{2-63}$$

2.7 一元线性回归方程的检验

回归方程求出以后，它是否符合变量 x 与 y 之间的变化规律，用它根据自变量 x 的取值预报因变量 y 的值，其效果如何？另外回归方程本身波动大小怎样？这就需要对回归方程进行统计检验。

2.7.1 线性相关程度检验

2.7.1.1 线性相关系数

我们进行回归计算时首先是根据 (x_i, y_i) 的散点图判断自变量 x 与因变量 y 之间存在"类似"线性关系，但设计出的线性数学模型是否符合 x 与 y 的变化关系，需要作进一步检验。这就必须给出一个数量指标来判别这两个变量之间的线性关系的密切程度，该数量指标称为线性相关系数，即线性相关系数是描述自变量 x 与因变量 y 之间线性相关密切程度的一个数量指标，通常用 r 表示。

2.7.1.2 线性相关系数 r 的计算

线性相关系数按式（2-64）进行计算：

$$r = \pm \sqrt{\frac{U}{G}} = \pm \sqrt{\frac{U}{U+Q}} \tag{2-64}$$

式中 U——回归平方和；

Q——剩余平方和；

G——离差平方和。

由式（2-36）和式（2-38）可以得出：

$$r = \pm \sqrt{\frac{\sum_{i=1}^{n} (\hat{y}_i - \overline{y})^2}{\sum_{i=1}^{n} (y_i - \overline{y})^2}} = \pm \sqrt{\frac{b \sum_{i=1}^{n} (x_i - \overline{x})(y_i - \overline{y})}{\sum_{i=1}^{n} (y_i - \overline{y})^2}}$$

$$= \pm \sqrt{\frac{\sum_{i=1}^{n} (x_i - \overline{x})(y_i - \overline{y}) \sum_{i=1}^{n} (x_i - \overline{x})(y_i - \overline{y})}{\sum_{i=1}^{n} (x_i - \overline{x})^2 \sum_{i=1}^{n} (y_i - \overline{y})^2}}$$

$$= \pm \frac{\sum_{i=1}^{n} (x_i - \overline{x})(y_i - \overline{y})}{\sqrt{\sum_{i=1}^{n} (x_i - \overline{x})^2 \sum_{i=1}^{n} (y_i - \overline{y})^2}} \qquad (2-65)$$

或

$$r = \frac{L_{xy}}{\pm \sqrt{L_{xx} L_{yy}}} \qquad (2-66)$$

2.7.1.3　线性相关程度的分析

当 $Q = 0$ 时，即

$$Q = \sum_{i=1}^{n} (y_i - \hat{y}_i)^2 = 0 \qquad (2-67)$$

所以
$$y_i = \hat{y}_i \qquad (2-68)$$

x 与 y 的线性关系完全密切，即 n 个观测数据 (x_i, y_i) 完全位于一条直线上，$G = U$，$r^2 = 1$，相关系数的绝对值等于1，即 $|r| = 1$，此时 x 与 y 称为"完全线性相关"。$r = +1$ 称为完全正相关（见图2-10(a)），$r = -1$ 称为完全负相关（见图2-10(b)）。

当 $Q = G$，$U = 0$ 时，$r^2 = 0$，x 与 y 毫无线性关系。

因为
$$U = \sum_{i=1}^{n} (\hat{y}_i - \overline{y})^2 = 0 \qquad (2-69)$$

所以
$$\hat{y}_i = \overline{y} \qquad (2-70)$$

即所配的直线为一条平行于横坐标的直线 $\hat{y} = \overline{y}$，在这种情况下，自变量 x 值无论如何变化，因变量 $\hat{y}$ 值总等于常数 $\overline{y}$，此时称 x 与 y "完全线性不相关"（见图2-10(c)）。

在实际中 $r = 0$ 的情况极为少见，往往我们用毫不相干的两个变量序列，计算相关系数的绝对值都会大于零。需要说明的是，$r = 0$ 或绝对值很小时，并不一定表示 x 与 y 不存在除线性以外的其他函数关系（见图2-10(d)）。

当 $U \neq 0$，$Q \neq 0$ 时，$Q = G - U > 0$。

$$r = \pm \sqrt{\frac{U}{G}} \qquad (2-71)$$

即 $0 < r^2 < 1.0$。

在大多数情况下，$0 < |r| < 1.0$。当 y 随 x 的增加而增加，即线性模型（2-19）中 $b > 0$ 时，称 x 与 y 为正相关，此时 r 取正值（见图2-10(e)）；当 y 随 x 的增加而减小，

即式（2-19）中 $b<0$ 时，称 x 与 y 为负相关，此时 r 取负值（见图 2-10(f)）。r 取值的符号与线性模型（2-19）中自变量 x 的系数 b 相同。无论 r 为正或为负，x 与 y 线性相关的密切程度取决于 r 的绝对值。r 的绝对值愈小，散点离回归直线愈分散；r 的绝对值愈大，散点愈靠近回归直线。至于 r 的绝对值大到什么程度才可以用回归直线来表述 x 与 y 的关系，要用显著性检验来决定。一般来说由于抽样误差的影响，使相关系数 r 达到显著的值与抽样个数 n 有关。表 2-10 给出了不同 n 值时（注意表中第一列数字为 $n-2$）两种显著水平（即信度 α 为 0.05 及 0.01）时相关系数 r 达到显著的最小值。当按式（2-64）或式（2-65）计算出的 $r_计$ 小于表值 $r_表$ 时，称相关系数 $r_计$ 不显著，这时所分析的 x 与 y 的关系就不能用线性数学模型描述。通常算出的 $|r|\geqslant 0.7$ 时就认为 x 与 y 线性关系密切；$|r|\geqslant 0.9$ 时，认为 x 与 y 线性关系很密切。

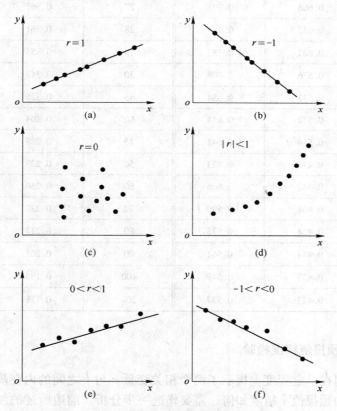

图 2-10　不同相关系数的散点示意图

对实例 2-3 中 $k_1=f(\delta)$ 关系作线性相关检验，相关系数 r 计算如下：

$$r_计 = \frac{L_{xy}}{\sqrt{L_{xx}L_{yy}}} = \frac{1.63}{\sqrt{3.27 \times 0.81}} = 0.995$$

由表 2-10，$\alpha=0.05$ 且 $n-2=10-2=8$ 时，$r_表=0.632$；$\alpha=0.01$ 且 $n-2=10-2=8$ 时，$r_表=0.765$。

即

$$r_计 \gg r_表$$

故 k_1 与 δ 线性相关很密切。

表 2 – 10   相关系数检验表

$n-2$	α		$n-2$	α	
	0.05	0.01		0.05	0.01
1	0.997	1.000	21	0.413	0.526
2	0.950	0.990	22	0.404	0.515
3	0.878	0.959	23	0.396	0.505
4	0.811	0.917	24	0.388	0.496
5	0.754	0.874	25	0.381	0.487
6	0.707	0.834	26	0.374	0.478
7	0.666	0.798	27	0.367	0.470
8	0.632	0.765	28	0.361	0.463
9	0.602	0.735	29	0.355	0.456
10	0.576	0.708	30	0.349	0.449
11	0.553	0.684	35	0.325	0.418
12	0.532	0.661	40	0.304	0.393
13	0.514	0.641	45	0.288	0.372
14	0.497	0.623	50	0.273	0.354
15	0.482	0.606	60	0.250	0.325
16	0.468	0.590	70	0.232	0.302
17	0.458	0.575	80	0.217	0.283
18	0.444	0.561	90	0.205	0.267
19	0.433	0.549	100	0.195	0.254
20	0.423	0.537	200	0.138	0.181

2.7.2 回归方程预报值精度检验

回归直线方程在一定程度上揭示了两个相关变量 x 与 y 之间的内在规律，但是回归方程求出后可提供的预报值 $\hat{y}$ 精度如何，需要作进一步分析。前边所述的线性相关系数检验只能说明 x 与 y 两个变量线性相关的密切程度，并不能提供回归方程预报值的精确程度，为此需要对回归方程进行方差分析及预报值控制范围的计算。

在进行线性回归方程的方差分析时先求出其各种变差的均方和（即方差）。

离差均方和 $S_G = \dfrac{G}{f_{离}} = \dfrac{\displaystyle\sum_{i=1}^{n}(y_i - \overline{y})^2}{f_{离}}$ $(2-72)$

回归均方和 $S_U = \dfrac{U}{f_{回}} = \dfrac{\displaystyle\sum_{i=1}^{n}(\hat{y}_i - \overline{y})^2}{f_{回}}$ $(2-73)$

剩余均方和　　　　　　　　　$S_Q = \dfrac{Q}{f_{剩}} = \dfrac{\sum\limits_{i=1}^{n}(y_i - \hat{y}_i)^2}{f_{剩}}$ 　　　　　　　(2－74)

上述诸式中 $f_{离}$、$f_{回}$ 及 $f_{剩}$ 分别为离差平方和、回归平方和及剩余平方和的自由度。根据概率与数理统计知识知：

$$f_{离} = f_{回} + f_{剩} = n - 1 \qquad\qquad (2-75)$$
$$f_{回} = k \qquad\qquad (2-76)$$

所以　　　　　　　　　　$f_{剩} = f_{离} - f_{回} = n - k - 1$ 　　　　　　(2－77)

式中　　n——观测次数；

　　　　k——自变量个数，一元线性回归分析中 $k = 1$。

由此得方差分析表，见表 2－11。

表 2－11　一个自变量线性回归方差分析表

变差来源	平方和	自由度	均方和（方差）
回归(因素 x)	$U = \sum\limits_{i=1}^{n}(\hat{y}_i - \bar{y})^2 = bL_{xy}$	$f_{回} = k = 1$	$S_U = \dfrac{U}{1}$
剩余(随机因素)	$Q = \sum\limits_{i=1}^{n}(y_i - \hat{y}_i)^2 = L_{yy} - bL_{xy}$	$f_{剩} = n - k - 1$ $= n - 2$	$S_Q = \dfrac{Q}{n-2}$
总计(离差)	$G = \sum\limits_{i=1}^{n}(y_i - \bar{y})^2 = L_{yy}$	$f_{离} = n - 1$	$S_G = \dfrac{G}{n-1}$

同时可以得出剩余均方差（或剩余标准差）σ_Q 为

$$\sigma_Q = \sqrt{\dfrac{Q}{n-k-1}} = \sqrt{\dfrac{Q}{n-2}} \qquad\qquad (2-78)$$

S_Q 与 σ_Q 都可用来衡量所有随机因素对 y 的 n 次观测值平均变差的大小，σ_Q 的单位与 y 相同。

当观测次数 n 足够多时，一般来说，在按照固定工艺操作条件下的一般生产数据大致服从正态分布。对于每个确定的 $x = x_0$，则 y 的取值也服从正态分布，它的平均数即为当 $x = x_0$ 时回归方程的相应预报值 $\hat{y}_0 = a + bx_0$，其方差可用剩余方差（即剩余均方和）来估计。根据正态分布的性质，对于固定的 $x = x_0$，y 的取值是以 $\hat{y}_0$ 为中心对称分布的。愈靠近 $\hat{y}_0$ 的地方出现的概率愈大，而离开预报值 $\hat{y}_0$ 较远的地方出现的概率就小，且与剩余标准差 σ_Q 之间存在下述关系：

(1) 落在 $\hat{y}_0 \pm 0.5\sigma_Q$ 区间的概率占 38%；

(2) 落在 $\hat{y}_0 \pm \sigma_Q$ 区间的概率占 68.3%；

(3) 落在 $\hat{y}_0 \pm 1.56\sigma_Q$ 区间的概率占 90%；

(4) 落在 $\hat{y}_0 \pm 1.96\sigma_Q$ 区间的概率占 95%；

(5) 落在 $\hat{y}_0 \pm 2.0\sigma_Q$ 区间的概率占 95.4%；

(6) 落在 $\hat{y}_0 \pm 2.58\sigma_Q$ 区间的概率占 99%；

(7) 落在 $\hat{y}_0 \pm 3.0\sigma_Q$ 区间的概率占 99.73%；

(8) 落在 $\hat{y}_0 \pm 4.0\sigma_Q$ 区间的概率占 99.99%。

由此可见，σ_Q 愈小，回归方程预报值 $\hat{y}$ 就愈精确。因此可以把剩余标准差 σ_Q 作为预报值精度的标志。上面的结论对一切通常取值范围内的 x 都成立，因此观测值 y_i 落在下述区间内，即

$$\hat{y}^* = a + bx \pm t\sigma_Q \qquad\qquad (2-79)$$

式中，t 取值的大小取决于区间估计概率的大小，一般 t 取值为 1.56、1.96、2.58 或 3.0。

根据 σ_Q 的大小及 t 取值的大小，可以作出预报值 $\hat{y}$ 的波动范围控制限（见图 $2-11$）。

控制上限 $\qquad\qquad\qquad \hat{y}' = a + bx + t\sigma_Q \qquad\qquad (2-80)$

控制下限 $\qquad\qquad\qquad \hat{y}'' = a + bx - t\sigma_Q \qquad\qquad (2-81)$

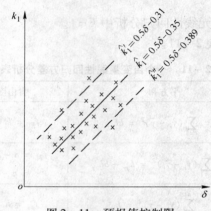

图 2 – 11　预报值控制限

现以实例 $2-3$ 中 k_1 与 δ 的回归计算为例：

$$\sigma_Q = \sqrt{\frac{Q}{n-2}} = \sqrt{\frac{L_{yy} - bL_{xy}}{n-2}} = \sqrt{\frac{0.81 - 0.498 \times 1.63}{8}} = 0.02$$

取 $t = 1.96$，则观测值 k_1 的取值落在下述两直线范围内的概率为 95%，即

$$\hat{k}_1' = 0.5\delta - 0.35 + 1.96 \times 0.02 = 0.5\delta - 0.31$$

$$\hat{k}_1'' = 0.5\delta - 0.35 - 1.96 \times 0.02 = 0.5\delta - 0.389$$

由以上分析可知，得出的回归方程对解决实际问题是否有帮助，比较与生产许可偏差的大小就可。因此，它是检验回归方程是否有效、预报值精度是否合乎要求的极其重要的标志。

另外，在实际工作中，若对于同一过程采用两个数学模型进行回归：

$$y_1 = f_1(x) \qquad\qquad (2-82a)$$

$$y_2 = f_2(x) \qquad\qquad (2-82b)$$

如果 $\delta_{Q_1} > \delta_{Q_2}$，则模型（$2-82b$）就比模型（$2-82a$）更加精确。

2.7.3　回归方程显著性检验

对于一元线性回归分析，显著性检验的结果与线性相关程度检验是完全一样的。进行回归方程显著性检验采用的方法是 F 检验。

F 检验的步骤如下：

（1）计算回归均方和　　　　　　$S_U = \dfrac{U}{f_{回}}$

（2）计算剩余均方和　　　　　　$S_Q = \dfrac{Q}{f_{剩}}$

（3）计算 F 值，用 F_C 表示：

$$F_C = \frac{S_U}{S_Q}$$

（4）查表中 F 值，用 F_T 来表示。

（5）以回归平方和的自由度 $f_{回}$ 为第一自由度，以剩余平方和的自由度 $f_{剩}$ 为第二自由度，在一定的信度水平 α 下，查 F 检验表（附表 Ⅱ）。信度水平值 α 越小，信度越高。

（6）比较 F_C 和 F_T。在所取的信度水平 α 下，如果

1）$F_C > F_T$，回归方程显著；

2）$F_C < F_T$，回归方程不显著；

3）$F_C \gg F_T$，回归方程高度显著。

若在所有的信度水平 α 下，$F_C < F_T$，则应该分析原因，改进或重新建立数学模型。

实例 $2-3$ 中 k_1 与 δ 的 F 检验如下：

$$F = \frac{U}{f_{回}} \Big/ \frac{Q}{f_{剩}} = \frac{bL_{xy}}{1} \Big/ \left(\frac{L_{yy} - bL_{xy}}{10 - 2} \right) = \frac{0.498 \times 1.62}{1} \Big/ \left(\frac{0.81 - 0.498 \times 1.62}{8} \right) = 1992$$

查 F 检验表，第一自由度 $f_{回} = f_1 = 1$；第二自由度 $f_{剩} = f_2 = 8$。取信度 $\alpha = 0.1$，$F_T = 3.46$，$F_C \gg F_T$，故回归方程高度显著。

实际上作了线性相关检验后，就没有必要再作 F 检验，二者作一即可。

还需要强调指出的是：（1）回归方程适用范围一般仅局限于原来观测数据的变动范围，不能随意外推。在某种必须外推估计的情况下要十分小心，必须在实际中检验所得结果是否合理。（2）自变量取值范围较大时，回归方程精度较高。

2.7.4　误差检验

在回归分析中无论是进行线性相关检验（求相关系数）、F 检验，或者进行预报值精度检验（计算 σ_Q 或区间估计）都是根据已得的观测数据进行的，但到底误差有多大，是否还有其他影响因素没有考虑到，这就需要进行重复试验。重复试验有下述几种作法：

（1）全部试验点都重复。

（2）局部试验点重复，它又分为：1）局部试验点都重复；2）仅进行一个试验点的重复。这种作法及计算较简单。

下边讲述一个试验点重复试验的误差检验方法。

第一批试验共得 n 组试验数据 (x_i, y_i)，$i = 1, 2, \cdots, n$。然后对 (x_n, y_n) 号试验进行 m 次重复试验，共得 $n + m - 1$ 个试验数据。即

$$y_1, y_2, \cdots, y_{n-1}, y_n, y_{n+1}, \cdots, y_{n+m-1}$$

首先对上述 $n + m - 1$ 个数据进行计算，然后对重复计算的 m 个数据进行计算。

$$\bar{y} = \left(\sum_{i=1}^{n+m-1} y_i \right) / (n + m - 1) \qquad (2-83)$$

离差平方和 $\qquad G = \sum_{i=1}^{n+m-1} (y_i - \bar{y})^2$ （2-84）

回归平方和 $\qquad U = \sum_{i=1}^{n+m-1} (\hat{y}_i - \bar{y})^2$ （2-85）

剩余平方和 $\qquad Q = \sum_{i=1}^{n+m-1} (y_i - \hat{y}_i)^2$ （2-86）

离差自由度 $\qquad f_{离} = (n + m - 1) - 1 = n + m - 2$ （2-87）

回归自由度 $\qquad f_{回} = k = 1$ （2-88）

剩余自由度 $\qquad f_{剩} = f_{离} - f_{回} = n + m - 3$ （2-89）

离差均方和 $\qquad S_G = \dfrac{1}{n + m - 2} \sum_{i=1}^{n+m-1} (y_i - \bar{y})^2$ （2-90）

回归均方和 $\qquad S_U = \sum_{i=1}^{n+m-1} (\hat{y}_i - \bar{y})^2$ （2-91）

剩余均方和 $\qquad S_Q = \dfrac{1}{n + m - 3} \sum_{i=1}^{n+m-1} (y_i - \hat{y}_i)^2$ （2-92）

下边对重复的 m 个数据进行计算。

$$\bar{y}_m = \frac{1}{m} \sum_{i=1}^{n+m-1} y_i \qquad (2-93)$$

由此得误差平方和 $G_{误}$ 为

$$G_{误} = \sum_{i=1}^{n+m-1} (y_i - \bar{y}_m)^2 \qquad (2-94)$$

误差均方和 $S_{误}$ 为

$$S_{误} = \frac{1}{m-1} \sum_{i=1}^{n+m-1} (y_i - \bar{y}_m)^2 \qquad (2-95)$$

式中，$(m-1)$ 为误差自由度，即 $f_{误} = m - 1$。

前已述及剩余均方和包括两部分：一部分由试验误差引起，另一部分由未控制的因素的影响造成，这部分称失拟平方和 $G_{失拟}$。所以，剩余平方和为

$$Q = G_{误} + G_{失拟} \qquad (2-96)$$

由此得失拟平方和为

$$G_{失拟} = Q - G_{误} = \sum_{i=1}^{n+m-1} (y_i - \hat{y}_i)^2 - \sum_{i=1}^{n+m-1} (y_i - \bar{y}_m)^2 \qquad (2-97)$$

失拟均方和 $S_{失拟}$ 为

$$S_{失拟} = \frac{1}{f_{失拟}} \left[\sum_{i=1}^{n+m-1} (y_i - \hat{y}_i)^2 - \sum_{i=1}^{n+m-1} (y_i - \bar{y}_m)^2 \right] \qquad (2-98)$$

失拟平方和的自由度为

$$f_{失拟} = f_{剩} - f_{误} \qquad (2-99)$$

对于一元回归分析，$f_{失拟} = (n + m - 1) - (m - 1) = n - 2$。

计算出以上统计量以后，进行 F 检验，即检验是否有其他重要影响因素存在而没有考虑。

$$F_1 = \frac{S_{失拟}}{S_{误}} = \frac{G_{失拟}}{f_{失拟}} \bigg/ \frac{G_{误}}{f_{误}} \qquad (2-100)$$

在进行 F 检验时，$f_{失拟}$ 为第一自由度，$f_{误}$ 为第二自由度。取信度水平为 α，然后查 F 分布表，求 F 分布表表值 $F_{\alpha}(f_{失拟}, f_{误})$。如果由式（2-100）算出 F_1 的值大于表值，即

$$F_1 \geqslant F_{\alpha}(f_{失拟}, f_{误})$$

则说明有其他未控制的影响因素存在，这又有两种可能：（1）影响因变量 y 值的除自变量 x 外，另外还有不可忽略的影响因素；（2）y 和 x 为非线性关系，或无关系。

当 $F_1 \leqslant F_{\alpha}(f_{失拟}, f_{误})$ 时，说明"失拟"影响不显著，剩余平方和基本上由试验误差和其他次要偶然因素引起。在这种情况下进行误差大小检验，即检验回归均方和与剩余均方和之比 F_2：

$$F_2 = \frac{S_U}{S_Q} = \frac{\sum_{i=1}^{n+m-1} (y_i - \bar{y})^2}{1} \bigg/ \left[\frac{\sum_{i=1}^{n+m-1} (y_i - \hat{y}_i)^2}{n + m - 3} \right] \tag{2-101}$$

查 F 分布表中 $F_{\alpha}(f_{回}, f_{剩})$ 值。

当 $F_2 > F_{\alpha}(f_{回}, f_{剩})$ 时，说明误差不显著，回归方程拟合较好。

当 $F_2 \leqslant F_{\alpha}(f_{回}, f_{剩})$ 时，说明试验误差过大，虽没有其他重要因素对因变量 y 有影响，但由于试验误差较大，所得回归方程精度太差。

2.7.5 回归方程稳定性检验

回归方程的计算和分析都是根据已获得的观测数据来进行的，不同的观测数据回归分析的结果也必然不一样。现在分析以下两种情况。

（1）得到一批观测数据，利用这批观测数据建立一个回归方程。如何利用已知信息估计回归方程本身的波动情况，即预报值 $\hat{y}$，回归系数 a、b 的波动情况。从应用的角度出发，$\hat{y}$、a、b 值的波动愈小愈好，这说明回归方程稳定。所谓回归方程的稳定性是指除自变量 x 外其他试验条件基本不变的情况下，由不同的几批观测数据得到的回归系数 b 及常数项 a 的波动情况。a、b、$\hat{y}$ 的波动称为回归方程的摄动。

考查回归方程的稳定性不需要采用比较不同批的观测数据所建立的回归方程的麻烦办法，而根据一批观测数据所作的回归计算的信息也可以解决稳定性的评价。

实质上回归系数 b、常数项 a 波动的大小都可以分别用它们本身的标准差 σ_a、σ_b 来衡量。

σ_b 愈大，b 的波动程度就愈大；σ_b 愈小，b 的波动就愈小。σ_b 可用下式计算：

$$\sigma_b = \frac{\sigma_Q}{\sqrt{\sum_{i=1}^{n} (x_i - \bar{x})^2}} = \sqrt{\frac{\sum_{i=1}^{n} (y_i - \hat{y}_i)^2}{(n - 2) \sum_{i=1}^{n} (x_i - \bar{x})^2}} \tag{2-102}$$

式中　σ_Q——剩余标准差。

由式（2-102）知，σ_b 的大小不仅与剩余标准差 σ_Q 有关，而且还与自变量 x 的取值有关。x 取值范围大，σ_b 值小，即 b 的波动减小。因此，在进行回归试验时，自变量 x 的取值应分散些，即取值范围应大一些。

常数项 a 的标准差 σ_a 为

$$\sigma_a = \sigma_Q \sqrt{\frac{1}{n} + \frac{\overline{x}^2}{L_{xx}}} \qquad (2-103)$$

式（2-103）表明 σ_a 的大小不仅与 σ_Q、L_{xx} 有关，还与观测数据的个数 n 有关，n 愈大，a 的波动愈小。

预报值 $\hat{y}$ 的标准差 $\sigma_{\hat{y}}$ 为

$$\sigma_{\hat{y}} = \sigma_Q \sqrt{\frac{1}{n} + \frac{(x_i - \overline{x})^2}{L_{xx}}} \qquad (2-104)$$

按式（2-104），对于某一 x_i 值即可算出相应的预报值 $\hat{y}$ 的标准差。因此对于某个固定的 x、y 的取值，以回归方程 $\hat{y} = a + bx$ 为中心将有所波动。严格说来，对于每个固定的 x、$\hat{y}^*$ 的值虽以预报值 $\hat{y}$ 为中心，但表示其波动程度的标准差实际上比剩余标准差大，此时因变量 $\hat{y}^*$ 的标准差 $\sigma_{\hat{y}^*}$ 为

$$\sigma_{\hat{y}^*} = \sigma_Q \sqrt{1 + \frac{1}{n} + \frac{(x_i - \overline{x})^2}{L_{xx}}} \qquad (2-105)$$

式（2-105）表明，根据回归方程预报 $\hat{y}$ 值时，其精度与 $\overline{x}$ 有关，愈靠近 $\overline{x}$ 精度愈高，离 $\overline{x}$ 愈远精度愈差。如图 2-12 所示，中间直线为回归直线，靠近回归直线两侧的虚线表示回归直线本身波动的范围，最外边两条实线表示预报值波动的范围。很显然，由于回归方程本身的波动，其预报值波动的范围较固定的回归方程预报值的波动范围要大（见图 2-11）。

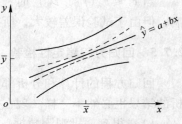

图 2-12   回归值 $\hat{y}$ 与回归波动值 $\hat{y}^*$ 示意图

（2）两条回归直线的比较。第一次得到一批观测数据，建立一个回归方程；第二次又得到一批观测数据再建立一个回归方程。上述两个回归方程有无显著差异，二者可否用同一回归方程描述？

设从两批观测数据中得到以下两条回归直线：

$$\hat{y}_{(1)} = a_1 + b_1 x$$
$$\hat{y}_{(2)} = a_2 + b_2 x$$

比较这两条回归直线有无显著差异。

两条回归直线进行比较时的参数可列成表 2-12。

表 2-12   比较两条回归直线的参数

名　称	回归直线（1）	回归直线（2）
回归直线	$\hat{y}_{(1)} = a_1 + b_1 x$	$\hat{y}_{(2)} = a_2 + b_2 x$
样本容量（观测次数）	n_1	n_2
剩余平方和	Q_1	Q_2
剩余标准差	σ_{Q1}	σ_{Q2}
剩余自由度	f_1	f_2
自变量平方和	$L_{x_1 x_1}$	$L_{x_2 x_2}$
自变量平均值	$\overline{x}_1$	$\overline{x}_2$
因变量平均值	$\overline{y}_1$	$\overline{y}_2$

首先用 F 检验判别两条回归直线有无显著差异。假如

$$\sigma_{Q1}^2 > \sigma_{Q2}^2$$

则

$$F_{计} = \sigma_{Q1}^2 / \sigma_{Q2}^2 = \frac{Q_1}{f_1} \bigg/ \frac{Q_2}{f_2} \tag{2-106}$$

查 F 分布表。在给定信度水平 α 下，求得表值为 $F_\alpha(f_1, f_2)$，如果

$$F_{计} \leqslant F_\alpha(f_1, f_2)$$

说明两回归方程无显著差异。这样可以把 σ_{Q1}、σ_{Q2} 合并作为共同剩余标准差。此外还需要说明的是，根据式（2-106）进行 $F_{计}$ 计算时，两个回归均方和大者作分子，小者作分母。

进行 F 检验后，如果在不同信度水平下得到的结论不一致，可进一步进行 t 检验。在 t 检验中可对回归系数 b 及常数项 a 进行检验。

在实际问题中，大多检验 b_1、b_2 有无显著差异，至于比较常数项 a_1、a_2，因方法比较繁杂，此处不予论述。

采用 t 分布检验法对 b_1、b_2 进行显著性检验，从直观上看比较两个回归系数之差的大小，即 $|b_1 - b_2|$ 大小，就可表明两回归方程差异的大小。但应考虑到：（1）这个差值与 x，y 所取单位有关，x、y 取值单位不一样，b 的数值就不一样，$|b_1 - b_2|$ 的数值大小也就不一样；（2）回归系数 b_1、b_2 本身有误差，完全有可能本应相等的回归系数由于取样的随机误差而使得求得的两个系数 b_1 与 b_2 间有较大的差异。因此，仅考虑 $|b_1 - b_2|$ 大小是不充分的，还必须考虑 $|b_1 - b_2|$ 波动的大小。b_1、b_2 波动大小用其标准差 $\sigma_{b_1-b_2}$ 来衡量。根据 t 分布检验，$\sigma_{b_1-b_2}$ 的计算公式为

$$\sigma_{b_1-b_2} = \sqrt{\frac{(n_1-2)\sigma_{Q1}^2 + (n_2-2)\sigma_{Q2}^2}{(n_1-2)+(n_2-2)}\left(\frac{1}{L_{x_1x_1}} + \frac{1}{L_{x_2x_2}}\right)}$$

$$= \sqrt{\frac{Q_1+Q_2}{n_1+n_2-4}\left(\frac{1}{L_{x_1x_1}} + \frac{1}{L_{x_2x_2}}\right)} \tag{2-107}$$

式中　n_1，n_2——第一、第二批数据观测次数；

　σ_{Q1}，σ_{Q2}——第一、第二批数据剩余标准差；

　Q_1，Q_2——相应为第一、第二批数据的剩余平方和；

　$L_{x_1x_1}$，$L_{x_2x_2}$——相应为第一、第二批数据的自变量离差平方和（见式（2-28））。

按式（2-108）计算比值 t：

$$t = \frac{|b_1 - b_2|}{\sigma_{b_1-b_2}} = \frac{|b_1 - b_2|}{\sqrt{\dfrac{Q_1+Q_2}{n_1+n_2-4}\left(\dfrac{1}{L_{x_1x_1}} + \dfrac{1}{L_{x_2x_2}}\right)}} \tag{2-108}$$

计算出 t 值后，再查 t 分布表（见附表Ⅰ）。t 分布表中自由度为

$$f = n_1 + n_2 - 4$$

根据情况，取不同水平 α，根据自由度 f 查表中 $t_\alpha(f)$ 值。

如果由式（2-108）算出的 $t_{计}$ 值大于 $t_\alpha(f)$ 值，即

$$t_{计} > t_\alpha(f)$$

说明 $\hat{y}_{(1)}$、$\hat{y}_{(2)}$ 两回归方程有显著差异。

    如果 $t_{计} \leqslant t_{\alpha}(f)$，说明经过 t 检验后，$\hat{y}_{(1)}$、$\hat{y}_{(2)}$ 两个回归方程无显著差异，那么两条回归直线可用一条来表示，即可用下述直线表示：

$$\hat{y}_{(1+2)} = \bar{a} + \bar{b}x \tag{2-109}$$

式中，$\bar{a}$、$\bar{b}$ 分别用下述两式计算：

$$\bar{a} = \frac{n_1\bar{y}_1 + n_2\bar{y}_2}{n_1 + n_2} - \bar{b}\frac{n_1\bar{x}_1 + n_2\bar{x}_2}{n_1 + n_2} \tag{2-110}$$

$$\bar{b} = \frac{b_1 L_{x_1x_1} + b_2 L_{x_2x_2}}{L_{x_1x_1} + L_{x_2x_2}} \tag{2-111}$$

3　一元非线性可化为线性的回归分析

3.1　非线性模型

　　一元线性回归是对具有线性关系的两变量之间所作的回归分析，其回归模型简单，应用也很方便，容易建立。但在实际生产以及科研工作过程中还有许多两变量不是线性关系的情况，即变量之间的关系是非线性的，此时如果仍然以 $y = a + bx$ 的线性模型去逼近，必然造成误差的增加。这时，就需要采用非线性模型描述自变量和因变量之间的关系。

　　例如，电阻丝加热后温度与时间之间的关系，在温度达到平衡之前，二者的关系为非线性关系（见图 3-1），因而需要采用非线性模型进行描述。

　　在矿物加工中，也存在有大量的非线性模型。例如：（1）磨矿-分级产品中 -0.074mm 含量 γ_{-200} 与该产品最大粒度 d_{max} 之间的关系（见图 3-2）；（2）水力旋流器折算效率 E_d 与相对粒度 $\dfrac{d}{d_{50(c)}}$ 之间的关系（见图 3-3）。

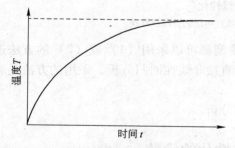

图 3-1　电阻丝加热后温度与时间的关系曲线

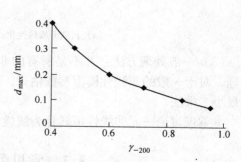

图 3-2　最大粒度 d_{max} 与 γ_{-200} 的关系

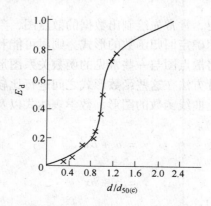

图 3-3　折算效率 E_d 与相对粒度 $d/d_{50(c)}$ 之间的关系

非线性模型可分为两大类：可线性化的非线性回归模型和不可线性化的非线性回归模型。

3.2　非线性模型的处理方法

由于非线性模型较为复杂，因此建立回归模型的方法也多种多样。

（1）对于可线性化的非线性模型，可通过适当的变换，把非线性回归模型转化为线性回归模型，然后利用线性回归模型的估计与检验方法进行处理。

（2）对于某些系统或过程，如折线、电阻电路的求解等，可以采用分段线性化的方法进行处理。该方法的求解思路是：将非线性曲线用若干条线段的组合代替，从而将非线性分析转换成线性进行处理，如图 3-4 所示。

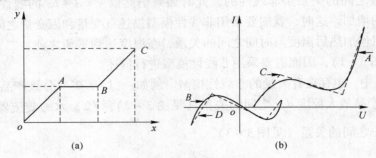

（a）　　　　　　　　　　　　　　　（b）

图 3-4　分段线性化
（a）折线分段线性化；（b）非线性电阻的分段线性化

（3）一般处理方法：并不是所有的非线性模型都可以采用（1）或（2）的方法进行处理，对于一般的非线性模型参数估计，应进行直接非线性回归分析，采用的方法是非线性最小二乘法。

本章仅讨论一元非线性可转化为线性的回归分析。

3.3　常见的可线性化的函数

在对观测数据进行分析时，常常先绘制出数据的散点图，判断两个变量间可能存在的函数关系。如果可由专业知识确定回归函数的形式，则尽可能利用专业知识；若不能由专业知识确定函数形式，则可将散点图与一些常见的函数关系图形进行比较，选择几个可能的函数形式。然后，使用统计方法在这些函数形式之间进行比较，最后确定合适的曲线回归方程。为此，必须了解常见曲线函数的图形、数学表达式以及线性化的方法。

（1）抛物线（见图 3-5）。

$$y = a + bx^2 \tag{3-1}$$

令

$$x' = x^2$$

则

$$y = a + bx' \tag{3-2}$$

（2）双曲线（见图 3-6）。

$$\frac{1}{y} = a + \frac{b}{x} \tag{3-3}$$

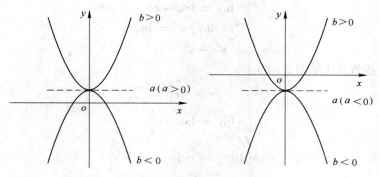

图 3 – 5　抛物线 $y = a + bx^2$

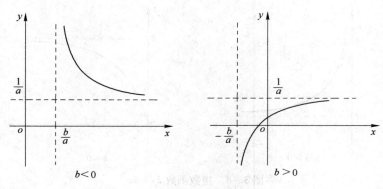

图 3 – 6　双曲线 $\dfrac{1}{y} = a + \dfrac{b}{x}$

令
$$y' = \frac{1}{y}, \; x' = \frac{1}{x}$$

则
$$y' = a + bx' \tag{3-4}$$

（3）指数函数 1（见图 3 – 7）。

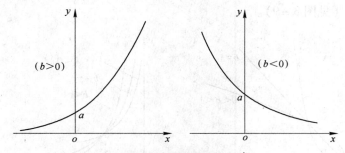

图 3 – 7　指数函数 1 $y = ae^{bx}$

$$y = ae^{bx} \tag{3-5}$$
$$\ln y = \ln a + bx$$
$$y' = \ln y, \; a' = \ln a$$

令

则
$$y' = a' + bx \tag{3-6}$$

或
$$y = ae^{-bx} \tag{3-7}$$

$$\ln y = \ln a - bx$$

令　　　　　　　　　　$$y' = \ln y, \quad a' = \ln a$$

则　　　　　　　　　　$$y' = a' - bx \tag{3-8}$$

（4）指数函数 2（见图 3-8）。

$$y = a\mathrm{e}^{\frac{b}{x}} \tag{3-9}$$

$$\ln y = \ln a + \frac{b}{x}$$

令　　　　　　　　　$$y' = \ln y, \quad a' = \ln a, \quad x' = \frac{1}{x}$$

则　　　　　　　　　　$$y' = a' + bx' \tag{3-10}$$

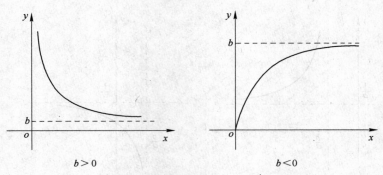

图 3-8　指数函数 2 $y = a\mathrm{e}^{\frac{b}{x}}$

或　　　　　　　　　　$$y = a\mathrm{e}^{-\frac{b}{x}} \tag{3-11}$$

两边取对数，得　　　　$$\ln y = \ln a - \frac{b}{x}$$

令　　　　　　　　　$$y' = \ln y, \quad a' = \ln a, \quad x' = \frac{1}{x}$$

则　　　　　　　　　　$$y' = a' - bx' \tag{3-12}$$

（5）幂函数（见图 3-9）。

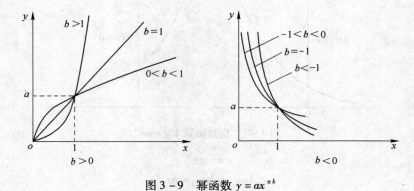

图 3-9　幂函数 $y = ax^{\pm b}$

$$y = ax^{\pm b} \tag{3-13}$$

$$\lg y = \lg a \pm b\lg x$$

令 $\qquad y' = \lg y,\ a' = \lg a,\ x' = \lg x$

则 $\qquad\qquad\qquad y' = a' \pm bx'$ $\qquad\qquad\qquad$ (3-14)

（6）半对数函数（见图3-10）。

$$y = a + b\lg x \qquad\qquad (3-15)$$

令 $\qquad\qquad\qquad x' = \lg x$

则 $\qquad\qquad\qquad y = a + bx'$ $\qquad\qquad\qquad$ (3-16)

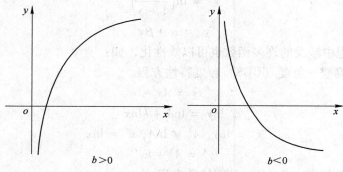

图3-10　半对数函数 $y = a + b\lg x$

（7）S形曲线函数（见图3-11）。

$$y = \frac{1}{a + be^{-x}} \qquad\qquad (3-17)$$

$$\frac{1}{y} = a + be^{-x}$$

令 $\qquad\qquad y' = \frac{1}{y},\ x' = e^{-x}$

则 $\qquad\qquad\qquad y' = a + bx'$ $\qquad\qquad\qquad$ (3-18)

（8）Logistic 函数（见图3-12）。

$$y = \frac{e^{\alpha+\beta x}}{1 + e^{\alpha+\beta x}} \qquad\qquad (3-19)$$

两边取倒数 $\qquad\qquad \frac{1}{y} = \frac{1}{e^{\alpha+\beta x}} + 1$

$$\frac{1}{y} - 1 = e^{-(\alpha+\beta x)}$$

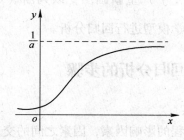

图3-11　S形曲线函数 $y = \dfrac{1}{a + be^{-x}}$

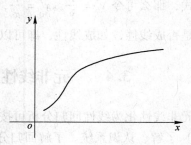

图3-12　Logistic 函数 $y = \dfrac{e^{\alpha+\beta x}}{1 + e^{\alpha+\beta x}}$

$$\frac{1-y}{y} = e^{-(\alpha+\beta x)}$$

$$\frac{y}{1-y} = e^{(\alpha+\beta x)}$$

两边取对数 　　　　　$$\ln\left(\frac{y}{1-y}\right) = \alpha + \beta x$$

令 　　　　　$$y' = \ln\left(\frac{y}{1-y}\right)$$

则 　　　　　$$y' = \alpha + \beta x \tag{3-20}$$

矿物加工工程中涉及的许多函数也可以线性化，如：

（1）盖茨 – 高登 – 舒曼（GGS）粒度特性方程。

$$y = Ax^k \tag{3-21}$$

两边取对数 　　　　　$$\ln y = \ln A + k \ln x$$

令 　　　　　$$y' = \ln y, \ A' = \ln A, \ x' = \ln x$$

则 　　　　　$$y' = A' + kx' \tag{3-22}$$

（2）罗逊 – 拉姆勒（R – R）粒度特性方程。

$$R = 100e^{-bx^k} \tag{3-23}$$

$$\ln\left(\frac{R}{100}\right) = -bx^k$$

$$\ln\left(\frac{100}{R}\right) = bx^k$$

$$\ln\ln\left(\frac{100}{R}\right) = \ln b + k\ln x$$

令 　　　　　$$y' = \ln\ln\left(\frac{100}{R}\right), \ a = \ln b, \ x' = \ln x$$

则 　　　　　$$y' = a + kx' \tag{3-24}$$

需要指出的是，在线性化过程中，新引进的变量（即转化后的变量）只能依赖于原始变量，而不能与未知参数有关。

根据以上线性化方法，散点图近似上述曲线者可进一步以"曲线化直"的方程所示变量为坐标进行绘图，以查看是否为直线。例如根据 (x_i, y_i) 所画的散点图若是图 3 – 6 所示的形式，那么可令 $y' = \frac{1}{y}$，$x' = \frac{1}{x}$，即以变量 (x', y') 重新画图，以判断 (x', y') 的关系是否成线性，如成线性，即可以式（3 – 4）数学模型进行回归分析。

3.4　一元非线性可化为线性回归分析的步骤

一元非线性化为线性回归分析可按下述步骤进行：

（1）了解、认识系统。了解回归分析的目标、过程的影响因素，因素之间的交互作用以及各因素的取值范围；进行试验设计；获得试验原始数据；进行原始数据处理（包括数据调整）。

（2）按照散点图的趋势选配曲线。如呈抛物线，则选 $y = a + bx^2$；如呈 S 形，则选 $y = \dfrac{1}{a + be^{-x}}$。

关于曲线的选配可以查阅《数学手册》，散点图呈什么形状就选什么数学模型。

（3）将回归模型线性化。

$$y = f(x) \Rightarrow y' = a' + b'x' \tag{3-25}$$

（4）按照一元线性回归分析的方法求解模型参数。

$$\begin{cases} a' = \overline{y'} - b'\overline{x'} \\ b' = \dfrac{\sum\limits_{i=1}^{n} x'_i y'_i - \dfrac{1}{n}\left(\sum\limits_{i=1}^{n} x'_i\right)\left(\sum\limits_{i=1}^{n} y'_i\right)}{\sum\limits_{i=1}^{n} x'^2_i - \dfrac{1}{n}\left(\sum\limits_{i=1}^{n} x'_i\right)^2} \end{cases} \tag{3-26}$$

（5）把模型恢复为原来的形式。

$$y' = a' + b'x' \Rightarrow y = f(x) \tag{3-27}$$

（6）对回归方程进行统计检验。

（7）根据所拟合的方程（模型）进行预测。

【实例 3－1】　根据生产实践知，磨矿－分级产品中 -0.074mm 的含量（γ_{-200} 以小数表示）与该产品中最大粒级尺寸 $d_{\max}$ 之间有表 3－1 所示关系，试求 $d_{\max} = f(\gamma_{-200})$ 的数学模型。

表 3－1　磨矿－分级产品 -0.074mm 含量 γ_{-200} 与该产品最大粒度 $d_{\max}$ 的关系

$d_{\max}/\text{mm}$	0.074	0.1	0.15	0.2	0.3	0.4
γ_{-200}	0.95	0.85	0.72	0.60	0.48	0.4

解：以 γ_{-200} 值为横坐标，$\lg d_{\max}$ 为纵坐标画散点图（见图 3－13），由散点图发现 $\lg d_{\max} = f(\gamma_{-200})$ 成线性关系。因此可以判断选配下述数学模型是合适的。即

$$\lg d_{\max} = a + b\gamma_{-200} \tag{3-28}$$

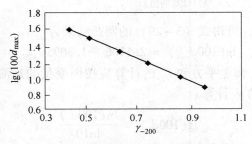

图 3－13　最大粒度 $d_{\max}$ 与 γ_{-200} 的关系

图 3－13 是为了便于计算而将 $d_{\max}$ 扩大了 100 倍，即

$$\lg(100 d_{\max}) = a + b\gamma_{-200} \tag{3-29}$$

原数学模型以 e 函数表示为

$$d_{\max} = \frac{1}{100}\exp(a' + b'\gamma_{-200}) \tag{3-30}$$

按式（3-29）进行回归计算，结果列于表3-2中。为了便于计算将 $d_{\max}$ 扩大100倍，同时按普通对数计算，然后转换成自然对数。

表3-2　按表3-1数据进行的回归计算

序号	d_i	d_i^2	$y_i = \lg(100d_i)$	y_i^2	$x_i = \gamma_{-200}$	x_i^2	$x_i y_i$	$d_{\max}$
1	0.074	0.0055	0.8692	0.7555	0.95	0.9025	0.8257	0.0739
2	0.10	0.010	1.0000	1.0000	0.85	0.7225	0.85	0.997
3	0.15	0.0225	1.1761	1.3832	0.72	0.5184	0.8468	0.147
4	0.20	0.04	1.3010	1.6926	0.60	0.3600	0.7806	0.211
5	0.30	0.09	1.4771	2.1818	0.48	0.2304	0.7090	0.302
6	0.40	0.16	1.6021	2.5667	0.40	0.1600	0.6408	0.385
$\sum\limits_{i=1}^{n}$	1.224	0.328	7.4255	9.5798	4.00	2.8938	4.6529	

$$\sum_{i=1}^{n} x_i = 4.00; \quad \sum_{i=1}^{n} y_i = 7.4255; \quad n = 6$$

$$\bar{x} = 0.6667; \quad \bar{y} = 1.2376; \quad \bar{d} = 0.204$$

$$\sum_{i=1}^{n} x_i^2 = 2.8938; \quad \sum_{i=1}^{n} y_i^2 = 9.5798; \quad \sum_{i=1}^{n} x_i y_i = 4.6529$$

$$\frac{1}{n}\left(\sum_{i=1}^{n} x_i\right)^2 = 2.6667; \quad \frac{1}{n}\left(\sum_{i=1}^{n} y_i\right)^2 = 9.1897; \quad \frac{1}{n}\left(\sum_{i=1}^{n} x_i\right)\left(\sum_{i=1}^{n} y_i\right) = 4.9503$$

$$L_{xx} = \sum_{i=1}^{n} x_i^2 - \frac{1}{n}\left(\sum_{i=1}^{n} x_i\right)^2 = 2.8938 - 2.6667 = 0.2271$$

$$L_{yy} = \sum_{i=1}^{n} d_i^2 - \frac{1}{n}\left(\sum_{i=1}^{n} d_i\right)^2 = 0.3280 - 0.2497 = 0.0783$$

$$L_{xy} = \sum_{i=1}^{n} x_i y_i - \frac{1}{n}\left(\sum_{i=1}^{n} x_i\right)\left(\sum_{i=1}^{n} y_i\right) = 4.6529 - 4.9503 = -0.2974$$

$$b = \frac{L_{xy}}{L_{xx}} = \frac{-0.2974}{0.2271} = -1.3095$$

$$a = \bar{y} - b\bar{x} = 1.2376 - (-1.3095) \times 0.6667 = 2.1106$$

注：表中 $d_{\max}$ 为按回归方程式（3-33）计算的值。

由表3-2计算结果，可得式（3-29）的回归结果为

$$\lg(100d_{\max}) = 2.1106 - 1.3095\gamma_{-200}$$

需要着重指出的是，离差平方和 L_{yy} 的计算应按因变量的观测值计算；本例中应按 d_i 计算，而不应按变化后的 y_i 计算。

因为 $$\lg(100d_i) = \frac{\ln(100d_i)}{\ln 10} \tag{3-31}$$

所以 $$\ln(100d_i) = (\ln 10)\lg(100d_i) = 2.3026\lg(100d_i)$$

$$= 2.3026(a + b\gamma_{-200}) = 2.3026(2.1106 - 1.3095\gamma_{-200})$$

$$\approx 4.85 - 3.0\gamma_{-200} \tag{3-32}$$

由此得 $$d_{\max}^* = \frac{1}{100}\exp(4.85 - 3.0\gamma_{-200}) \tag{3-33}$$

式（3-33）即为式（3-30）的回归结果。

3.5 一元非线性回归方程的检验

3.5.1 相关指数检验

在一元线性回归分析中，线性回归方程的好坏用线性相关系数 r 衡量。$|r|$ 愈接近 1，回归的效果就愈好，观测点与回归直线的拟合就愈好。而对于非线性回归，则要用"相关指数"来判断。相关指数用 R^2 来表示。

3.5.1.1 相关指数 R^2

所谓相关指数，就是描述所选配曲线与观测数据拟合程度的一个指标。

线性相关系数 r 有正值，也有负值，正值表示 x 与 y 正相关，负值表示 x 与 y 负相关；而相关指数 R^2 的平方根 R 仅取正值，因为负值没有意义。

3.5.1.2 相关指数 R^2 的计算

$$R^2 = 1 - \frac{Q}{G} = 1 - \frac{Q}{Q + U} \qquad (3-34)$$

其中

$$G = \sum_{i=1}^{n} (y_i - \bar{y})^2$$

$$Q = \sum_{i=1}^{n} (y_i - \hat{y}_i)^2$$

$$U = G - Q$$

需要注意的是，回归平方和的计算应按 $U = G - Q$ 计算，而不能按照 $U = \sum_{i=1}^{n} (\hat{y}_i - \bar{y})^2$ 计算，否则，$G \neq Q + U$。

3.5.1.3 相关指数 R^2 的分析

（1）当所选配的曲线方程 $\hat{y} = f(x)$ 的预报值 $\hat{y}_i$ 与观测值完全相符，即 $y_i = \hat{y}_i = f(x_i)$ 时，$R^2 = 1$，也即剩余平方和 $Q = 0$，即

$$Q = \sum_{i=1}^{n} (y_i - \hat{y}_i)^2 = 0$$
$$R^2 = 1$$

（2）若 y 与 x 间什么关系都不存在，即 y 根本不是 x 的函数，或者说只能以 $y_i (i = 1, 2, \cdots, n)$ 的平均值 $\bar{y}$ 作 y 的估计值，即 $\hat{y} = \bar{y}$。在这种条件下剩余平方和有极大值，那么 $R^2 = 0$，即

$$Q = \sum_{i=1}^{n} (y_i - \hat{y}_i)^2 = \sum_{i=1}^{n} (y_i - \bar{y})^2 = G$$
$$R^2 = 0$$

（3）除上述两种极端情况外，还有

$$0 < Q < G = \sum_{i=1}^{n} (y_i - \bar{y})^2$$
$$0 < R^2 < 1$$

相关指数 R^2 的值越大，说明观测点与回归曲线拟合越好，回归方程越可靠。

注意：利用式（3-34）计算相关指数 R^2，在计算剩余平方和 Q 时 $\hat{y}_i$ 值必须由所选用的回归方程计算出来。

3.5.2　回归方程预报值精度检验

按式（3-35）计算剩余标准差 δ_Q：

$$\delta_Q = \sqrt{S_Q} = \sqrt{\frac{Q}{f_Q}} = \sqrt{\frac{Q}{n-k-1}} = \sqrt{\frac{Q}{n-2}} \tag{3-35}$$

如果在建立数学模型时选用了多条曲线进行拟合，那么最有效的方法就是比较 δ_Q，δ_Q 愈小，回归方程的精度就愈高。

实际上，在评价选配的一元非线性回归方程的精度时，比较 Q、δ_Q、R^2 三个指标中一个即可，Q 及 δ_Q 小者，或 R^2 大者为优。

3.5.3　回归方程显著性检验

回归方程的显著性检验采用 F 检验。

按式（3-36）计算 F_C：

$$F_C = \frac{S_U}{S_Q} \tag{3-36}$$

其中

$$S_U = \frac{U}{f_U}$$

$$S_Q = \frac{Q}{f_Q}$$

在可信度水平 α 下，如果

（1）$F_C > F_T$，回归方程显著；

（2）$F_C < F_T$，回归方程不显著；

（3）$F_C \gg F_T$，回归方程高度显著。

若在所有的信度水平下，$F_C < F_T$，则应该分析原因，改进或重新建立数学模型。

【**实例 3-2**】　假定对某一系统进行了详细了解，在此基础上进行试验设计，获得数据，并对试验数据进行了数据处理，最后得到一组观测数据，如表3-3所示。

表3-3　试验观测数据

试验次数	1	2	3	4	5
x_i	1	2	3	4	5
y_i	3.1	6.1	10.9	17.9	27.0

试确定模型形式，并求解模型参数。

解：（1）作散点图，如图3-14所示。

（2）选配模型。由散点图3-14可知，x 与 y 之间关系呈抛物线形状，故选用的模型形式为

$$y = a + bx^2 \tag{3-37}$$

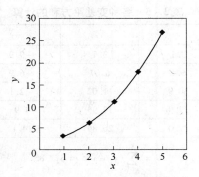

图 3 – 14 x 与 y 之间关系的散点图

（3）模型线性化。

令
$$x' = x^2$$

则
$$y = a + bx' \tag{3-38}$$

（4）建立模型。模型建立按表 3 – 4 进行计算。

表 3 – 4 模型建立计算表

序 号	x_i	x'_i	y_i	x'^2_i	$x'_i y_i$
1	1	1	3.1	1	3.1
2	2	4	6.1	16	24.4
3	3	9	10.9	81	98.1
4	4	16	17.9	256	286.4
5	5	25	27.0	625	675
$\sum\limits_{i=1}^{n}$	15	55	65	979	1087

$$\sum_{i=1}^{n} x'_i = 55 ; \quad \sum_{i=1}^{n} y_i = 65 ; \quad n = 5$$

$$\bar{x}' = 11 ; \quad \bar{y} = 13$$

$$\sum_{i=1}^{n} x'^2_i = 979 ; \quad \sum_{i=1}^{n} x'_i y_i = 1087$$

$$b = \frac{\sum\limits_{i=1}^{n} x'_i y_i - \dfrac{1}{n}\left(\sum\limits_{i=1}^{n} x'_i\right)\left(\sum\limits_{i=1}^{n} y_i\right)}{\sum\limits_{i=1}^{n} x'^2_i - \dfrac{1}{n}\left(\sum\limits_{i=1}^{n} x'_i\right)^2} = \frac{1087 - \dfrac{1}{5} \times 55 \times 65}{979 - \dfrac{1}{5} \times 55^2} = 0.99$$

$$a = \bar{y} - b\bar{x}' = 13 - 0.99 \times 11 = 2.11$$

由表 3 – 4 的计算结果得到线性化后的回归模型为

$$y = 2.11 + 0.99x' \tag{3-39}$$

将模型（3 – 39）恢复到原始的模型形状，即将 $x' = x^2$ 代入模型（3 – 39），得

$$y = 2.11 + 0.99x^2 \tag{3-40}$$

（5）回归方程的统计检验。

1）各种变差平方和的计算见表 3 – 5。

表 3 - 5　各种变差平方和的计算

序号	x_i	y_i	$\hat{y}_i$	$y_i - \bar{y}$	$y_i - \hat{y}_i$	$\hat{y}_i - \bar{y}$
1	1	3.1	3.1	-9.9	0	-9.9
2	2	6.1	6.07	-6.9	0.03	-6.93
3	3	10.9	11.02	-2.1	-0.12	-1.98
4	4	17.9	17.95	4.9	-0.05	4.95
5	5	27.0	26.86	14.1	0.24	13.86

$$G = \sum_{i=1}^{5} (y_i - \bar{y})^2 = 372.85$$

$$Q = \sum_{i=1}^{5} (y_i - \hat{y}_i)^2 = 0.0754$$

$$U = G - Q = 372.85 - 0.0754 = 372.7746$$

注意：回归平方和 U 不能按式（3 - 41）计算：

$$U = \sum_{i=1}^{5} (\hat{y}_i - \bar{y})^2 = 366.5574 \tag{3-41}$$

因为若按式（3 - 41）计算，很明显，$G \neq Q + U$。

2）计算相关指数。

$$R^2 = \frac{U}{G} = \frac{372.7746}{372.85} = 0.9998$$

此时，可以说 x 与 y 拟合程度极好。

3）计算剩余标准差。

$$\delta_Q = \sqrt{\frac{Q}{n-2}} = \sqrt{\frac{0.0754}{3}} = 0.1585$$

由于只采用了一个回归方程，因此没有意义。

4）回归方程的显著性检验。

$$F_C = \frac{S_U}{S_Q} = \frac{\dfrac{372.7746}{1}}{\dfrac{0.0754}{3}} = 14831.88$$

以回归平方和自由度 1 为第一自由度；以剩余平方和自由度 3 为第二自由度；查信度值 $\alpha = 0.01$ 时的 F_T，则

$$F_T = 34.1$$

所以　　　　　　　　　　　　　　$F_C \gg F_T$

因此，所建立的数学模型高度显著。

【实例 3 - 3】　根据表 3 - 6 所示数据选择分级溢流粒度 d 与修正系数 k_2（见式（2 - 48））关系适宜的数学模型。

表 3 - 6　不同分级粒度时的 k_2 值

分级溢流粒度 d/mm	1.17	0.83	0.59	0.42	0.30	0.20	0.15	0.10	0.07
k_2	2.50	2.37	2.19	1.96	1.70	1.41	1.00	0.67	0.46

首先根据表 3 – 6 中所列 k_2 与 d 的观测值画散点图（见图 3 – 15），然后根据散点图曲线形式选配下述两个数学模型进行回归计算并比较其精度。

$$k_2 = a + b\lg d \tag{3-42}$$

$$k_2 = a'\mathrm{e}^{\frac{b'}{d}} \tag{3-43}$$

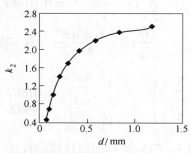

图 3 – 15　k_2 与 d 关系散点图

（1）用最小二乘法对式（3 – 42）进行回归计算，计算步骤及结果列入表 3 – 7 中。

表 3 – 7　$k_2 = a + b\lg d$ 函数的回归计算

序号	d/mm	$k_{2i} = y_i$	$x_i = \lg d_i$	x_i^2	k_{2i}^2	$k_{2i} \cdot x_i$	$\hat{k}_{2i}$	$(k_{2i} - \hat{k}_{2i})$	$(k_{2i} - \hat{k}_{2i})^2$
1	1.17	2.50	0.0682	0.0046	6.2500	0.1705	2.6514	− 0.1514	0.022922
2	0.83	2.37	− 0.0809	0.0065	5.6169	− 0.1917	2.3753	− 0.0053	0.00002
3	0.59	2.19	− 0.2291	0.0525	4.7961	− 0.5017	2.1222	0.0678	0.0046
4	0.42	1.96	− 0.3767	0.1420	3.8416	− 0.7385	1.8596	0.1004	0.01008
5	0.30	1.70	− 0.5229	0.2774	2.8900	− 0.8889	1.5992	0.1008	0.01016
6	0.20	1.41	− 0.6990	0.4886	1.9881	− 0.9856	1.2858	0.1242	0.01542
7	0.15	1.00	− 0.8239	0.6788	1.000	− 0.8239	1.0634	− 0.0634	0.00402
8	0.10	0.67	− 1.00	1.000	0.4489	− 0.6700	0.750	− 0.08	0.0064
9	0.074	0.46	− 1.1308	1.2787	0.2116	− 0.5200	0.5172	− 0.0572	0.00327
$\sum\limits_{i=1}^{n}$		14.26	− 4.795	3.9291	27.0432	− 5.1488			0.07687

$$\sum_{i=1}^{n} k_{2i} = 14.26; \quad \sum_{i=1}^{n} x_i = -4.795; \quad n = 9$$

$$\bar{k}_2 = 1.5844; \quad \bar{x} = -0.5328$$

$$\sum_{i=1}^{n} k_{2i}^2 = 27.0432; \quad \sum_{i=1}^{n} x_i^2 = 3.9291; \quad \sum_{i=1}^{n} k_{2i}x_i = -5.1488$$

$$\frac{1}{n}\left(\sum_{i=1}^{n} k_{2i}\right)^2 = 22.594; \quad \frac{1}{n}\left(\sum_{i=1}^{n} x_i\right)^2 = 2.5547; \quad \frac{1}{n}\left(\sum_{i=1}^{n} k_{2i}\right)\left(\sum_{i=1}^{n} x_i\right) = -7.5974$$

$$L_{xx} = \sum_{i=1}^{n} x_i^2 - \frac{1}{n}\left(\sum_{i=1}^{n} x_i\right)^2 = 3.9291 - 2.5547 = 1.3744$$

$$L_{yy} = \sum_{i=1}^{n} k_{2i}^2 - \frac{1}{n}\left(\sum_{i=1}^{n} k_{2i}\right)^2 = 27.0432 - 22.594 = 4.4492$$

$$L_{xy} = \sum_{i=1}^{n} k_{2i}x_i - \frac{1}{n}\left(\sum_{i=1}^{n} k_{2i}\right)\left(\sum_{i=1}^{n} x_i\right) = -5.1488 + 7.5974 = 2.4486$$

$$b = \frac{L_{xy}}{L_{xx}} = \frac{2.4486}{1.3744} \approx 1.78$$

$$a = \bar{k}_2 - b\bar{x} = 1.5844 + 1.78 \times 0.5328 = 2.53$$

由上述计算结果得

$$k_2 = 2.53 + 1.78 \lg d \tag{3-44}$$

表 3-7 中列出了按式（3-44）计算出的预报值 $\hat{k}_{2i}$ 及其与观测值 k_{2i} 的误差。

剩余平方和 $\qquad Q = \sum_{i=1}^{n} (k_{2i} - \hat{k}_{2i})^2 = 0.07687$

剩余标准差 $\qquad \sigma_Q = \sqrt{\dfrac{Q}{f_{剩}}} = \sqrt{\dfrac{0.07687}{9-2}} = 0.1048$

相关指数 $\qquad R^2 = 1 - \dfrac{\sum\limits_{i=1}^{n} (k_{2i} - \hat{k}_{2i})^2}{\sum\limits_{i=1}^{n} (k_{2i} - \bar{k}_2)^2} = 1 - \dfrac{0.07687}{4.4492} = 0.9827$

（2）用最小二乘法对式（3-43）进行回归计算。将式（3-43）化成线性方程，得

$$k_2 = a' \exp\left(\frac{b'}{d}\right)$$

$$\ln k_2 = \ln a' + b' \frac{1}{d} \tag{3-45}$$

令 $\qquad y = \ln k_2, \ a'' = \ln a', \ x = \dfrac{1}{d}$

则式（3-45）变成线性方程为

$$y = a'' + b'x \tag{3-46}$$

根据表 3-6 中所示的 k 及 d 的观测数据进行回归计算，计算步骤及结果列入表 3-8 中。

表 3-8　$k_2 = a' e^{\frac{b'}{d}}$ 函数的回归计算

序号	d/mm	k_{2i}	$y_i = \ln k_{2i}$	y_i^2	$x_i = \dfrac{1}{d_i}$	x_i^2	$x_i y_i$	$\hat{k}_{2i}$	$k_{2i} - \hat{k}_{2i}$
1	1.17	2.50	0.9162	0.8394	0.8547	0.7305	0.7779	2.4132	0.0075
2	0.83	2.37	0.8629	0.7446	1.2048	1.4516	1.0396	2.2978	0.0052
3	0.59	2.18	0.7793	0.6073	1.6949	2.8727	1.3208	2.1454	0.0012
4	0.42	1.96	0.6729	0.4528	2.3810	5.6689	1.6022	1.9480	0.00012
5	0.30	1.70	0.5306	0.2815	3.3333	11.1111	1.7686	1.7056	0.0003
6	0.20	1.41	0.3436	0.1180	5.000	25.00	1.7180	1.3507	0.0035
7	0.15	1.00	0.0000	0.0000	6.6667	44.4444	0.000	1.0696	0.0048
8	0.10	0.67	-0.4005	0.1604	10.000	100.00	-4.005	0.6707	≈ 0

序号	d/mm	k_{2i}	$y_i = \ln k_{2i}$	y_i^2	$x_i = \dfrac{1}{d_i}$	x_i^2	$x_i y_i$	$\hat{k}_{2i}$	$k_{2i} - \hat{k}_{2i}$
9	0.074	0.46	-0.7765	0.6030	13.5153	182.615	-10.4946	0.4100	0.0025
$\sum\limits_{i=1}^{n}$		14.26	2.9286	3.8070	44.6507	373.9430	-6.2725		0.0252

$$\sum_{i=1}^{n} x_i = 44.6507; \quad \sum_{i=1}^{n} y_i = 2.9286; \quad n = 9$$

$$\bar{x} = 4.9612; \quad \bar{y} = 0.3254$$

$$\sum_{i=1}^{n} x_i^2 = 373.9430; \quad \sum_{i=1}^{n} y_i^2 = 3.8070; \quad \sum_{i=1}^{n} x_i y_i = -6.2725$$

$$\frac{1}{n}\left(\sum_{i=1}^{n} x_i\right)^2 = 221.5205; \quad \frac{1}{n}\left(\sum_{i=1}^{n} y_i\right)^2 = 0.9529; \quad \frac{1}{n}\left(\sum_{i=1}^{n} x_i\right)\left(\sum_{i=1}^{n} y_i\right) = 14.5293$$

$$L_{xx} = \sum_{i=1}^{n} x_i^2 - \frac{1}{n}\left(\sum_{i=1}^{n} x_i\right)^2 = 373.9430 - 221.5205 = 152.4295$$

$$L_{yy} = \sum_{i=1}^{n} k_{2i}^2 - \frac{1}{n}\left(\sum_{i=1}^{n} k_{2i}\right)^2 = 26.9995 - 22.5625 = 4.437$$

$$L_{xy} = \sum_{i=1}^{n} x_i y_i - \frac{1}{n}\left(\sum_{i=1}^{n} x_i\right)\left(\sum_{i=1}^{n} y_i\right) = -6.2725 - 14.5293 = -20.8018$$

$$b' = \frac{L_{xy}}{L_{xx}} = \frac{-20.8018}{152.4295} = -0.1365 \approx -0.14$$

$$a'' = \bar{y} - b'\bar{x} = 0.3254 - (-0.1365) \times 4.9612 = 1.0024$$

$$a' = e^{a''} = e^{1.0024} = 2.7249 \approx 2.72$$

根据表 3 - 8 的计算结果得到回归方程为

$$k_2 = 2.72\exp\left(-\frac{0.14}{d}\right) \tag{3-47}$$

表 3 - 8 中列入了按式（3 - 47）计算出的预报值 $\hat{k}_{2i}'$ 与观测值 k_{2i} 的偏差。

由以上计算结果得出按式（3 - 47）回归计算的 Q、σ_Q 及 R^2 值如下：

剩余平方和
$$Q = \sum_{i=1}^{n}(k_{2i} - \hat{k}_{2i})^2 = 0.0251$$

剩余标准差
$$\sigma_Q = \sqrt{\frac{Q}{n-2}} = \sqrt{\frac{0.0251}{7}} = 0.05988$$

相关指数
$$R^2 = 1 - \frac{\sum\limits_{i=1}^{n}(k_{2i} - \hat{k}_{2i})^2}{\sum\limits_{i=1}^{n}(k_{2i} - \bar{k}_2)^2} = 1 - \frac{0.0251}{4.4492} = 0.9943$$

将式（3 - 47）和式（3 - 44）两回归方程的检验统计量列于表 3 - 9 中以便比较。

表 3 – 9　式（3 – 47）和式（3 – 44）两回归方程精度对比

检 验 指 标	式（3 – 44）	式（3 – 47）
剩余平方和 Q	0.07687	0.0251
剩余标准差 σ_Q	0.1048	0.05988
相关指数 R^2	0.9827	0.9943

由以上对比可知，式（3 – 47）的精度高于式（3 – 44）。

另外，需要指出的是，当要求精度不高时，可采用平均法进行回归计算，以求出待定系数 a、b 值。平均法求出的 a、b 值，其精度虽低于最小二乘法，但计算简单得多。

4 多元线性回归分析

前面章节介绍了两大方面的内容：一元线性回归分析和一元非线性可化为线性的回归分析。一元线性回归分析是回归分析的一种特例，其往往是对复杂客观现象高度简化的结果。在实际生产以及科学试验过程中，影响因变量的自变量往往不止一个，而是两个、三个或多个。研究变量 y 与变量 x_1、x_2…之间的定量关系的问题称为多元回归问题。

多元回归中简单而又一般的是多元线性回归问题。许多多元非线性回归问题都可以化为多元线性回归问题来处理。多元线性回归分析的原理与一元线性回归分析完全相同，即采用最小二乘法，只是在计算上要比一元线性回归分析复杂得多，一般要用计算机进行计算。

在实际问题及科研实践中，存在着大量的多元回归问题，例如：

（1）影响农作物产量（y）的因素有温度（x_1）、雨量（x_2）、化肥用量（x_3）、阳光（x_4）等，设其方程为

$$y = f(x_1, x_2, x_3, x_4)$$

该回归方程的建立就是一个四元回归问题，如果变量 y 与变量 x_1、x_2、x_3、x_4 之间的关系呈线性，则其就是一个四元线性回归问题。

（2）影响某一产品销售量（y）的因素有产品价格（x_1）、消费者的收入（x_2）等，设其方程为

$$y = f(x_1, x_2)$$

这是一个二元回归问题，如果呈线性的话，其就是一个二元线性回归问题。

（3）影响球磨机排料细度（y）的因素有给料粒度（x_1）、给料量（x_2）、磨矿浓度（x_3）、介质充填率（x_4）、转速率（x_5）等，设其方程为

$$y = f(x_1, x_2, x_3, x_4, x_5)$$

这是一个五元回归问题，如果呈线性的话，其就是一个五元线性回归问题。

4.1 多元线性回归模型

多元线性回归模型的一般形式为

$$y = b_0 + b_1 x_1 + b_2 x_2 + b_3 x_3 + \cdots + b_k x_k \tag{4-1}$$

式中　b_0，b_1，b_2，…，b_k——$k+1$ 个未知参数，b_0 称为回归常数，b_1，b_2，…，b_k 称为回归系数；

y——因变量（被解释变量）；

x_1，x_2，x_3，…，x_k——k 个可以精确测量并可控制的一般变量，称为自变量（解释变量）。

当 $k=1$ 时，式（4-1）即为第 2 章的一元线性回归模型（2-19）；当 $k \geq 2$ 时，就称

式 $（4-1）$ 为多元线性回归模型。

4.2　二元线性回归分析

对式 $（4-1）$，当 $k=2$ 时，为二元线性回归方程的模型：

$$y = b_0 + b_1 x_1 + b_2 x_2 \tag{4-2}$$

式中　b_0——常数；

b_1，b_2——自变量 x_1，x_2 的回归系数。与一元线性回归分析一样，当已知 n 组观测数据 $（x_{i1}，x_{i2}，y_i）$ 时，可利用最小二乘法求出回归方程式 $（4-2）$ 中待定系数 b_0 及回归系数 b_1、b_2 的最佳值，即所求的是剩余平方和 Q 达到最小时，b_0、b_1、b_2 的取值。

因为剩余平方和

$$Q = \sum_{i=1}^{n}（y_i - \hat{y}_i）^2 = \sum_{i=1}^{n}\left[y_i -（b_0 + b_1 x_{i1} + b_2 x_{i2}）\right]^2 = Q_{\min}$$

为非负二次型，根据多元函数极值的充分条件知其最小值存在。

由极值原理，b_0、b_1、b_2 应是方程组 $（4-3）$ 的解：

$$\begin{cases} \dfrac{\partial Q}{\partial b_0} = 0 \\[2mm] \dfrac{\partial Q}{\partial b_1} = 0 \\[2mm] \dfrac{\partial Q}{\partial b_2} = 0 \end{cases} \tag{4-3}$$

即

$$\begin{cases} \dfrac{\partial Q}{\partial b_0} = -2\sum_{i=1}^{n}\left[y_i - b_0 - b_1 x_{i1} - b_2 x_{i2} \right] = 0 \\[3mm] \dfrac{\partial Q}{\partial b_1} = -2\sum_{i=1}^{n}\left[（y_i - b_0 - b_1 x_{i1} - b_2 x_{i2}）x_{i1} \right] = 0 \\[3mm] \dfrac{\partial Q}{\partial b_2} = -2\sum_{i=1}^{n}\left[（y_i - b_0 - b_1 x_{i1} - b_2 x_{i2}）x_{i2} \right] = 0 \end{cases} \tag{4-4}$$

由以上可得二元线性回归分析的线性正规方程组为

$$\begin{cases} nb_0 + b_1\sum_{i=1}^{n}x_{i1} + b_2\sum_{i=1}^{n}x_{i2} = \sum_{i=1}^{n}y_i \\[3mm] b_0\sum_{i=1}^{n}x_{i1} + b_1\sum_{i=1}^{n}x_{i1}^2 + b_2\sum_{i=1}^{n}x_{i1}x_{i2} = \sum_{i=1}^{n}x_{i1}y_i \\[3mm] b_0\sum_{i=1}^{n}x_{i2} + b_1\sum_{i=1}^{n}x_{i1}x_{i2} + b_2\sum_{i=1}^{n}x_{i2}^2 = \sum_{i=1}^{n}x_{i2}y_i \end{cases} \tag{4-5}$$

解上述线性方程组，即可求出 b_0、b_1、b_2。

线性正规方程组 $（4-5）$ 用矩阵表示时，可写成

$$\boldsymbol{Ab} = \boldsymbol{B} \tag{4-6}$$

式中　$\boldsymbol{A}$——系数矩阵；

b——未知元的矩阵；

B——常数项矩阵。

$$A = \begin{pmatrix} n & \sum\limits_{i=1}^{n} x_{i1} & \sum\limits_{i=1}^{n} x_{i2} \\ \sum\limits_{i=1}^{n} x_{i1} & \sum\limits_{i=1}^{n} x_{i1}^2 & \sum\limits_{i=1}^{n} x_{i1}x_{i2} \\ \sum\limits_{i=1}^{n} x_{i2} & \sum\limits_{i=1}^{n} x_{i1}x_{i2} & \sum\limits_{i=1}^{n} x_{i2}^2 \end{pmatrix} \tag{4-7}$$

$$b = \begin{pmatrix} b_0 \\ b_1 \\ b_2 \end{pmatrix} \tag{4-8}$$

$$B = \begin{pmatrix} \sum\limits_{i=1}^{n} y_i \\ \sum\limits_{i=1}^{n} x_{i1}y_i \\ \sum\limits_{i=1}^{n} x_{i2}y_i \end{pmatrix} \tag{4-9}$$

则

$$b = A^{-1}B \tag{4-10}$$

因此求出 A 的逆矩阵 A^{-1} 后，可很方便地求出矩阵 b 中各元素 b_0、b_1、b_2 的值。

由式（4-7）可以看出系数矩阵 A 是对称的，因此求出 A 的逆矩阵较容易些。下边简述化为三角矩阵的解法。

任何一个正定对称矩阵都可化为下三角矩阵与其转置的乘积，即

$$A = LL^{T} \tag{4-11}$$

对于二元回归分析的线性方程组，下三角矩阵 L 的形式为

$$L = \begin{pmatrix} \beta_{11} & 0 & 0 \\ \beta_{21} & \beta_{22} & 0 \\ \beta_{31} & \beta_{32} & \beta_{33} \end{pmatrix} \tag{4-12}$$

$$L^{T} = \begin{pmatrix} \beta_{11} & \beta_{21} & \beta_{31} \\ 0 & \beta_{22} & \beta_{32} \\ 0 & 0 & \beta_{33} \end{pmatrix} \tag{4-13}$$

由式（4-6）和式（4-11）得

$$LL^{T}b = B \tag{4-14}$$

令

$$L^{T}b = Z \tag{4-15}$$

则

$$LZ = B \tag{4-16}$$

由于可通过式（4-11）求出三角矩阵各元素之值，而矩阵 B 是已知的，故可通过式（4-16）求出矩阵 Z 中各元素值。求出 Z 后，通过式（4-15）即可求出未知元矩阵 b 中各元素值 b_0、b_1、b_2。

算法如下：

$A = LL^T$ 可写成

$$\begin{pmatrix} \alpha_{11} & \alpha_{12} & \alpha_{13} \\ \alpha_{21} & \alpha_{22} & \alpha_{23} \\ \alpha_{31} & \alpha_{32} & \alpha_{33} \end{pmatrix} = \begin{pmatrix} \beta_{11} & 0 & 0 \\ \beta_{21} & \beta_{22} & 0 \\ \beta_{31} & \beta_{32} & \beta_{33} \end{pmatrix} \begin{pmatrix} \beta_{11} & \beta_{21} & \beta_{31} \\ 0 & \beta_{22} & \beta_{32} \\ 0 & 0 & \beta_{33} \end{pmatrix} \tag{4-17}$$

为了书写简单，式（4-7）中矩阵 A 中相应元素以 α_{11}、α_{12} … 代替，即 $\alpha_{11} = n$；$\alpha_{12} = \sum\limits_{i=1}^{n} x_{i1}$；$\alpha_{13} = \sum\limits_{i=1}^{n} x_{i2} \cdots$。由式（4-17）可得如下的关系：

$$\beta_{11}\beta_{11} = \alpha_{11}；\beta_{11} = \sqrt{\alpha_{11}} = \sqrt{n}$$

$$\beta_{11}\beta_{21} = \alpha_{12}；\beta_{21} = \frac{\alpha_{12}}{\beta_{11}} = \frac{\alpha_{12}}{\sqrt{\alpha_{11}}} = \frac{\sum\limits_{i=1}^{n} x_{i1}}{\sqrt{n}}$$

$$\beta_{11}\beta_{31} = \alpha_{13}；\beta_{31} = \frac{\alpha_{13}}{\beta_{11}} = \frac{\alpha_{13}}{\sqrt{\alpha_{11}}} = \frac{\sum\limits_{i=1}^{n} x_{i2}}{\sqrt{n}}$$

$$\beta_{21}\beta_{21} + \beta_{22}\beta_{22} = \alpha_{22}；\beta_{22} = \sqrt{\alpha_{22} - \beta_{21}^2} = \sqrt{\sum\limits_{i=1}^{n} x_{i1}^2 - \left(\frac{\sum\limits_{i=1}^{n} x_{i1}}{\sqrt{n}}\right)^2}$$

$$\beta_{21}\beta_{31} + \beta_{22}\beta_{32} = \alpha_{23}；$$

$$\beta_{32} = \frac{\alpha_{23} - \beta_{21}\beta_{31}}{\beta_{22}} = \frac{\left(\sum\limits_{i=1}^{n} x_{i1}x_{i2}\right) - \frac{1}{n}\left(\sum\limits_{i=1}^{n} x_{i1}\right)\left(\sum\limits_{i=1}^{n} x_{i2}\right)}{\sqrt{\sum\limits_{i=1}^{n} x_{i1}^2 - \frac{1}{n}\left(\sum\limits_{i=1}^{n} x_{i1}\right)^2}}$$

$$\beta_{31}^2 + \beta_{32}^2 + \beta_{33}^2 = \alpha_{33}$$

$$\beta_{33} = \sqrt{\alpha_{33} - \beta_{31}^2 - \beta_{32}^2} = \sqrt{\sum\limits_{i=1}^{n} x_{i2}^2 - \frac{1}{n}\left(\sum\limits_{i=1}^{n} x_{i2}\right)^2 - \frac{\left[\sum\limits_{i=1}^{n} x_{i1}x_{i2} - \frac{1}{n}\left(\sum\limits_{i=1}^{n} x_{i1}\right)\left(\sum\limits_{i=1}^{n} x_{i2}\right)\right]^2}{\sum\limits_{i=1}^{n} x_{i1}^2 - \frac{1}{n}\left(\sum\limits_{i=1}^{n} x_{i1}\right)^2}}$$

通过上述关系可以求得三角矩阵 L、L^T 中各元素值，这样通过式（4-16）就可以解得 Z：

$$\begin{pmatrix} \beta_{11} & 0 & 0 \\ \beta_{21} & \beta_{22} & 0 \\ \beta_{31} & \beta_{32} & \beta_{33} \end{pmatrix} \begin{pmatrix} Z_1 \\ Z_2 \\ Z_3 \end{pmatrix} = \begin{pmatrix} \sum\limits_{i=1}^{n} y_i \\ \sum\limits_{i=1}^{n} x_{i1}y \\ \sum\limits_{i=1}^{n} x_{i2}y_i \end{pmatrix} \tag{4-18}$$

求出 Z 后，由式（4-15）得

$$\begin{cases} \beta_{11}b_0 + \beta_{21}b_1 + \beta_{31}b_2 = Z_1 \\ \beta_{22}b_1 + \beta_{32}b_2 = Z_2 \\ \beta_{33}b_2 = Z_3 \end{cases}$$

于是解得

$$b_2 = \frac{Z_3}{\beta_{33}} \qquad\qquad (4-19)$$

$$b_1 = \frac{Z_2 - \beta_{33} b_2}{\beta_{22}} \qquad\qquad (4-20)$$

$$b_0 = \frac{Z_1 - \beta_{21} b_1 - \beta_{31} b_2}{\beta_{11}} \qquad\qquad (4-21)$$

4.3　多元线性回归分析

设自变量个数为 k，共得 n 组观测数据，即 $(y_i, x_{i1}, x_{i2}, \cdots, x_{ik})$，$i = 1, 2, \cdots, n$。

根据观测数据选配下述回归模型：

$$\hat{y} = b_0 + b_1 x_1 + b_2 x_2 + \cdots + b_k x_k \qquad\qquad (4-22)$$

根据最小二乘法求待定系数 b_0，b_1，b_2，$\cdots$，b_k。为此应使剩余平方和最小，即

$$Q = \sum_{i=1}^{n} (y_i - \hat{y}_i)^2 = \sum_{i=1}^{n} \left[y_i - (b_0 + b_1 x_{i1} + b_2 x_{i2} + \cdots + b_k x_{ik}) \right]^2 = Q_{\min}$$

对上式求偏导数，并令其等于 0，则

$$\begin{cases} \dfrac{\partial Q}{\partial b_0} = 0 \\[2mm] \dfrac{\partial Q}{\partial b_1} = 0 \\[2mm] \dfrac{\partial Q}{\partial b_2} = 0 \\[2mm] \vdots \\[2mm] \dfrac{\partial Q}{\partial b_k} = 0 \end{cases}$$

于是得正规方程组为

$$\begin{cases} nb_0 + b_1 \sum_{i=1}^{n} x_{i1} + b_2 \sum_{i=1}^{n} x_{i2} + \cdots + b_k \sum_{i=1}^{n} x_{ik} = \sum_{i=1}^{n} y_i \\[3mm] b_0 \sum_{i=1}^{n} x_{i1} + b_1 \sum_{i=1}^{n} x_{i1}^2 + b_2 \sum_{i=1}^{n} x_{i1} x_{i2} + \cdots + b_k \sum_{i=1}^{n} x_{i1} x_{ik} = \sum_{i=1}^{n} y_i x_{i1} \\[3mm] b_0 \sum_{i=1}^{n} x_{i2} + b_1 \sum_{i=1}^{n} x_{i1} x_{i2} + b_2 \sum_{i=1}^{n} x_{i2}^2 + \cdots + b_k \sum_{i=1}^{n} x_{i2} x_{ik} = \sum_{i=1}^{n} y_i x_{i2} \\[2mm] \qquad\qquad\qquad\qquad\qquad \vdots \\[2mm] b_0 \sum_{i=1}^{n} x_{ik} + b_1 \sum_{i=1}^{n} x_{i1} x_{ik} + b_2 \sum_{i=1}^{n} x_{i2} x_{ik} + \cdots + b_k \sum_{i=1}^{n} x_{ik}^2 = \sum_{i=1}^{n} y_i x_{ik} \end{cases} \qquad (4-23)$$

根据微积分学的极值原理，b_0，b_1，b_2，$\cdots$，b_k 应该是正规方程组式（4-23）的解。

上述线性方程组方程数为 $k+1$ 个，未知元数目也为 $k+1$ 个，即 b_0，b_1，b_2，$\cdots$，b_k，因而，可以求解出 b_0，b_1，b_2，$\cdots$，b_k。

线性方程组（4 – 23）以矩阵表示时，为

$$Ab = B \tag{4-24}$$

式中　A——系数矩阵；

　　　b——未知元的矩阵；

　　　B——常数项矩阵。

$$A = \begin{pmatrix} n & \sum\limits_{i=1}^{n} x_{i1} & \sum\limits_{i=1}^{n} x_{i2} & \cdots & \sum\limits_{i=1}^{n} x_{ik} \\ \sum\limits_{i=1}^{n} x_{i1} & \sum\limits_{i=1}^{n} x_{i1}^2 & \sum\limits_{i=1}^{n} x_{i1} x_{i2} & \cdots & \sum\limits_{i=1}^{n} x_{i1} x_{ik} \\ \sum\limits_{i=1}^{n} x_{i2} & \sum\limits_{i=1}^{n} x_{i1} x_{i2} & \sum\limits_{i=1}^{n} x_{i2}^2 & \cdots & \sum\limits_{i=1}^{n} x_{i2} x_{ik} \\ \vdots & \vdots & \vdots & & \vdots \\ \sum\limits_{i=1}^{n} x_{ik} & \sum\limits_{i=1}^{n} x_{i1} x_{ik} & \sum\limits_{i=1}^{n} x_{i2} x_{ik} & \cdots & \sum\limits_{i=1}^{n} x_{ik}^2 \end{pmatrix}_{(k+1) \times (k+1)} \tag{4-25}$$

$$B = \begin{pmatrix} \sum\limits_{i=1}^{n} y_i \\ \sum\limits_{i=1}^{n} x_{i1} y_i \\ \sum\limits_{i=1}^{n} x_{i2} y_i \\ \vdots \\ \sum\limits_{i=1}^{n} x_{ik} y_i \end{pmatrix}_{(k+1) \times 1} \tag{4-26}$$

$$b = \begin{pmatrix} b_0 \\ b_1 \\ b_2 \\ \vdots \\ b_k \end{pmatrix}_{(k+1) \times 1} \tag{4-27}$$

求出逆矩阵 A^{-1} 后，可很方便地求出 b。

式（4 – 25）系数矩阵 A 是对称矩阵，对称矩阵可以化为结构矩阵（也称为设计矩阵，其中的元素是预先设计并可以控制的）X 和其转置 X^{T} 的乘积，即

$$A = \begin{pmatrix} 1 & 1 & 1 & \cdots & 1 \\ x_{11} & x_{21} & x_{31} & \cdots & x_{n1} \\ x_{12} & x_{22} & x_{32} & \cdots & x_{n2} \\ \vdots & \vdots & \vdots & & \vdots \\ x_{1k} & x_{2k} & x_{3k} & \cdots & x_{nk} \end{pmatrix}_{(k+1) \times n} \times \begin{pmatrix} 1 & x_{11} & x_{12} & \cdots & x_{1k} \\ 1 & x_{21} & x_{22} & \cdots & x_{2k} \\ 1 & x_{31} & x_{32} & \cdots & x_{3k} \\ \vdots & \vdots & \vdots & & \vdots \\ 1 & x_{n1} & x_{n2} & \cdots & x_{nk} \end{pmatrix}_{n \times (k+1)}$$

$$= X^{\mathrm{T}} X \tag{4-28}$$

结构矩阵 X 为

$$X = \begin{pmatrix} 1 & x_{11} & x_{12} & \cdots & x_{1k} \\ 1 & x_{21} & x_{22} & \cdots & x_{2k} \\ 1 & x_{31} & x_{32} & \cdots & x_{3k} \\ \vdots & \vdots & \vdots & & \vdots \\ 1 & x_{n1} & x_{n2} & \cdots & x_{nk} \end{pmatrix}_{n \times (k+1)}$$

(4 – 29)

常数项矩阵 B 以结构矩阵表示时，为

$$B = \begin{pmatrix} \sum\limits_{i=1}^{n} y_i \\ \sum\limits_{i=1}^{n} y_i x_{i1} \\ \sum\limits_{i=1}^{n} y_i x_{i2} \\ \vdots \\ \sum\limits_{i=1}^{n} y_i x_{ik} \end{pmatrix}_{(k+1) \times 1} = \begin{pmatrix} 1 & 1 & 1 & \cdots & 1 \\ x_{11} & x_{21} & x_{31} & \cdots & x_{n1} \\ x_{12} & x_{22} & x_{32} & \cdots & x_{n2} \\ \vdots & \vdots & \vdots & & \vdots \\ x_{1k} & x_{2k} & x_{3k} & \cdots & x_{nk} \end{pmatrix}_{(k+1) \times n} \times \begin{pmatrix} y_1 \\ y_2 \\ y_3 \\ \vdots \\ y_n \end{pmatrix}_{n \times 1}$$

$$= X^{\mathrm{T}} Y$$

(4 – 30)

式中　Y——因变量矩阵。

因此，式（4 – 24）可写成下述形式：

因为
$$Ab = B$$
$$A = X^{\mathrm{T}} X$$
$$B = X^{\mathrm{T}} Y$$

所以
$$(X^{\mathrm{T}} X)b = X^{\mathrm{T}} Y$$
(4 – 31)
$$b = (X^{\mathrm{T}} X)^{-1} X^{\mathrm{T}} Y$$
(4 – 32)

令
$$C = (X^{\mathrm{T}} X)^{-1}$$

则
$$A^{-1} = C$$
(4 – 33)

C 为系数矩阵 A 的逆矩阵，又称为相关矩阵。

相关矩阵 C 为

$$C = A^{-1} = (X^{\mathrm{T}} X)^{-1} = \begin{pmatrix} c_{00} & c_{01} & c_{02} & \cdots & c_{0k} \\ c_{10} & c_{11} & c_{12} & \cdots & c_{1k} \\ c_{20} & c_{21} & c_{22} & \cdots & c_{2k} \\ \vdots & \vdots & \vdots & & \vdots \\ c_{k0} & c_{k1} & c_{k2} & \cdots & c_{kk} \end{pmatrix}_{(k+1) \times (k+1)}$$

(4 – 34)

所以
$$b = CB$$
(4 – 35)

因此利用结构矩阵（4 – 29）可很方便地求出系数矩阵 A 及常数项矩阵 B。

【实例 4 – 1】　已知二元线性回归方程为
$$y = b_0 + b_1 x_1 + b_2 x_2$$

n 组观测值为 (x_{i1}, x_{i2}, y_i)，$i = 1, 2, \cdots, n$。试写出其结构矩阵 $\boldsymbol{X}$、系数矩阵 $\boldsymbol{A}$ 和常数项矩阵 $\boldsymbol{B}$。

解： 结构矩阵 $\boldsymbol{X}$ 及其转置 $\boldsymbol{X}^{\mathrm{T}}$ 为

$$\boldsymbol{X} = \begin{pmatrix} 1 & x_{11} & x_{12} \\ 1 & x_{21} & x_{22} \\ 1 & x_{31} & x_{32} \\ \vdots & \vdots & \vdots \\ 1 & x_{n1} & x_{n2} \end{pmatrix}_{n \times 3}$$

$$\boldsymbol{X}^{\mathrm{T}} = \begin{pmatrix} 1 & 1 & \cdots & 1 \\ x_{11} & x_{21} & \cdots & x_{n1} \\ x_{12} & x_{22} & \cdots & x_{n2} \end{pmatrix}_{3 \times n}$$

$$\boldsymbol{A} = \boldsymbol{X}^{\mathrm{T}} \boldsymbol{X} = \begin{pmatrix} 1 & 1 & 1 & \cdots & 1 \\ x_{11} & x_{21} & x_{31} & \cdots & x_{n1} \\ x_{12} & x_{22} & x_{32} & \cdots & x_{n2} \end{pmatrix}_{3 \times n} \times \begin{pmatrix} 1 & x_{11} & x_{12} \\ 1 & x_{21} & x_{22} \\ 1 & x_{31} & x_{32} \\ \vdots & \vdots & \vdots \\ 1 & x_{n1} & x_{n2} \end{pmatrix}_{n \times 3}$$

$$= \begin{pmatrix} n & \sum\limits_{i=1}^{n} x_{i1} & \sum\limits_{i=1}^{n} x_{i2} \\ \sum\limits_{i=1}^{n} x_{i1} & \sum\limits_{i=1}^{n} x_{i1}^2 & \sum\limits_{i=1}^{n} x_{i1} x_{i2} \\ \sum\limits_{i=1}^{n} x_{i2} & \sum\limits_{i=1}^{n} x_{i1} x_{i2} & \sum\limits_{i=1}^{n} x_{i2}^2 \end{pmatrix}_{3 \times 3}$$

$$\boldsymbol{B} = \boldsymbol{X}^{\mathrm{T}} \boldsymbol{Y} = \begin{pmatrix} 1 & 1 & 1 & \cdots & 1 \\ x_{11} & x_{21} & x_{31} & \cdots & x_{n1} \\ x_{12} & x_{22} & x_{32} & \cdots & x_{n2} \end{pmatrix}_{3 \times n} \times \begin{pmatrix} y_1 \\ y_2 \\ \vdots \\ y_n \end{pmatrix}_{n \times 1} = \begin{pmatrix} \sum\limits_{i=1}^{n} y_i \\ \sum\limits_{i=1}^{n} y_i x_{i1} \\ \sum\limits_{i=1}^{n} y_i x_{i2} \end{pmatrix}_{3 \times 1}$$

$$\boldsymbol{b} = \begin{pmatrix} b_0 \\ b_1 \\ b_2 \end{pmatrix} = \boldsymbol{A}^{-1} \boldsymbol{B}$$

下面以二元回归模型 $y = b_0 + b_1 x_1 + b_2 x_2$ 为例，说明回归方程中系数的意义。

（1）b_0 的意义。对于二元回归模型的图形，其已不像一元线性回归模型那样是一条直线，而是一个回归平面。b_0 表示回归平面在 y 轴上的截距。如果自变量的取值范围包括了 $(0, 0)$ 这一点，则 b_0 就是 $x_1 = 0$，$x_2 = 0$ 时回归模型的预报值。

（2）b_1 的意义。在二元回归模型 $y = b_0 + b_1 x_1 + b_2 x_2$ 中，假如 x_2 保持不变，为一常数，则有

$$\frac{\partial y}{\partial x_1} = b_1 \tag{4-36}$$

即 b_1 表示当 x_2 保持不变时，x_1 每增加一个单位所引起的因变量 y 的变化量。

例如，对于模型 $y = 20 + 0.95x_1 - 0.5x_2$，假设 x_2 保持在 $x_2 = 20$ 的水平上，则回归模型为 $y = 10 + 0.95x_1$，此时，回归模型为一条直线，其斜率为 0.95。$b_1 = 0.95$ 表示 x_2 为常数时，x_1 每增加一个单位，因变量 y 就增加 0.95 个单位。

（3）b_2 的意义。在二元回归模型 $y = b_0 + b_1x_1 + b_2x_2$ 中，假如 x_1 保持不变，为一常数，则有

$$\frac{\partial y}{\partial x_2} = b_2 \tag{4-37}$$

即 b_2 表示当 x_1 保持不变时，x_2 每增加一个单位所引起的因变量 y 的变化量。

例如，对于模型 $y = 20 + 0.95x_1 - 0.5x_2$，$b_2 = -0.5$ 表示当 x_1 不变时，x_2 每增加一个单位，因变量 y 就减少 0.5 个单位。

对一般情况，含有 k 个自变量的多元线性回归方程，每个回归系数 b_i 表示在回归方程中其他自变量保持不变的情况下，自变量 x_i 每增加一个单位时因变量 y 的增加（减少）程度。

对于多元回归模型的图形，当 $k > 2$ 时，其是一个超平面，无法用几何图形表示。

4.4 多元线性回归分析的统计检验

在多元线性回归分析中主要应进行下述检验：

（1）自变量 x_1，x_2，…，x_k 与因变量 y 的线性关系是否密切；

（2）每个自变量在回归方程中起作用的大小；

（3）自变量交互作用如何。

4.4.1 各种变差平方和的计算

在进行检验之前，首先需要计算出各种变差的平方和。

4.4.1.1 离差平方和

式（4-22）表示的回归方程的离差平方和为

$$G = \sum_{i=1}^{n} (y_i - \bar{y})^2 = \sum_{i=1}^{n} y_i^2 - n\bar{y}^2 \tag{4-38}$$

式（4-38）证明如下：

$$\begin{aligned}
G &= \sum_{i=1}^{n} (y_i - \bar{y})^2 \\
&= \sum_{i=1}^{n} (y_i^2 - 2y_i\bar{y} + \bar{y}^2) \\
&= \sum_{i=1}^{n} y_i^2 - 2\bar{y}\sum_{i=1}^{n} y_i + \sum_{i=1}^{n} \bar{y}^2 \\
&= \sum_{i=1}^{n} y_i^2 - 2n\bar{y}\frac{\sum_{i=1}^{n} y_i}{n} + \bar{y}^2\sum_{i=1}^{n} 1 \\
&= \sum_{i=1}^{n} y_i^2 - 2n\bar{y}^2 + n\bar{y}^2
\end{aligned}$$

$$= \sum_{i=1}^{n} y_i^2 - n\bar{y}^2$$

4.4.1.2　剩余平方和

式（4-22）表示的回归方程的剩余平方和为

$$Q = \sum_{i=1}^{n} (y_i - \hat{y}_i)^2 = \sum_{i=1}^{n} y_i^2 - \sum_{j=0}^{k} b_j B_j \tag{4-39}$$

式中　B_j——线性方程组（4-23）的常数项矩阵 $\boldsymbol{B}$（式（4-26））中的某元素，

$$B_j = \sum_{\substack{j=0 \\ i=1}}^{k} y_i x_{ij}$$

式（4-39）证明如下：

剩余平方和 $Q = \sum_{i=1}^{n} (y_i - \hat{y}_i)^2$ 依次对 b_0，b_1，b_2，…，b_k 求偏导数，且令偏导数等于零，可得

$$\frac{\partial Q}{\partial b_0} = (-2) \sum_{i=1}^{n} (y_i - \hat{y}_i) = 0$$

$$\frac{\partial Q}{\partial b_1} = 2 \sum_{i=1}^{n} (y_i - \hat{y}_i)(-x_{i1}) = 0$$

$$\frac{\partial Q}{\partial b_2} = 2 \sum_{i=1}^{n} (y_i - \hat{y}_i)(-x_{i2}) = 0$$

$$\vdots$$

$$\frac{\partial Q}{\partial b_k} = 2 \sum_{i=1}^{n} (y_i - \hat{y}_i)(-x_{ik}) = 0$$

因此有

$$\sum_{i=1}^{n} (y_i - \hat{y}_i)\hat{y}_i = \sum_{i=1}^{n} (y_i - \hat{y}_i)(b_0 + b_1 x_{i1} + b_2 x_{i2} + \cdots + b_k x_{ik}) = 0$$

所以式（4-22）表示的回归方程的剩余平方和为

$$Q = \sum_{i=1}^{n} (y_i - \hat{y}_i)^2$$

$$= \sum_{i=1}^{n} (y_i^2 - 2y_i\hat{y}_i + \hat{y}_i^2)$$

$$= \sum_{i=1}^{n} (y_i^2 - y_i\hat{y}_i + \hat{y}_i^2 - y_i\hat{y}_i)$$

$$= \sum_{i=1}^{n} [(y_i - \hat{y}_i)y_i - (y_i - \hat{y}_i)\hat{y}_i]$$

$$= \sum_{i=1}^{n} (y_i - \hat{y}_i)y_i - \sum_{i=1}^{n} (y_i - \hat{y}_i)\hat{y}_i$$

$$= \sum_{i=1}^{n} (y_i - \hat{y}_i)y_i$$

$$= \sum_{i=1}^{n} y_i^2 - \sum_{i=1}^{n} y_i \left(b_0 + \sum_{j=1}^{k} x_{ij} b_j \right)$$

$$= \sum_{i=1}^{n} y_i^2 - b_0 \sum_{i=1}^{n} y_i - \sum_{j=1}^{k} b_j \sum_{i=1}^{n} x_{ij} y_i$$

$$= \sum_{i=1}^{n} y_i^2 - b_0 B_0 - \sum_{j=1}^{k} b_j B_j$$

$$= \sum_{i=1}^{n} y_i^2 - \sum_{j=0}^{k} b_j B_j$$

4.4.1.3 回归平方和

在多元线性回归分析中，$G = Q + U$，因此，式（4-22）所表示回归方程的回归平方和为

$$U = \sum_{i=1}^{n} (\hat{y}_i - \bar{y})^2$$

$$= G - Q$$

$$= \sum_{i=1}^{n} y_i^2 - n\bar{y}^2 - \sum_{i=1}^{n} y_i^2 + \sum_{j=0}^{k} b_j B_j$$

$$= \sum_{j=0}^{k} b_j B_j - n\bar{y}^2 \qquad (4-40)$$

在多元线性回归分析中，式（4-22）表示的回归方程的回归平方和也可按式（4-41）进行计算：

$$U = \sum_{j=1}^{k} b_j L_{jy} \qquad (4-41)$$

$$L_{jy} = \sum_{i=1}^{n} (x_{ij} - \bar{x}_j)(y_i - \bar{y})$$

式中，b_j 为 x_j 的回归系数；$j = 1, 2, \cdots, k$，k 为自变量个数；$i = 1, 2, \cdots, n$，n 为观测次数。

式（4-41）的证明如下：

$$U = \sum_{i=1}^{n} (\hat{y}_i - \bar{y})^2 = \sum_{i=1}^{n} [(b_0 + b_1 x_{i1} + \cdots + b_k x_{ik}) - (b_0 + b_1 \bar{x}_1 + \cdots + b_k \bar{x}_k)]^2$$

$$= \sum_{i=1}^{n} [b_1 (x_{i1} - \bar{x}_1) + b_2 (x_{i2} - \bar{x}_2) + \cdots + b_k (x_{ik} - \bar{x}_k)]^2$$

$$= \sum_{i=1}^{n} \Big[\sum_{j=1}^{k} b_j (x_{ij} - \bar{x}_j)\Big]^2 = \sum_{\substack{j=1 \\ f=1}}^{k} b_j b_f \sum_{i=1}^{n} (x_{ij} - \bar{x}_j)(x_{if} - \bar{x}_f)$$

$$= \sum_{\substack{j=1 \\ f=1}}^{k} b_j b_f L_{jf} = \sum_{j=1}^{k} b_j L_{jy}$$

4.4.2 各种变差均方和的计算

各种变差的平方和计算出来后，即可按照下面的式子计算式（4-22）表示的回归方程的各种变差的均方和。

（1）离差均方和

$$S_{离} = \frac{G}{n-1} \qquad (4-42)$$

（2）剩余均方和

$$S_{剩} = \frac{Q}{n-k-1} \qquad (4-43)$$

（3）回归均方和

$$S_{回} = \frac{U}{k} \qquad (4-44)$$

上述各式中，n 为观测次数，k 为自变量个数。

4.4.3 线性检验

在实际问题的研究中，事先并不能断定随机变量 y 与变量 x_1，x_2，$\cdots$，x_k 之间确有线性关系，在进行回归参数的估计前，用多元线性回归方程去拟合随机变量 y 与变量 x_1，x_2，$\cdots$，x_k 之间的关系，只是根据一些定性分析所做的一种假设。因此，当求出线性回归方程之后，还需进行随机变量 y 与变量 x_1，x_2，$\cdots$，x_k 之间线性关系密切程度的检验。

与一元线性回归分析一样，检验回归效果的好坏，或者说检验自变量 x_1，x_2，$\cdots$，x_k 与因变量 y 的线性关系密切程度可用回归平方和 U（或偏回归平方和）的统计量来检验。

在多元线性回归分析中，回归平方和 U 与离差平方和 G 之比的方根称为复相关系数，以 $R_{复}$ 表示，$R_{复}^2$ 称为测定系数。复相关系数 $R_{复}$ 是衡量多个自变量与因变量之间线性关系密切程度的指标，或者说是衡量回归方程与观测数据拟合程度的指标。

$$R_{复} = \sqrt{\frac{U}{G}} = \sqrt{\frac{U}{Q+U}} = \sqrt{\frac{\sum_{i=1}^{n}(\hat{y}_i - \overline{y})^2}{\sum_{i=1}^{n}(y_i - \overline{y})^2}} \qquad (4-45)$$

或

$$R_{复} = \sqrt{1 - \frac{Q}{G}} = \sqrt{1 - \frac{Q}{Q+U}} = \sqrt{1 - \frac{\sum_{i=1}^{n}(y_i - \hat{y}_i)^2}{\sum_{i=1}^{n}(y_i - \overline{y})^2}} \qquad (4-46)$$

在多元线性回归分析中，复相关系数 $R_{复}$ 只取正值。$R_{复}$ 或 $R_{复}^2$ 越大，说明回归方程与观测数据的拟合程度就越好，即线性关系越密切。

需要指出的是，多元线性回归分析中的回归平方和 U 是 k 个自变量对因变量 y 的总贡献，因此，复相关系数 $R_{复}$ 与回归模型中自变量的个数有关，自变量的个数越多，$R_{复}$ 就越大，即使某个自变量与因变量之间没有显著的线性关系，将其引入回归模型后，也能使 $R_{复}$ 的值增大。在极端情况下，如果自变量的个数为 $k = n-1$，即待求的回归系数的个数与观测次数相等时，$R_{复}$ 就会恒等于 1，这显然与实际情况不符合。故有必要对 $R_{复}$ 进行调整，如何进行调整呢？就是计算调整复相关系数 $R_{复a}$ 或调整测定系数 $R_{复a}^2$。

所谓调整复相关系数 $R_{复a}$ 或调整测定系数 $R_{复a}^2$，就是考虑了自由度后的复相关系数 $R_{复}$ 或测定系数 $R_{复}^2$，即

$$R_{复a} = \sqrt{\frac{S_{回}}{S_{离}}} = \sqrt{\frac{U/f_{回}}{G/f_{离}}} = \sqrt{\frac{U/k}{G/(n-1)}} = \sqrt{\frac{n-1}{k}}\sqrt{\frac{U}{G}} = \sqrt{\frac{n-1}{k}}R_{复} \qquad (4-47)$$

或

$$R_{复a} = \sqrt{1 - \frac{S_剩}{S_离}} = \sqrt{1 - \frac{Q/f_剩}{G/f_离}} = \sqrt{1 - \frac{Q/(n-k-1)}{G/(n-1)}}$$

$$= \sqrt{1 - \frac{n-1}{n-k-1}\frac{Q}{G}} = \sqrt{1 - \frac{n-1}{n-k-1}(1 - R_复^2)} \qquad (4-48)$$

则

$$R_{复a}^2 = 1 - \frac{S_剩}{S_离} = 1 - \frac{Q/(n-k-1)}{G/(n-1)} = 1 - \left(\frac{n-1}{n-k-1}\right)\frac{Q}{G}$$

$$= 1 - \left(\frac{n-1}{n-k-1}\right)(1 - R_复^2) \qquad (4-49)$$

那么，什么情况下需要对复相关系数 $R_复$ 或测定系数 $R_复^2$ 进行调整呢？

（1）当 k 较小、n 较大时，$\frac{n-1}{n-k-1} \to 1$，此时，调整的意义就不大。

（2）当 k 较大、n 较小时，$\frac{n-1}{n-k-1} > 1$，此时，调整的意义就很大。

利用式（4-38）、式（4-39）及式（4-40）或式（4-41）求出多元回归方程（4-22）的离差平方和 G、剩余平方和 Q 及回归平方和 U 后，代入式（4-45）和式（4-46）求出复相关系数 $R_复$，或代入式（4-47）和式（4-48）求出调整复相关系数 $R_{复a}$。很显然 $R_复$ 值或 $R_{复a}$ 值愈大，自变量（x_1，x_2，$\cdots$，x_k）与因变量 y 的线性关系愈密切，即回归方程精度愈高。

4.4.4　回归方程的显著性检验

当求出线性回归方程后，需对回归方程进行显著性检验（这里所说的显著性检验是指回归方程的整体显著性检验）。多元线性回归方程的显著性检验与一元线性回归方程的显著性检验类似，采用 F 检验。

$$F_C = \frac{U}{f_回} \bigg/ \frac{Q}{f_剩} \qquad (4-50)$$

式中，$f_回 = k$；$f_剩 = f_离 - f_回 = n - k - 1$。

取一定信度水平 α，根据第一自由度（$f_回 = k$）、第二自由度（$f_剩 = n - k - 1$）查 F 分布表，得到 F_T。

（1）如果 $F_C > F_T$，则回归方程显著；

（2）如果 $F_C \gg F_T$，则回归方程高度显著；

（3）如果 $F_C < F_T$，则回归方程不显著。

回归方程在所选的信度水平下显著，则线性关系密切，否则线性关系不密切。

4.4.5　回归方程中各自变量的显著性检验

通过回归方程的整体显著性检验，肯定了因变量 y 与全体自变量之间的线性相关关系是显著的，但还无法据此肯定每一个自变量对因变量的影响都是显著的。因而，对每一个自变量的显著性都要进行检验。

4.4.5.1　偏回归平方和的显著性检验

多元线性回归分析中不应仅满足于检验线性关系是否密切，即回归方程的线性关系是否显著这个结论，而且还应该满足每个自变量（x_1，x_2，…，x_k）对因变量 y 的影响都是显著的，进而判断哪些因素可以从回归方程中去掉而不影响回归方程的精度。

在实际工作中，总是希望从回归方程中剔除那些次要的、可有可无的变量，重新建立更简单的线性回归方程，以便实际应用。为了达到这个目的，就需要对偏回归系数进行显著性检验，如果检验后发现某个自变量的影响作用不显著，就可以把它从回归方程中去掉。去掉某个不显著的自变量以后重新计算回归方程中余下自变量的回归系数。

例如，对于多元线性回归方程（4 - 22），假定各自变量的回归系数 b_1，b_2，…，b_k 已经求出，且经过检验以后发现 b_f 不显著，那么 x_f 这个自变量应从原回归方程中剔除，这样便得到一个不含 x_f 的（$k-1$）个自变量的新回归方程。这个新回归方程的（$k-1$）个回归系数 b_1，b_2，…，b_{f-1}，b_{f+1}，…，b_k 需重新计算。根据雅可比定理（参考有关回归分析书籍，此处不予以证明）可得出余下（$k-1$）个自变量的新回归方程的回归系数 b_j^* 与原来 k 个自变量回归方程的回归系数 b_j 之间的关系式为

$$b_j^* = b_j - \frac{c_{jf}}{c_{ff}}b_f \quad (j \neq f, \ j = 0, \ 1, \ \cdots, \ k) \tag{4-51}$$

式中　　b_j^*——新回归方程中 x_j 的新回归系数；

　　　　b_j——原回归方程中自变量 x_j 的回归系数；

　　　　b_f——去掉的自变量 x_f 的回归系数；

　　c_{jf}，c_{ff}——原 k 个自变量回归方程的相关矩阵 C（式（4 - 34））中的相应元素。

那么如何检验偏回归系数的显著性呢？如前所述，由于自变量之间可能存在着交互作用，即使把回归系数化为标准回归系数也不能解决这个问题。为了解决在自变量之间有交互作用的情况，检验每个自变量在回归方程中所起的作用，提出了检验偏回归平方和的办法。

回归平方和是所有自变量对因变量 y 变差的总贡献，因此所考虑的自变量因素愈多，回归平方和就愈大。在所考虑的自变量因素中去掉某一自变量以后则回归平方和就会减少，回归平方和减少的数值愈大，说明去掉的这个因素在回归方程中所起的作用愈大，也就是说该自变量愈重要。我们把取消某一个自变量以后回归平方和减少的数值定义为自变量 x 对该因变量 y 的偏回归平方和。因此判断自变量在回归方程中所起作用的大小往往不是根据其标准偏回归系数，而是根据其偏回归平方和的大小来判断。

下面介绍偏回归平方和计算方法。

设原回归方程为

$$\hat{y} = b_0 + b_1 x_1 + b_2 x_2 + \cdots + b_f x_f + \cdots + b_k x_k \tag{4-52}$$

去掉一个自变量 x_f 后，回归方程减少一个自变量，重新计算其回归系数，得出回归方程为

$$\hat{y}^* = b_0^* + b_1^* x_1 + b_2^* x_2 + \cdots + b_{f-1}^* x_{f-1} + b_{f+1}^* x_{f+1} + \cdots + b_k^* x_k \tag{4-53}$$

式（4 - 53）中偏回归系数 b_f^* 与式（4 - 52）中偏回归系数 b_f 之间存在的关系如式（4 - 51）所示。

设回归方程（4 - 52）的回归平方和为 U_k、回归方程（4 - 53）的回归平方和为 U_{k-1}，

分别按照式（4-40）或式（4-41）进行计算，这样可求出自变量 x_f 的偏回归平方和 P_f 为

$$P_f = U_k - U_{k-1}（去掉自变量 x_f）\qquad (4-54)$$

利用类似办法可求出回归方程中每一个自变量的偏回归平方和。

可以证明（此处证明从略）：

$$P_f = U_k - U_{k-1} = \frac{b_f^2}{c_{ff}} \qquad (4-55)$$

如前所述，凡是对 y 作用显著的因素一般具有较大的偏回归平方和 P_f，P_f 愈大，该因素对 y 的作用也就愈大。这样通过比较各个因素的 P_f 值就可以大致看出各个因素作用的重要性。

求出偏回归平方和后按下述步骤进行处理：

（1）按式（4-55）计算各因素的偏回归平方和 P_1，P_2，…，P_f，并比较其大小。首先对偏回归平方和最小者进行显著性检验，如果检验结果发现其不显著，则将它从回归方程中剔除，剔除该因素以后，重新按式（4-51）计算新回归方程的回归系数，然后对新回归方程的各因素再进行显著性检验。以此类推，一直进行到回归方程中各因素都显著为止。

（2）对偏回归平方和进行 F 检验。

$$F_{fC} = \frac{P_f}{f_{偏}} \Big/ \frac{Q}{f_{剩}} \qquad (4-56)$$

式中，$f_{偏}$、$f_{剩}$ 分别为偏回归平方和及剩余平方和的自由度，$f_{偏}=1$，$f_{剩}=f_{离}-f_{回}=(n-1)-k=n-k-1$。

将式（4-55）代入式（4-56），得

$$F_{fC} = \frac{b_f^2}{c_{ff}} \Big/ \frac{Q}{n-k-1} \qquad (4-57)$$

在给定的信度水平 α 下，以 $f_{偏}=1$ 为第一自由度，$f_{剩}=n-k-1$ 为第二自由度，查 F 分布表。

1）如果 $F_{fC} > F_{\mathrm{T}}$，则说明因素 x_f 影响显著；

2）如果 $F_{fC} < F_{\mathrm{T}}$，则说明因素 x_f 影响不显著，可以从方程中剔除。

应该指出的是，在通常情况下，各因素的偏回归平方和之和不等于回归平方和，只有正规方程组系数矩阵为对角阵时两者才相等。

4.4.5.2 偏相关系数——自变量间交互作用的判断

在多变量的情况下，变量之间的相互关系是很复杂的。因为任意两个变量之间都可能存在相关关系——交互作用，如果要表示真正两个变量间的相关关系，必须在除去其他变量影响的情况下，计算两者的相关关系。描述除去其他因素的影响而真正表示两变量间彼此相关关系的相关系数称为偏相关系数。

例如，浮选某氧化矿时，pH 值、捕收剂用量及水的硬度对金属回收率均有影响。但上述三种因素彼此又有交互作用，pH 值影响捕收剂的分散度与解离度，从而影响其用量；水的硬度影响浮选时捕收剂的真正需要量，同时影响捕收剂的选择性。设 x_1、x_2、x_3 分别代表上述三种变量，ε 代表金属回收率，则

$$\varepsilon = f(x_1, x_2, x_3)$$

我们称 x_1、x_2 在除去 x_3 的影响后它们之间的相关系数 $r_{(12,3)}$ 为 x_1、x_2 对 x_3 的偏相关系数。首先按式（2-66）计算出 x_1、x_2、x_3 两两之间的简单相关系数 $r_{(12)}$、$r_{(13)}$、$r_{(23)}$，然后按照式（4-58）计算 $r_{(12,3)}$。

$$r_{(12,3)} = \frac{r_{(12)} - r_{(13)} r_{(23)}}{\sqrt{1 - r_{(13)}^2} \sqrt{1 - r_{(23)}^2}} \tag{4-58}$$

同理，如果有 x_1、x_2、x_3、x_4 四个因变量，则 x_1、x_2 在除去 x_3、x_4 的影响后的偏相关系数 $r_{(12,34)}$ 可用下式计算：

$$r_{(12,34)} = \frac{r_{(12,3)} - r_{(14,3)} r_{(24,3)}}{\sqrt{1 - r_{(14,3)}^2} \sqrt{1 - r_{(24,3)}^2}} \tag{4-59}$$

偏相关系数的一般计算公式为

$$r_{(12,34,\cdots,k)} = \frac{r_{(12,34,\cdots,(k-1))} - r_{(1k,34,\cdots,(k-1))} r_{(2k,34,\cdots,(k-1))}}{\sqrt{1 - r_{(1k,34,\cdots,(k-1))}^2} \sqrt{1 - r_{(2k,34,\cdots,(k-1))}^2}} \tag{4-60}$$

偏相关系数的值必然在 -1 到 +1 之间，其符号与相应的偏回归系数相同，这与简单线性相关系数是一样的。

偏相关系数除用来进行自变量间交互作用的判断外，也经常被用来确定不同自变量在多元回归模型中的相对重要性。

由于变量之间错综复杂的关系，偏相关系数与简单相关系数在数值上可能相差很大，甚至符号都可能相反。实际上，只有偏相关系数才真正反映两个变量之间的本质联系，而简单相关系数则可能由于其他因素的影响而反映的仅是表面的非本质的联系，甚至可能完全是假象。另外，多元线性回归分析中的回归系数 b_j 是在除去其他变量影响后 x_j 对 y 的影响，因此在这个意义上它与偏相关系数有密切关系（例如两者符号一致）。相反，b_j 跟 y 与 x_j 的简单相关系数 r_{jy} 并无本质联系。

【实例 4-2】 某集团开发的 A 类产品在全国共有 15 个销售点，为了分析该类产品的市场情况，决定以销售点所在地区的人口为自变量 x_1，以市场地区的年人均收入为自变量 x_2，A 类产品的销售量 y 为因变量，并且已经取得下列样本数据的初步计算结果：

$n = 15$

$$\sum_{i=1}^{n} x_{i1} = 3626; \qquad \sum_{i=1}^{n} x_{i2} = 44428; \qquad \sum_{i=1}^{n} y_i = 2259$$

$$\sum_{i=1}^{n} x_{i1}^2 = 1067614; \qquad \sum_{i=1}^{n} x_{i2}^2 = 139063428; \qquad \sum_{i=1}^{n} y_i^2 = 394107$$

$$\sum_{i=1}^{n} x_{i1} x_{i2} = 11419181; \qquad \sum_{i=1}^{n} x_{i1} y_i = 647107; \qquad \sum_{i=1}^{n} x_{i2} y_i = 7096619$$

设 x_1、x_2 与 y 间为线性关系，在 $\alpha = 0.05$ 时，试建立多元线性回归模型。

解： 设回归模型为

$$y = b_0 + b_1 x_1 + b_2 x_2$$

（1）求解模型参数 b_0、b_1、b_2。

已知 $Ab = B$

根据题意有

$$A = \begin{pmatrix} n & \sum\limits_{i=1}^{n} x_{i1} & \sum\limits_{i=1}^{n} x_{i2} \\ \sum\limits_{i=1}^{n} x_{i1} & \sum\limits_{i=1}^{n} x_{i1}^2 & \sum\limits_{i=1}^{n} x_{i1}x_{i2} \\ \sum\limits_{i=1}^{n} x_{i2} & \sum\limits_{i=1}^{n} x_{i1}x_{i2} & \sum\limits_{i=1}^{n} x_{i2}^2 \end{pmatrix} = \begin{pmatrix} 15 & 3626 & 44428 \\ 3626 & 1067614 & 11419181 \\ 44428 & 11419181 & 139063428 \end{pmatrix}$$

$$B = \begin{pmatrix} \sum\limits_{i=1}^{n} y_i \\ \sum\limits_{i=1}^{n} x_{i1}y_i \\ \sum\limits_{i=1}^{n} x_{i2}y_i \end{pmatrix} = \begin{pmatrix} 2259 \\ 647107 \\ 7096619 \end{pmatrix}$$

所以

$$b = \begin{pmatrix} b_0 \\ b_1 \\ b_2 \end{pmatrix} = A^{-1}B = (X^TX)^{-1}X^TY = CB$$

$$= \begin{pmatrix} 1.24 & 2.13 \times 10^{-4} & -4.16 \times 10^{-4} \\ 2.13 \times 10^{-4} & 7.73 \times 10^{-6} & -7.03 \times 10^{-7} \\ -4.16 \times 10^{-4} & -7.03 \times 10^{-7} & 1.98 \times 10^{-7} \end{pmatrix} \begin{pmatrix} 2259 \\ 647107 \\ 7096619 \end{pmatrix} = \begin{pmatrix} 3.4526 \\ 0.4960 \\ 0.0092 \end{pmatrix}$$

故

$$b_0 = 3.4526;\ b_1 = 0.4960;\ b_2 = 0.0092$$

因此，所求的回归方程为

$$y = 3.4526 + 0.4960x_1 + 0.0092x_2$$

（2）回归方程统计检验。

$$G = \sum_{i=1}^{n} (y_i - \overline{y})^2 = \sum_{i=1}^{n} y_i^2 - n\overline{y}^2 = 394107 - 340205.4 = 53901.6$$

$$Q = \sum_{i=1}^{n} (y_i - \hat{y}_i)^2 = \sum_{i=1}^{n} y_i^2 - \sum_{j=0}^{2} b_j B_j$$

$$= 394107 - (3.4526 \times 2259 + 0.4960 \times 647107 + 0.0092 \times 7096619)$$

$$= 394107 - 394053.4$$

$$= 53.6$$

所以 $\qquad U = G - Q = 53901.6 - 53.6 = 53848$

（3）线性检验。

$$R_{复} = \sqrt{\frac{U}{G}} = \sqrt{\frac{53848}{53901.6}} = 0.9995$$

说明回归方程的拟合程度极高，即 y 与 x_1、x_2 之间的线性关系是高度显著的。

（4）回归方程的显著性检验。

$$F_\mathrm{C} = \frac{\dfrac{U}{k}}{\dfrac{Q}{n-k-1}} = \frac{\dfrac{53848}{2}}{\dfrac{53.6}{15-2-1}} = 6026.66$$

以 $f_1 = 2$ 为第一自由度，$f_2 = n - k - 1 = 12$ 为第二自由度，查表 $F_{0.05}(2, 12) = 3.89$。可以看出，$F_\mathrm{C} \gg F_\mathrm{T}$，说明回归方程高度显著。

偏回归平方和检验：

$$P_1 = \frac{b_1^2}{c_{11}} = \frac{0.4960^2}{7.73 \times 10^{-6}} = 3.18 \times 10^4$$

$$P_2 = \frac{b_2^2}{c_{22}} = \frac{0.0092^2}{1.98 \times 10^{-7}} = 427$$

所以

$$F_{1\mathrm{C}} = \frac{\dfrac{P_1}{1}}{\dfrac{Q}{12}} = \frac{3.18 \times 10^4}{\dfrac{53.6}{12}} = 7119$$

$$F_{2\mathrm{C}} = \frac{\dfrac{P_2}{1}}{\dfrac{Q}{12}} = \frac{427}{\dfrac{53.6}{12}} = 96$$

以 $f_1 = 1$ 为第一自由度，$f_2 = 12$ 为第二自由度，查表 $F_{0.05}(1, 12) = 4.75$。可以看出，$F_{1\mathrm{C}} \gg F_\mathrm{T}$，$F_{2\mathrm{C}} \gg F_\mathrm{T}$，说明因素 x_1 和 x_2 的影响均高度显著。

4.5　回归分析正规方程组的其他形式

针对回归方程
$$\hat{y} = b_0 + b_1 x_1 + b_2 x_2 + \cdots + b_k x_k \tag{4-61}$$

作下述变换：

令
$$x_1' = x_1 - \bar{x}_1,\ x_2' = x_2 - \bar{x}_2,\ x_3' = x_3 - \bar{x}_3, \cdots,\ x_k' = x_k - \bar{x}_k$$
$$y_i' = y_i - \bar{y}_i,\ \hat{y}_i' = \hat{y}_i - \bar{y}$$

则
$$x_1 = x_1' + \bar{x}_1,\ x_2 = x_2' + \bar{x}_2, \cdots,\ x_k = x_k' + \bar{x}_k$$
$$y_i = y_i' + \bar{y}_i,\ \hat{y}_i = \hat{y}' + \bar{y}$$

将以上诸关系式代入式 (4-61) 得

$$\hat{y} = \hat{y}' + \bar{y}$$
$$= b_0 + b_1(x_1' + \bar{x}_1) + b_2(x_2' + \bar{x}_2)_2 + \cdots + b_k(x_k' + \bar{x}_k)$$
$$= b_0 + b_1 \bar{x}_1 + b_2 \bar{x}_2 + \cdots + b_k \bar{x}_k + b_1 x_1' + b_2 x_2' + \cdots + b_k x_k' \tag{4-62}$$

令
$$b_0' = b_0 + b_1 \bar{x}_1 + b_2 \bar{x}_2 + \cdots + b_k \bar{x}_k - \bar{y} \tag{4-63}$$

则
$$\hat{y}' = b_0' + b_1 x_1' + b_2 x_2' + \cdots + b_k x_k' \tag{4-64}$$

由最小二乘原理

$$Q = \sum_{i=1}^{n} (y_i' - \hat{y}_i')^2 = \sum_{i=1}^{n} [y_i' - (b_0' + b_1 x_1' + b_2 x_2' + \cdots + b_k x_k')]^2 = Q_{\min} \quad (4-65)$$

对式（4-65）求偏导数，并令其等于0，于是得到新的线性方程组如下：

$$(k+1)\begin{cases} nb_0' + b_1 \sum_{i=1}^{n} x_{i1}' + b_2 \sum_{i=1}^{n} x_{i2}' + \cdots + b_k \sum_{i=1}^{n} x_{ik}' = \sum_{i=1}^{n} y_i' \\[2mm] b_0 \sum_{i=1}^{n} x_{i1}' + b_1 \sum_{i=1}^{n} x_{i1}'^2 + b_2 \sum_{i=1}^{n} x_{i1}' x_{i2}' + \cdots + b_k \sum_{i=1}^{n} x_{i1}' x_{ik}' = \sum_{i=1}^{n} y_i' x_{i1}' \\[2mm] b_0 \sum x_{i2}' + b_1 \sum x_{i1}' x_{i2}' + b_2 \sum_{i=1}^{n} x_{i2}'^2 + \cdots + b_k \sum_{i=1}^{n} x_{i2}' x_{ik}' = \sum_{i=1}^{n} y_i' x_{i2}' \\[2mm] \qquad\qquad\qquad\qquad\qquad \vdots \\[2mm] b_0 \sum_{i=1}^{n} x_{ik}' + b_1 \sum_{i=1}^{n} x_{i1}' x_{ik}' + b_2 \sum_{i=1}^{n} x_{i2}' x_{ik}' + \cdots + b_k \sum_{i=1}^{n} x_{ik}'^2 = \sum_{i=1}^{n} y_i' x_{ik}' \end{cases} \quad (4-66)$$

因为

$$\sum_{i=1}^{n} x_{ij}' = \sum_{i=1}^{n} (x_{ij} - \bar{x}_j) = \sum_{i=1}^{n} x_{ij} - n\bar{x}_j = 0$$

同理

$$\sum_{i=1}^{n} y_i' = 0, \ \sum_{i=1}^{n} x_{i1}' = 0, \ \sum_{i=1}^{n} x_{i2}' = 0, \ \cdots, \ \sum_{i=1}^{n} x_{ik}' = 0$$

故 $nb_0' = 0$，即 $b_0' = 0$

因此式（4-66）的方程组仅为 k 个方程，k 为自变量个数。

由式（4-63）可得

$$b_0 = \bar{y} - b_1 \bar{x}_1 - b_2 \bar{x}_2 - \cdots - b_k \bar{x}_k \quad (4-67)$$

将 $x_{ij}' = x_{ij} - \bar{x}_j$，$y_i' = y_i - \bar{y}$ 等关系代入式（4-66），则得如下形式的线性方程组：

$$k \text{ 个}\begin{cases} b_1 \sum_{i=1}^{n} (x_{i1} - \bar{x}_1)^2 + b_2 \sum_{i=1}^{n} (x_{i1} - \bar{x}_1)(x_{i2} - \bar{x}_2) + \cdots + b_k \sum_{i=1}^{n} (x_{i1} - \bar{x}_1)(x_{ik} - \bar{x}_k) \\[2mm] \qquad = \sum_{i=1}^{n} (y_i - \bar{y})(x_{i1} - \bar{x}_1) \\[3mm] b_1 \sum_{i=1}^{n} (x_{i1} - \bar{x}_1)(x_{i2} - \bar{x}_2) + b_2 \sum_{i=1}^{n} (x_{i2} - \bar{x}_2)^2 + \cdots + b_k \sum_{i=1}^{n} (x_{i2} - \bar{x}_2)(x_{ik} - \bar{x}_k) \\[2mm] \qquad = \sum_{i=1}^{n} (y_i - \bar{y})(x_{i2} - \bar{x}_2) \\[3mm] \qquad\qquad\qquad\qquad\qquad \vdots \\[3mm] b_1 \sum_{i=1}^{n} (x_{i1} - \bar{x}_1)(x_{ik} - \bar{x}_k) + b_2 \sum_{i=1}^{n} (x_{i2} - \bar{x}_2)(x_{ik} - \bar{x}_k) + \cdots + b_k \sum_{i=1}^{n} (x_{ik} - \bar{x}_k)^2 \\[2mm] \qquad = \sum_{i=1}^{n} (y_i - \bar{y})(x_{ik} - \bar{x}_k) \end{cases}$$

$$(4-68)$$

根据式（2-28）

$$L_{xx} = \sum_{i=1}^{n} (x_i - \bar{x})^2$$

及式（2-32）

$$L_{xy} = \sum_{i=1}^{n} (x_i - \bar{x})(y_i - \bar{y})$$

令　　　　　$L_{11} = \sum_{i=1}^{n} (x_{i1} - \bar{x}_1)^2;$ 　　　　　$L_{12} = \sum_{i=1}^{n} (x_{i1} - \bar{x}_1)(x_{i2} - \bar{x}_2)$

　　　　　　$L_{22} = \sum_{i=1}^{n} (x_{i2} - \bar{x}_2)^2;$ 　　　　　$L_{23} = \sum_{i=1}^{n} (x_{i2} - \bar{x}_2)(x_{i3} - \bar{x}_3)$

　　　　　　　　　　　$\vdots$ 　　　　　　　　　　　　　　$\vdots$

　　　　　　$L_{jj} = \sum_{i=1}^{n} (x_{ij} - \bar{x}_j)^2;$ 　　　　　$L_{jk} = \sum_{i=1}^{n} (x_{ij} - \bar{x}_j)(x_{ik} - \bar{x}_k);$

　　　　　　$L_{1y} = \sum_{i=1}^{n} (x_{i1} - \bar{x}_1)(y_i - \bar{y});$ 　　　　　$L_{2y} = \sum_{i=1}^{n} (x_{i2} - \bar{x}_2)(y_i - \bar{y});$

　　　　　　　　　　　$\vdots$ 　　　　　　　　　$L_{jy} = \sum_{i=1}^{n} (x_{ij} - \bar{x}_j)(y_i - \bar{y})$

上述各式中，$j = 1,\ 2,\ 3,\ \cdots,\ k$。

线性方程组（4 – 68）以平方和及协变方差表示时可写成下述形式：

$$(k+1)\begin{cases} L_{11}b_1 + L_{12}b_2 + L_{13}b_3 + \cdots + L_{1k}b_k = L_{1y} \\ L_{21}b_1 + L_{22}b_2 + L_{23}b_3 + \cdots + L_{2k}b_k = L_{2y} \\ L_{31}b_1 + L_{32}b_2 + L_{33}b_3 + \cdots + L_{3k}b_k = L_{3y} \\ \qquad\qquad\qquad \vdots \\ L_{k1}b_1 + L_{k2}b_2 + L_{k3}b_3 + \cdots + L_{kk}b_k = L_{ky} \\ b_0 = \bar{y} - b_1\bar{x}_1 - b_2\bar{x}_2 - b_3\bar{x}_3 - \cdots - b_k\bar{x}_k \end{cases} \qquad (4-69)$$

上述形式的线性方程组不仅书写方便，而且很容易变换成以相关系数表示的线性方程组，后者在回归方程检验中具有重要意义。

5 多项式回归与正交多项式

在实践中，几个变量之间的关系并不局限于线性相关，而是更广泛地存在着非线性相关关系，解决非线性相关问题，主要有两种途径：

（1）通过变量变换的方法，把非线性关系转化为线性关系。为此，首先要确定曲线的函数类型，而曲线的函数类型可以根据理论、专业经验或试验数据的散点图来确定，最后通过变量代换转化为线性回归问题求解。但是，这种线性化变量变换法，只能用于极少量的非线性回归问题。

（2）如果实际问题的曲线类型很复杂，不易做出线性化变量的判断，则可采用多项式进行逼近。因为任何复杂的非线性函数，一般均可按泰勒级数展开，即

$$y = f(x_0) + f(x_0)^{(1)}x + \frac{1}{2!}f(x_0)^{(2)}x^2 + \cdots + \frac{1}{n!}f(x_0)^{(n)}x^n + \cdots \qquad (5-1)$$

如果令 $b_0 = f(x_0)$，$b_1 = f(x_0)^{(1)}$，$b_2 = \frac{1}{2!}f(x_0)^{(2)}$，$\cdots$，$b_n = \frac{1}{n!}f(x_0)^{(n)}$，$\cdots$，则

$$y = b_0 + b_1 x + b_2 x^2 + \cdots + b_n x^n + \cdots \qquad (5-2)$$

所以，任意曲线都可以近似地用多项式逼近。

5.1 多项式模型及多项式回归分析

一般来说，对于包含多变量的任意多项式可以通过变换而变成多元线性回归方程。如对抛物线方程

$$y = b_0 + b_1 x + b_2 x^2 \qquad (5-3)$$

令 $x_1 = x$，$x_2 = x^2$，则上述方程转化为

$$y = b_0 + b_1 x_1 + b_2 x_2 \qquad (5-4)$$

又如包含两个自变量的二次多项式

$$y = b_0 + b_1 z_1 + b_2 z_2 + b_3 z_1^2 + b_4 z_2^2 + b_5 z_1 z_2 \qquad (5-5)$$

令 $x_1 = z_1$，$x_2 = z_2$，$x_3 = z_1^2$，$x_4 = z_2^2$，$x_5 = z_1 z_2$，则式（5-5）转化为

$$y = b_0 + b_1 x_1 + b_2 x_2 + b_3 x_3 + b_4 x_4 + b_5 x_5 \qquad (5-6)$$

因此，一般来说，对于包含多变量的任意多项式

$$\begin{aligned}y = {} & b_0 + b_1 z_1 + b_2 z_2 + b_3 z_3 + b_4 z_1^2 + b_5 z_2^2 + b_6 z_3^2 + b_7 z_1 z_2 + b_8 z_1 z_3 + b_9 z_2 z_3 + \\ & b_{10} z_1^3 + b_{11} z_2^3 + b_{12} z_3^3 + b_{13} z_1^2 z_2 + \cdots \end{aligned} \qquad (5-7)$$

都可以通过类似变换把它们化成多元线性回归方程，然后按照多元线性回归分析的方法处理。

再如非线性方程

$$y = k x_1^{b_1} x_2^{b_2} \cdots x_m^{b_m} \qquad (5-8)$$

两边取对数，得

$$\ln y = \ln k + b_1 \ln x_1 + b_2 \ln x_2 + \cdots + b_m \ln x_m$$

令 $y' = \ln y$, $b_0 = \ln k$, $x_1' = \ln x_1$, $x_2' = \ln x_2$, $\cdots$, $x_m' = \ln x_m$, 则

$$y' = b_0 + b_1 x_1' + b_2 x_2' + \cdots + b_m x_m' \tag{5-9}$$

对许多非线性问题，都可以采用上述方法转换为线性问题来处理。

在多元非线性向多元线性问题转化的过程中，多项式模型是最为特殊的。

5.1.1 多项式模型

（1）仅包含一个自变量的 k 次多项式（一元 k 次多项式）

$$y = b_0 + b_1 x + b_2 x^2 + \cdots + b_k x^k \tag{5-10}$$

（2）包含两个自变量的二次多项式

$$y = b_0 + b_1 x_1 + b_2 x_2 + b_3 x_1^2 + b_4 x_2^2 + b_1 x_1 x_2 \tag{5-11}$$

多项式模型的一般形式为

$$y = b_0 + b_1 f_1(x_1, x_2, \cdots, x_k) + b_2 f_2(x_1, x_2, \cdots, x_k) + \cdots + b_m f_m(x_1, x_2, \cdots, x_k) \tag{5-12}$$

5.1.2 多项式回归分析的处理步骤

多项式回归在回归分析中占有很重要地位，由高等数学微积分的知识可以知道，任何一个函数、一条曲线至少在一个比较小的区域内可用多项式任意逼近，因此在比较复杂的实际问题中可以不问因变量与自变量的确切关系，而采用多项式进行计算，称为多项式逼近。利用这种办法可以处理许多非线性问题。如已知某个变量 x 与 y 的关系是 $y = bf(x)$，其中 $f(x)$ 是 x 的已知函数（例如指数函数 $\exp(-ax^k)$，a、k 为已知常数），则可将这类非线性项作为一个新变量加入回归方程中去。

多项式回归分析的一般处理步骤如下：

（1）将多项式模型线性化。例如，针对包含一个自变量的 k 次多项式（一元 k 次多项式）式（5-10），令

$$x_1 = x, x_2 = x^2, x_3 = x^3, \cdots, x_k = x^k$$

则

$$y = b_0 + b_1 x_1 + b_2 x_2 + \cdots + b_k x_k \tag{5-13}$$

对多项式模型的一般形式（5-12），令

$$x_1' = f_1(x_1, x_2, \cdots, x_k), x_2' = f_2(x_1, x_2, \cdots, x_k), \cdots, x_m' = f_m(x_1, x_2, \cdots, x_k)$$

则

$$y = b_0 + b_1 x_1' + b_2 x_2' + \cdots + b_m x_m' \tag{5-14}$$

（2）按照多元线性回归分析的方法求解模型参数 b_0, b_1, b_2, $\cdots$, $b_k(b_m)$。

（3）进行回归模型的统计检验。

（4）回代，恢复多项式模型的本来形式。

5.2 正交多项式

由前述分析可以看出，多元线性回归分析（包括多项式回归）是一种很有用的统计计算方法，既适用于一元又适用于多元，还可用于非线性可化为线性者。但以上所讲述的计算方法在多元回归分析中存在下述两个缺点：

（1）计算比较复杂，其复杂程度随自变量个数的增多而迅速增加。

（2）回归系数之间存在相关性，因此，经过显著性检验剔除一个不显著的自变量后，还必须重新计算。

为了简化计算和消除回归系数之间的相关性而研究出一些办法，如自变量 x_i 的取值是等间距时，利用正交多项式即可克服上述两个缺点。

5.2.1 正交的概念

5.2.1.1 连续函数的正交

假设函数 $f(x)$、$g(x)$ 为两个连续函数，当且仅当

$$\int_a^b f(x)g(x)\mathrm{d}x = 0 \tag{5-15}$$

称函数 $f(x)$ 和 $g(x)$ 在区间 (a, b) 上正交。

5.2.1.2 离散事件的正交

假设函数 $f(x_i)$、$g(x_i)$ 为两个离散函数，当且仅当

$$\begin{cases} \sum_{i=1}^n f(x_i) = 0 \\ \sum_{i=1}^n g(x_i) = 0 \\ \sum_{i=1}^n f(x_i)g(x_i) = 0 \end{cases} \tag{5-16}$$

称函数 $f(x_i)$、$g(x_i)$ 对于观测点集是正交的。

满足式（5-15）或式（5-16）条件的两个多项式称为正交多项式。

5.2.2 正交多项式的意义及适用范围

正交多项式的意义就在于可以克服多元线性回归分析的缺陷，使回归分析的计算简单化。正交多项式的适用范围：（1）多项式模型；（2）自变量的取值范围必须是等间隔的。采用正交多项式进行回归的方法，其计算较简单，而且都是表格化的（见附表Ⅲ）。

5.3 正 交 变 换

对于方程（5-13），其系数矩阵 A 为

$$A = \begin{pmatrix} n & \sum_{i=1}^n x_{i1} & \sum_{i=1}^n x_{i2} & \cdots & \sum_{i=1}^n x_{ik} \\ \sum_{i=1}^n x_{i1} & \sum_{i=1}^n x_{i1}^2 & \sum_{i=1}^n x_{i1}x_{i2} & \cdots & \sum_{i=1}^n x_{i1}x_{ik} \\ \sum_{i=1}^n x_{i2} & \sum_{i=1}^n x_{i1}x_{i2} & \sum_{i=1}^n x_{i2}^2 & \cdots & \sum_{i=1}^n x_{i2}x_{ik} \\ \vdots & \vdots & \vdots & & \vdots \\ \sum_{i=1}^n x_{ik} & \sum_{i=1}^n x_{i1}x_{ik} & \sum_{i=1}^n x_{i2}x_{ik} & \cdots & \sum_{i=1}^n x_{ik}^2 \end{pmatrix}_{(k+1)\times(k+1)} \tag{5-17}$$

如果能将式（5-17）的系数矩阵 A 化为式（5-18）所示的对角矩阵（即除对角线元素外，其他元素都为"0"）：

$$A = \begin{pmatrix} A_{00} & 0 & 0 & \cdots & 0 \\ 0 & A_{11} & 0 & \cdots & 0 \\ 0 & 0 & A_{22} & \cdots & 0 \\ \vdots & \vdots & \vdots & & \vdots \\ 0 & 0 & 0 & \cdots & A_{kk} \end{pmatrix}_{(k+1)\times(k+1)} \tag{5-18}$$

则

$$A^{-1} = \begin{pmatrix} \dfrac{1}{A_{00}} & 0 & 0 & \cdots & 0 \\ 0 & \dfrac{1}{A_{11}} & 0 & \cdots & 0 \\ 0 & 0 & \dfrac{1}{A_{22}} & \cdots & 0 \\ \vdots & \vdots & \vdots & & \vdots \\ 0 & 0 & 0 & \cdots & \dfrac{1}{A_{kk}} \end{pmatrix}_{(k+1)\times(k+1)} \tag{5-19}$$

那么

$$b = A^{-1}B = \begin{pmatrix} \dfrac{1}{A_{00}} & 0 & 0 & \cdots & 0 \\ 0 & \dfrac{1}{A_{11}} & 0 & \cdots & 0 \\ 0 & 0 & \dfrac{1}{A_{22}} & \cdots & 0 \\ \vdots & \vdots & \vdots & & \vdots \\ 0 & 0 & 0 & \cdots & \dfrac{1}{A_{kk}} \end{pmatrix}_{(k+1)\times(k+1)} \times \begin{pmatrix} \sum\limits_{i=1}^{n} y_i \\ \sum\limits_{i=1}^{n} x_{i1}y_i \\ \sum\limits_{i=1}^{n} x_{i2}y_i \\ \vdots \\ \sum\limits_{i=1}^{n} x_{ik}y_i \end{pmatrix}_{(k+1)\times1} = \begin{pmatrix} \dfrac{\sum\limits_{i=1}^{n} y_i}{A_{00}} \\ \dfrac{\sum\limits_{i=1}^{n} x_{i1}y_i}{A_{11}} \\ \dfrac{\sum\limits_{i=1}^{n} x_{i2}y_i}{A_{22}} \\ \vdots \\ \dfrac{\sum\limits_{i=1}^{n} x_{ik}y_i}{A_{kk}} \end{pmatrix}_{(k+1)\times1} \tag{5-20}$$

故　　　$b_0 = \dfrac{\sum\limits_{i=1}^{n} y_i}{A_{00}}$，$b_1 = \dfrac{\sum\limits_{i=1}^{n} x_{i1}y_i}{A_{11}}$，$b_2 = \dfrac{\sum\limits_{i=1}^{n} x_{i2}y_i}{A_{22}}$，$\cdots$，$b_k = \dfrac{\sum\limits_{i=1}^{n} x_{ik}y_i}{A_{kk}}$

由上述过程可以看出：如果把系数矩阵 A 化为对角矩阵，即除对角线元素外，其他元素都为"0"，便既可以简化求 A 的逆矩阵——相关矩阵的计算（因对角阵的逆矩阵的对角线上各元素等于原对角阵相应元素的倒数），又可以消去回归系数的相关性，也就是 b_0，b_1，b_2，$\cdots$，b_k 彼此独立，从而大大简化计算过程。

如何达到上述目标呢？那就是正交变换。

下面以一个一元二次多项式回归模型（5-3）为例，进行正交多项式变换。

$$y = b_0 + b_1 x + b_2 x^2$$

令 $x_1 = x$，$x_2 = x^2$，则上述方程转化为

$$y = b_0 + b_1 x_1 + b_2 x_2$$

则其结构矩阵 X 为

$$X = \begin{pmatrix} 1 & x_{11} & x_{12} \\ 1 & x_{21} & x_{22} \\ \vdots & \vdots & \vdots \\ 1 & x_{n1} & x_{n2} \end{pmatrix} \tag{5-21}$$

系数矩阵 A 为

$$A = X^T X = \begin{pmatrix} 1 & 1 & \cdots & 1 \\ x_{11} & x_{21} & \cdots & x_{n1} \\ x_{12} & x_{22} & \cdots & x_{n2} \end{pmatrix} \begin{pmatrix} 1 & x_{11} & x_{12} \\ 1 & x_{21} & x_{22} \\ \vdots & \vdots & \vdots \\ 1 & x_{n1} & x_{n2} \end{pmatrix} = \begin{pmatrix} n & \sum\limits_{i=1}^{n} x_{i1} & \sum\limits_{i=1}^{n} x_{i2} \\ \sum\limits_{i=1}^{n} x_{i1} & \sum\limits_{i=1}^{n} x_{i1}^2 & \sum\limits_{i=1}^{n} x_{i1} x_{i2} \\ \sum\limits_{i=1}^{n} x_{i2} & \sum\limits_{i=1}^{n} x_{i1} x_{i2} & \sum\limits_{i=1}^{n} x_{i2}^2 \end{pmatrix} \tag{5-22}$$

为了把系数矩阵 A 化成对角阵，可用一类特殊的正交多项式分别替代多项式回归模型中的各次幂。如对于式（5-3）可以用下面两个多项式分别代替 x 和 x^2：

$$\begin{cases} \psi_1(x) = x + k_{10} \tag{5-23} \\ \psi_2(x) = x^2 + k_{21} x + k_{20} \tag{5-24} \end{cases}$$

因此，式（5-3）就变为

$$y = b_0^* + b_1^* \psi_1(x) + b_2^* \psi_2(x) \tag{5-25}$$

式（5-25）仍为一个 x 的二次多项式，它与式（5-3）并无本质差别，只不过引入了一些参数，如 k_{10}、k_{21}、k_{20}。式（5-25）的结构矩阵 X 及系数矩阵 A 分别为

$$X = \begin{pmatrix} 1 & \psi_1(x_1) & \psi_2(x_1) \\ 1 & \psi_1(x_2) & \psi_2(x_2) \\ \vdots & \vdots & \vdots \\ 1 & \psi_1(x_n) & \psi_2(x_n) \end{pmatrix} \tag{5-26}$$

$$A = X^T X = \begin{pmatrix} n & \sum\limits_{i=1}^{n} \psi_1(x_i) & \sum\limits_{i=1}^{n} \psi_2(x_i) \\ \sum\limits_{i=1}^{n} \psi_1(x_i) & \sum\limits_{i=1}^{n} \psi_1^2(x_i) & \sum\limits_{i=1}^{n} \psi_1(x_i) \psi_2(x_i) \\ \sum\limits_{i=1}^{n} \psi_2(x_i) & \sum\limits_{i=1}^{n} \psi_1(x_i) \psi_2(x_i) & \sum\limits_{i=1}^{n} \psi_2^2(x_i) \end{pmatrix} \tag{5-27}$$

经过变换以后，可以通过调节三个参数 k_{10}、k_{21} 和 k_{20}，使式（5-27）所表示的系数矩阵 A 变为对角矩阵，即 $\psi_1(x)$ 和 $\psi_2(x)$ 满足离散函数的正交条件式（5-16），所以有

$$\begin{cases} \sum_{i=1}^{n} \psi_1(x_i) = 0 \\ \sum_{i=1}^{n} \psi_2(x_i) = 0 \\ \sum_{i=1}^{n} \psi_1(x_i)\psi_2(x_i) = 0 \end{cases} \qquad (5-28)$$

将式（5-23）和式（5-24）代入式（5-28）后，得到

$$\begin{cases} \sum_{i=1}^{n} (x_i + k_{10}) = 0 \\ \sum_{i=1}^{n} (x_i^2 + k_{21}x_i + k_{20}) = 0 \\ \sum_{i=1}^{n} (x_i + k_{10})(x_i^2 + k_{21}x_i + k_{20}) = 0 \end{cases} \qquad (5-29)$$

从式（5-29）的第一式可得

$$k_{10} = -\frac{1}{n}\sum_{i=1}^{n} x_i = -\bar{x} \qquad (5-30)$$

将式（5-30）代入式（5-29）中第三式，得

$$\sum_{i=1}^{n} (x_i - \bar{x})(x_i^2 + k_{21}x_i + k_{20}) = 0$$

将其中的二次项改写，则

$$\sum_{i=1}^{n} (x_i - \bar{x})[(x_i^2 - 2x_i\bar{x} + \bar{x}^2) + (k_{21}x_i + 2x_i\bar{x} - 2\bar{x}^2 - k_{21}\bar{x}) + (k_{20} + k_{21}\bar{x} + \bar{x}^2)] = 0$$

或

$$\sum_{i=1}^{n} (x_i - \bar{x})[(x_i - \bar{x})^2 + (k_{21} + 2\bar{x})(x_i - \bar{x}) + (k_{20} + k_{21}\bar{x} + \bar{x}^2)] = 0$$

于是得

$$\sum_{i=1}^{n} (x_i - \bar{x})^3 + (k_{21} + 2\bar{x})\sum_{i=1}^{n} (x_i - \bar{x})^2 + (k_{20} + k_{21}\bar{x} + \bar{x}^2)\sum_{i=1}^{n} (x_i - \bar{x}) = 0$$

$$(5-31)$$

很显然，如果自变量 x_i 的取值是等间隔的，则 x_i 的各值对称分布在 $\bar{x}$ 的两边。在这种情况下必有

$$\sum_{i=1}^{n} (x_i - \bar{x}) = 0; \quad \sum_{i=1}^{n} (x_i - \bar{x})^3 = 0$$

因此，式（5-31）中 $(k_{21} + 2\bar{x})$ 必须是 0（因 $\sum_{i=1}^{n}(x_i - \bar{x})^2 \neq 0$）。

即

$$k_{21} + 2\bar{x} = 0$$

所以

$$k_{21} = -2\bar{x} \qquad (5-32)$$

将 k_{21} 的值代入式（5-29）第二式，得

$$\sum_{i=1}^{n} (x_i^2 - 2\bar{x}x_i + k_{20}) = 0$$

$$\sum_{i=1}^{n} \left[(x_i - \bar{x})^2 + (k_{20} - \bar{x}^2) \right] = 0$$

于是得

$$k_{20} = \bar{x}^2 - \frac{1}{n} \sum_{i=1}^{n} (x_i - \bar{x})^2 \tag{5-33}$$

综上所述，在自变量 x_i 取值为等间隔时，只要选取

$$\begin{cases} \psi_1(x) = x - \bar{x} \\ \psi_2(x) = (x - \bar{x})^2 - \frac{1}{n} \sum_{i=1}^{n} (x_i - \bar{x})^2 \end{cases} \tag{5-34}$$

即可把系数矩阵 $\boldsymbol{A}$（式（5-27））变为如下的对角阵：

$$\boldsymbol{A} = \begin{pmatrix} n & 0 & 0 \\ 0 & \sum\limits_{i=1}^{n} \psi_1^2(x_i) & 0 \\ 0 & 0 & \sum\limits_{i=1}^{n} \psi_2^2(x_i) \end{pmatrix} \tag{5-35}$$

此时，称式（5-25）为正交多项式模型。式（5-25）的相关矩阵 $\boldsymbol{C}$ 和常数项矩阵 $\boldsymbol{B}$ 分别为

$$\boldsymbol{C} = \boldsymbol{A}^{-1} = \begin{pmatrix} \dfrac{1}{n} & 0 & 0 \\ 0 & \dfrac{1}{\sum\limits_{i=1}^{n} \psi_1^2(x_i)} & 0 \\ 0 & 0 & \dfrac{1}{\sum\limits_{i=1}^{n} \psi_2^2(x_i)} \end{pmatrix} \tag{5-36}$$

$$\boldsymbol{B} = \begin{pmatrix} B_0 \\ B_1 \\ B_2 \end{pmatrix} = \begin{pmatrix} \sum\limits_{i=1}^{n} y_i \\ \sum\limits_{i=1}^{n} y_i \psi_1(x_i) \\ \sum\limits_{i=1}^{n} y_i \psi_2(x_i) \end{pmatrix} \tag{5-37}$$

所以

$$\boldsymbol{b}^* = \begin{pmatrix} b_0^* \\ b_1^* \\ b_2^* \end{pmatrix} = \boldsymbol{C}\boldsymbol{B} = \begin{pmatrix} \dfrac{1}{n} & 0 & 0 \\ 0 & \dfrac{1}{\sum\limits_{i=1}^{n} \psi_1^2(x_i)} & 0 \\ 0 & 0 & \dfrac{1}{\sum\limits_{i=1}^{n} \psi_2^2(x_i)} \end{pmatrix} \begin{pmatrix} \sum\limits_{i=1}^{n} y_i \\ \sum\limits_{i=1}^{n} y_i \psi_1(x_i) \\ \sum\limits_{i=1}^{n} y_i \psi_2(x_i) \end{pmatrix} \tag{5-38}$$

令 $S_j = \sum\limits_{i=1}^{n} \psi_j^2(x_i)\ (j = 1, 2)$，则

$$\boldsymbol{b}^* = \begin{pmatrix} b_0^* \\ b_1^* \\ b_2^* \end{pmatrix} = \boldsymbol{CB} = \begin{pmatrix} \dfrac{1}{n} & 0 & 0 \\ 0 & \dfrac{1}{S_1} & 0 \\ 0 & 0 & \dfrac{1}{S_2} \end{pmatrix} \begin{pmatrix} \sum\limits_{i=1}^{n} y_i \\ \sum\limits_{i=1}^{n} y_i\psi_1(x_i) \\ \sum\limits_{i=1}^{n} y_i\psi_2(x_i) \end{pmatrix} \tag{5-39}$$

于是得回归系数值为

$$\begin{cases} b_0^* = \dfrac{1}{n}\sum\limits_{i=1}^{n} y_i = \dfrac{B_0}{n} \\[3mm] b_1^* = \dfrac{\sum\limits_{i=1}^{n} y_i\psi_1(x_i)}{\sum\limits_{i=1}^{n} \psi_1^2(x_i)} = \dfrac{B_1}{S_1} \\[3mm] b_2^* = \dfrac{\sum\limits_{i=1}^{n} y_i\psi_2(x_i)}{\sum\limits_{i=1}^{n} \psi_2^2(x_i)} = \dfrac{B_2}{S_2} \end{cases} \tag{5-40}$$

注意：此时得到的回归模型为式（5-25），而不是式（5-3），但是把式（5-34）代入式（5-25）合并同类项之后即可得到式（5-3）。

上面以一元二次多项式回归模型为例进行了正交变换，下面将其推广应用到一元 k 次多项式。

对一元 k 次多项式（5-10）

$$y = b_0 + b_1 x + b_2 x^2 + \cdots + b_k x^k$$

用一类特殊的正交多项式分别替代多项式回归模型中的各次幂，即用 $\psi_1(x)$ 替代 x，$\psi_2(x)$ 替代 $x^2 \cdots \psi_k(x)$ 替代 x^k，则式（5-10）的回归方程变为

$$y = b_0^* + b_1^* \psi_1(x) + b_2^* \psi_2(x) + \cdots + b_k^* \psi_k(x) \tag{5-41}$$

经过这样的代换以后，系数矩阵就转化为对角阵

$$\boldsymbol{A} = \begin{pmatrix} n & 0 & 0 & \cdots & 0 \\ 0 & \sum\limits_{i=1}^{n}\psi_1^2(x_i) & 0 & \cdots & 0 \\ 0 & 0 & \sum\limits_{i=1}^{n}\psi_2^2(x_i) & \cdots & 0 \\ \vdots & \vdots & \vdots & & \vdots \\ 0 & 0 & 0 & \cdots & \sum\limits_{i=1}^{n}\psi_k^2(x_i) \end{pmatrix} \tag{5-42}$$

$$B^* = \begin{pmatrix} \sum_{i=1}^{n} y_i \\ \sum_{i=1}^{n} y_i \psi_1(x_i) \\ \sum_{i=1}^{n} y_i \psi_2(x_i) \\ \vdots \\ \sum_{i=1}^{n} y_i \psi_k(x_i) \end{pmatrix} \qquad (5-43)$$

所以

$$C = A^{-1} = \begin{pmatrix} \dfrac{1}{n} & 0 & 0 & \cdots & 0 \\ 0 & \dfrac{1}{\sum_{i=1}^{n} \psi_1^2(x_i)} & 0 & \cdots & 0 \\ 0 & 0 & \dfrac{1}{\sum_{i=1}^{n} \psi_2^2(x_i)} & \cdots & 0 \\ \vdots & \vdots & \vdots & & \vdots \\ 0 & 0 & 0 & \cdots & \dfrac{1}{\sum_{i=1}^{n} \psi_k^2(x_i)} \end{pmatrix} \qquad (5-44)$$

$$b^* = \begin{pmatrix} b_0^* \\ b_1^* \\ \vdots \\ b_k^* \end{pmatrix} = CB = \begin{pmatrix} \dfrac{1}{n} & 0 & 0 & \cdots & 0 \\ 0 & \dfrac{1}{\sum_{i=1}^{n} \psi_1^2(x_i)} & 0 & \cdots & 0 \\ 0 & 0 & \dfrac{1}{\sum_{i=1}^{n} \psi_2^2(x_i)} & \cdots & 0 \\ \vdots & \vdots & \vdots & & \vdots \\ 0 & 0 & 0 & \cdots & \dfrac{1}{\sum_{i=1}^{n} \psi_k^2(x_i)} \end{pmatrix} \begin{pmatrix} \sum_{i=1}^{n} y_i \\ \sum_{i=1}^{n} y_i \psi_1(x_i) \\ \sum_{i=1}^{n} y_i \psi_2(x_i) \\ \vdots \\ \sum_{i=1}^{n} y_i \psi_k(x_i) \end{pmatrix} \qquad (5-45)$$

令 $S_j = \sum_{i=1}^{n} \psi_j^2(x_i)$ $(j = 1, 2, \cdots, k)$，k 为式 (5-41) 自变量的个数，则

$$b^* = \begin{pmatrix} b_0^* \\ b_1^* \\ \vdots \\ b_k^* \end{pmatrix} = CB = \begin{pmatrix} \dfrac{1}{n} & 0 & 0 & \cdots & 0 \\ 0 & \dfrac{1}{S_1} & 0 & \cdots & 0 \\ 0 & 0 & \dfrac{1}{S_2} & \cdots & 0 \\ \vdots & \vdots & \vdots & & \vdots \\ 0 & 0 & 0 & \cdots & \dfrac{1}{S_k} \end{pmatrix} \begin{pmatrix} \sum_{i=1}^{n} y_i \\ \sum_{i=1}^{n} y_i \psi_1(x_i) \\ \sum_{i=1}^{n} y_i \psi_2(x_i) \\ \vdots \\ \sum_{i=1}^{n} y_i \psi_k(x_i) \end{pmatrix} \qquad (5-46)$$

于是得回归系数值为

$$
\begin{cases}
b_0^* = \dfrac{1}{n}\sum_{i=1}^{n} y_i = \dfrac{B_0}{n} \\[4mm]
b_1^* = \dfrac{\sum_{i=1}^{n} y_i \psi_1(x_i)}{\sum_{i=1}^{n} \psi_1^2(x_i)} = \dfrac{B_1}{S_1} \\[4mm]
b_2^* = \dfrac{\sum_{i=1}^{n} y_i \psi_2(x_i)}{\sum_{i=1}^{n} \psi_2^2(x_i)} = \dfrac{B_2}{S_2} \\[4mm]
\qquad\qquad \vdots \\[2mm]
b_k^* = \dfrac{\sum_{i=1}^{n} y_i \psi_k(x_i)}{\sum_{i=1}^{n} \psi_k^2(x_i)} = \dfrac{B_k}{S_k}
\end{cases}
\tag{5-47}
$$

上述处理方法很好，但是目前我们只知道

$$
\begin{cases}
\psi_1(x) = x - \bar{x} \\[2mm]
\psi_2(x) = (x - \bar{x})^2 - \dfrac{1}{n}\sum_{i=1}^{n}(x_i - \bar{x})^2
\end{cases}
$$

x 用 $\psi_1(x)$ 来替代，x^2 用 $\psi_2(x)$ 来替代，但是 x^3，x^4，$\cdots$，x^k 用什么来替代呢？如果一个个采用前述方法依次推出，实在困难，而且应用也不方便。那么有没有什么简单的方法呢？这就是正交多项式回归计算的标准化问题。

5.4　正交多项式回归计算的标准化

自变量取值为自然数时，正交多项式是有表可查的（见附表Ⅲ），可以查出多项式和多项式的取值，我们称之为正交多项式的标准化。

为了更容易说明问题，先举一例子。

【**实例 5-1**】　回归模型如式（5-3）所示，x_i 的取值为自然数，即 1、2、3、4、5。本例中观测次数 $n=5$。试用正交多项式计算回归系数。

由式（5-34）知

$$
\begin{cases}
\psi_1(x) = x - \bar{x} \\[2mm]
\psi_2(x) = (x - \bar{x})^2 - \dfrac{1}{n}\sum_{i=1}^{n}(x_i - \bar{x})^2
\end{cases}
$$

其中

$$
\bar{x} = \frac{n+1}{2} \tag{5-48}
$$

$$
\sum_{i=1}^{n}(x_i - \bar{x})^2 = \sum_{i=1}^{n}\left[x_i^2 - 2\bar{x}\,x_i + \bar{x}^2\right]
$$

$$= \sum_{i=1}^{n} x_i^2 - 2\bar{x}\sum_{i=1}^{n} x_i + n\bar{x}^2$$

$$= \sum_{i=1}^{n} x_i^2 - n\bar{x}^2$$

$$= \sum_{i=1}^{n} (1^2 + 2^2 + 3^2 + \cdots + n^2) - n\bar{x}^2$$

$$= \frac{1}{6}n(n+1)(2n+1) - n\left(\frac{n+1}{2}\right)^2$$

$$= \frac{n(n^2-1)}{12} \tag{5-49}$$

$$\psi_1(x_i) = x_i - \frac{n+1}{2} \tag{5-50}$$

$$\psi_2(x_i) = (x_i - \bar{x})^2 - \frac{n^2-1}{12} \tag{5-51}$$

本例中，$n=5$，则

$$\bar{x} = \frac{n+1}{2} = \frac{5+1}{2} = 3$$

由此得正交多项式为

$$\begin{cases} \psi_1(x_i) = x_i - 3 \\ \psi_2(x_i) = (x_i - 3)^2 - 2 \end{cases}$$

令 $x_i = 1$，2，3，4，5，分别代入上式，可以得出如表 5-1 所示的值，表中最后一行的数值为

$$S_j = \sum_{i=1}^{n} \psi_j^2(x_i)$$

表 5-1　$n=5$，x_i 取值为自然数时正交多项式计算表

x_i	$\psi_1(x_i)$	$\psi_2(x_i)$	x_i	$\psi_1(x_i)$	$\psi_2(x_i)$
1	-2	2	4	+1	-1
2	-1	-1	5	+2	2
3	0	-2	S_j	10	14

由表 5-1 的数值可以很容易地得到回归系数值：

$$b_0 = \frac{\sum_{i=1}^{n} y_i}{n} = \frac{1}{5}\sum_{i=1}^{5} y_i$$

$$b_1 = \frac{1}{S_1}\sum_{i=1}^{n} y_i\psi_1(x_i) = \frac{1}{10}\sum_{i=1}^{5} y_i\psi_1(x_i)$$

$$b_2 = \frac{1}{S_2}\sum_{i=1}^{n} y_i\psi_2(x_i) = \frac{1}{14}\sum_{i=1}^{5} y_i\psi_2(x_i)$$

$\psi_1(x_i)$、$\psi_2(x_i)$ 的值可从表 5-1 中查到，因此只要已知相应的 y_i 值，就可很方便地求出回归系数及偏回归平方和的值。很显然这种以 x_i 取值为自然数的正交回归计算是非常

简单的。

【**实例5-2**】 回归模型如式（5-3）所示，设 x_i 的取值为1、2、3、4、5、6（本例中 $n=6$）。利用正交多项式计算回归系数。

由式（5-50）和式（5-51）可知

$$\begin{cases} \psi_1(x_i) = x_i - \dfrac{n+1}{2} = x_i - \dfrac{6+1}{2} = x_i - \dfrac{7}{2} \\[2mm] \psi_2(x_i) = (x_i - \bar{x})^2 - \dfrac{n^2-1}{2} = \left(x_i - \dfrac{7}{2}\right)^2 - \dfrac{35}{12} \end{cases}$$

在本例中 $x_i = 1, 2, \cdots, 6$ 时，$\psi_1(x_i)$、$\psi_2(x_i)$ 的值不是整数，这给计算带来了麻烦。为了克服这个困难，可选择适当的参数 λ_j，使 $\phi_j(x_i) = \lambda_j \psi_j(x_i)$ 在 n 个等间隔点上的值转化为绝对值尽可能小的整数。针对本例

$$\phi_1(x_i) = \lambda_1 \psi_1(x_i) \qquad\qquad (5-52)$$
$$\phi_2(x_i) = \lambda_2 \psi_2(x_i) \qquad\qquad (5-53)$$

即 $\psi_1(x_i)$、$\psi_2(x_i)$ 分别乘因子 $\lambda_1(\lambda_1 = 2)$，$\lambda_2\left(\lambda_2 = \dfrac{3}{2}\right)$ 后即可将多项式 $\psi_1(x_i)$、$\psi_2(x_i)$ 的值化为整数，化为整数后计算就方便多了（见表5-2）。

表5-2 $n=6$，x_i 取值为自然数时正交多项式计算值

x_i	$\psi_1(x_i)$	$\psi_2(x_i)$	$\phi_1(x_i) = 2\psi_1(x_i)$	$\phi_2(x_i) = \dfrac{3}{2}\psi_2(x_i)$
1	$-5/2$	$10/3$	-5	5
2	$-3/2$	$-2/3$	-3	-1
3	$-1/2$	$-8/3$	-1	-4
4	$1/2$	$-8/3$	1	-4
5	$3/2$	$-2/3$	3	-1
6	$5/2$	$10/3$	5	5
S_j	$35/2$	$112/3$	70	84

可以验证，利用正交多项式 $\phi_j(x_i)$ 所得的回归方程与利用正交多项式 $\psi_j(x_i)$ 所得的回归方程完全一样，但前者的计算要方便许多。

综合上述，可以认为自变量 x_i 的取值是自然数时为正交回归计算最简单的情况，因此当自变量 x_i 取值不为自然数而为其他数时，只要是等间距就可以通过变换把 x_i 的取值化为自然数，然后再按自然数进行回归计算，这就变得非常方便。

如自变量 x_i 的取值为 $a, a+h, a+2h, a+3h, \cdots, a+(n-1)h$，$a \neq 1$，可以令

$$x_i' = \frac{x_i - a}{h} + 1 \qquad\qquad (5-54)$$

则 $x_i' = 1, 2, 3, \cdots, n$。

这样转化后自变量 x_i' 的取值变为自然数 $1, 2, 3, \cdots, n$，仍可用简化法进行计算。

综上所述，可以把自然数作为 x_i 的取值进行表格化计算。对于给定的 n，相应地乘因

子 λ_j，对于 $\phi_j(x_i) = \lambda_j \psi_j(x_i)$ 在自变量 $x_i(=1，2，3，\cdots，n)$ 时的数值，及 $S_j = \sum\limits_{i=1}^{n} f_j^2(x_i)$ 的数值都已制成表（见附表Ⅲ）。实际计算中可以充分利用这些表进行。在附表Ⅲ中只列出高达 5 次的正交多项式的数值，这在一般情况下已经够用。由于 n 个观测数据最多只能配到 $n-1$ 次的多项式，故在 $n \leqslant 5$ 时只列出小于等于 $n-1$ 次的正交多项式的数值。

下边给出各次正交多项式的计算公式，其中 $\psi_1(x_i)$、$\psi_2(x_i)$ 前面已进行推导，其他多项式的推导从略。

$$
\begin{cases}
\psi_0(x') = 1 \\[4pt]
\psi_1(x') = (x' - \bar{x}') \\[4pt]
\psi_2(x') = (x' - \bar{x}')^2 - \dfrac{n^2 - 1}{12} \\[4pt]
\psi_3(x') = (x' - \bar{x}')^3 - \dfrac{3n^2 - 7}{20}(x' - \bar{x}') \\[4pt]
\psi_4(x') = (x' - \bar{x}')^4 - \dfrac{3n^2 - 13}{14}(x' - \bar{x}')^2 + \dfrac{3(n^2 - 1)(n^2 - 9)}{560} \\[4pt]
\psi_5(x') = (x' - \bar{x}')^5 - \dfrac{5(n^2 - 7)}{18}(x' - \bar{x}')^3 + \dfrac{15n^2 - 230n + 407}{1008}(x' - \bar{x}') \\[4pt]
\qquad\qquad \vdots \\[4pt]
\psi_{k+1}(x') = \psi_1(x)\psi_k(x) - \dfrac{k^2(n^2 - k^2)}{4(4k^2 - 1)}\psi_{k-1}(x')
\end{cases}
\tag{5-55}
$$

考虑到乘因子 λ_j，正交多项式值为

$$
\phi_j(x') = \lambda_j \psi_j(x') \tag{5-56}
$$

上述诸式中

$$
x' = \frac{x - a}{h}，\quad \bar{x}' = \frac{1 + 2 + 3 + \cdots + n}{n}
$$

式中　x_i——自变量观测值；

　　　h——观测值的间隔；

　　　n——观测次数；

　　　x_i'——自然数，其值为 1，2，$\cdots$，n。

由此可求得 a 值，即

$$
x_1' = \frac{x_1 - a}{h} = 1
$$

$$
a = x_1 - h \tag{5-57}
$$

如式（5-3）回归方程转化为正交多项式计算的步骤为

$$
\hat{y} = b_0 + b_1 x + b_2 x^2
$$

代入正交多项式后得

$$
\hat{y} = b_0^* + b_1^* \lambda_1 \psi_1(x') + b_2^* \lambda_2 \psi_2(x') \tag{5-58}
$$

由式（5-56）$\phi_j(x') = \lambda_j \psi_j(x')$，代入式（5-58）得

$$
\hat{y} = b_0^* + b_1^* \phi_1(x') + b_2^* \phi_2(x') \tag{5-59}
$$

或

$$\hat{y} = b_0^* + b_1^* \lambda_1 (x' - \bar{x}') + b_2^* \lambda_2 \Big[(x' - \bar{x}')^2 - \frac{n^2 - 1}{12} \Big] \tag{5-60}$$

最后得

$$\hat{y} = b_0^* + b_1^* \lambda_1 \Big(\frac{x - a}{h} - \bar{x}' \Big) + b_2^* \lambda_2 \Big[\Big(\frac{x - a}{h} - \bar{x}' \Big)^2 - \frac{n^2 - 1}{12} \Big] \tag{5-61}$$

$\phi_j(x')$ 值已列入附表 III 中。

将式（5-61）整理化简即得所求的回归方程（5-3）。用一般最小二乘法进行回归计算与用正交多项式回归计算所得最后结果完全一样，但后者的计算过程要简单得多。

正交回归计算法也适用于多元回归分析，只要每个自变量取值均为等间隔，其各次的多项式 $\psi_j(x)$、$\psi_j(z)$ 的算法是一样的，即式（5-55）可以普遍使用。如下述形式的回归方程用正交多项式回归计算的步骤如下：

$$\hat{y} = b_0 + b_1 x + b_2 x^2 + b_3 z + b_4 z^2 + b_5 xz \tag{5-62}$$

设自变量 x_i、z_i 的取值为非自然数，但它们是等间隔的，其间隔分别为 h_x、h_z，这样应将 x_i、z_i 转化成自然数，即 x_i'、z_i'。

$$\begin{cases} x_i' = \dfrac{x_i - a}{h_x} & (i = 1, 2, \cdots, n; \ x_i' = 1, 2, \cdots, n) \\ z_i' = \dfrac{z_i - b}{h_z} & (i = 1, 2, \cdots, n; \ z_i' = 1, 2, \cdots, n) \end{cases}$$

其中

$$\begin{cases} a = x_1 - h_x \\ b = z_1 - h_z \end{cases}$$

$$\begin{cases} \bar{x}' = \dfrac{1 + 2 + \cdots + n}{n} \\ \bar{z}' = \dfrac{1 + 2 + \cdots + n}{n} \end{cases}$$

又

$$\begin{cases} \phi_j(x') = \lambda_j \psi_j(x') \\ \phi_j(z') = \lambda_j y_j(z') \end{cases}$$

所以

$$\hat{y} = b_0^* + b_1^* \lambda_1 \psi_1(x_i') + b_2^* \lambda_2 \psi_2(x_i') + b_3^* \lambda_3 \psi_1(z_i') + b_4^* \lambda_4 \psi_2(z_i') + b_5^* \lambda_5 \psi_1(x_i') \psi_1(z_i') \tag{5-63}$$

$$\lambda_5 = \lambda_1 \lambda_3 \tag{5-64}$$

或

$$\hat{y} = b_0^* + b_1^* \phi_1(x_i') + b_2^* \phi_2(x_i') + b_3^* \phi_1(z_i') + b_4^* \phi_2(z_i') + b_5^* \phi_1(x_i') \phi_1(z_i') \tag{5-65}$$

由此得

$$\hat{y} = b_0^* + b_1^* \lambda_1 (x' - \bar{x}') + b_2^* \lambda_2 \Big[(x' - \bar{x}')^2 - \frac{n^2 - 1}{12} \Big] + b_3^* \lambda_1' (z' - \bar{z}') +$$

$$b_4^* \lambda_2' \Big[(z' - \bar{z}')^2 - \frac{n^2 - 1}{12} \Big] + b_5^* \lambda_1 \lambda_1' (x' - \bar{x}')(z' - \bar{z}') \tag{5-66}$$

或

$$\hat{y} = b_0^* + b_1^* \lambda_1 \left(\frac{x-a}{h_x} - \bar{x}' \right) + b_2^* \lambda_2 \left[\left(\frac{x-a}{h_x} - \bar{x}' \right)^2 - \frac{n^2-1}{12} \right] + b_3^* \lambda_1' \left(\frac{z-\beta}{h_z} - \bar{z}' \right) +$$

$$b_4^* \lambda_2' \left[\left(\frac{z-\beta}{h_z} - \bar{z}' \right)^2 - \frac{n^2-1}{12} \right] + b_5^* \lambda_1 \lambda_1' \left(\frac{x-a}{h_x} - \bar{x}' \right) \left(\frac{z-\beta}{h_z} - \bar{z}' \right) \qquad (5-67)$$

将上式整理化简即得式（5-62）的回归方程。

【实例5-3】 已知正交多项式模型

$$y = b_0 + b_1 x + b_2 x^2$$

通过 5 次观测，得到表 5-3 中所列试验数据。

表 5-3 试验观测数据

观测次数 i	1	2	3	4	5
x_i	1	2	3	4	5
y_i	3	7	13	21	31

试利用正交多项式求解模型参数 b_0、b_1、b_2，并进行统计检验。

解： 根据题意建立回归数学模型

$$y = b_0 + b_1 x + b_2 x^2$$

用 $\psi_1(x) = x - \bar{x}$ 代替一次项 x，$\psi_2(x) = (x-\bar{x})^2 - \frac{1}{n}\sum_{i=1}^{n}(x_i - \bar{x})^2$ 代替 x^2，则

$$y = b_0^* + b_1^* \psi_1(x) + b_2^* \psi_2(x)$$

$\psi_1(x)$、$\psi_2(x)$ 的取值见附表Ⅲ（$n=5$），计算过程见表 5-4。

表 5-4 计算过程

序号	x_i	y_i	$\psi_1(x_i)$	$\psi_1^2(x_i)$	$\psi_2(x_i)$	$\psi_2^2(x_i)$	$\psi_1(x_i)y_i$	$\psi_2(x_i)y_i$
1	1	3	-2	4	2	4	-6	6
2	2	7	-1	1	-1	1	-7	-7
3	3	13	0	0	-2	4	0	-26
4	4	21	1	1	-1	1	21	-21
5	5	31	2	4	2	4	62	62
$\sum_{i=1}^{5}$	15	75	0	10	0	14	70	14

由表 5-4 知 $\bar{x} = \frac{15}{5} = 3$，系数矩阵为

$$A = \begin{bmatrix} n & 0 & 0 \\ 0 & \sum\limits_{i=1}^{n}\psi_1^2(x_i) & 0 \\ 0 & 0 & \sum\limits_{i=1}^{n}\psi_2^2(x_i) \end{bmatrix} = \begin{bmatrix} 5 & 0 & 0 \\ 0 & 10 & 0 \\ 0 & 0 & 14 \end{bmatrix}$$

所以

$$A^{-1} = \begin{bmatrix} \dfrac{1}{5} & 0 & 0 \\ 0 & \dfrac{1}{10} & 0 \\ 0 & 0 & \dfrac{1}{14} \end{bmatrix}$$

常数项矩阵为

$$B = \begin{bmatrix} \sum\limits_{i=1}^{5} y_i \\ \sum\limits_{i=1}^{5} \psi_1(x_i)y_i \\ \sum\limits_{i=1}^{5} \psi_2(x_i)y_i \end{bmatrix} = \begin{bmatrix} 75 \\ 70 \\ 14 \end{bmatrix}$$

因此

$$b^* = \begin{bmatrix} b_0^* \\ b_1^* \\ b_2^* \end{bmatrix} = A^{-1}B = \begin{bmatrix} \dfrac{1}{5} & 0 & 0 \\ 0 & \dfrac{1}{10} & 0 \\ 0 & 0 & \dfrac{1}{14} \end{bmatrix} \times \begin{bmatrix} 75 \\ 70 \\ 14 \end{bmatrix} = \begin{bmatrix} 15 \\ 7 \\ 1 \end{bmatrix}$$

由此可得

$$y = 15 + 7\psi_1(x) + \psi_2(x)$$

将 $\psi_1(x)$、$\psi_2(x)$ 代入上式，得

$$y = 15 + 7(x - \bar{x}) + (x - \bar{x})^2 - \frac{1}{5}\sum_{i=1}^{5}(x_i - \bar{x})^2$$

$$= 15 + 7(x - 3) + (x - 3)^2 - \frac{1}{5} \times 10$$

$$= 15 + 7x - 21 + x^2 - 6x + 9 - 2$$

$$= 1 + x + x^2$$

故 $b_0 = 1$；$b_1 = 1$；$b_2 = 1$。所以，所求的数学模型为

$$y = 1 + x + x^2$$

5.5　正交多项式回归模型的统计检验

　　由于正交回归计算时，回归系数 $b_j(j = 0, 1, 2, \cdots, k)$ 仅与多项式本身 $\phi_j(x_i)$ 有关，而与其他多项式无关，故回归系数之间已不存在相关性，因此回归系数的显著性检验可与计算同时进行。检验后对不显著的项可剔除，不必对整个回归方程重新进行计算。如式（5 – 67），假如经 F 检验后发现 $\phi_2(x)$ 及 $\phi_2(z)$ 两项不显著，即可将该两项从式（5 – 67）中剔除，最后得回归方程为

$$y = b_0^* + b_1^* \lambda_1 \left(\frac{x-a}{h_x} - \bar{x}' \right) + b_3^* \lambda_1' \left(\frac{z-\beta}{h_z} - \bar{z}' \right) + b_5^* \lambda_1 \lambda_1' \left(\frac{x-a}{h_x} - \bar{x}' \right) \left(\frac{z-\beta}{h_z} - \bar{z}' \right)$$

$$(5-68)$$

将该式整理化简即得最终的回归方程。

我们以下面的回归模型（5-69）为例说明正交多项式回归模型的统计检验步骤。

$$y = b_0^* + b_1^* \phi_1(x) + b_2^* \phi_2(x) + \cdots + b_k^* \phi_k(x) \tag{5-69}$$

（1）计算各种变差平方和。

1）离差平方和。

$$G = \sum_{i=1}^{n} y_i^2 - n\bar{y}^2 = \sum_{i=1}^{n} (y_i - \bar{y})^2 \tag{5-70}$$

2）偏回归平方和。由式（4-55）可知，偏回归平方和 P_j 可以用下式进行计算：

$$P_j = \frac{b_j^2}{c_{jj}} \tag{5-71}$$

式（5-71）为第 j 项 $\phi_j(x)$ 的偏回归平方和。

根据式（5-46）和式（5-47），$b_j = \dfrac{B_j}{S_j}$；$c_{jj} = \dfrac{1}{\sum\limits_{i=1}^{n} \phi_j^2(x_i)} = \dfrac{1}{S_j}$，所以

$$P_j = \frac{b_j^2}{c_{jj}} = \frac{\left(\dfrac{B_j}{S_j} \right)^2}{\dfrac{1}{S_j}} = \frac{B_j^2}{S_j} = \frac{B_j^2}{\sum\limits_{i=1}^{n} \phi_j^2(x_i)} \tag{5-72}$$

即

$$P_1 = \frac{B_1^2}{\sum\limits_{i=1}^{n} \phi_1^2(x_i)}$$

$$P_2 = \frac{B_2^2}{\sum\limits_{i=1}^{n} \phi_2^2(x_i)}$$

$$P_3 = \frac{B_3^2}{\sum\limits_{i=1}^{n} \phi_3^2(x_i)}$$

$$\vdots$$

$$P_k = \frac{B_k^2}{\sum\limits_{i=1}^{n} \phi_k^2(x_i)}$$

3）回归平方和。在正交多项式回归中，回归平方和 U_k 等于各次正交多项式偏回归平方和之和。

$$U_k = \sum_{j=1}^{k} P_j \tag{5-73}$$

4）剩余平方和。

$$Q = G - U_k \tag{5-74}$$

在正交多项式的前提下，实际上是一个多元线性问题。

（2）建立方差分析表，如表 5-5 所示。

表 5-5　方差分析表

变差来源	平方和	自由度	均方和
回　归	$U_k = \sum\limits_{j=1}^{k} P_j$	k	$\dfrac{U_k}{k}$
一次项	$P_1 = \dfrac{B_1^2}{\sum\limits_{i=1}^{n} \phi_1^2(x_i)}$	1	P_1
二次项	$P_2 = \dfrac{B_2^2}{\sum\limits_{i=1}^{n} \phi_2^2(x_i)}$	1	P_2
$\vdots$	$\vdots$	$\vdots$	$\vdots$
k 次项	$P_k = \dfrac{B_k^2}{\sum\limits_{i=1}^{n} \phi_k^2(x_i)}$	1	P_k
离　差	$G = \sum\limits_{i=1}^{n} y_i^2 - n\bar{y}^2$	$n-1$	$\dfrac{G}{n-1}$
剩　余	$Q = G - U_k$	$n-k-1$	$\dfrac{Q}{n-k-1}$

（3）回归模型中各项的显著性检验。以检验第 j 项 $\phi_j(x)$ 为例，计算 F 值：

$$F_{Cj} = \frac{\dfrac{P_j}{1}}{\dfrac{Q}{n-k-1}}$$

以 $f_1 = 1$ 为第一自由度，$f_2 = n-k-1$ 为第二自由度，在给定的信度水平下查 F 分布表得 F_T：

1）若 $F_{Cj} > F_T$，则 $\phi_j(x)$ 项对 y 的作用显著，该项应该保留；

2）若 $F_{Cj} < F_T$，则 $\phi_j(x)$ 项对 y 的作用不显著，该项应该剔除。

由于回归系数之间不存在相关性，因此，某一项不显著，只要将该项剔除即可，而不必对整个回归方程重新进行计算，也就是说，模型参数不必重新进行计算。

（4）回归模型的总体显著性检验。计算整个模型的 F 值：

$$F_C = \frac{\dfrac{U_k}{k}}{\dfrac{Q}{n-k-1}}$$

以 $f_1 = k$ 为第一自由度，$f_2 = n-k-1$ 为第二自由度，在给定的信度水平下查 F 分布表得 F_T：

1）若 $F_C > F_T$，则回归模型是显著的；

2）若 $F_C < F_T$，则回归模型是不显著的。

（5）回归方程的线性检验。

$$R_{复}^2 = \frac{U_k}{G}$$

$$0 \leqslant R_{复}^2 \leqslant 1$$

$R_{复}^2$ 越大，说明回归方程与自变量 $\phi_1(x)$，$\phi_2(x)$，$\cdots$，$\phi_k(x)$ 的拟合程度就越好，即线性关系越密切。

【实例 5-4】 采用规格为 $\phi6.0\mathrm{m} \times 1.8\mathrm{m}$ 的湿式自磨机处理铁矿石，根据实际测定，当其他条件不变时自磨机产量 Q 与给料中 $-100 + 25\mathrm{mm}$ 粒级的含量百分数 $\gamma_{-100+25}$ 之间的关系如表 5-6 所示，试用正交多项式回归求 $Q = f(\gamma_{-100+25})$ 的回归方程。

表 5-6 实测自磨机 Q 与 $\gamma_{-100+25}$ 的数据

$\gamma_{-100+25}/\%$	15	20	25	30	35	40	45
$Q/\mathrm{t}\cdot\mathrm{h}^{-1}$	130	125	116	110	100	90	78

解： 设回归模型为

$$\hat{y} = b_0 + b_1 x + b_2 x^2 + b_3 x^3 \tag{5-75}$$

式中，$y = Q$，$x = \gamma_{-100+25}$。

本例中 $n = 7$，x 的间距 $h = 5$，$a = x - h = 15 - 5 = 10$。将 x 变换为自然数，变换公式为

$$x_i' = \frac{x - a}{h} = \frac{x - 10}{5}; \; x_i' = 1, 2, \cdots, 7$$

分别以正交多项式代入式（5-75）中的 x、x^2、x^3 项，即以 $\phi_1(x)$ 代 x，$\phi_2(x)$ 代 x^2，$\phi_3(x)$ 代 x^3，则式（5-75）变为以正交多项式表示的回归方程，即

$$\hat{y} = b_0^* + b_1^* \phi_1(x) + b_2^* \phi_2(x) + b_3^* \phi_3(x) \tag{5-76}$$

查附表Ⅲ，利用 $n = 7$ 的 $\phi_1(x)$、$\phi_2(x)$、$\phi_3(x)$ 的多项式值进行计算，计算结果示于表 5-7 中。

表 5-7 正交多项式回归计算表

x_i'	$\phi_1(x_i')$ $= \psi_1(x_i')$	$\phi_2(x_i')$ $= \psi_2(x_i')$	$\phi_3(x_i')$ $= \frac{1}{6}\psi_3(x_i')$	$y = Q$	$y_i\phi_1(x_i')$	$y_i\phi_2(x_i')$	$y_i\phi_3(x_i')$	Q_i （计算值）	ΔQ_i /%
1	-8	5	-1	130	-390	650	-130	130.1	$+0.06$
2	-2	0	1	125	-250	0	125	124.3	-0.5
3	-1	-3	1	116	-116	-348	116	117.3	$+1.1$
4	0	-4	0	110	0	-440	0	109.2	-0.8
5	1	-3	-1	100	100	-300	-100	99.9	-0.11
6	2	0	-1	90	180	0	-90	89.5	-0.6
7	3	5	1	78	234	390	78	77.5	-0.15
$S_j = \sum\limits_{i=1}^{7} \phi_j^2(x_i')$	28	84	6	—	—	—	—		

x_i'	$\phi_1(x_i')$ $= \psi_1(x_i')$	$\phi_2(x_i')$ $= \psi_2(x_i')$	$\phi_3(x_i')$ $= \frac{1}{6}\psi_3(x_i')$	$y = Q$	$y_i\phi_1(x_i')$	$y_i\phi_2(x_i')$	$y_i\phi_3(x_i')$	Q_i （计算值）	ΔQ_i /%
$B_j = \sum_{i=1}^{7} y_i\phi_j(x_i')$	—	—	—	—	– 242	– 48	– 1		
$b_j^* = \dfrac{B_j}{S_j}$	– 8.64	– 0.57	– 0.1667	$\sum_{i=1}^{7} y_i = 749$；$\bar{y} = \frac{1}{n}\sum_{i=1}^{7} y_i = \frac{1}{7}\times 749 = 107$ $b_0^* = \frac{1}{n}\sum_{i=1}^{7} y_i = \bar{y} = 107$					
$P_j = \dfrac{B_j^2}{S_j}$	2091.6	27.43	0.167	$G = \sum_{i=1}^{7} y_i^2 - \frac{1}{n}\left(\sum_{i=1}^{7} y_i\right)^2 = 82265 - 80143 = 2122$ $U_k = P_1 + P_2 + P_3 = 2091.6 + 27.43 + 0.167 = 2119.2$ $Q = G - U_k = 2122 - 2119.2 = 2.8$ $\frac{Q}{n-k-1} = \frac{2.8}{7-3-1} = 0.93$					

根据表 5 – 7 中各次多项式的偏回归平方和 P_j 及剩余平方和 Q 进行 F 检验。

$$F_{\phi 1} = \frac{P_1}{\dfrac{Q}{n-k-1}} = \frac{2091.6}{0.93} = 2249.03$$

$$F_{\phi 2} = \frac{P_2}{\dfrac{Q}{n-k-1}} = \frac{27.43}{0.93} = 29.49$$

$$F_{\phi 3} = \frac{P_3}{\dfrac{Q}{n-k-1}} = \frac{0.167}{0.93} = 0.18$$

查 F 分布表，$F_{\alpha=0.1}(1, 3) = 5.54$；$F_{\alpha=0.05}(1, 3) = 10.1$；$F_{\alpha=0.01}(1, 3) = 34.10$。故得出 $\phi_1(x)$、$\phi_2(x)$ 项高度显著，$\phi_3(x)$ 项不显著，因此回归方程中应剔除 $\phi_3(x)$ 项。将正交回归计算代回式（5 – 76），得

$$\hat{y} = 107 - 8.64(x' - \bar{x}') - 0.57\left[(x' - \bar{x}')^2 - \frac{n^2-1}{12}\right]$$

$$= 107 - 8.64\left(\frac{x-10}{5} - 4\right) - 0.57\left[\left(\frac{x-10}{5} - 4\right)^2 - \frac{7^2-1}{12}\right]$$

$$= 140.66 - 0.36x - 0.023x^2$$

即

$$\hat{Q} = 140.66 - 0.36\gamma_{-100+25} - 0.23\gamma_{-100+25}^2 \qquad (5-77)$$

表 5 – 7 中列出了按式（5 – 77）计算的 $\hat{Q}_i$ 值与观测值 Q_i 的百分误差 ΔQ_i，由表中 ΔQ_i 可知回归方程（5 – 77）的精确度是较高的。

剔除 $\phi^3(x)$ 项前回归方程的整体显著性为

$$F_C = \frac{\dfrac{U_k}{k}}{\dfrac{Q}{n-k-1}} = \frac{\dfrac{2119.17}{3}}{0.93} = 760$$

查 F 分布表，$F_{\alpha=0.01}(3, 3) = 29.5$，因此，回归方程高度显著。

剔除 $\phi_3(x)$ 项后回归方程的整体显著性为

$$F_C = \frac{\dfrac{U_k}{k}}{\dfrac{Q}{n-k-1}} = \frac{\dfrac{P_1+P_2}{2}}{\dfrac{G-(P_1+P_2)}{7-2-1}} = \frac{\dfrac{2119.03}{2}}{0.74} = 1432$$

回归方程的线性检验如下：

$$R_{复}^2 = \frac{U_k}{G} = \frac{2119.2}{2122} = 0.9987 \quad （剔除 \phi_3(x) 项前）$$

$$R_{复}^2 = \frac{U_k}{G} = \frac{P_1+P_2}{G} = \frac{2119.03}{2122} = 0.9986 \quad （剔除 \phi_3(x) 项后）$$

由此可以看出，回归方程线性关系密切程度略有下降。

5.6 逐步回归分析

当自变量取值为等间隔时，采用正交多项式回归可以很方便地求出"最优"回归方程，但当自变量取值非等间隔时（生产考查、气象观测、地震观测等常遇到这种情况），就不能采用正交多项式回归的方法，特别是像选矿过程。影响选矿指标的因素很多，如何在为数众多的因素中"挑选"变量，以建立我们称为对这批观测数据"最优"的回归方程，就要采用逐步回归的方法。

所谓"最优"回归方程其意义是：（1）为了预报精准，希望在最终的回归方程中包含尽可能多的因素，特别是那些对因变量有显著影响的因素不能漏掉。如前所述，回归方程中包含的自变量愈多，回归平方和愈大，剩余平方和就愈小，因此剩余方差就愈小。（2）为了使用方便，回归方程应尽量简单些，希望回归方程中包含尽量少的变量。因为方程中包含许多变量意味着使用时必须测定许多量，而且计算也不方便。此外，如果回归方程中包含有对 y 根本不起作用或起作用很小的变量，那么剩余平方和并不会由此而减小多少，相反由于剩余自由度的减少（$f_{剩} = n-k-1$），剩余均方和（剩余方差）有可能反而增大。同时，这些对因变量影响不显著的变量也会影响回归方程的稳定性而使效果降低。因此，并不是回归方程中包含的自变量越多越好。在最终的回归方程中包含有不显著的变量不仅没有必要，反而有害。综上所述，所谓"最优"回归方程就是包含所有对因变量影响显著的变量而不包含对因变量影响不显著的变量。

选择最优回归方程有几种不同的方法，这些方法在有关回归分析的专门著作中有详细介绍。此处不再详述，仅作如下概略叙述。

（1）从所有可能的因素（变量）组合的回归方程中挑选最优者。该法就是把所有可能包括1个、2个……直至所有自变量的回归方程都计算出来，并对每个方程作方差分析，对每个变量作偏回归平方和的显著性检验，然后再按上面的标准选择最优者，即剩余平方和最小又不包含不显著影响因素的回归方程为最优。

从全部可能的回归方程中挑选最优方程的方法，计算工作量很大，如果所考虑的因素为 k 个，则全部可能的线性回归方程数就为（$2^k - 1$）个。如有 5 个因素时，全部可能的线性回归方程数就有 $2^5 - 1 = 31$ 个。因此这种方法只能用来说明问题，在实际工作中只有变量很少时才有可能采用。

（2）从包含全部变量的回归方程中逐次剔除不显著的因素。该法是先求得包含全部自变量的回归方程，然后计算和检验各自变量的偏回归平方和，将偏回归平方和不显著的变量从回归方程中剔除，然后重新计算和检验新回归方程，直至回归方程中偏回归平方和最小者也显著为止，最后所得到的回归方程即为最优回归方程。

这种方法实际上经常采用，特别是当所考虑的因素中不显著的因素不多时。它的缺点是一开始就要计算包含全部自变量的回归方程，而多元回归的计算量随自变量个数的增多而迅速增加，因此当预先所列的变量中包含较多的不显著因素时，从计算工作量上说是不值得的。

（3）从一个自变量开始把变量逐步引入回归方程。该法的实质是计算自变量与因变量 y 的相关系数（见 2.7.1 节）及偏相关系数（见 4.4.5 节），第一步比较因变量 y 与每个自变量 x_j 的相关系数 r_{jy}，把绝对值最大的那个变量 x_p 引入回归方程，然后得到一个一元回归方程，对此方程作显著性检验，如果显著，然后再计算余下的各自变量 x_1，$\cdots$，x_{p-1}，x_{p+1}，$\cdots$，x_k 与 y 的偏相关系数。因 x_p 已引入回归方程，因此比较 y 与其余变量的相关程度不能从 y 与这些变量的简单相关系数中看出。应该比较除去 x_p 影响后 y 与余下各自变量的偏相关系数 $r_{jy,p}^2 (j \neq p)$。一般比较 $r_{jy,p}$ 值，把 $r_{jy,p} (j \neq p)$ 最大者引入回归方程。例如 x_f 的偏相关系数 $r_{fy,p}^2$ 值最大，那么就将 x_f 引入回归方程，这样回归方程中已引入两个自变量（x_p，x_f），把包含自变量 x_p、x_f 的回归方程进行回归计算，并对新变量 x_f 作偏回归平方和检验。如果显著，则继续引入第三个自变量，因回归方程中已引入两个自变量（x_p，x_f），故应计算余下自变量 $x_j (j = 1，2，\cdots，t; j \neq p; j \neq f)$ 的偏相关系数，即 $r_{jy,fp} (j = 1，2，\cdots，t; j \neq p; j \neq f)$。把 $r_{jy,fp} (j = 1，2，\cdots，t; j \neq p; j \neq f)$ 最大者引入回归方程，然后再进行偏回归平方和的显著性检验。如此下去，直到求得最后的回归方程。

这个方法的特点是回归方程中的变量是逐个被引入的，每一步都是将在当时的情形下对因变量影响最大的那个变量引入回归方程，且这个变量引入后一定要经过检验证明是显著的。这种步骤一直继续下去，直到在还未引入回归方程的变量中没有对因变量影响显著者为止。这种方法的计算量相对较小。这个方法的缺点是随着变量的逐个引入，由于自变量间的相关关系，前面引入的变量可能因其后变量的引入对因变量的影响从显著变得不显著。因此最后得到的回归方程可能包含不显著的因素。另外，由于每一步（除第一步外）都要计算偏相关系数，也比较麻烦。

（4）逐步回归法。该法是在第三种方法的基础上改进形成的，它结合了第二种方法的特点。逐步回归也是从一个自变量开始按自变量对因变量影响的显著程度，从大到小依次逐个引入回归方程。所不同的是，当先引入变量由于后面变量的引入而变为不显著时，则随时将它们从回归方程中剔除。因此逐步回归每一步（引入一个变量或从回归方程中剔除一个变量都作为一步）的前后都要作 F 检验，以保证每次在引入新的显著变量之前回归方程中只包含显著变量，直至没有显著变量可以引入回归方程为止。

事实上逐步回归并不包含更多的新内容，主要仍是采用本章及前几章所介绍的回归分析的方法，其中所牵涉的主要是一些有关计算方面的安排和技巧。

6 回归设计

前面介绍了线性模型的理论和方法，以及多项式回归的内容，这些都是回归分析的基础。回归分析是一种常用的方法，在实际领域中的应用非常广泛。但在一般的回归分析中，对观测数据的试验安排没有任何要求，通常对各因素的不同组合进行全面试验，然后用某个模型尽量地去拟合。在生产和科研中，经常需要进行多因素多水平的试验，如果对每个因素不同水平的相互搭配进行全面试验，常常是困难的甚至是不可能的。例如有 5 个因素，每个因素有 3 个水平，全面试验就要进行 $3^5 = 243$ 次。这会消耗大量的人力、物力和时间。实践证明，进行这样的全面试验不仅浪费，而且极不现实。

随着科学的发展和试验研究及生产实践的需要，许多实际问题都要求以较少的试验建立精度较高的回归模型，即希望选择较少量的试验点以获得尽可能多的信息，同时希望试验数据的处理、计算也比较简单，并获得精度较高的回归方程。为了达到这个目的，人们把回归分析和试验设计结合起来就产生了"回归设计"。发展到今天，在不同"设计最优"标准下出现了不同的回归设计方法，例如回归正交设计、旋转设计、D－最优设计等。在这里仅介绍回归正交设计方法，其他回归设计可参阅有关专著。需要指出的是任何回归设计仅适用于可控变量。

回归正交设计是广泛应用的回归设计方法，它主要基于正交试验的优点（按正交原则安排试验点称为正交试验），利用正交表来安排试验。如第 5 章所述，如果试验点是等间距的，那么就可以按正交多项式进行回归计算，这种计算由于去掉了各因素间的相关性，同时系数矩阵又可以化为对角阵，因此大大简化了回归计算的工作量。但是应该指出的是，在安排试验点时不仅应考虑试验点的正交性，而且根据这个特点安排试验应能达到以最合理的试验点寻求生产工艺的最优化区域，然后在这个区域内建立数学模型的目的。这样把试验安排与试验数据的回归计算统一考虑，就能做到试验点少但合理、试验数据分布可靠，计算简单，回归方程精度高。

按正交多项式回归模型中自变量的方次来分，回归正交设计又分为一次回归正交设计和二次回归正交设计。高于二次的正交设计用得较少。

6.1　一次回归正交设计

一次回归正交设计是二次或更高次回归设计的基础。由于它计算简便，而且又消除了回归系数间的相关性，所以应用非常广泛，常用来筛选因子或确定最佳工艺条件。在研究多因子的复杂过程中，为了确定因子及交互作用的主次关系，常用筛选的办法。最佳工艺条件的确定可根据编码模型的回归系数来确定。编码模型回归系数的绝对值大小表明因子的重要程度，回归系数的正负号表明应取哪一个水平。

一次回归正交设计也可用以寻找最优区域，例如陡度法（又称快速登高法）中梯度方向就可根据一次回归方程的系数来确定。

一次回归正交设计主要运用二水平正交表（如 $L_4(2^3)$，$L_8(2^7)$，$L_{12}(2^{11})$，$L_{16}(2^{15})$ …）进行。关于运用正交表进行试验的问题，可参阅有关正交试验等书籍，此处不予论述。下边仅论述如何根据回归正交设计建立数学模型。

假定目标函数 y 与 k 个自变量（x_j；$j=1$，2，…，k）的关系为线性，则通过 n 次试验所得的数据可以建立下述回归数学模型：

$$\hat{y} = b_0 + b_1 x_1 + b_2 x_2 + \cdots + b_k x_k + \cdots \tag{6-1}$$

上述回归方程的回归系数 b_j 可由下式求出：

$$b = (X^T X)^{-1} X^T Y \tag{6-2}$$

式中　　b——回归系数矩阵；

X——自变量的结构矩阵；

X^T——结构矩阵的转置；

$X^T X$——系数矩阵；

$(X^T X)^{-1}$——相关矩阵；

$X^T Y$——常数项矩阵。

下面说明一次正交回归设计的安排与计算步骤。

6.1.1　因子变化范围的确定

要研究 k 个因素（正交试验设计常称为因子）Z_1，Z_2，…，Z_k 与某项指标 y 的数量关系，首先应确定每个因子 $Z_j(j=1$，2，…，$k)$ 的取值范围。设 Z_{1j}、Z_{2j} 代表因子 Z_j 取值的下、上范围界限，而试验就在 Z_{1j}、Z_{2j} 数值点上进行，则称 Z_{1j}、Z_{2j} 分别为因子 Z_j 的下、上水平。它们的算术平均值 Z_{0j} 称为 Z_j 的 "0" 水平，即

$$Z_{0j} = \frac{Z_{1j} + Z_{2j}}{2}, \quad \Delta_j = \frac{Z_{2j} - Z_{1j}}{2} \tag{6-3}$$

上下水平差的一半 Δ_j 称为步长，它代表因子 Z_j 的变化区间。

确定因子水平应根据已有的试验经验及资料来进行。

6.1.2　因子编码

编码是为了按正交表安排试验和便于计算，它实际上就是把各因子 Z_j 的试验取值通过线性变换使之规范化。线性变换的公式如下：

$$x_j = \frac{Z_j - Z_{0j}}{\Delta_j} \tag{6-4}$$

这样就建立了 Z_j 与 x_j 取值的一一对应关系（见图 6-1）。

$$\begin{cases} 零水平 \quad x_{0j} = Z_{0j} = 0 \\[2mm] 下水平 \quad x_{1j} = \dfrac{Z_{1j} - Z_{0j}}{\Delta_j} = -1 \\[2mm] 上水平 \quad x_{2j} = \dfrac{Z_{2j} - Z_{0j}}{\Delta_j} = 1 \end{cases} \tag{6-5}$$

因此 Z_j 在数值区间 $[Z_{1j}$，$Z_{2j}]$ 范围内变化时，它的编码值就在区间 $[-1$，$+1]$ 内

变化。具体的编码写成表 6-1 的形式。

二因子的研究区域在因子空间（平面）是一个矩形（见图 6-2），通过编码把因子研究空间变成一个正方形（见图 6-3），这就保证了试验取值分布的合理性、正交性。在对各因子按上述程序进行编码以后，y 对 Z_1，Z_2，$\cdots$，Z_k 的回归问题转化为 y_1 对 x_1，x_2，$\cdots$，x_k 的回归问题。因此可以在以 x_1，x_2，$\cdots$，x_k 为坐标轴的编码空间中选择试验点来进行回归设计。为此，不论是一次或二次回归设计，必须先将因子编码，然后再求 y 对编码后变量的回归方程，最后经过线性变换求得 y 对变量 Z_1，Z_2，$\cdots$，Z_k 的回归方程。

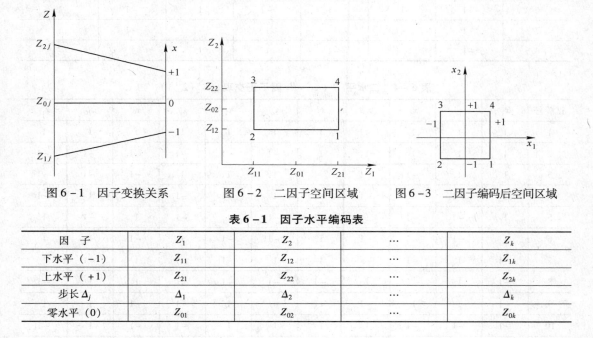

图 6-1 因子变换关系　　图 6-2 二因子空间区域　　图 6-3 二因子编码后空间区域

表 6-1 因子水平编码表

因　子	Z_1	Z_2	$\cdots$	Z_k
下水平（-1）	Z_{11}	Z_{12}	$\cdots$	Z_{1k}
上水平（+1）	Z_{21}	Z_{22}	$\cdots$	Z_{2k}
步长 Δ_j	Δ_1	Δ_2	$\cdots$	Δ_k
零水平（0）	Z_{01}	Z_{02}	$\cdots$	Z_{0k}

6.1.3　正交表的选择

在运用二水平正交表进行回归设计时，需要用"-1"代换二水平正交表中的"2"。代换后表中"+1"和"-1"既表示因子水平的不同状态，也表示因子水平变化的数量大小。经过这种代换后，正交表的交互作用列可直接由表中相应列的对应元素相乘得到。因此交互作用列表也就不必要了。正交表一般表示为 $L_x(A^n)$，其中 L 表示正交表，L 的下标 x 代表正交表的行数，即使用该正交表安排试验时所需的试验次数（试验方案数），A 表示各因素的水平数，n 表示正交表的列数，即使用该正交表最多可以安排的因素个数。表 6-2 ~ 表 6-5 分别列出了常用的 $L_4(2^3)$、$L_8(2^7)$、$L_{12}(2^{11})$、$L_{16}(2^{15})$ 二水平正交表。

表 6-2　二水平二因子正交表（$L_4(2^3)$）

试 验 号	x_1	x_2	x_1x_2
1	1	1	1
2	1	-1	-1
3	-1	1	-1
4	-1	-1	1

表 6 - 3　二水平三因子正交表（$L_8(2^7)$）

试验号	x_1	x_2	x_3	x_1x_2	x_1x_3	x_2x_3	$x_1x_2x_3$
1	1	1	1	1	1	1	1
2	1	1	-1	1	-1	-1	-1
3	1	-1	1	-1	1	-1	-1
4	1	-1	-1	-1	-1	1	1
5	-1	1	1	-1	-1	1	-1
6	-1	1	-1	-1	1	-1	1
7	-1	-1	1	1	-1	-1	1
8	-1	-1	-1	1	1	1	-1

表 6 - 4　二水平 " + ， - " 因子正交表（$L_{12}(2^{11})$）

试验号	x_1	x_2	x_3	x_4	x_5	x_6	x_7	x_8	x_9	x_{10}	x_{11}
1	1	1	1	1	1	1	1	1	1	1	1
2	1	1	1	1	1	-1	-1	-1	-1	-1	-1
3	1	1	-1	-1	-1	1	1	1	-1	-1	-1
4	1	-1	1	-1	-1	1	-1	1	1	1	-1
5	1	-1	-1	-1	1	1	1	-1	1	1	1
6	1	-1	-1	-1	1	-1	-1	1	-1	1	1
7	-1	1	-1	-1	1	1	1	1	-1	-1	1
8	-1	1	-1	1	-1	-1	-1	1	1	1	-1
9	-1	1	1	1	-1	-1	1	-1	-1	1	-1
10	-1	-1	-1	1	1	1	1	-1	-1	1	-1
11	-1	-1	1	-1	1	-1	1	1	1	-1	-1
12	-1	-1	1	1	-1	1	-1	1	-1	-1	1

表 6 - 5　二水平四因子正交表（$L_{16}(2^{15})$）

试验号	x_1	x_2	x_3	x_4	x_1x_2	x_1x_3	x_1x_4	x_2x_3	x_2x_4	x_3x_4	$x_1x_2x_3$	$x_1x_2x_4$	$x_1x_3x_4$	$x_2x_3x_4$	$x_1x_2x_3x_4$
1	1	1	1	1	1	1	1	1	1	1	1	1	1	1	1
2	1	1	1	-1	1	1	-1	1	-1	-1	1	-1	-1	-1	-1
3	1	1	-1	1	1	-1	1	-1	1	-1	-1	1	-1	-1	-1
4	1	1	-1	-1	1	-1	-1	-1	-1	1	-1	-1	1	1	1
5	1	-1	1	1	-1	1	1	-1	-1	1	-1	-1	1	-1	-1
6	1	-1	1	-1	-1	1	-1	-1	1	-1	-1	1	-1	1	1
7	1	-1	-1	1	-1	-1	1	1	-1	-1	1	-1	-1	1	1
8	1	-1	-1	-1	-1	-1	-1	1	1	1	1	1	1	-1	-1
9	-1	1	1	1	-1	-1	-1	1	1	1	-1	-1	-1	1	-1

续表 6-5

试验号	x_1	x_2	x_3	x_4	x_1x_2	x_1x_3	x_1x_4	x_2x_3	x_2x_4	x_3x_4	$x_1x_2x_3$	$x_1x_2x_4$	$x_1x_3x_4$	$x_2x_3x_4$	$x_1x_2x_3x_4$
10	-1	1	1	-1	-1	-1	1	1	-1	-1	-1	1	1	-1	1
11	-1	1	-1	1	-1	1	-1	-1	1	-1	1	-1	1	-1	1
12	-1	1	-1	-1	-1	1	1	-1	-1	1	1	1	-1	1	-1
13	-1	-1	1	1	1	-1	-1	-1	-1	1	1	1	-1	-1	1
14	-1	-1	1	-1	1	-1	1	-1	1	-1	1	-1	1	1	-1
15	-1	-1	-1	1	1	1	-1	1	-1	-1	-1	1	1	1	-1
16	-1	-1	-1	-1	1	1	1	1	1	1	-1	-1	-1	-1	1

究竟采用哪一种二水平正交表安排试验，这要根据因子数目及交互作用情况而定。正交表选定后，把经过编码的各因子变量放入正交表的相应列上，就构成试验计划表。如三个变量 x_1、x_2、x_3 安排在 $L_8(2^7)$ 正交表上，就构成了二水平三因子回归正交试验设计表。8 个试验点在编码空间的分布如图 6-4 所示，它们正好位于一个正方体的 8 个顶点上。

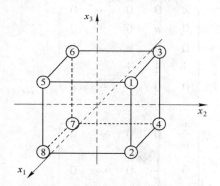

图 6-4　二水平三因子编码后空间分布

用正交表安排试验计划具有正交性、均衡性和独立性的特点。很明显，若以 x_{ij} 表示第 j 个自变量在第 i 次试验中的编码值，于是由于试验计划安排具有正交性，所以试验计划安排具有下述性质：

任一列的和

$$\sum_{i=1}^{n} x_{ij} = 0 \tag{6-6}$$

任二列内积

$$\sum_{i=1}^{n} x_{ij}x_{if} = 0 \tag{6-7}$$

所以称这种回归设计为正交设计。

6.1.4　回归系数的计算与统计检验

如果根据正交设计进行 n 次试验，自变量编码后的取值为 x_1，x_2，$\cdots$，x_k，则其结构矩阵为

$$X = \begin{pmatrix} 1 & x_{11} & x_{12} & \cdots & x_{1k} \\ 1 & x_{21} & x_{22} & \cdots & x_{2k} \\ 1 & x_{31} & x_{32} & \cdots & x_{3k} \\ \vdots & \vdots & \vdots & & \vdots \\ 1 & x_{n1} & x_{n2} & \cdots & x_{nk} \end{pmatrix}_{n \times (k+1)} \tag{6-8}$$

其系数矩阵为

$$A = X^T X = \begin{pmatrix} n & 0 & 0 & \cdots & 0 \\ 0 & \sum\limits_{i=1}^{n} x_{i1}^2 & 0 & \cdots & 0 \\ 0 & 0 & \sum\limits_{i=1}^{n} x_{i2}^2 & \cdots & 0 \\ \vdots & \vdots & \vdots & & \vdots \\ 0 & 0 & \cdots & \cdots & \sum\limits_{i=1}^{n} x_{ik}^2 \end{pmatrix}_{(k+1) \times (k+1)} \tag{6-9}$$

$$= \begin{pmatrix} n & 0 & 0 & \cdots & 0 \\ 0 & n & 0 & \cdots & 0 \\ 0 & 0 & n & \cdots & 0 \\ \vdots & \vdots & \vdots & & \vdots \\ 0 & 0 & \cdots & \cdots & n \end{pmatrix}_{(k+1) \times (k+1)} \tag{6-10}$$

其相关矩阵为

$$C = A^{-1} = \begin{pmatrix} \dfrac{1}{n} & 0 & 0 & \cdots & 0 \\ 0 & \dfrac{1}{n} & 0 & \cdots & 0 \\ 0 & 0 & \dfrac{1}{n} & \cdots & 0 \\ \vdots & \vdots & \vdots & & \vdots \\ 0 & 0 & \cdots & \cdots & \dfrac{1}{n} \end{pmatrix}_{(k+1) \times (k+1)} \tag{6-11}$$

由此得回归系数矩阵为

$$b = \begin{pmatrix} b_0 \\ b_1 \\ b_2 \\ \vdots \\ b_k \end{pmatrix} = CB = \begin{pmatrix} \dfrac{1}{n} & 0 & 0 & \cdots & 0 \\ 0 & \dfrac{1}{n} & 0 & \cdots & 0 \\ 0 & 0 & \dfrac{1}{n} & \cdots & 0 \\ \vdots & \vdots & \vdots & & \vdots \\ 0 & 0 & \cdots & \cdots & \dfrac{1}{n} \end{pmatrix} \begin{pmatrix} \sum\limits_{i=1}^{n} y_i \\ \sum\limits_{i=1}^{n} y_i x_{i1} \\ \sum\limits_{i=1}^{n} y_i x_{i2} \\ \vdots \\ \sum\limits_{i=1}^{n} y_i x_{ik} \end{pmatrix} \tag{6-12}$$

由式（6-12）可得

$$b_0 = \frac{1}{n} \sum_{i=1}^{n} y_i = \frac{B_0}{n} \qquad (6-13)$$

或

$$b_0 = \bar{y} \qquad (6-14)$$

又

$$b_j = \frac{1}{n} \sum_{i=1}^{n} y_i x_{ij} = \frac{B_j}{n} \quad (j = 1, 2, \cdots, k) \qquad (6-15)$$

上述诸式中

$$B_0 = \sum_{i=1}^{n} y_i, \quad B_j = \sum_{i=1}^{n} y_i x_{ij} \qquad (6-16)$$

由以上分析可以看出，由于试验方案的正交性，从而消除了回归系数之间的相关性。因此，一次正交回归设计的计算与显著性检验与第 5 章所讲的正交多项式回归完全类似。具体的计算步骤和统计检验见表 6-6 和表 6-7。

表 6-6　一次回归正交设计的计算表

试验号	x_0	x_1	x_2	$\cdots$	x_k	y
1	1	x_{11}	x_{12}	$\cdots$	x_{1k}	y_1
2	1	x_{21}	x_{22}	$\cdots$	x_{2k}	y_2
$\vdots$	$\vdots$	$\vdots$	$\vdots$		$\vdots$	$\vdots$
n	1	x_{n1}	x_{n2}	$\cdots$	x_{nk}	y_n
B_j	$\sum\limits_{i=1}^{n} y_i$	$\sum\limits_{i=1}^{n} y_i x_{i1}$	$\sum\limits_{i=1}^{n} y_i x_{i2}$	$\cdots$	$\sum\limits_{i=1}^{n} y_i x_{ik}$	$\sum\limits_{i=1}^{n} y_i^2$
$b_j = \dfrac{B_j}{n}$	$\dfrac{B_0}{n}$	$\dfrac{B_1}{n}$	$\dfrac{B_2}{n}$	$\cdots$	$\dfrac{B_k}{n}$	$G = \sum\limits_{i=1}^{n} y_i^2 - \dfrac{B_0^2}{n}$
$P_j = b_j B_j$	P_0	P_1	P_2	$\cdots$	P_k	$Q = G - (P_1 + \cdots + P_k)$

表 6-7　一次回归正交设计的方差分析表

方差来源	平方和	自由度	均方和	F 比
x_1	$P_1 = B_1^2/n$	1	P_1	$\dfrac{P_1}{Q/(n-k-1)}$
x_2	$P_2 = B_2^2/n$	1	P_2	$\dfrac{P_2}{Q/(n-k-1)}$
$\vdots$	$\vdots$	$\vdots$	$\vdots$	$\vdots$
x_k	$P_k = B_k^2/n$	1	P_k	$\dfrac{P_k}{Q/(n-k-1)}$
回归	$U = P_1 + P_2 + \cdots + P_k$	k	$\dfrac{P_1 + P_2 + \cdots + P_k}{k}$	$\dfrac{U/k}{Q/(n-k-1)}$
剩余	$Q = G - (P_1 + P_2 + \cdots + P_k)$	$n-k-1$	$Q/(n-k-1)$	
总计	$G = \sum\limits_{i=1}^{n} y_i^2 - \dfrac{B_0^2}{n}$	$n-1$		

正交试验设计中各变量偏回归平方和为

$$P_j = b_j B_j = b_j n b_j = n b_j^2 = \frac{B_j^2}{n} \tag{6-17}$$

即 $P_j \propto b_j^2$，b_j 的绝对值愈大，P_j 就愈大；这就是说，在用正交设计所得的回归方程中，每一个回归系数 b_j 的绝对值大小，刻画了相应变量 x_j 在回归方程中作用的大小。在正交设计中，所有的自变量取值经过编码的规范化后，其取值都变为"1"和"-1"，均为无量纲，这就使所求的回归系数不受自变量的单位和取值的影响。因此，各回归系数绝对值的大小直接反映该因素对因变量 y 作用的大小，其符号反映了自变量因素对 y 作用的性质（增、减趋势）。因此，一次回归正交设计的显著性检验很容易进行。当要求回归方程精度不太高时，可以把回归系数的绝对值与"0"相差不大者的因子剔除，并把它并入试验误差，而其他回归系数不需要重新计算。

　　需要指出的是，当进行回归设计时，如果正交表上各因子（包括交互作用）已排满，没有空白列时，也就没有剩余平方和，这时为了进行检验，就必须做重复试验。

6.1.5　零水平重复试验——一次回归模型的精度检验

　　上面所述的检验方法只说明了相对于剩余均方和而言各变量的影响是否显著。即使回归方程显著，也只能说明一次回归方程在试验点上与试验结果拟合得好，而不能充分说明一次回归模型是最好的。为此，必须在自变量的零水平做必要的重复试验。根据零水平重复试验的数据求平均值 $\bar{y}_0$，然后检验 $\bar{y}_0$ 与常数项 b_0 有无显著差异。如果 $\bar{y}_0$ 与 b_0 无显著差异，说明在试验范围内回归方程与实测值拟合得很好，否则说明一次回归方程不适合，需建立二次回归方程。$\bar{y}_0$ 与 b_0 的显著性检验的步骤如下：

　　对回归方程中常数项

$$b_0 = \frac{1}{n} \sum_{i=1}^{n} y_i = \bar{y}_0$$

零水平（Z_{01}，Z_{02}，$\cdots$，Z_{0k}）做 m 次重复试验，得因变量值分别为 y_{01}，y_{02}，$\cdots$，y_{0m}，其平均值 $\bar{y}_0$ 为

$$\bar{y}_0 = \frac{1}{m} \sum_{i=1}^{m} y_{0i} \tag{6-18}$$

利用 t 检验法检查 $\bar{y}_0$ 与 b_0 有无显著差异。

$$t = \frac{|b_0 - \bar{y}_0|}{\sigma_{(b_0 + \bar{y}_0)} \sqrt{\frac{1}{n} + \frac{1}{m}}} < t_\alpha (f_{剩} + f_0) \tag{6-19}$$

式中　n——原回归方程试验次数；

　　　　m——零水平试验次数；

　$\sigma_{(b_0 + \bar{y}_0)}$——$\bar{y}_0$ 与 b_0 的合并标准差，即

$$\sigma_{(b_0 + \bar{y}_0)} = \sqrt{\frac{Q_{剩} + Q_{0重}}{f_{剩} + f_0}} \tag{6-20}$$

其中

$$Q_{0重} = \sum_{i=1}^{m} (y_{0i} - \bar{y}_0)^2 \tag{6-21}$$

$$f_{剩} = n - k - 1, \quad f_0 = m - 1$$

【实例 6-1】 对辉钼矿进行可选性试验，在其他条件都固定的情况下，研究充气量（L/min）及搅拌速度（r/min）对辉钼矿精矿品位及回收率影响。充气量试验水平取 3L/min、7L/min，搅拌速度试验水平取 900r/min、1500r/min。试求粗精矿品位和回收率与充气量及搅拌速度的回归方程。

解： 已知充气量因子 A 的上下水平分别为 7L/min、3L/min；搅拌速度因子 B 的上下水平分别为 1500L/min、900r/min；按二因子二水平进行回归设计（见表 6-2）。

设 $\beta_{MoS_2} = f_1(A, B)$，$\varepsilon_{MoS_2} = f_2(A, B)$，两函数的回归方程分别为

$$\beta_{MoS_2} = b_0 + b_1 A + b_2 B + b_3 AB \tag{6-22}$$

$$\varepsilon_{MoS_2} = b_0' + b_1' A + b_2' B + b_3' AB \tag{6-23}$$

（1）对因子水平进行编码（见表 6-8）。

（2）按 $L_4(2^3)$（见表 6-2）安排试验。试验结果示于表 6-9 中。

（3）按表 6-9 试验结果进行回归计算，求回归系数 b_j、b_j'，偏回归平方和 P_j、P_j'。本例为全部实施，且没有进行重复试验，故不进行方差分析，而仅比较其编码模型的回归系数。

由以上计算得编码模型为

$$y(\beta) = 6.93 - 2.18 x_1 - 0.58 x_2 + 0.03 x_1 x_2 \tag{6-24}$$

$$y'(\varepsilon) = 90.6 + 0.1 x_1 + 1.45 x_2 - 0.95 x_1 x_2 \tag{6-25}$$

式中 x_1——充气量；

     x_2——搅拌速度。

x_1、x_2 的取值在"-1"和"1"之间。由式（6-4）可将编码模型转化成非编码模型，即

$$x_1 = \frac{A - A_0}{\Delta A}, \quad x_2 = \frac{B - B_0}{\Delta B}$$

$$\hat{y}(\beta) = 6.93 - 2.18 \left(\frac{A - 5}{2}\right) - 0.58 \left(\frac{B - 1200}{300}\right) + 0.03 \left(\frac{A - 5}{2}\right) \left(\frac{B - 1200}{300}\right)$$

$$= 15.0 - 1.15 A - 0.0022 B + 0.00005 AB \tag{6-26}$$

同理得

$$\hat{y}'(\varepsilon) = 75.05 + 1.95 A + 0.0127 B - 0.0016 AB \tag{6-27}$$

式中 A——充气量，L/min；

     B——搅拌速度，r/min。

在回收率模型中 x_1 及 x_2 的系数为正值，说明提高充气量和加强搅拌可提高 MoS_2 回收率，但在品位模型中上述两因子系数为负值，说明对 MoS_2 的精矿品位有反影响。而充气和搅拌的交互作用 $x_1 x_2$ 对回收率有不良影响，对品位的影响甚微。

由于在编码模型中各因素影响均为规范化，因此直接比较其绝对值的大小即可判断各因素作用的大小；这样通过求编码模型中系数之比可进一步判断各因素作用情况。表 6-10 为回归方程（6-24）及（6-25）回归系数之比，由该表所列回归系数比可以看出，充气量对品位影响大于搅拌速度，对回收率的影响小于搅拌速度；充气与搅拌速度的交互作用对品位影响甚小，而对回收率的影响较大。

表 6 – 8　A、B 二因子编码结果

水　平	因子 A	因子 B
零水平	$A_0 = \dfrac{A_1 + A_2}{2} = \dfrac{3 + 7}{2} = 5$	$B_0 = \dfrac{B_1 + B_2}{2} = \dfrac{900 + 1500}{2} = 1200$
步　长	$\Delta A = \dfrac{A_2 - A_1}{2} = \dfrac{7 - 3}{2} = 2$	$\Delta B = \dfrac{B_2 - B_1}{2} = \dfrac{1500 - 900}{2} = 300$
上水平	$x_{21} = \dfrac{A_2 - A_0}{\Delta A} = \dfrac{7 - 5}{2} = 1$	$x_{22} = \dfrac{B_2 - B_0}{\Delta B} = \dfrac{1500 - 1200}{300} = 1$
下水平	$x_{11} = \dfrac{A_1 - A_0}{\Delta A} = \dfrac{3 - 5}{2} = -1$	$x_{12} = \dfrac{B_1 - B_0}{\Delta B} = \dfrac{900 - 1200}{300} = -1$
零水平	$x_{01} = 0$	$x_{02} = 0$

表 6 – 9　充气量、搅拌速度对辉钼矿浮选指标的影响的回归正交试验设计及结果

试验序号	x_0（零水平）	x_1（因子 A）	x_2（因子 B）	$x_1 x_2$（AB）	品位/%（$y = \beta_{\mathrm{MoS_2}}$）	回收率/%（$y' = \varepsilon_{\mathrm{MoS_2}}$）
1	1	1	1	1	4. 20	91. 2
2	1	1	– 1	– 1	5. 30	90. 2
3	1	– 1	1	– 1	8. 50	92. 9
4	1	– 1	– 1	1	9. 72	88. 1
B_j	27. 7	– 8. 72	– 2. 32	0. 12		
$b_j = \dfrac{B_j}{n}$	6. 93	– 2. 18	– 0. 58	0. 03	$\displaystyle\sum_{i=1}^{4} y_i = 27.72$	$\displaystyle\sum_{i=1}^{4} y'_i = 362.4$
$P_j = b_j B_j$		19. 0	1. 34	0. 0036	$\displaystyle\sum_{i=1}^{4} y_i^2 = 212.96$	$\displaystyle\sum_{i=1}^{4} y'^2_i = 32845.5$
B'_j	362. 4	0. 4	5. 8	– 3. 8	$G = \displaystyle\sum_{i=1}^{4} y_i^2 - \dfrac{B_0^2}{n}$	$G' = \displaystyle\sum_{i=1}^{4} y'^2_i - \dfrac{B_0'^2}{n}$
$b'_j = \dfrac{B'_j}{n}$	90. 6	0. 1	1. 45	– 0. 95	$= 20.89$	$= 12.1$
$P'_j = b'_j B'_j$		0. 04	8. 41	3. 61		

表 6 – 10　回归方程（6 – 24）及（6 – 25）编码模型系数比

$\beta_{\mathrm{MoS_2}}$			$\varepsilon_{\mathrm{MoS_2}}$		
x_1/x_2	$x_1/(x_1 x_2)$	$x_2/(x_1 x_2)$	x_1/x_2	$x_1/(x_1 x_2)$	$x_2/(x_1 x_2)$
3. 76	72. 6	10. 33	0. 07	0. 1	1. 53

【实例 6 – 2】　某铜锌硫化矿进行磨矿试验，目的是探寻在其他条件不变的情况下分级溢流中 – 0.074mm（ – 200 目）产率 β_{-200}（%）及磨机产量 Q（t/h）或成品量 Q'（$Q\beta_{-200}$）的变化规律。考查的因素有磨机介质充填率、返砂比、磨机中球料比，以及分级溢流浓度 T、磨矿分级机耗水量 W。前三个因素归结为一个因素，即在磨机轴承下装压力传感器，以传感器显示仪表的指针读数（0 ~ 20mV）来综合反映。

此为三因子试验，可按 $L_8(2^7)$ 回归设计表安排试验。在 $L_8(2^7)$ 表中已排三因子间的交互作用，此为全部实施方案。为了进行方差分析做了三次重复试验。设计模型如下：

$$\hat{y}(\beta_{-200}) = f(x_1, x_2, x_3)$$
$$= b_0 + b_1x_1 + b_2x_2 + b_3x_3 + b_4x_1x_2 + b_5x_1x_3 + b_6x_2x_3 + b_7x_1x_2x_3 \quad (6-28)$$

$$\hat{y}(Q\beta_{-200}) = f(x_1, x_2, x_3)$$
$$= b_0' + b_1'x_1 + b_2'x_2 + b_3'x_3 + b_4'x_1x_2 + b_5'x_1x_3 + b_6'x_2x_3 + b_7'x_1x_2x_3 \quad (6-29)$$

式中　x_1——压力传感器显示仪表读数；

　　　x_2——分级溢流中固体浓度；

　　　x_3——磨矿分级机组耗水量。

试验水平及编码结果示于表 6–11 中。试验结果及计算示于表 6–12 中。显著性检验结果示于表 6–13 中。

表 6–11　磨矿作业三因子水平回归设计编码

水平	因子 C（压力传感器显示仪表读数）	因子 T（溢流浓度/%）	因子 W（吨矿耗水量/t）
零水平	$C_0 = \dfrac{C_1 + C_2}{2} = \dfrac{4 + 16}{2} = 10$	$T_0 = \dfrac{T_1 + T_2}{2} = \dfrac{30 + 60}{2} = 45$	$W_0 = \dfrac{W_1 + W_2}{2} = \dfrac{6 + 18}{2} = 12$
步长	$\Delta C = \dfrac{C_2 - C_1}{2} = \dfrac{16 - 4}{2} = 6$	$\Delta T = \dfrac{T_2 - T_1}{2} = \dfrac{60 - 30}{2} = 15$	$\Delta W = \dfrac{W_2 - W_1}{2} = \dfrac{18 - 6}{2} = 6$
上水平	$x_{21} = \dfrac{C_2 - C_0}{\Delta C} = \dfrac{16 - 10}{6} = 1$	$x_{22} = \dfrac{T_2 - T_0}{\Delta T} = \dfrac{60 - 45}{15} = 1$	$x_{23} = \dfrac{W_2 - W_0}{\Delta W} = \dfrac{18 - 12}{6} = 1$
下水平	$x_{11} = \dfrac{C_1 - C_0}{\Delta C} = \dfrac{4 - 10}{6} = -1$	$x_{12} = \dfrac{T_1 - T_0}{\Delta T} = \dfrac{30 - 45}{15} = -1$	$x_{13} = \dfrac{W_1 - W_0}{\Delta W} = \dfrac{6 - 12}{12} = -1$
零水平	$x_{01} = 0$	$x_{02} = 0$	$x_{03} = 0$

根据以上计算及检验结果，去掉不显著因子，于是得到编码数学模型

$$\hat{y}(\beta_{-200}) = 43.62 + 2.37x_1 - 4.55x_2 - 0.85x_3 + 2.35x_1x_2 + 2.95x_1x_3 - 1.78x_2x_3 \quad (6-30)$$

$$\hat{y}'(Q\beta_{-200}) = 20.71 - 1.06x_1 - 0.44x_2 + 0.94x_1x_2 + 1.09x_1x_3 - 1.59x_2x_3 \quad (6-31)$$

对所得回归方程进行 F 检验，以观察其精确度。

对于式（6–30）

$$F = \frac{1}{6}\sum_{j=1}^{6} P_j \Big/ \frac{Q}{f_{误}} = \frac{45.13 + 165.62 + 5.78 + 44.18 + 69.62 + 25.2}{6} \Big/ \frac{38.905}{9}$$

$$= 13716 > F_{0.01}(6, 9) = 5.80$$

对于式（6–31）

$$F = \frac{1}{5}\sum_{j=1}^{5} P_j' \Big/ \frac{Q'}{f_{误}'} = \frac{10.21 + 1.73 + 7.98 + 10.70 + 22.80}{5} \Big/ \frac{39.77}{10}$$

$$= 2.68 > F_{0.1}(5, 10) = 2.52$$

由以上检验得知，所得两回归方程是显著的。

将

$$x_1 = \frac{C - C_0}{\Delta C} = \frac{C - 10}{6}, \quad x_2 = \frac{T - T_0}{\Delta T} = \frac{T - 45}{15}, \quad x_3 = \frac{W - W_0}{\Delta W} = \frac{W - 12}{6}$$

的关系代入式（6–30）和式（6–31），即得非编码数学模型。

表6-12 磨矿作业磨机产量（$Q\beta_{-200}$）、分级溢流流粒度（$\beta_{-200}\%$）的回归设计及计算

试验号	x_0	x_1	x_2	x_3	x_1x_2	x_1x_3	x_2x_3	$x_1x_2x_3$	β'_{-200}	β''_{-200}	β'''_{-200}	$y=\bar{\beta}_{-200}$	Q	$y'=Q\bar{\beta}_{-200}$	δ_β^2
1	+1	+1	+1	+1	+1	+1	+1	+1	44.5	44.4	43.7	44.2	44.0	19.5	0.40
2	+1	+1	+1	-1	+1	-1	-1	-1	45.0	43.0	42.0	43.3	48.0	20.8	4.67
3	+1	+1	-1	+1	-1	+1	-1	-1	49.2	51.9	54.5	51.9	42.9	22.3	14.05
4	+1	+1	-1	-1	-1	-1	+1	+1	43.8	50.0	39.4	44.4	36.0	16.0	56.72
5	+1	-1	+1	+1	-1	-1	+1	-1	26.6	28.7	30.5	28.6	63.6	18.2	7.62
6	+1	-1	+1	-1	-1	+1	-1	+1	38.6	38.3	43.0	40.0	56.0	22.6	13.85
7	+1	-1	-1	+1	+1	-1	-1	+1	46.9	48.0	43.8	46.2	53.0	23.5	9.49
8	+1	-1	-1	-1	+1	+1	+1	-1	47.6	51.9	50.4	50.5	45.6	22.8	9.53
$B_j=\sum\limits_{i=1}^{8}y_ix_{ij}$	349.1	19	-36.4	-6.8	18.8	23.6	-14.2	1							
$b_j=\dfrac{B_j}{n}$	43.62	2.37	-4.55	-0.85	2.35	2.95	-1.78	0.125							
$P_j=b_jB_j$		45.03	165.62	5.78	44.18	69.62	25.2	0.125							
$B'_j=\sum\limits_{i=1}^{8}y'_ix_{ij}$	165.7	-8.5	-3.5	1.3	7.5	8.7	-12.7	-2.5							
$b'_j=\dfrac{B'_j}{n}$	20.71	-1.06	-0.44	0.16	0.94	1.09	-1.59	-0.31							
$P'_j=b'_jB'_j$		9.03	1.53	0.21	7.03	9.46	20.1	0.78							

$$\sum_{i=1}^{8}y_i=349.1;\quad \sum_{i=1}^{8}y_i^2=15596.15;$$

$$\frac{B_0^2}{n}=\frac{(349.1)^2}{8}=15233.85$$

$$G=\sum_{i=1}^{8}y_i^2-\frac{B_0^2}{n}=15596.15-15233.85=362.30$$

$$\sum_{i=1}^{8}y'_i=165.7;\quad \sum_{i=1}^{8}y_i'^2=3480.27;$$

$$\frac{B_0'^2}{n}=\frac{(165.7)^2}{8}=3432.06$$

$$G'=\sum_{i=1}^{8}y_i'^2-\frac{B_0'^2}{n}=3480.27-3432.06=48.21$$

$$\sum_{i=1}^{8}\sigma_{\beta i}^2=\sum_{i=1}^{8}\left[\sum_{j=1}^{3}(\beta_{ji}-\bar{\beta}_i)^2\right]=116.33;\quad \sigma_{\text{误}-1}^2=\frac{116.33}{3}=38.78$$

$$\bar{\sigma}_{\text{误}}^2=\frac{38.78}{8}=4.85;\quad f_{\text{误}}=8$$

表 6 – 13 实例 6 – 2 回归设计计算结果的方差分析

因 子	x_1	x_2	x_3	x_1x_2	x_1x_3	x_2x_3	$x_1x_2x_3$	误差计算
$b_j = \dfrac{B_j}{n}$	2.37	– 4.55	– 0.85	2.35	2.95	– 1.78	0.125	试验误差 $\bar{\sigma}_{误}^2 = 4.85$,
$P_j = b_jB_j$	45.13	165.62	5.78	44.18	69.62	25.02	0.125	凡 $P_j \leqslant 4.85$ 的因子合并为试验误差
$F = P_j/\dfrac{Q}{f_{误}}$	50.7	186.0	6.49	49.6	78.22	28.11	< 1.0	$Q = 38.78 + 0.125$ $= 38.905$
检验结果（显著水平）	$\alpha = 0.01$ 显著	$\alpha = 0.01$ 显著	$\alpha = 0.05$ 显著	$\alpha = 0.01$ 显著	$\alpha = 0.01$ 显著	$\alpha = 0.01$ 显著		$f_{误} = 8 + 1 = 9$
$b'_j = \dfrac{B'_j}{n}$	– 1.06	– 0.44	0.16	0.94	1.09	– 1.59	– 0.31	将不显著的因子合并为试验误差
$P'_j = b'_jB'_j$	9.03	1.53	0.21	7.03	9.46	20.1	0.78	$Q' = 38.78 + 0.78 + 0.21$ $= 39.77$
$F = P'_j/\dfrac{Q'}{f'_{误}}$	10.21	1.73	< 1.0	7.98	10.70	22.80	< 1.0	$f'_{误} = 8 + 1 + 1 = 10$
检验结果（显著水平）	$\alpha = 0.01$ 显著	$\alpha = 0.25$ 显著		$\alpha = 0.05$ 显著	$\alpha = 0.01$ 显著	$\alpha = 0.01$ 显著		

6.2 二次回归正交设计

对某过程进行若干次试验，经过检验发现一次回归方程不合适，这时就需要用二次回归方程或更高次回归方程来描述该过程。对于一般过程来说，二次回归方程已经足够了。

二次回归方程设计所要解决的问题是正确安排试验，使得试验次数少且分布合理，同时使回归方程的系数矩阵成对角阵形式。

下边先叙述二变量二次回归设计的方法，然后再叙述多变量回归设计的方法。

6.2.1 二次回归正交设计的原理

二变量二次回归方程的一般模型为

$$\hat{y} = b_0 + b_1x_1 + b_2x_2 + b_3x_1^2 + b_4x_2^2 + b_5x_1x_2 \tag{6-32}$$

上述回归模型的试验水平不应少于 3；式（6 – 32）中共有 6 个回归系数，为了估计它们，试验次数不应少于 6。

当有 k 个自变量时，二次回归方程的一般模型为

$$\hat{y} = b_0 + \sum_{j=1}^{k} b_jx_j + \sum_{f \neq j} b_{fj}x_fx_j + \sum_{j=1}^{k} b_{jj}x_j^2 \tag{6-33}$$

当自变量个数为 k 时，共有 q 个回归系数

$$q = 1 + k + C_k^2 + k = 1 + 2k + \frac{k(k-1)}{2} = C_{k+2}^2 \tag{6-34}$$

因此，自变量个数为 k 时，试验次数不应少于 q 个。为了计算二次回归方程系数，每个变量所取水平不应少于 3。这样，按正规试验需做更多的试验。例如，四变量三水平的

全部实施方案需做 $3^4 = 81$ 次试验，四变量五水平需做 $5^4 = 625$ 试验。这样试验次数就太多了，因此不宜采用全部实施的因子试验来获得二次回归方程。

　　解决上述问题可采用"组合设计"的办法。所谓"组合设计"，其特点是利用空间的中心点、正六面体和正八面体的顶点适当的组合而生成的试验方案。利用这种方案可以生成二次回归正交设计（也可生成另外的设计）。用"组合设计"编成的二次回归正交设计的试验次数要比三水平完全实施因子试验的试验次数少很多（见表 6 - 14）。"组合设计"的试验点在因子空间分布较均匀（见图 6 - 5）。下边以 $k = 3$ 的试验点在因子空间分布情况为例来说明"组合设计"。

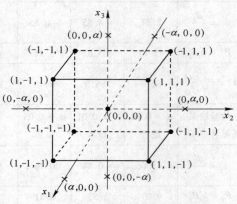

图 6 - 5　三维空间组合设计试验点分布

　　"组合设计"的试验点由三部分组成：

　　（1）正方体顶点，它们是二水平全因子试验（或部分实施）的试验点。

　　（2）坐标原点，即"0"点或中心点。

　　（3）坐标轴上的点（称"星点"），它们与原点的距离称为"星臂"，以"α"表之。调节待定参数 α 值（即"星臂"）可以得到具有各种性质的回归设计，如二次回归正交设计。

表 6 - 14　不同试验方案所需试验次数

因子个数 k	参数个数 q	完全因子试验 $n = 3^k$	组合设计 n
2	6	9	9
3	10	27	15
4	15	81	25
5	21	243	43
5（部分实施）	21	81	27

　　一般来说，k 个变量的"组合设计"由下列 n 个试验点组成（见表 6 - 15）。

表 6 - 15　形为式（6 - 33）的二次回归方程各项变量的取值分布

试　验　点	x_0	x_1	x_2	$\cdots$	x_k	x_1x_2	$\cdots$	$x_{k-1}x_k$	x_1^2	x_2^2	$\cdots$	x_k^2
	+1	+1	+1	$\cdots$	+1	+1	$\cdots$	+1	+1	+1	$\cdots$	+1
	+1	+1	+1	$\cdots$	-1	+1	$\cdots$	-1	+1	+1	$\cdots$	+1
	+1	+1	+1	$\cdots$	-1	+1	$\cdots$	-1	+1	+1	$\cdots$	+1
2^k（或 2^{k-1}）型试验（m_C 个）	+1	+1	-1	$\cdots$	-1	-1	$\cdots$	+1	+1	+1	$\cdots$	+1
	$\vdots$	$\vdots$	$\vdots$	$\vdots$	$\vdots$	$\vdots$	$\vdots$	$\vdots$	$\vdots$	$\vdots$	$\vdots$	$\vdots$
	+1	-1	-1	$\cdots$	+1	+1	$\cdots$	-1	+1	+1	$\cdots$	+1
	+1	-1	-1	$\cdots$	+1	+1	$\cdots$	-1	+1	+1	$\cdots$	+1

续表 6 – 15

试 验 点	x_0	x_1	x_2	$\cdots$	x_k	x_1x_2	$\cdots$	$x_{k-1}x_k$	x_1^2	x_2^2	$\cdots$	x_k^2
星点 (2k 个)	+1	α	0	$\cdots$	0	0	$\cdots$	0	α^2	0	$\cdots$	0
	+1	$-\alpha$	0	$\cdots$	0	0	$\cdots$	0	α^2	0	$\cdots$	0
	+1	0	α	$\cdots$	0	0	$\cdots$	0	0	α^2	$\cdots$	0
	+1	0	$-\alpha$	$\cdots$	0	0	$\cdots$	0	0	α^2	$\cdots$	0
	$\vdots$	$\vdots$	$\vdots$	$\cdots$	$\vdots$	$\vdots$	$\cdots$	$\vdots$	$\vdots$	$\vdots$	$\cdots$	$\vdots$
	+1	0	0	$\cdots$	α	0	$\cdots$	0	0	0	$\cdots$	α^2
	+1	0	0	$\cdots$	$-\alpha$	0	$\cdots$	0	0	0	$\cdots$	α^2
零点 (m_0 个)	+1	0	0	$\cdots$	0	0	$\cdots$	0	0	0	$\cdots$	0
	$\vdots$	$\vdots$	$\vdots$	$\cdots$	$\vdots$	$\vdots$	$\cdots$	$\vdots$	$\vdots$	$\vdots$	$\cdots$	$\vdots$
	+1	0	0	$\cdots$	0	0	$\cdots$	0	0	0	$\cdots$	0

$$n = m_C + 2k + m_0 \tag{6-35}$$

式中 m_C——二水平（-1，$+1$）试验点数，全因子试验时 $m_C = 2^k$，部分实施时 $m_C = 2^{k-1}$；

2^k——分布在 k 个坐标轴上的"星点"试验点数；

m_0——中心点重复试验次数。

为了确定 m_C、k 和 m_0，同时使上述"组合设计"构成二次回归正交设计，即正规方程组的系数矩阵成为对角阵，必须解决由于回归方程中加入平方项后破坏了正交性这个问题。因为平方项的任一列与中心点 x_0 列乘积之和为

$$\sum_{i=1}^{n} x_{i0}x_{ij}^2 = m_C + 2\alpha^2 \neq 0$$

而平方项任两列乘积之和为

$$\sum_{i=1}^{n} x_{ij}^2 x_{ij}^2 = m_C \quad (f \neq j)$$

因此直接求式（6－33）回归方程所得的正规方程组的系数矩阵并不是对角阵。

为了消除 x_0 与 x_j^2 列的非正交性（即 $\sum_{i=1}^{n} x_{i0}x_j^2 \neq 0$；$j = 1, 2, \cdots, k$），对二次项可采用"中心化"的办法来解决。所谓"中心化"，即在回归方程中用 x_j' 代替 x_j^2，其变换公式为

$$x_{ij}' = x_{ij}^2 - \frac{1}{n}\sum_{i=1}^{n} x_{ij}^2 = x_{ij}^2 - \overline{x_{ij}^2} \tag{6-36}$$

经过上述代换，所求的二次回归方程变为

$$\hat{y} = b_0' + \sum_{j=1}^{k} b_j x_j + \sum_{j=1(f \neq j)}^{k} b_{fj} x_f x_j + \sum_{j=1}^{k} b_{jj}(x_j^2 - \overline{x_j^2}) \tag{6-37}$$

从表 6－16 可以很清楚地看出，"中心化"以后 x_j' 与零次、一次和一次交互作用列间都具有正交性，即

$$\begin{cases} \sum_{i=1}^{n} x_{i0} x'_{ij} = \sum_{i=1}^{n} \left(x_{ij}^2 - \frac{1}{n} \sum_{i=1}^{n} x_{ij}^2 \right) = 0 \quad (j = 1, 2, \cdots, k) \\ \sum_{i=1}^{n} x_{if} x'_{ij} = 0 \quad (f, j = 1, 2, \cdots, k) \\ \sum_{i=1}^{n} x_{if} x_{ij} x'_{g} = 0 \quad (f \neq j; f, j, g = 1, 2, \cdots, k) \end{cases} \quad (6-38)$$

表 6-16 中心化后形为式（6-37）二次回归方程各项变量的取值分布

试 验 点	x_0	x_1	x_2	$\cdots$	x_k	$x_1 x_2$	$\cdots$	$x_{k-1} x_k$	$x'_1 = x_1^2 - \overline{x_1^2}$	$\cdots$	$x'_k = x_k^2 - \overline{x_k^2}$
	+1	+1	+1	$\cdots$	+1	+1	$\cdots$	+1	$1 - \overline{x_1^2}$	$\cdots$	$1 - \overline{x_k^2}$
	+1	+1	+1	$\cdots$	-1	+1	$\cdots$	-1	$1 - \overline{x_1^2}$	$\cdots$	$1 - \overline{x_k^2}$
	+1	+1	-1	$\cdots$	+1	-1	$\cdots$	-1	$1 - \overline{x_1^2}$	$\cdots$	$1 - \overline{x_k^2}$
2^k（或2^{k-1}）型 试验(m_C 个)	+1	+1	-1	$\cdots$	-1	-1	$\cdots$	+1	$1 - \overline{x_1^2}$	$\cdots$	$1 - \overline{x_k^2}$
	$\vdots$	$\vdots$	$\vdots$	$\cdots$	$\vdots$	$\vdots$	$\cdots$	$\vdots$	$\vdots$		$\vdots$
	+1	-1	-1	$\cdots$	+1	+1	$\cdots$	-1	$1 - \overline{x_1^2}$	$\cdots$	$1 - \overline{x_k^2}$
	+1	-1	-1	$\cdots$	-1	+1	$\cdots$	+1	$1 - \overline{x_1^2}$	$\cdots$	$1 - \overline{x_k^2}$
	+1	α	0	$\cdots$	0	0	$\cdots$	0	$\alpha^2 - \overline{x_1^2}$	$\cdots$	$- \overline{x_k^2}$
	+1	$-\alpha$	0	$\cdots$	0	0	$\cdots$	0	$\alpha^2 - \overline{x_1^2}$	$\cdots$	$- \overline{x_k^2}$
星点	+1	0	α	$\cdots$	0	0	$\cdots$	0	$- \overline{x_1^2}$	$\cdots$	$- \overline{x_k^2}$
($2k$ 个)	+1	0	$-\alpha$	$\cdots$	0	0	$\cdots$	0	$- \overline{x_1^2}$	$\cdots$	$- \overline{x_k^2}$
	$\vdots$	$\vdots$	$\vdots$	$\cdots$	$\vdots$	$\vdots$	$\cdots$	$\vdots$	$\vdots$		$\vdots$
	+1	0	0	$\cdots$	α	0	$\cdots$	0	$- \overline{x_1^2}$	$\cdots$	$\alpha^2 - \overline{x_k^2}$
	+1	0	0	$\cdots$	$-\alpha$	0	$\cdots$	0	$- \overline{x_1^2}$	$\cdots$	$\alpha^2 - \overline{x_k^2}$
零点	+1	0	0	$\cdots$	0	0	$\cdots$	0	$- \overline{x_1^2}$	$\cdots$	$- \overline{x_k^2}$
(m_0 个)	$\vdots$	$\vdots$	$\vdots$	$\cdots$	$\vdots$	$\vdots$	$\cdots$	$\vdots$	$\vdots$		$\vdots$
	+1	0	0	$\cdots$	0	0	$\cdots$	0	$- \overline{x_1^2}$	$\cdots$	$- \overline{x_k^2}$

此外，为了使平方项彼此各列正交，即 x'_f 与 $x'_j (f \neq j)$ 正交，可以通过调整"星臂"值 α 来达到。它们的正交条件论证如下：

$$\sum_{i=1}^{n} x'_{if} x'_{ij} = \sum_{i=1}^{n} (x_{if}^2 - \overline{x_{if}^2})(x_{ij}^2 - \overline{x_{ij}^2}) = \sum_{i=1}^{n} \left[\left(x_{if}^2 - \frac{1}{n} \sum_{i=1}^{n} x_{if}^2 \right) \left(x_{ij}^2 - \frac{1}{n} \sum_{i=1}^{n} x_{ij}^2 \right) \right]$$

$$= \sum_{i=1}^{n} x_{if}^2 x_{ij}^2 - \frac{1}{n} \left(\sum_{i=1}^{n} x_{if}^2 \right) \left(\sum_{i=1}^{n} x_{ij}^2 \right) = m_C - \frac{1}{n} (m_C + 2\alpha^2)^2$$

$$= \frac{1}{n} \left[nm_C - (m_C + 2\alpha^2)^2 \right] \quad (6-39)$$

为了使 x'_f 与 x'_j 正交，即 $\sum_{i=1}^{n} x'_{if} x'_{ij} = 0$，则必须使

$$\frac{1}{n} \left[nm_C - (m_C + 2\alpha^2)^2 \right] = 0$$

即

$$-nm_C + m_C^2 + 4\alpha^2 m_C + 4\alpha^4 = 0$$

也即

$$\alpha^4 + m_C\alpha^2 - \frac{1}{4}m_C(n - m_C) = \alpha^4 + m_C\alpha^2 - \frac{1}{4}m_C(2k + m_0) = 0 \tag{6-40}$$

由式（6-40）得

$$m_C = 2^k \text{ 时}, \qquad \alpha^4 + 2^k\alpha^2 - 2^{k-1}(k + 0.5m_0) = 0 \tag{6-41}$$

$$m_C = 2^{k-1} \text{ 时} \qquad \alpha^4 + 2^{k-1}\alpha^2 - 2^{k-2}(k + 0.5m_0) = 0 \tag{6-42}$$

给定 k、m_C、m_0 值后，可根据式（6-41）和式（6-42）算出 α^2，使"组合设计"构成为二次回归正交设计。常用的 α^2 值示于表 6-17 中。

根据表 6-16 和表 6-17 可得出不同因子及水平的二次回归组合设计方案（见表 6-18 ~ 表 6-20）。

表 6-17 常用星臂平方值（α^2）

m_0	$m_C = 2^k$			$m_C = 2^{k-1}$
	$k=2$	$k=3$	$k=4$	$k=5$（1/2 实施）
1	1.000	1.476	2.000	2.39
2	1.160	1.650	2.164	2.58
3	1.317	1.831	2.390	2.77
4	1.475	2.000	2.580	2.95
5	1.606	2.164	2.770	3.14
6	1.742	2.325	2.950	3.31
7	1.873	2.481	3.140	3.49
8	2.000	2.633	3.310	3.66
9	2.123	2.782	3.490	3.83
10	2.243	2.928	3.660	4.00

表 6-18 三因子二次正交回归设计（未中心化）

试验号	x_0	x_1	x_2	x_3	x_1x_2	x_1x_3	x_2x_3	x_1^2	x_2^2	x_3^2
1	1	1	1	1	1	1	1	1	1	1
2	1	1	1	-1	1	-1	-1	1	1	1
3	1	1	-1	1	-1	1	-1	1	1	1
4	1	1	-1	-1	-1	-1	1	1	1	1
5	1	-1	1	1	-1	-1	1	1	1	1
6	1	-1	1	-1	-1	1	-1	1	1	1
7	1	-1	-1	1	1	-1	-1	1	1	1
8	1	-1	-1	-1	1	1	1	1	1	1
9	1	α	0	0	0	0	0	α^2	0	0
10	1	$-\alpha$	0	0	0	0	0	α^2	0	0
11	1	0	α	0	0	0	0	0	α^2	0
12	1	0	$-\alpha$	0	0	0	0	0	α^2	0
13	1	0	0	α	0	0	0	0	0	α^2
14	1	0	0	$-\alpha$	0	0	0	0	0	α^2
15	1	0	0	0	0	0	0	0	0	0

表 6−19　三因子二次正交回归设计（中心化后）

试验号	x_0	x_1	x_2	x_3	x_1x_2	x_1x_3	x_2x_3	x_1'	x_2'	x_3'
1	1	1	1	1	1	1	1	0.27	0.27	0.27
2	1	1	1	−1	1	−1	−1	0.27	0.27	0.27
3	1*	1	−1	1	−1	1	−1	0.27	0.27	0.27
4	1	1	−1	−1	−1	−1	1	0.27	0.27	0.27
5	1	−1	1	1	−1	−1	1	0.27	0.27	0.27
6	1	−1	1	−1	−1	1	−1	0.27	0.27	0.27
7	1	−1	−1	1	1	−1	−1	0.27	0.27	0.27
8	1	−1	−1	−1	1	1	1	0.27	0.27	0.27
9	1	1.215	0	0	0	0	0	0.746	−0.73	−0.73
10	1	−1.215	0	0	0	0	0	0.746	−0.73	−0.73
11	1	0	1.215	0	0	0	0	−0.73	0.746	−0.73
12	1	0	−1.215	0	0	0	0	−0.73	0.746	−0.73
13	1	0	0	1.215	0	0	0	−0.73	−0.73	0.746
14	1	0	0	−1.215	0	0	0	−0.73	−0.73	0.746
15	1	0	0	0	0	0	0	−0.73	−0.73	−0.73

表 6−20　四因子二次正交回归设计

试验号	x_0	x_1	x_2	x_3	x_4	x_1x_2	x_1x_3	x_1x_4	x_2x_3	x_2x_4	x_3x_4	$x_1' = x_1^2 - 0.8$	$x_2' = x_2^2 - 0.8$	$x_3' = x_3^2 - 0.8$	$x_4' = x_4^2 - 0.8$
1	1	1	1	1	1	1	1	1	1	1	1	0.2	0.2	0.2	0.2
2	1	1	1	1	−1	1	1	−1	1	−1	−1	0.2	0.2	0.2	0.2
3	1	1	1	−1	1	1	−1	1	−1	1	−1	0.2	0.2	0.2	0.2
4	1	1	1	−1	−1	1	−1	−1	−1	−1	1	0.2	0.2	0.2	0.2
5	1	1	−1	1	1	−1	1	1	−1	−1	1	0.2	0.2	0.2	0.2
6	1	1	−1	1	−1	−1	1	−1	−1	1	−1	0.2	0.2	0.2	0.2
7	1	1	−1	−1	1	−1	−1	1	1	−1	−1	0.2	0.2	0.2	0.2
8	1	1	−1	−1	−1	−1	−1	−1	1	1	1	0.2	0.2	0.2	0.2
9	1	−1	1	1	1	−1	−1	−1	1	1	1	0.2	0.2	0.2	0.2
10	1	−1	1	1	−1	−1	−1	1	1	−1	−1	0.2	0.2	0.2	0.2
11	1	−1	1	−1	1	−1	1	−1	−1	1	−1	0.2	0.2	0.2	0.2
12	1	−1	1	−1	−1	−1	1	1	−1	−1	1	0.2	0.2	0.2	0.2
13	1	−1	−1	1	1	1	−1	−1	−1	−1	1	0.2	0.2	0.2	0.2
14	1	−1	−1	1	−1	1	−1	1	−1	1	−1	0.2	0.2	0.2	0.2
15	1	−1	−1	−1	1	1	1	−1	1	−1	−1	0.2	0.2	0.2	0.2
16	1	−1	−1	−1	−1	1	1	1	1	1	1	0.2	0.2	0.2	0.2

试验号	x_0	x_1	x_2	x_3	x_4	x_1x_2	x_1x_3	x_1x_4	x_2x_3	x_2x_4	x_3x_4	$x'_1 = x_1^2 - 0.8$	$x'_2 = x_2^2 - 0.8$	$x'_3 = x_3^2 - 0.8$	$x'_4 = x_4^2 - 0.8$
17	1	1.414	0	0	0	0	0	0	0	0	0	1.2	-0.8	-0.8	-0.8
18	1	-1.414	0	0	0	0	0	0	0	0	0	1.2	-0.8	-0.8	-0.8
19	1	0	1.414	0	0	0	0	0	0	0	0	-0.8	1.2	-0.8	-0.8
20	1	0	-1.414	0	0	0	0	0	0	0	0	-0.8	1.2	-0.8	-0.8
21	1	0	0	1.414	0	0	0	0	0	0	0	-0.8	-0.8	1.2	-0.8
22	1	0	0	-1.414	0	0	0	0	0	0	0	-0.8	-0.8	1.2	-0.8
23	1	0	0	0	1.414	0	0	0	0	0	0	-0.8	-0.8	-0.8	1.2
24	1	0	0	0	-1.414	0	0	0	0	0	0	-0.8	-0.8	-0.8	1.2
25	1	0	0	0	0	0	0	0	0	0	0	-0.8	-0.8	-0.8	-0.8

6.2.2 二次回归正交设计的计算与统计分析

二次回归正交设计计算与统计分析的步骤如下：

（1）确定因子的变化范围。设在某一回归设计试验中，有 k 个因子 Z_1，Z_2，Z_3，…，Z_k，其中第 j 个因子的上、下水平分别为 Z_{2j}、$Z_{1j}(j=1，2，…，k)$。各因子的零水平和变化区间（步长）为

$$Z_{0j} = \frac{Z_{1j} + Z_{2j}}{2}, \; \Delta_j = \frac{Z_{2j} - Z_{0j}}{\alpha}$$

其中 α 值根据二次正交试验确定。

（2）对各因子进行编码。与一次回归设计近似，对因子取值做线性变换，变换公式为

$$x_j = \frac{Z_j - Z_{0j}}{\Delta_j}$$

$$Z_{2j} = \alpha\Delta_j + Z_{0j}$$

$$Z_{1j} = -\alpha\Delta_j + Z_{0j}$$

由此得编码变换表 6 – 21。

表 6 – 21 二次回归正交试验设计编码

x_j	因 子			
	Z_1	Z_2	…	Z_k
α	Z_{21}	Z_{22}	…	Z_{2k}
1	$Z_{01} + \Delta_1$	$Z_{02} + \Delta_2$	…	$Z_{0k} + \Delta_k$
0	Z_{01}	Z_{02}	…	Z_{0k}
-1	$Z_{01} - \Delta_1$	$Z_{02} - \Delta_2$	…	$Z_{0k} - \Delta_k$
$-\alpha$	Z_{11}	Z_{12}	…	Z_{1k}

（3）选择相应的组合设计，并从表 6 – 17 中找出使所选定的回归设计方案具有正交性的星臂值 α。试验次数 $n = m_C + 2k + m_0$。

如 $k=3$，$m_C=2^3=8$，$m_0=1$，则试验次数 $n=m_C+2k+m_0=2^3+2\times3+1=15$ 次，试验设计的安排见表 6-19。

又如 $k=4$，$m_0=1$，则试验次数为 $n=m_C+2k+m_0=2^4+2\times4+1=25$ 次，试验设计的安排见表 6-20。

（4）回归设计计算格式，利用结构矩阵 $\boldsymbol{X}$ 的正交性，可很容易求出系数矩阵 $\boldsymbol{A}$、相关矩阵 $\boldsymbol{C}$ 及常数项矩阵 $\boldsymbol{B}$。

$$
\boldsymbol{A}=\boldsymbol{X}^\mathrm{T}\boldsymbol{X}=\begin{pmatrix} n & & & & & & & & & \\ & C_1 & & & & & & & & \\ & & \ddots & & & & & & & \\ & & & C_k & & & \boldsymbol{0} & & & \\ & & & & C_{12} & & & & & \\ & & & & & \ddots & & & & \\ & & \boldsymbol{0} & & & & C_{(k-1)k} & & & \\ & & & & & & & C_{11} & & \\ & & & & & & & & \ddots & \\ & & & & & & & & & C_{kk} \end{pmatrix}
$$

上述对角阵中诸元素为

$$
C_j=\sum_{i=1}^n x_{ij}^2,\ C_{ij}=\sum_{i=1}^n (x_{if}\cdot x_{ij})^2,\ C_{jj}=\sum_{i=1}^n (x_{jj}')^2\,(f\neq j)
$$

由此得相关矩阵为

$$
\boldsymbol{C}=\boldsymbol{A}^{-1}=(\boldsymbol{X}^\mathrm{T}\boldsymbol{X})^{-1}=\begin{pmatrix} \frac{1}{n} & & & & & & & & & \\ & \frac{1}{C_1} & & & & & & & & \\ & & \ddots & & & & & & & \\ & & & \frac{1}{C_k} & & & \boldsymbol{0} & & & \\ & & & & \frac{1}{C_{12}} & & & & & \\ & & & & & \ddots & & & & \\ & & \boldsymbol{0} & & & & \frac{1}{C_{(k-1)k}} & & & \\ & & & & & & & \frac{1}{C_{11}} & & \\ & & & & & & & & \ddots & \\ & & & & & & & & & \frac{1}{C_{kk}} \end{pmatrix}
$$

$$B = X^T Y = \begin{pmatrix} B_0 \\ B_1 \\ \vdots \\ B_k \\ B_{12} \\ \vdots \\ B_{(k-1)k} \\ B_{11} \\ \vdots \\ B_{kk} \end{pmatrix}$$

回归系数矩阵为

$$b = CB = \begin{pmatrix} b'_0 \\ b_1 \\ \vdots \\ b_{fj} \\ \vdots \\ b_{jj} \end{pmatrix} = (X^T X)^{-1} \cdot X^T Y$$

即

$$\begin{cases} b'_0 = \dfrac{1}{n} \sum\limits_{i=1}^{n} y_i = \bar{y} \\[3mm] b_j = \dfrac{B_j}{C_j} = \dfrac{\sum\limits_{i=1}^{n} x_{ij} y_i}{\sum\limits_{i=1}^{n} (x_{ij})^2} \\[3mm] b_{fj} = \dfrac{B_{fj}}{C_{ff}} = \dfrac{\sum\limits_{i=1}^{n} x_{if} x_{ij} y_i}{\sum\limits_{i=1}^{n} (x_{if} x_{ij})^2} \quad (f \neq j) \\[3mm] b_{jj} = \dfrac{B_{jj}}{C_{jj}} = \dfrac{\sum\limits_{i=1}^{n} x'_{ij} y_i}{\sum\limits_{i=1}^{n} (x'_{ij})^2} \end{cases}$$

由此得回归方程为

$$\hat{y} = b'_0 + \sum_{j=1}^{k} b_j x_j + \sum_{f \neq j} b_{fj} x_f x_j + \sum_{j=1}^{k} b_{jj} x'_j$$

以上为中心化后编码回归方程，这样即可得非中心化的编码回归方程为

$$\hat{y} = b_0 + \sum_{j=1}^{k} b_j x_j + \sum_{f \neq j} b_{fj} x_f x_j + \sum_{j=1}^{k} b_{jj} x_j^2$$

其中

$$b_0 = \bar{y} - \frac{\sum\limits_{i=1}^{n} x_{ij}^2}{n} \sum\limits_{j=1}^{k} b_{jj}$$

（5）统计检验。二次回归设计的统计检验与一次回归设计相同，可按表 6 - 22 进行。

（6）重复试验。如果必要，在中心点做重复试验以检查试验误差和方程拟合情况。如果重复试验次数为 $m_0(m_0 > 1)$，假定中心点重复试验结果分别为 y_{10}，y_{20}，$\cdots$，y_{m0}，此时可先计算中心点重复试验的误差 $S_{误}$，并求失拟平方和 $S_{失拟}$。

$$S_{误} = \sum\limits_{i=1}^{m_0} (y_{i0} - \bar{y_0})^2, \quad f_{误} = m_0 - 1$$

$$S_{失拟} = Q - S_{误}, \quad f_{失拟} = f_{剩} - f_{误}$$

对失拟平方和 $S_{失拟}$ 进行检验（见 2.7 节），然后再按表 6 - 22 对回归方程进行统计检验。

二次回归正交设计主要用于寻求最佳配方和建立过程的数学模型。二次回归正交设计的应用很广泛，但由于其回归系数的方差不全相等，故二次回归正交设计没有旋转性。

表 6 - 22　二次回归正交设计方差分析表

来　源	平方和	自由度	均方和	F 值
一次效应				
x_1	$P_1 = b_1 B_1$	1	P_1	P_1/P_ε
$\vdots$	$\vdots$	$\vdots$	$\vdots$	$\vdots$
x_k	$P_k = b_k B_k$	1	P_k	P_k/P_ε
交互效应				
$x_1 x_2$	$P_{12} = b_{12} B_{12}$	1	P_{12}	P_{12}/P_ε
$\vdots$	$\vdots$	$\vdots$	$\vdots$	$\vdots$
$x_{k-1} x_k$	$P_{k-1,k} = b_{k-1,k} B_{k-1,k}$	1	$P_{k-1,k}$	$P_{k-1,k}/P_\varepsilon$
二次效应				
x_1^2	$P_{11} = b_{11} B_{11}$	1	P_{11}	P_{11}/P_ε
$\vdots$	$\vdots$	$\vdots$	$\vdots$	$\vdots$
x_k^2	$P_{kk} = b_{kk} B_{kk}$	1	P_{kk}	P_{kk}/P_ε
回　归	$U_k = P_1 + P_2 + \cdots + P_{kk}$	$f_{回} = C_{k+2}^2 - 1$	$U_k/f_{回}$	$(U_k/f_{回})/P_\varepsilon$
剩　余	$Q = G - U_k$	$f_{剩} = n - C_{k+2}^2$	$R_\varepsilon = Q/f_{剩}$	
总　计	$G = \sum\limits_{i=1}^{n} y_i^2 - \frac{1}{n} (\sum\limits_{i=1}^{n} y_i)^2$	$f_{总} = n - 1$		

【实例 6 - 3】　对锰矿进行浮选试验，初步试验表明在 pH = 6.6 ± 0.2 时浮选指标较好，下步试验确定浮选药剂的最佳用量。浮选中采用硅酸钠作分散剂，脂肪酸作捕收剂。求锰精矿品位 $y_1(\beta_{Mn}\%)$ 及锰回收率 $y_2(\varepsilon_{Mn}\%)$ 与硅酸钠用量（A）、脂肪酸用量（B）关系的数学模型。

此为二因子试验，设其数学模型如下：

$$\hat{y}_1(\beta_{Mn}) = a_0 + a_1 A + a_2 B + a_3 A^2 + a_4 B^2 + a_5 AB \tag{6-43}$$

$$\hat{y}_2(\varepsilon_{Mn}) = a_0' + a_1' A + a_2' B + a_3' A^2 + a_4' B^2 + a_5' AB \tag{6-44}$$

如果 A 的取值范围定为 $5\sim25\mathrm{mL/kg}$，B 的取值范围定为 $0.2\sim0.8\mathrm{mL/kg}$；x_1、x_2 分别代表编码以后的 A、B 值（编码计算见表 $6-23$），则式（$6-43$）和式（$6-44$）编码以后变为

$$\hat{y}_1(\beta_{\mathrm{Mn}}) = b_0 + b_1x_1 + b_2x_2 + b_3x_1^2 + b_4x_2^2 + b_5x_1x_2 \tag{6-45}$$

$$\hat{y}_2(\varepsilon_{\mathrm{Mn}}) = b_0' + b_1'x_1 + b_2'x_2 + b_3'x_1^2 + b_4'x_2^2 + b_5'x_1x_2 \tag{6-46}$$

表 $6-23$　锰矿浮选二因子三水平回归设计编码

水　平	因子 A（硅酸钠用量）$/\mathrm{mL\cdot kg^{-1}}$	因子 B（脂肪酸用量）$/\mathrm{mL\cdot kg^{-1}}$
零水平	$A_0 = \dfrac{A_1+A_2}{2} = \dfrac{5+25}{2} = 15$	$B_0 = \dfrac{B_1+B_2}{2} = \dfrac{0.2+0.8}{2} = 0.5$
步　长	$\Delta A = \dfrac{A_2-A_1}{2} = \dfrac{25-5}{2} = 10$	$\Delta B = \dfrac{B_2-B_1}{2} = \dfrac{0.8-0.2}{2} = 0.3$
上水平	$x_{21} = \dfrac{A_2-A_0}{\Delta A} = \dfrac{25-15}{10} = 1$	$x_{22} = \dfrac{B_2-B_0}{\Delta B} = \dfrac{0.8-0.5}{0.3} = 1$
下水平	$x_{11} = \dfrac{A_1-A_0}{\Delta A} = \dfrac{5-15}{10} = -1$	$x_{12} = \dfrac{B_1-B_0}{\Delta B} = \dfrac{0.2-0.5}{0.3} = -1$
零水平	$x_{01} = 0$	$x_{02} = 0$

由于二次回归模型中含有 x_j^2 项，由表 $6-15$ 知，x_0 与 x_j^2 项不正交，因此应采用"中心化"方法安排回归模型的试验（见表 $6-24$），本例中按三水平安排 9 次试验。令 x_3、x_4 分别代表 x_1^2、x_2^2 "中心化"以后的值。按式（$6-36$）计算"中心化"后的值：

$$x_3 = x_1^2 - \frac{1}{n}\sum_{i=1}^{n}x_{ij}^2 = x_1^2 - \frac{1}{9}[(-1)^2 + 0^2 + 1^2 + \cdots + 1^2]$$

$$= x_1^2 - \frac{6}{9} = x_1^2 - \frac{2}{3}$$

$$x_4 = x_2^2 - \frac{1}{n}\sum_{i=1}^{n}x_{ij}^2 = x_2^2 - \frac{1}{9}[(-1)^2 + (-1)^2 + (-1)^2 + 0^2 + \cdots + 1^2]$$

$$= x_2^2 - \frac{6}{9} = x_2^2 - \frac{2}{3}$$

为了取整数，乘以因子 $\lambda(\lambda=3)$，则

$$x_3 = 3\left(x_1^2 - \frac{2}{3}\right), \quad x_4 = 3\left(x_2^2 - \frac{2}{3}\right)$$

"中心化"后的数学模型为

$$\hat{y}_1(\beta_{\mathrm{Mn}}) = b_0 + b_1x_1 + b_2x_2 + b_3\left[3\left(x_1^2 - \frac{2}{3}\right)\right] + b_4\left[3\left(x_2^2 - \frac{2}{3}\right)\right] + b_5x_1x_2 \tag{6-47}$$

$$\hat{y}_2(\varepsilon_{\mathrm{Mn}}) = b_0' + b_1'x_1 + b_2'x_2 + b_3'\left[3\left(x_1^2 - \frac{2}{3}\right)\right] + b_4'\left[3\left(x_2^2 - \frac{2}{3}\right)\right] + b_5'x_1x_2 \tag{6-48}$$

式（$6-43$）～式（$6-48$）中因变量 $\hat{y}_1(\beta_{\mathrm{Mn}})$ 或 $\hat{y}_2(\varepsilon_{\mathrm{Mn}})$ 的值是等价的，只不过模型的表示形式不一样，即模型中自变量取值不一样，故回归系数也不一样。按照式（$6-47$）

表6-24 锰矿二因子三水平回归设计及数据处理

试验号	设计矩阵 x_1	x_2	自变量结构矩阵 x_0	x_1	x_2	$x_3=3\left(x_1^2-\frac{2}{3}\right)$	$x_4=3\left(x_2^2-\frac{2}{3}\right)$	$x_5=x_1x_2$	试验数据 $y_1(\beta_{Mn})$	$y_2(\varepsilon_{Mn})$
1	-1	-1	1	-1	-1	1	1	1	31.51	29.52
2	0	-1	1	0	-1	-2	1	0	31.97	34.85
3	1	-1	1	1	-1	1	1	-1	33.63	23.38
4	-1	0	1	-1	0	1	-2	0	32.50	76.21
5	0	0	1	0	0	-2	-2	0	32.89	81.45
6	1	0	1	1	0	1	-2	0	34.47	69.89
7	-1	1	1	-1	1	1	1	-1	31.14	70.90
8	0	1	1	0	1	-2	1	0	31.44	76.05
9	1	1	1	1	1	1	1	1	33.95	64.40
$B_j = \sum\limits_{i=1}^{9}x_{ij}y_{i1}$			292.5	5.89	-1.58	3.60	-7.08	-0.31	$G = \sum\limits_{i=1}^{9}y_{i1}^2 - \dfrac{B_0^2}{n} = 9.75$	
$b_j = C_{jj}B_j$			32.50	0.983	-0.263	0.20	-0.393	-0.077	$U = \sum\limits_{j=1}^{5}P_j = 9.73$	
$P_j = b_jB_j$				5.789	0.415	0.73	3.78	0.02	$Q = G - U = 0.02$	
$B'_j = \sum\limits_{i=1}^{9}x_{ij}y_{i2}$			526.65	-18.99	123.60	-50.40	-155.88	-0.36	$G = \sum\limits_{i=1}^{9}y_{i2}^2 - \dfrac{B_0'^2}{n} = 4103$	
$b'_j = C_{jj}B'_j$			58.517	-3.165	20.60	-2.80	-8.66	-0.09	$U = \sum\limits_{j=1}^{5}P'_j = 4097.4$	
$P'_j = b'_jB'_j$				60.10	2546.20	144.10	1349.92	0.032	$Q = G - U = 5.6$	

注：C_{jj}为相关矩阵 $(X^TX)^{-1} = C$ 中对角线相应元素值。

和式（6－48）所示"编码"且"中心化"后的数学模型即可按表 6－16 安排回归试验。试验安排及试验数据处理见表 6－24。求出式（6－47）和式（6－48）的回归系数 b_j、$b_j'(j=0，1，\cdots，5)$ 以后，根据相应关系代入式（6－43）和式（6－44），即得到非编码数学模型。

下边按表 6－24 的试验安排及试验数据进行回归计算。

由表 6－24 试验安排，写出结构矩阵 $\boldsymbol{X}$ 及系数矩阵 $\boldsymbol{X}^{\mathrm{T}}\boldsymbol{X}$。

由此得相关矩阵 $(\boldsymbol{X}^{\mathrm{T}}\boldsymbol{X})^{-1}$ 为

$$(\boldsymbol{X}^{\mathrm{T}}\boldsymbol{X})^{-1}=\begin{pmatrix} \dfrac{1}{9} & 0 & 0 & 0 & 0 & 0 \\ 0 & \dfrac{1}{6} & 0 & 0 & 0 & 0 \\ 0 & 0 & \dfrac{1}{6} & 0 & 0 & 0 \\ 0 & 0 & 0 & \dfrac{1}{18} & 0 & 0 \\ 0 & 0 & 0 & 0 & \dfrac{1}{18} & 0 \\ 0 & 0 & 0 & 0 & 0 & \dfrac{1}{4} \end{pmatrix}=\boldsymbol{C}$$

常数项矩阵分别为 $\boldsymbol{B}=\boldsymbol{X}^{\mathrm{T}}\boldsymbol{Y}_1$，$\boldsymbol{B}'=\boldsymbol{X}^{\mathrm{T}}\boldsymbol{Y}_2$。式中 $\boldsymbol{Y}_1$、$\boldsymbol{Y}_2$ 分别为因变量 $\hat{y}_{i-1}(\beta_{\mathrm{Mn}})$ 及 $\hat{y}_{i-2}(\varepsilon_{\mathrm{Mn}})$ 的矩阵。

$$\boldsymbol{B}=\boldsymbol{X}^{\mathrm{T}}\boldsymbol{Y}_1=\boldsymbol{X}^{\mathrm{T}}\begin{pmatrix} y_{11} \\ y_{21} \\ y_{31} \\ \vdots \\ y_{91} \end{pmatrix}=\begin{pmatrix} 1 & 1 & 1 & 1 & 1 & 1 & 1 & 1 & 1 \\ -1 & 0 & 1 & -1 & 0 & 1 & -1 & 0 & 1 \\ -1 & -1 & -1 & 0 & 0 & 0 & 1 & 1 & 1 \\ 1 & -2 & 1 & 1 & -2 & 1 & 1 & -2 & 1 \\ 1 & 1 & 1 & -2 & -2 & -2 & 1 & 1 & 1 \\ 1 & 0 & -1 & 0 & 0 & 0 & -1 & 0 & 1 \end{pmatrix}\begin{pmatrix} 31.51 \\ 31.97 \\ 33.63 \\ 32.50 \\ 32.89 \\ 34.47 \\ 31.14 \\ 31.44 \\ 32.95 \end{pmatrix}$$

$$=\begin{pmatrix} 292.5 \\ 5.89 \\ -1.58 \\ 3.60 \\ -7.08 \\ -0.31 \end{pmatrix}=\begin{pmatrix} \sum\limits_{i=1}^{9}x_{i0}y_{i1} \\ \sum\limits_{i=1}^{9}x_{i1}y_{i1} \\ \vdots \\ \sum\limits_{i=1}^{9}x_{i5}y_{i1} \end{pmatrix}=\begin{pmatrix} B_0 \\ B_1 \\ B_2 \\ B_3 \\ B_4 \\ B_5 \end{pmatrix}$$

同理得

$$\boldsymbol{B}' = \boldsymbol{X}^{\mathrm{T}}\boldsymbol{Y}_2 = \boldsymbol{X}^{\mathrm{T}} \begin{pmatrix} y_{12} \\ y_{22} \\ y_{32} \\ \vdots \\ y_{92} \end{pmatrix} = \begin{pmatrix} 1 & 1 & 1 & 1 & 1 & 1 & 1 & 1 & 1 \\ -1 & 0 & 1 & -1 & 0 & 1 & -1 & 0 & 1 \\ -1 & -1 & -1 & 0 & 0 & 0 & 1 & 1 & 1 \\ 1 & -2 & 1 & 1 & -2 & 1 & 1 & -2 & 1 \\ 1 & 1 & 1 & -2 & -2 & -2 & 1 & 1 & 1 \\ 1 & 0 & -1 & 0 & 0 & 0 & -1 & 0 & 1 \end{pmatrix} \begin{pmatrix} 29.52 \\ 34.85 \\ 23.38 \\ 76.21 \\ 81.45 \\ 69.89 \\ 70.90 \\ 76.05 \\ 64.40 \end{pmatrix}$$

$$= \begin{pmatrix} 526.62 \\ -18.99 \\ 123.60 \\ -50.40 \\ -155.88 \\ -0.36 \end{pmatrix} = \begin{pmatrix} \sum_{i=1}^{9} x_{i0}y_{i2} \\ \sum_{i=1}^{9} x_{i1}y_{i2} \\ \vdots \\ \sum_{i=1}^{9} x_{i5}y_{i2} \end{pmatrix} = \begin{pmatrix} B'_0 \\ B'_1 \\ B'_2 \\ B'_3 \\ B'_4 \\ B'_5 \end{pmatrix}$$

由以上计算可以很容易地求出回归系数 b_j、b_j'（$j = 0$，1，$\cdots$，5），设 $\boldsymbol{b}$ 及 $\boldsymbol{b}'$ 分别为式（6 – 47）和式（6 – 48）的回归系数矩阵，则

$$\boldsymbol{b} = \begin{pmatrix} b_0 \\ b_1 \\ b_2 \\ b_3 \\ b_4 \\ b_5 \end{pmatrix} = (\boldsymbol{X}^{\mathrm{T}}\boldsymbol{X})^{-1}\boldsymbol{B} = \begin{pmatrix} \dfrac{1}{9}\sum_{i=1}^{9} x_{i0}y_{i1} \\ \dfrac{1}{6}\sum_{i=1}^{9} x_{i1}y_{i1} \\ \dfrac{1}{6}\sum_{i=1}^{9} x_{i2}y_{i1} \\ \dfrac{1}{18}\sum_{i=1}^{9} x_{i3}y_{i1} \\ \dfrac{1}{18}\sum_{i=1}^{9} x_{i4}y_{i1} \\ \dfrac{1}{4}\sum_{i=1}^{9} x_{i5}y_{i1} \end{pmatrix} = \begin{pmatrix} 32.50 \\ 0.983 \\ -0.263 \\ 0.20 \\ -0.393 \\ -0.077 \end{pmatrix}$$

由此得编码后回归方程（6 – 47）的回归系数分别为

$b_0 = 32.50$，$b_1 = 0.983$，$b_2 = -0.263$，$b_3 = 0.20$，$b_4 = -0.393$，$b_5 = -0.077$

即锰矿浮选精矿品位 $\hat{y}_1(\beta_{\mathrm{Mn}})$ 与硅酸钠用量 x_1、脂肪酸用量 x_2 的关系式（编码模型）为

$$\hat{y}_1(\beta_{\mathrm{Mn}}) = 32.50 + 0.983x_1 - 0.263x_2 + 0.2\left[3\left(x_1^2 - \frac{2}{3}\right)\right] - 0.393\left[3\left(x_2^2 - \frac{2}{3}\right)\right] - 0.077x_1x_2$$

$$(6 - 49)$$

将

$$x_1 = \frac{A - A_0}{\Delta A} = \frac{A - 15}{10}, \quad x_2 = \frac{B - B_0}{\Delta B} = \frac{B - 0.5}{0.3}$$

代入式（6-49），整理化简即得非编码模型：

$$\hat{y}_1(\beta_{Mn}) = 31.006 + 0.2583A + 3.125B + 0.002A^2 - 4.375B^2 + 0.025AB \quad (6-50)$$

同理得锰矿浮选回收率 $\hat{y}_2(\varepsilon_{Mn})$ 与硅酸钠用量 x_1、脂肪酸用量 x_2 的关系式（编码模型）为

$$\hat{y}_2(\varepsilon_{Mn}) = 58.517 - 3.160x_1 + 20.605x_2 - 2.80\left[3\left(x_1^2 - \frac{2}{3}\right)\right] - 8.667\left[3\left(x_2^2 - \frac{2}{3}\right)\right] - 0.09x_1x_2$$

$$(6-51)$$

将

$$x_1 = \frac{A - A_0}{\Delta A} = \frac{A - 15}{10}, x_2 = \frac{B - B_0}{\Delta B} = \frac{B - 0.5}{0.3}$$

代入式（6-51），整理化简即得非编码数学模型：

$$\hat{y}_2(\varepsilon_{Mn}) = -1.68 + 0.54A + 165.44B - 0.028A^2 - 96.3B^2 - 0.03AB \quad (6-52)$$

对所求回归方程进行精度检验，所用的方法仍为方差分析。

对于式（6-49），有：

离差平方和

$$G = \sum_{i=1}^{8} y_{i1}^2 - \frac{B_0^2}{n} = 951.6 - \frac{(292.5)^2}{9} = 9.75$$

回归平方和

$$U = \sum_{j=1}^{5} b_j B_j = 5.789 + 0.415 + 0.72 + 2.78 + 0.02 = 9.73$$

剩余平方和

$$Q = G - U = 9.75 - 9.73 = 0.02$$

自由度

$$f_离 = n - 1 = 9 - 1 = 8, f_回 = k = 5, f_剩 = f_离 - f_回 = 3$$

回归方程的 F 值为

$$F = \frac{U}{f_回}\Big/\frac{Q}{f_剩} = \frac{9.73}{5}\Big/\frac{0.02}{3} = \frac{1.946}{0.0067} = 291.9$$

查 F 分布表 $F_{0.01}(5, 3) = 28.2$，$F \gg F_{0.01}(5, 3)$ 故回归方程高度显著。

回归系数检验，检验 b_5。

$$F_5 = \frac{b_5 B_5}{1}\Big/\frac{Q}{3} = 0.02/0.067 = 2.98$$

查 F 分布表有

$F_{0.25}(1,3) = 2.02$，即 $F_5 > F_{0.25}(1,3)$，显著。

$F_{0.1}(1,3) = 5.54$，即 $F_5 < F_{0.1}(1,3)$，不显著。

因此，回归方程（6-49）的交互作用项仅在 $\alpha = 0.25$ 水平上显著，即对结果要求不高时该项可略去。将该项合并于误差项，重新检验回归方程精度。

误差

$$S = Q + 0.02 = 0.04, f_误 = 4$$

回归平方和

$$U = 5.789 + 0.415 + 0.7 + 2.78 = 9.70, f_回 = 4$$

求 F 值

$$F = \frac{U}{f_回} \Big/ \frac{S_误}{f_剩} = \frac{9.7}{4} \Big/ \frac{0.04}{4} = \frac{2.426}{0.01} = 242.6$$

查 F 分布表 $F_{0.01}(4,4) = 16.0$。$F \gg F_{0.01}(4,4)$，故回归方程（6-49）去掉交互作用项 $x_1 x_2$ 后仍高度显著。

　　用同样的方法对回归方程（6-50）进行精度检验，检验结果示于表 6-25。由表 6-25 检验结果可以看出：交互作用项回归系数 b_5' 很小，经 F 检验不显著，故可从回归方程中去掉。去掉交互作用项后重新进行 F 检验。

表 6-25　回归方程（6-50）的方差分析

来　源		平　方　和	自由度	均方和	F 值	显著性
一次效应	x_1	$P_1' = b_1' B_1' = 60.10$	1	$P_1' = 60.10$	$\frac{60.10}{1.87} = 32.14$	$\alpha = 0.05$ 水平显著
	x_2	$P_2' = b_2' B_2' = 2546.2$	1	$P_2' = 2546.2$	$\frac{2546.2}{1.87} = 1361.6$	$\alpha = 0.01$ 水平显著
二次效应	x_3	$P_3' = b_3' B_3' = 141.1$	1	$P_3' = 141.1$	$\frac{141.1}{1.87} = 75.45$	$\alpha = 0.01$ 水平显著
	x_4	$P_4' = b_4' B_4' = 1349.92$	1	$P_4' = 1349.92$	$\frac{1349.92}{1.87} = 721.9$	$\alpha = 0.01$ 水平显著
交互作用	$x_5 = x_1 x_2$	$P_5' = b_5' B_5' = 0.032$	1	$P_5' = 0.032$	$\frac{0.032}{1.89} < 1$	不显著
回归	U	$U = P_1' + \cdots + P_5' = 4097.4$	5	819.48	$\frac{819.48}{1.87} = 438.2$	$\alpha = 0.01$ 水平显著
剩余	Q	$Q = G - U = 5.6$	$f_剩 = 9 - 1 - 5$ $= 3$	1.87		
离差	G	$G = \sum_{i=1}^{9} y_{i2} - \frac{B_0'^2}{9} = 4103.0$	$f_离 = 9 - 1$ $= 8$	$\frac{4103}{8} = 512.9$		

$$U_k = P_1' + P_2' + P_3' + P_4' = 4097.37, f_回 = 4$$

$$Q_误 = Q + P_5' = 5.6 + 0.032 = 5.632, f_剩 = 9 - 1 - 4 = 4$$

$$F = \left(\frac{U_k}{4} \right) \Big/ \left(\frac{Q_误}{4} \right) = \frac{4097.37}{4} \Big/ \frac{5.632}{4} = 527.52$$

　　查表得 $F_{0.01}(4, 4) = 16$，$F \gg F_{0.01}(4, 4)$，故回归方程（6-50）去掉交互作用项后仍高度显著。因此，为了便于应用，可以消去交互作用项。消去交互作用项以后得到"中心化"编码回归方程为

$$\hat{y}_1(\beta_{Mn}) = 32.50 + 0.983x_1 - 0.263x_2 + 0.2\left[3\left(x_1^2 - \frac{2}{3}\right)\right] - 0.393\left[3\left(x_2^2 - \frac{2}{3}\right)\right] \tag{6-53}$$

$$\hat{y}_2(\varepsilon_{Mn}) = 585.1 - 3.156x_1 + 20.60x_2 - 2.80\left[3\left(x_1^2 - \frac{2}{3}\right)\right] - 8.66\left[3\left(x_2^2 - \frac{2}{3}\right)\right] \tag{6-54}$$

将式（6-53）和式（6-54）整理后得编码数学模型

$$\begin{cases} \hat{y}_1(\beta_{Mn}) = 32.886 + 0.983x_1 - 0.263x_2 + 0.6x_1^2 - 1.173x_2^2 & (6-55) \\ \hat{y}_2(\varepsilon_{Mn}) = 81.43 - 3.165x_1 + 20.60x_2 - 84x_1^2 - 25.58x_2^2 & (6-56) \end{cases}$$

将

$$x_1 = \frac{A - 15}{10}, \quad x_2 = \frac{B - 0.5}{0.3}$$

代入式（6-55）和式（6-56），得非编码模型：

$$\begin{cases} \hat{y}_1(\beta_{Mn}) = 29.949 - 0.0983A + 12.315B + 0.006A^2 - 13.03B^2 & (6-57) \\ \hat{y}_2(\varepsilon_{Mn}) = -38.103 + 2.204A + 352.89B - 0.084A^2 - 28422B^2 & (6-58) \end{cases}$$

利用求极值原理，求最优浮选指标时的药剂条件：

$$\begin{cases} \dfrac{\partial \hat{y}_1(\beta_{Mn})}{\partial A} = 0.0983 + 0.012A = 0 & (6-59) \\ \\ \dfrac{\partial \hat{y}_1(\beta_{Mn})}{\partial B} = 12.153 - 26.06B = 0 & (6-60) \end{cases}$$

得锰矿浮选精矿品位最高时的药剂条件为

硅酸钠用量
$$A = \frac{0.0983}{0.012} = 8.19\text{mL/kg}$$

捕收剂用量
$$B = \frac{12.15}{26.00} = 0.466\text{mL/kg}$$

又由

$$\begin{cases} \dfrac{\partial \hat{y}_2(\varepsilon_{Mn})}{\partial A} = 2.204 - 0.164A = 0 & (6-61) \\ \\ \dfrac{\partial \hat{y}_2(\varepsilon_{Mn})}{\partial B} = 352.89 - 568.44B = 0 & (6-62) \end{cases}$$

得锰矿浮选回收率最高时药剂条件为

硅酸钠用量
$$A = \frac{2.204}{0.164} = 13.43\text{mL/kg}$$

捕收剂用量
$$B = \frac{352.89}{568.44} = 0.62\text{mL/kg}$$

将求得的 A、B 值分别代入式（6-57）和式（6-58），可得在上述药剂条件下可能得到的最高精矿品位和最高回收率，分别为

$$\beta_{Mn}(\max) = 29.946 - 0.0983 \times 8.19 + 12.135 \times 0.466 + 0.006 \times 8.19^2 - 13.03 \times 0.466^2$$
$$= 32.37\%$$

$$\varepsilon_{Mn}(max) = -38.103 + 2.204 \times 13.43 + 352.89 \times 0.62 - 6.084 \times 13.43^2 - 284.22 \times 0.62^2$$
$$= 85.88\%$$

应指出的是，最佳品位和最高回收率的药剂条件是不相同的，这要根据生产中对 β_{Mn} 及 ε_{Mn} 的具体要求采用求条件极值的办法解决。即在给定的 β_{Mn}、ε_{Mn} 的条件下联立式（6-57）和式（6-58）求 A、B 值，便可得最优药剂制度。

【实例6-4】 建立球磨机外部响应（轴承压力（N）、声响（dB）以及有用功率（W））与球磨机内部参数（转速率（ψ,%）、介质充填率（ϕ,%）、料球比（ϕ_m，小数）和磨矿浓度（C,%））之间关系的数学模型，以实现采用球磨机外部响应预测球磨机内部参数变化的目的。

根据试验数据的初步处理结果，球磨机的内部参数与其外部响应之间的关系不适合于用一次回归方程来描述，因此，必须使用二次或更高次的回归方程来描述。但高于二次的回归方程由于使用困难而在实际中应用较少。因此用表面响应模型来表示球磨机内部参数与其外部响应之间的关系。球磨机四因子回归正交试验的表面响应数学模型的一般形式如下：

$$\hat{y} = a_0 + a_1\phi + a_2\phi_m + a_3C + a_4\psi + a_5\phi^2 + a_6\phi_m^2 + a_7C^2 + a_8\psi^2 + a_9\phi\phi_m +$$
$$a_{10}\phi C + a_{11}\phi\psi + a_{12}\phi_m C + a_{13}\phi_m\psi + a_{14}C\psi \qquad (6-63)$$

式中 $\hat{y}$——球磨机外部响应的回归值。

为了计算简便，用 x_1、x_2、x_3、x_4 分别代表编码以后的 ϕ、ϕ_m、C、ψ，编码计算公式为

$$x_j = \frac{Z_j - Z_{0j}}{\Delta_j} \qquad (6-64)$$

式中 Δ_j——因素变化区间（步长）；

Z_j——因素的上下水平值；

Z_{0j}——因素的零水平值，见表6-26。

表6-26 球磨机四因子三水平因素编码对应表

水 平	因 子			
	介质充填率（ϕ）/%	料球比（ϕ_m）	磨矿浓度（C）/%	转速率（ψ）/%
零水平	40	1.0	76	75
步 长	7	0.3	6	10
1 水平	47	1.3	82	85
0 水平	40	1.0	76	75
-1 水平	33	0.7	70	65

式（6-63）编码以后变为

$$\hat{y} = a_0' + a_1'x_1 + a_2'x_2 + a_3'x_3 + a_4'x_4 + a_5'x_1^2 + a_6'x_2^2 + a_7'x_3^2 + a_8'x_4^2 +$$
$$a_9'x_1x_2 + a_{10}'x_1x_3 + a_{11}'x_1x_4 + a_{12}'x_2x_3 + a_{13}'x_2x_4 + a_{14}'x_3x_4 \qquad (6-65)$$

其中

$$x_1 = \frac{\phi - 40}{7}, \quad x_2 = \frac{\phi_m - 1.0}{0.3}, \quad x_3 = \frac{C - 76}{6}, \quad x_4 = \frac{\psi - 75}{10}$$

由于采用二次回归模型，故结构矩阵如表 6-27 所示。在结构矩阵的第一列（即 x_0 列）与二次项之间不再具有正交性，即它们对应元素乘积之和不为 0。因而系数矩阵不再是对角矩阵。为了消除 x_0 与二次项之间的非正交性，使系数矩阵仍为对角矩阵，对二次项采用了"中心化"的方法进行数据处理，即平方列中的每一个元素减去该列的平均值。

设 $x''_5 = x_1^2$，$x''_6 = x_2^2$，$x''_7 = x_3^2$，$x''_8 = x_4^2$，"中心化"变换公式为

$$x'_j = x_j^2 - \frac{1}{n} \sum_{i=1}^{81} x_j^2 \tag{6-66}$$

二次项所对应的列元素的平均值为 $\frac{2}{3}$，则有

$$x'_5 = x_1^2 - \frac{2}{3}, \quad x'_6 = x_2^2 - \frac{2}{3}, \quad x'_7 = x_3^2 - \frac{2}{3}, \quad x'_8 = x_4^2 - \frac{2}{3}$$

这样，就使系数矩阵成为对角矩阵。为了计算方便，再将它们分别扩大 3 倍，即

$$x_5 = 3\left(x_1^2 - \frac{2}{3}\right), \quad x_6 = 3\left(x_2^2 - \frac{2}{3}\right), x_7 = 3\left(x_3^2 - \frac{2}{3}\right), x_8 = 3\left(x_4^2 - \frac{2}{3}\right)$$

再设

$$x_9 = x_1 x_2, \quad x_{10} = x_1 x_3, \quad x_{11} = x_1 x_4, \quad x_{12} = x_2 x_3, \quad x_{13} = x_2 x_4, \quad x_{14} = x_3 x_4$$

则"编码"且"中心化"之后的数学模型为

$$\hat{y} = b_0 + b_1 x_1 + b_2 x_2 + b_3 x_3 + b_4 x_4 + b_5\left[3\left(x_1^2 - \frac{2}{3}\right)\right] + b_6\left[3\left(x_2^2 - \frac{2}{3}\right)\right] +$$

$$b_7\left[3\left(x_3^2 - \frac{2}{3}\right)\right] + b_8\left[3\left(x_4^2 - \frac{2}{3}\right)\right] + b_9 x_1 x_2 + b_{10} x_1 x_3 + b_{11} x_1 x_4 +$$

$$b_{12} x_2 x_3 + b_{13} x_2 x_4 + b_{14} x_3 x_4 \tag{6-67}$$

式（6-63）、式（6-65）以及式（6-67）中因变量 $\hat{y}$ 值是等价的，只不过是数学模型的表示形式不一样而已，即数学模型中自变量的取值不一样，故回归系数也不一样。

根据试验安排，可以写出结构矩阵 X 及其转置矩阵 X^{T}，由此可以得到系数矩阵 $X^{\mathrm{T}}X$。

根据系数矩阵可以计算出相关矩阵 C 为

$$C = (X^{\mathrm{T}}X)^{-1} \tag{6-68}$$

常数项矩阵分别为

$$B_1 = X^{\mathrm{T}}Y_1, \quad B_2 = X^{\mathrm{T}}Y_2, \quad B_3 = X^{\mathrm{T}}Y_3 \tag{6-69}$$

式中 Y_1，Y_2，Y_3——分别为因变量 y_{i1}，y_{i2}，y_{i3} 的矩阵。

由以上各式可以很容易地计算出回归方程的回归系数 $b_j(j = 0, 1, 2, \cdots, 14)$。回归方程的回归系数按下式计算：

$$b_1 = CB_1 = (X^{\mathrm{T}}X)^{-1}B_1 \tag{6-70}$$

$$b_2 = CB_2 = (X^{\mathrm{T}}X)^{-1}B_2 \tag{6-71}$$

$$b_3 = CB_3 = (X^{\mathrm{T}}X)^{-1}B_3 \tag{6-72}$$

由此可得"编码"且"中心化"后回归方程（6-67）的回归系数。各方程的回归系数如表 6-27 所示。

表6-27　球磨过程四因子三水平回归设计、试验结果及数据处理

试验序号	设计矩阵				自变量结构矩阵															试验数据		
	x_1	x_2	x_3	x_4	x_0	x_1	x_2	x_3	x_4	x_5	x_6	x_7	x_8	x_9	x_{10}	x_{11}	x_{12}	x_{13}	x_{14}	压力 y_1/N	声响 y_2/dB	有用功率 y_3/W
1	-1	-1	-1	-1	1	-1	-1	-1	-1	1	1	1	1	1	1	1	1	1	1	357	66.4	101.61
2	-1	-1	-1	0	1	-1	-1	-1	0	1	1	1	-2	1	1	0	1	0	0	364	69.8	123.58
3	-1	-1	-1	1	1	-1	-1	-1	1	1	1	1	1	1	1	-1	1	-1	-1	372	71.7	152.33
4	-1	-1	0	-1	1	-1	-1	0	-1	1	1	-2	1	1	0	1	0	1	0	338	65.7	106.35
5	-1	-1	0	0	1	-1	-1	0	0	1	1	-2	-2	1	0	0	0	0	0	353	67.0	124.30
6	-1	-1	0	1	1	-1	-1	0	1	1	1	-2	1	1	0	-1	0	-1	0	361	68.8	144.95
7	-1	-1	1	-1	1	-1	-1	1	-1	1	1	1	1	1	-1	1	-1	1	-1	312	63.0	89.78
8	-1	-1	1	0	1	-1	-1	1	0	1	1	1	-2	1	-1	0	-1	0	0	326	65.8	98.80
9	-1	-1	1	1	1	-1	-1	1	1	1	1	1	1	1	-1	-1	-1	-1	1	317	68.0	111.52
10	-1	0	-1	-1	1	-1	0	-1	-1	1	-2	1	1	0	1	1	0	0	1	372	64.6	108.61
11	-1	0	-1	0	1	-1	0	-1	0	1	-2	1	-2	0	1	0	0	0	0	383	67.1	128.12
12	-1	0	-1	1	1	-1	0	-1	1	1	-2	1	1	0	1	-1	0	0	-1	401	67.9	153.29
13	-1	0	0	-1	1	-1	0	0	-1	1	-2	-2	1	0	0	1	0	0	0	319	65.6	119.56
14	-1	0	0	0	1	-1	0	0	0	1	-2	-2	-2	0	0	0	0	0	0	351	66.7	139.16
15	-1	0	0	1	1	-1	0	0	1	1	-2	-2	1	0	0	-1	0	0	0	383	67.5	159.76
16	-1	0	1	-1	1	-1	0	1	-1	1	-2	1	1	0	-1	1	0	0	-1	319	63.0	108.10
17	-1	0	1	0	1	-1	0	1	0	1	-2	1	-2	0	-1	0	0	0	0	321	64.4	118.39
18	-1	0	1	1	1	-1	0	1	1	1	-2	1	1	0	-1	-1	0	0	1	319	65.8	130.56
19	-1	1	-1	-1	1	-1	1	-1	-1	1	1	1	1	-1	1	1	-1	-1	1	378	62.6	98.82
20	-1	1	-1	0	1	-1	1	-1	0	1	1	1	-2	-1	1	0	-1	0	0	379	66.2	125.16
21	-1	1	-1	1	1	-1	1	-1	1	1	1	1	1	-1	1	-1	-1	1	-1	381	67.2	155.19

续表 6－27

试验序号	设计矩阵				自变量结构矩阵															试验数据		
	x_1	x_2	x_3	x_4	x_0	x_1	x_2	x_3	x_4	x_5	x_6	x_7	x_8	x_9	x_{10}	x_{11}	x_{12}	x_{13}	x_{14}	压力 y_1/N	声响 y_2/dB	有用功率 y_3/W
22	-1	1	0	-1	1	-1	1	0	-1	1	1	-2	1	-1	0	1	0	-1	0	368	64.8	123.17
23	-1	1	0	0	1	-1	1	0	0	1	1	-2	-2	-1	0	0	0	0	0	377	65.6	140.78
24	-1	1	0	1	1	-1	1	0	1	1	1	-2	1	-1	0	-1	0	1	0	387	67.0	160.63
25	-1	1	1	-1	1	-1	1	1	-1	1	1	1	1	-1	-1	1	1	-1	-1	381	62.3	123.85
26	-1	1	1	0	1	-1	1	1	0	1	1	1	-2	-1	-1	0	1	0	0	388	64.1	135.22
27	-1	1	1	1	1	-1	1	1	1	1	1	1	1	-1	-1	-1	1	1	1	366	65.2	143.32
28	0	-1	-1	-1	1	0	-1	-1	-1	-2	1	1	1	0	0	0	1	1	1	405	83.5	129.07
29	0	-1	-1	0	1	0	-1	-1	0	-2	1	1	-2	0	0	0	1	0	0	416	86.8	154.44
30	0	-1	-1	1	1	0	-1	-1	1	-2	1	1	1	0	0	0	1	-1	-1	423	87.5	182.06
31	0	-1	0	-1	1	0	-1	0	-1	-2	1	-2	1	0	0	0	0	1	0	419	79.8	133.30
32	0	-1	0	0	1	0	-1	0	0	-2	1	-2	-2	0	0	0	0	0	0	451	84.2	149.81
33	0	-1	0	1	1	0	-1	0	1	-2	1	-2	1	0	0	0	0	-1	0	437	86.6	173.15
34	0	0	1	-1	1	0	0	1	-1	-2	-2	1	1	0	0	0	0	0	-1	384	79.0	115.52
35	0	0	1	0	1	0	0	1	0	-2	-2	1	-2	0	0	0	0	0	0	383	82.7	126.52
36	0	0	1	1	1	0	0	1	1	-2	-2	1	1	0	0	0	0	0	1	387	85.0	139.93
37	0	0	-1	-1	1	0	0	-1	-1	-2	-2	1	1	0	0	0	0	0	1	452	78.1	133.12
38	0	0	-1	0	1	0	0	-1	0	-2	-2	1	-2	0	0	0	0	0	0	461	82.6	157.25
39	0	0	-1	1	1	0	0	-1	1	-2	-2	1	1	0	0	0	0	0	-1	465	85.2	183.58
40	0	0	0	-1	1	0	0	0	-1	-2	-2	-2	1	0	0	0	0	0	0	463	76.1	143.18
41	0	0	0	0	1	0	0	0	0	-2	-2	-2	-2	0	0	0	0	0	0	484	82.4	163.04
42	0	0	0	1	1	0	0	0	1	-2	-2	-2	1	0	0	0	0	0	0	511	84.7	188.80

续表 6 – 27

试验序号	设计矩阵				自变量结构矩阵															试验数据		
	x_1	x_2	x_3	x_4	x_0	x_1	x_2	x_3	x_4	x_5	x_6	x_7	x_8	x_9	x_{10}	x_{11}	x_{12}	x_{13}	x_{14}	压力 y_1/N	声响 y_2/dB	有用功率 y_3/W
43	0	0	1	-1	1	0	0	1	-1	-2	-2	1	1	0	0	0	0	0	-1	427	73.1	131.75
44	0	0	1	0	1	0	0	1	0	-2	-2	1	-2	0	0	0	0	0	0	428	77.4	143.54
45	0	0	1	1	1	0	0	1	1	-2	-2	1	1	0	0	0	0	0	1	427	80.1	155.95
46	0	1	-1	-1	1	0	1	-1	-1	-2	1	1	1	0	0	0	-1	-1	1	527	72.6	119.46
47	0	1	-1	0	1	0	1	-1	0	-2	1	1	-2	0	0	0	-1	0	0	528	75.4	140.66
48	0	1	-1	1	1	0	1	-1	1	-2	1	1	1	0	0	0	-1	1	-1	526	79.8	171.77
49	0	0	0	-1	1	0	0	0	-1	-2	-2	-2	1	0	0	0	0	0	0	471	71.2	141.42
50	0	0	0	0	1	0	0	0	0	-2	-2	-2	-2	0	0	0	0	0	0	498	75.5	161.00
51	0	0	0	1	1	0	0	0	1	-2	-2	-2	1	0	0	0	0	0	0	530	77.8	183.58
52	0	-1	1	-1	1	0	-1	1	-1	-2	1	1	1	0	0	0	-1	1	-1	422	67.2	139.15
53	0	-1	1	0	1	0	-1	1	0	-2	1	1	-2	0	0	0	-1	0	0	441	72.1	151.04
54	0	-1	1	1	1	0	-1	1	1	-2	1	1	1	0	0	0	-1	-1	1	440	75.1	168.34
55	1	-1	-1	-1	1	1	-1	-1	-1	1	1	1	1	-1	-1	-1	1	1	1	533	93.4	150.56
56	1	-1	-1	0	1	1	-1	-1	0	1	1	1	-2	-1	-1	0	1	0	0	552	98.3	179.84
57	1	-1	-1	1	1	1	-1	-1	1	1	1	1	1	-1	-1	1	1	-1	-1	536	103.1	204.26
58	1	-1	0	-1	1	1	-1	0	-1	1	1	-2	1	-1	0	-1	0	1	0	503	90.2	158.32
59	1	-1	0	0	1	1	-1	0	0	1	1	-2	-2	-1	0	0	0	0	0	524	98.0	178.28
60	1	-1	0	1	1	1	-1	0	1	1	1	-2	1	-1	0	1	0	-1	0	516	102.7	197.24
61	1	-1	1	-1	1	1	-1	1	-1	1	1	1	1	-1	1	-1	-1	1	-1	428	87.1	136.15

续表 6-27

试验序号	设计矩阵				结构矩阵															试验数据		
	x_1	x_2	x_3	x_4	x_0	x_1	x_2	x_3	x_4	x_5	x_6	x_7	x_8	x_9	x_{10}	x_{11}	x_{12}	x_{13}	x_{14}	压力 y_1/N	声响 y_2/dB	有用功率 y_3/W
62	1	-1	1	0	1	1	-1	1	0		1	1	-2	-1	1	0	-1	0	0	428	96.7	148.42
63	1	-1	1	1	1	1	-1	1	1		1	1	1	-1	1	1	-1	-1	1	439	101.2	165.41
64	1	0	-1	-1	1	1	0	-1	-1		-2	1	1	0	-1	-1	0	0	1	499	80.7	145.20
65	1	0	-1	1	1	1	0	-1	1		-2	1	1	0	-1	1	0	0	-1	501	89.1	168.84
66	1	0	-1	-1	1	1	0	-1	-1		-2	1	1	0	-1	-1	0	0	1	516	92.1	193.26
67	1	0	0	1	1	1	0	0	1		-2	-2	1	0	0	1	0	0	0	484	77.3	165.22
68	1	0	0	-1	1	1	0	0	-1		-2	-2	1	0	0	-1	0	0	0	498	87.3	172.25
69	1	0	0	1	1	1	0	0	1		-2	-2	1	0	0	1	0	0	0	498	92.4	199.42
70	1	0	1	-1	1	1	0	1	-1		-2	1	1	0	1	-1	0	0	-1	477	82.7	145.22
71	1	0	1	1	1	1	0	1	1		-2	1	1	0	1	1	0	0	1	471	85.8	156.06
72	1	0	1	-1	1	1	0	1	-1		-2	1	1	0	1	-1	0	0	-1	468	92.4	173.06
73	1	1	-1	1	1	1	1	-1	1		1	1	1	1	-1	1	-1	1	-1	553	71.0	131.89
74	1	1	-1	0	1	1	1	-1	0		1	1	-2	1	-1	0	-1	0	0	551	77.2	156.59
75	1	1	-1	-1	1	1	1	-1	-1		1	1	1	1	-1	-1	-1	-1	1	564	81.0	188.55
76	1	1	0	0	1	1	1	0	0		1	-2	-2	1	0	0	0	0	0	532	71.1	155.71
77	1	1	0	1	1	1	1	0	1		1	-2	1	1	0	1	0	1	0	539	74.9	173.52
78	1	1	0	-1	1	1	1	0	-1		1	-2	1	1	0	-1	0	-1	0	558	78.4	200.47
79	1	1	1	0	1	1	1	1	0		1	1	-2	1	1	0	1	0	-1	523	72.1	153.39
80	1	1	-1	1	1	1	1	-1	1		1	1	1	1	-1	1	-1	1	0	524	77.6	165.21
81	1	1	1	1	1	1	1	1	1		1	1	1	1	1	1	1	1	1	519	83.0	180.02

续表 6 – 27

试验序号		设计矩阵				自变量结构矩阵															试验数据		
	x_1	x_2	x_3	x_4	x_0	x_1	x_2	x_3	x_4	x_5	x_6	x_7	x_8	x_9	x_{10}	x_{11}	x_{12}	x_{13}	x_{14}	压力 y_1/N	声响 y_2/dB	有用功率 y_3/W
压力 $B_j = \sum_{i=1}^{81} x_{ij} y_{i1}$					35613	4061	1387	-1330	401	-1005	519	-846	-147	99	-190	-61	171	7	-99			$G = \sum_{i=1}^{81} y_{i2}^2$ $\dfrac{B_0^2}{n} = 420928$
$b_j = C_{jj} B_j$					439.6667	75.2037	25.6852	-24.6296	7.4259	-6.2037	3.2037	-5.2222	-0.9074	2.75	-5.2778	-1.6944	4.75	0.1944	-2.75			$U = \sum_{j=1}^{14} P_j = 391676$
$P_j = b_j B_j$						305402	35625	32757	2978	6235	1663	4418	133	272	1003	103	812	1.36	272			$Q = G - U = 29252$
声响 $B_j = \sum_{i=1}^{81} x_{ij} y_{i2}$					6262	553	-294	-69	193	-162.4	-14.2	-5.8	-40	-163.2	14.6	69.6	17.7	-6.9	3.7			$G = \sum_{i=1}^{81} y_{i3}^2$ $\dfrac{B_0^2}{n} = 9247$
$b_j = C_{jj} B_j$					77.3099	10.2407	-5.4444	-1.2778	3.5741	-1.0025	-0.0877	-0.0358	-0.2469	-4.5333	0.4056	1.9333	0.4917	-0.1917	0.1028			$U = \sum_{j=1}^{14} P_j = 9107$
$P_j = b_j B_j$						5663.13	1600.667	88.167	689.796	162.801	1.245	0.208	9.877	739.84	5.921	134.56	8.702	1.3225	0.3803			$Q = G - U = 140$
有用功率 $B_j = \sum_{i=1}^{81} x_{ij} y_{i3}$					12047.7	1117.45	212.41	-282.89	1052.92	-193.59	-205.17	-721.41	108.24	-166.05	-8.88	28.33	317.59	14.82	-240.75			$G = \sum_{i=1}^{81} y_{i1}^2$ $\dfrac{B_0^2}{n} = 55286$
$b_j = C_{jj} B_j$					148.7370	20.6935	3.934	-5.2387	19.4985	-1.1950	-1.2665	-4.4531	0.6681	-4.6125	-0.2467	0.7869	8.8097	0.4117	-6.6875			$U = \sum_{j=1}^{14} P_j = 54948$
$P_j = b_j B_j$						23124	836	1482	20530	231	260	3213	72.3204	766	2.19	22.29	2794	6.1	1610			$Q = G - U = 338$

压力与球磨机介质充填率 x_1、料球比 x_2、磨矿浓度 x_3、球磨机转速率 x_4 之间的关系式（"中心化"编码数学模型）为

$$\hat{y}_1 = 439.6667 + 75.2037x_1 + 25.6852x_2 - 24.6296x_3 + 7.4259x_4 -$$

$$6.2037\left[3\left(x_1^2 - \frac{2}{3}\right)\right] + 3.2037\left[3\left(x_2^2 - \frac{2}{3}\right)\right] - 5.2222\left[3\left(x_3^2 - \frac{2}{3}\right)\right] -$$

$$0.9074\left[3\left(x_4^2 - \frac{2}{3}\right)\right] + 2.75x_1x_2 - 5.2778x_1x_3 - 1.6944x_1x_4 +$$

$$4.75x_2x_3 + 0.1944x_2x_4 - 2.75x_3x_4 \tag{6-73}$$

式中 $\hat{y}_1$——轴承压力，N。

对所求的回归方程（6-73）进行精度检验，采用的方法为方差分析。检验结果示于表 6-28。

由表 6-28 可知，回归方程（6-73）高度显著。

回归方程（6-73）中各项的显著性检验结果见表 6-28。去掉其中的不显著项（包括 $\alpha = 0.25$ 显著项）之后，"中心化"编码回归方程变为

$$\hat{y}_1 = 439.6667 + 75.2037x_1 + 25.6852x_2 - 24.6296x_3 + 7.4259x_4 -$$

$$6.2037\left[3\left(x_1^2 - \frac{2}{3}\right)\right] + 3.2037\left[3\left(x_2^2 - \frac{2}{3}\right)\right] - 5.2222\left[3\left(x_3^2 - \frac{2}{3}\right)\right] \tag{6-74}$$

表 6-28 回归方程（6-73）方差分析结果

来　源		平方和	自由度	均方和	F 计	显著性
一次效应	x_1	305402	1	305402	689	$\alpha = 0.01$ 显著
	x_2	35625	1	35625	80	$\alpha = 0.01$ 显著
	x_3	32757	1	32757	74	$\alpha = 0.01$ 显著
	x_4	2978	1	2978	6.7	$\alpha = 0.05$ 显著
二次效应	x_5	6235	1	6235	14.1	$\alpha = 0.01$ 显著
	x_6	1663	1	1663	3.8	$\alpha = 0.1$ 显著
	x_7	4418	1	4418	10.0	$\alpha = 0.01$ 显著
	x_8	133	1	133	<1	不显著
交互效应	x_9	272	1	272	<1	不显著
	x_{10}	1003	1	1003	2.26	$\alpha = 0.25$ 显著
	x_{11}	103	1	103	<1	不显著
	x_{12}	812	1	812	1.83	$\alpha = 0.25$ 显著
	x_{13}	1.36	1	1.36	<1	不显著
	x_{14}	272	1	272	<1	不显著
回　归	U	391676	14	27977	63.20	$\alpha = 0.01$ 显著
剩　余	Q	29252	66	443		
离　差	G	420928	80	5262		

注：$F_{0.01}(1, 66) = 7.06$；$F_{0.05}(1, 66) = 3.99$；$F_{0.1}(1, 66) = 2.79$；$F_{0.25}(1, 66) = 1.35$；$F_{0.01}(14, 66) = 2.37$。

将不显著项（包括 $\alpha = 0.25$ 显著项）合并于误差项，重新检验回归方程的精度。

误差　　　　$S = Q + 133 + 272 + 1003 + 103 + 812 + 272 + 1.36 = 30846$

回归平方和　　　　　　　　　　　　$U = 389080$

则　　　　　　　　　$F = \dfrac{389080}{7} \Big/ \dfrac{30846}{73} = 131, \quad F_{0.01}(7, 73) = 2.79$ 　　　　　　（6 – 75）

$F \gg F_{0.01}(7, 73)$，故回归方程仍高度显著。

将 $x_1 = \dfrac{\phi - 40}{7}$，$x_2 = \dfrac{\phi_m - 1.0}{0.3}$，$x_3 = \dfrac{C - 76}{6}$，$x_4 = \dfrac{\psi - 75}{10}$ 代入式（6 – 74），得非编码回归方程为

$$\hat{y}_1 = -2817.4858 + 41.1290\phi - 127.9627\phi_m + 62.0425C + 0.7426\psi -$$
$$0.3798\phi^2 + 106.79\phi_m^2 - 0.4352C^2 \qquad (6 - 76)$$

声响与球磨机介质充填率 x_1、料球比 x_2、磨矿浓度 x_3、球磨机转速率 x_4 之间的关系式（"中心化"编码数学模型）为

$$\hat{y}_2 = 77.3099 + 10.2407x_1 - 5.4444x_2 - 1.2778x_3 + 3.5741x_4 -$$
$$1.0025\left[3\left(x_1^2 - \frac{2}{3}\right)\right] - 0.0877\left[3\left(x_2^2 - \frac{2}{3}\right)\right] - 0.0358\left[3\left(x_3^2 - \frac{2}{3}\right)\right] -$$
$$0.2469\left[3\left(x_4^2 - \frac{2}{3}\right)\right] - 4.5333x_1x_2 + 0.4056x_1x_3 + 1.9333x_1x_4 +$$
$$0.4917x_2x_3 - 0.1917x_2x_4 + 0.1028x_3x_4 \qquad (6 - 77)$$

式中　$\hat{y}_2$——球磨机声响，dB。

对回归方程（6 – 77）进行精度检验，检验结果如表 6 – 29 所示。

由表 6 – 29 可知，回归方程（6 – 77）高度显著。

回归方程（6 – 77）中各项的显著性检验结果见表 6 – 29。去掉其中的不显著项（包括 $\alpha = 0.25$ 显著项）之后，"中心化"编码回归方程变为

$$\hat{y}_2 = 77.3099 + 10.2407x_1 - 5.4444x_2 - 1.2778x_3 + 3.5741x_4 -$$
$$1.0025\left[3\left(x_1^2 - \frac{2}{3}\right)\right] - 0.2469\left[3\left(x_4^2 - \frac{2}{3}\right)\right] -$$
$$4.5333x_1x_2 + 0.4056x_1x_3 + 1.9333x_1x_4 + 0.4917x_2x_3 \qquad (6 - 78)$$

表 6 – 29　回归方程（6 – 77）方差分析结果

来　　源		平方和	自由度	均方和	$F_{计}$	显　著　性
一次效应	x_1	5663	1	5663	2671	$\alpha = 0.01$ 显著
	x_2	1601	1	1601	755	$\alpha = 0.01$ 显著
	x_3	88	1	88	41.5	$\alpha = 0.01$ 显著
	x_4	690	1	690	325	$\alpha = 0.01$ 显著
二次效应	x_5	163	1	163	76.9	$\alpha = 0.01$ 显著
	x_6	1	1	1	<1	不显著
	x_7	0.2	1	0.2	<1	不显著
	x_8	9.9	1	9.9	4.67	$\alpha = 0.05$ 显著
交互效应	x_9	740	1	740	349	$\alpha = 0.01$ 显著
	x_{10}	5.9	1	5.9	2.78	$\alpha = 0.25$ 显著

来　源		平方和	自由度	均方和	$F_{计}$	显 著 性
交互效应	x_{11}	135	1	135	63. 68	$\alpha = 0.01$ 显著
	x_{12}	8. 7	1	8. 7	4. 10	$\alpha = 0.05$ 显著
	x_{13}	1. 3	1	1. 3	<1	不显著
	x_{14}	0. 38	1	0. 38	<1	不显著
回　归	U	9107	14	651	307. 08	$\alpha = 0.01$ 显著
剩　余	Q	140	66	2. 12		
离　差	G	9247	80	115. 59		

将不显著项（包括 $\alpha = 0.25$ 显著项）合并于误差项，重新检验回归方程的精度。

误差 $\qquad S = Q + 1 + 0.2 + 5.9 + 1.3 + 0.38 = 148.78$

回归平方和 $\qquad U = 9098$

则 $\qquad F = \dfrac{9098}{9} \bigg/ \dfrac{144.78}{71} = 496, \quad F_{0.01}\ (9,\ 71) = 2.68 \qquad\qquad (6-79)$

$F \gg F_{0.01}\ (9,\ 71)$，故回归方程仍高度显著。

将 $x_1 = \dfrac{\phi - 40}{7}$，$x_2 = \dfrac{\phi_m - 1.0}{0.3}$，$x_3 = \dfrac{C - 76}{6}$，$x_4 = \dfrac{\psi - 75}{10}$ 代入式（6-78），得非编码回归方程为

$$\hat{y}_2 = -64.4235 + 5.7265\phi + 47.4391\phi_m - 0.8725C + 0.3637\psi - 0.0614\phi^2 -$$
$$0.0074\psi^2 - 2.1587\phi\phi_m + 0.0097\phi C + 0.0276\phi\psi + 0.2732\phi_m C \qquad (6-80)$$

有用功率与球磨机介质充填率 x_1、料球比 x_2、磨矿浓度 x_3、球磨机转速率 x_4 之间的关系式（"中心化"编码数学模型）为

$$\hat{y}_3 = 148.7370 + 20.6935x_1 + 3.934x_2 - 5.2387x_3 + 19.4985x_4 -$$
$$1.195\left[3\left(x_1^2 - \frac{2}{3}\right)\right] - 1.2655\left[3\left(x_2^2 - \frac{2}{3}\right)\right] - 4.453\left[3\left(x_3^2 - \frac{2}{3}\right)\right] +$$
$$0.6681\left[3\left(x_4^2 - \frac{2}{3}\right)\right] - 4.6125x_1x_2 - 0.2467x_1x_3 + 0.7869x_1x_4 +$$
$$8.8097x_2x_3 + 0.4117x_2x_4 - 6.6875x_3x_4 \qquad (6-81)$$

式中 $\hat{y}_3$——球磨机有用功率，W。

对回归方程（6-81）进行精度检验，检验结果如表 6-30 所示。

由表 6-30 可知，回归方程（6-81）高度显著。

回归方程（6-81）中各项显著性检验结果见表 6-30。去掉其中的不显著项（包括 $\alpha = 0.25$ 显著项）之后，"中心化"编码回归方程为

$$\hat{y}_3 = 148.7370 + 20.6935x_1 + 3.934x_2 - 5.2387x_3 + 19.4985x_4 -$$
$$1.195\left[3\left(x_1^2 - \frac{2}{3}\right)\right] - 1.2655\left[3\left(x_2^2 - \frac{2}{3}\right)\right] - 4.453\left[3\left(x_3^2 - \frac{2}{3}\right)\right] +$$
$$0.6681\left[3\left(x_4^2 - \frac{2}{3}\right)\right] - 4.6125x_1x_2 + 0.7869x_1x_4 +$$
$$8.8097x_2x_3 - 6.6875x_3x_4 \qquad (6-82)$$

将不显著项（包括 $\alpha = 0.25$ 显著项）合并于误差项，重新检验回归方程的精度。

误差 $\qquad\qquad\qquad S = Q + 2.19 + 6.1 = 346.29$

回归平方和 $\qquad\qquad\qquad U = 54940$

则 $\qquad\qquad F = \dfrac{54940}{12} \Big/ \dfrac{346.29}{68} = 899$, $\quad F_{0.01}$（12，68）$= 2.47$ $\qquad$ (6-83)

$F \gg F_{0.01}$（12，68），故回归方程仍高度显著。

将 $x_1 = \dfrac{\phi - 40}{7}$, $x_2 = \dfrac{\phi_m - 1.0}{0.3}$, $x_3 = \dfrac{C - 76}{6}$, $x_4 = \dfrac{\psi - 75}{10}$ 代入式（6-82），得非编码回归方程为

$$\hat{y}_3 = -2557.3975 + 10.1624\phi - 186.5641\phi_m + 58.9963C + 6.9648\psi -$$
$$0.0732\phi^2 - 42.2167\phi_m^2 - 0.3711C^2 + 0.02\psi^2 -$$
$$2.1964\phi\phi_m + 0.0112\psi\phi + 4.8943\phi_m C - 0.1115C\psi \qquad (6-84)$$

表6-30 回归方程（6-81）方差分析结果

来 源		平方和	自由度	均方和	$F_{计}$	显著性
一次效应	x_1	23124	1	23124	4515	$\alpha = 0.01$ 显著
	x_2	836	1	836	163	$\alpha = 0.01$ 显著
	x_3	1482	1	1482	297	$\alpha = 0.01$ 显著
	x_4	20530	1	20530	4009	$\alpha = 0.01$ 显著
二次效应	x_5	231	1	231	45	$\alpha = 0.01$ 显著
	x_6	259	1	259	51	$\alpha = 0.01$ 显著
	x_7	3213	1	3213	627	$\alpha = 0.01$ 显著
	x_8	72.3	1	72.3	14	$\alpha = 0.01$ 显著
交互效应	x_9	766	1	766	150	$\alpha = 0.01$ 显著
	x_{10}	2.19	1	2.19	<1	不显著
	x_{11}	22.29	1	22.29	4.35	$\alpha = 0.05$ 显著
	x_{12}	2974	1	2974	581	$\alpha = 0.01$ 显著
	x_{13}	6.1	1	6.1	1.19	不显著
	x_{14}	1610	1	1610	314	$\alpha = 0.01$ 显著
回 归	U	54948	14	3925	766	$\alpha = 0.01$ 显著
剩 余	Q	338	66	5.1212		
离 差	G	55286	80	691		

7　动态模型的数学描述

7.1　动态模型的意义及状态方程

任何事物都处于不断的运动变化过程之中，在此过程中有关参数在变化或过渡过程中与时间 t 联系起来的数学表达式称为动态模型。

过程（或研究及控制对象）的动态特性分为线性和非线性两种，后一种太复杂，前一种研究的较多。所谓线性是指过程（或对象）受干扰（输入，自变量）作用时，它们的输出量（因变量）总的作用等于每个干扰单独作用所引起的效果的总和。此称叠加原理。线性系统的重要特性就是叠加原理。更具体地说叠加原理就是：不同的作用函数，同时作用于过程（系统）的响应，等于各个作用函数单独作用时各个响应之和。因此线性系统的几个输入量的响应可以一个一个处理，然后对它们的影响结果进行叠加。利用这一原理就能够由一些简单的解而得出线性微分方程的复杂解。在动态系统的试验研究中，如果输入和输出量成正比，就意味着满足叠加原理。该系统就可看做线性系统。

前已述及静态模型建立的方法主要用数理统计及回归分析的办法，这样建立的模型主要为代数方程。动态模型主要用微分方程和差分方程来描述；对于连续状态多用微分方程（包括矩阵式），对于非连续状态多用差分方程。

下面首先概略叙述线性动态系统的一般数学描述方式。

在建立经验模型时并不详细研究过程内部机理，好像将过程本身看做"黑箱"，如图 7-1 所示。

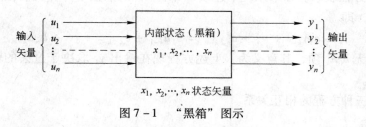

$x_1, x_2, \cdots, x_n$ 状态矢量

图 7-1　"黑箱"图示

上述过程可由三种方法进行描述：

（1）微分方程描述，它表示一个连续函数。一般微分方程表示为

$$a_n(t)y^{(n)}(t) + a_{(n-1)}(t)y^{(n-1)}(t) + \cdots + a_1(t)y'(t) + a_0(t)y(t)$$
$$= b_m(t)u^{(m)}(t) + b_{(m-1)}(t)u^{(m-1)}(t) + \cdots + b_1(t)u'(t) + b_0(t)u(t) \tag{7-1}$$

式中，$m \leqslant n$。

如果式（7-1）中各项系数 a、b 不随时间而变化，称为常系数系统，式（7-1）变为

$$a_n y^{(n)}(t) + a_{(n-1)} y^{(n-1)}(t) + \cdots + a_1 y'(t) + a_0 y(t)$$
$$= b_m u^{(m)}(t) + b_{(m-1)} u^{(m-1)}(t) + \cdots + b_1 u'(t) + b_0 u(t) \tag{7-2}$$

（2）矩阵表示。上述过程也可用状态方程和观测方程来描述。

$$\begin{cases} \boldsymbol{X}'(t) = \boldsymbol{A}(t)\boldsymbol{X}(t) + \boldsymbol{B}(t)\boldsymbol{U}(t) & \text{（状态方程）} \\ \boldsymbol{Y}(t) = \boldsymbol{H}(t)\boldsymbol{X}(t) + \boldsymbol{D}(t)\boldsymbol{U}(t) & \text{（观测方程）} \end{cases} \tag{7-3}$$

式中　$\boldsymbol{X}(t)$——状态矩阵；

$\quad\quad \boldsymbol{X}'(t)$——状态一次导数矩阵；

$\quad\quad \boldsymbol{U}(t)$——输入矩阵；

$\quad\quad \boldsymbol{Y}(t)$——输出矩阵；

$\quad \boldsymbol{A}(t)_{n \times n}$——系数矩阵；

$\quad \boldsymbol{B}(t)_{n \times 1}$——控制矩阵；

$\quad \boldsymbol{H}(t)_{1 \times n}$——联系矩阵；

$\quad\quad \boldsymbol{D}(t)$——关联矩阵。

利用式（7-3）的两个方程可将输入、输出、状态三个矢量联系起来。$\boldsymbol{A}(t)$、$\boldsymbol{B}(t)$、$\boldsymbol{H}(t)$、$\boldsymbol{D}(t)$ 为四个系数矩阵。如果这四个系数矩阵不随时间而变化，称为常系统矩阵。此时式（7-3）变为下述形式：

$$\begin{cases} \boldsymbol{X}'(t) = \boldsymbol{A}\boldsymbol{X}(t) + \boldsymbol{B}\boldsymbol{U}(t) & \text{（状态方程）} \\ \boldsymbol{Y}(t) = \boldsymbol{H}\boldsymbol{X}(t) + \boldsymbol{D}\boldsymbol{U}(t) & \text{（观测方程）} \end{cases} \tag{7-4}$$

式中，$\boldsymbol{D}\boldsymbol{U}(t)$ 表示通过关联矩阵把输入和输出直接联系起来。一般控制系统 $\boldsymbol{D}=0$，故常见的状态方程为

$$\begin{cases} \boldsymbol{X}'(t) = \boldsymbol{A}\boldsymbol{X}(t) + \boldsymbol{B}\boldsymbol{U}(t) \\ \boldsymbol{Y}(t) = \boldsymbol{H}\boldsymbol{X}(t) \end{cases} \tag{7-5}$$

给出任意输入矢量 $\boldsymbol{U}(t)$，利用式（7-5）可求得 $\boldsymbol{X}(t)$。知道了 $\boldsymbol{X}(t)$，即可求得输出矢量（响应）$\boldsymbol{Y}(t)$。

（3）差分方程表示。如果系统不连续"采样"，例如数字计算机模拟采样系统，就用差分方程描述，即

$$y_k + a_1 y_{k-1} + \cdots + a_n y_{k-n} = b_1 u_{k-1} + b_2 u_{k-2} + \cdots + b_m u_{k-m} \tag{7-6}$$

式（7-6）中无 $b_0 u_k$ 项，其意义为：上述方程现在输出 y_k 取决于过去的输入与输出。此为有惯性系统。

下边简述三种方程的相互关系。

7.2　微分方程转化为状态方程

一般微分方程有三种求解办法，即：拉氏变换法；化高阶微分方程为一阶微分方程求解；化为差分方程求解。

对于式（7-1）形式的微分方程，为了使状态变量与输入变量联系起来，也可写成下述形式：

$$X^{(n)} + a_1 X^{(n-1)} + a_2 X^{(n-2)} + \cdots + a_{(n-1)} X' + a_n X$$

$$= b_0 U^{(n)} + b_1 U^{(n-1)} + \cdots + b_{(n-1)} U' + b_n U \tag{7-7}$$

假定 $Y^{(n)}$ 及 $X^{(n)}$ 的系数为 1，X、U 矢量均与时间 t 有关，但为简单起见没有写出。微分方程转化为状态方程的方法有下列几种情况：

（1）外加项为"0"的情况，即无输入。此时，式（7-7）变为齐次方程，即

$$X^{(n)} + a_1 X^{(n-1)} + \cdots + a_{(n-1)} X' + a_n X = 0 \tag{7-8}$$

可以利用化高阶导数为一阶导数的方法得出一个以一阶导数方程组表示的状态方程。

令

$$\begin{cases} X_1 = X \\ X_2 = X_1' = X' \\ X_3 = X_2' = X''_1 = X'' \\ X_4 = X_3' = X^{(3)} \\ \quad\vdots \\ X_n = X_{n-1}' = X^{(n-1)} \end{cases} \tag{7-9}$$

由此可得 n 个一阶导数方程组，即

$$\begin{cases} X_1' = X_2 = X' \\ X_2' = X_3 = X'' \\ X_3' = X_4 = X^{(3)} \\ X_4' = X_5 = X^{(4)} \\ \quad\vdots \\ X_{n-1}' = X_n = X^{(n-1)} \\ X_n' = X_{n+1} = X^{(n)} \\ \quad = -a_1 X^{(n-1)} - a_2 X^{(n-2)} - \cdots - a_{n-1} X' - a_n X \\ \quad = -a_n X_1 - a_{n-1} X_2 - \cdots - a_2 X_{n-1} - a_1 X_n \end{cases} \tag{7-10}$$

式（7-10）所示的一阶导数方程组写成矩阵形式为

$$\begin{pmatrix} X_1' \\ X_2' \\ \vdots \\ X_{n-1}' \\ X_n' \end{pmatrix}_{(n\times1)} = \begin{pmatrix} 0 & 1 & 0 & \cdots & 0 \\ 0 & 0 & 1 & \cdots & 0 \\ \vdots & \vdots & \vdots & & \vdots \\ 0 & 0 & 0 & \cdots & 1 \\ -a_n & -a_{n-1} & -a_{n-2} & \cdots & -a_1 \end{pmatrix}_{(n\times n)} \begin{pmatrix} X_1 \\ X_2 \\ \vdots \\ X_{n-1} \\ X_n \end{pmatrix}_{(n\times1)} \tag{7-11}$$

即

$$X' = AX \tag{7-12}$$

式（7-12）即为状态方程。A 为系数矩阵。

（2）具有简单外加项输入 U 的情况。在此情况下的微分方程形式为

$$X^{(n)} + a_1 X^{(n-1)} + \cdots + a_{(n-1)} X' + a_n X = U$$
$$b_0 = b_1 = \cdots = b_{n-2} = 0, b_{n-1} = 1 \tag{7-13}$$

令

$$\begin{cases} X_1 = X \\ X_2 = X_1' = X' \\ X_3 = X_2' = X'' \\ X_4 = X_3' = X^{(3)} \\ \quad\vdots \\ X_n = X_{n-1}' = X^{(n-1)} \\ X_{n+1} = X_n' = X^{(n)} = U - a_n X_1 - a_{n-1} X_2 - \cdots - a_2 X_{n-1} - a_1 X_n \end{cases} \tag{7-14}$$

式（7-14）写成一阶导数方程组为

$$\begin{cases} X_1' = X_2 = X' \\ X_2' = X_3 = X'' \\ X_3' = X_4 = X^{(3)} \\ X_4' = X_5 = X^{(4)} \\ \quad\vdots \\ X_n' = X_{n+1} = X^{(n)} = - a_n X_1 - a_{n-1} X_2 - \cdots - a_2 X_{n-1} - a_1 X_n + U \end{cases} \tag{7-15}$$

式（7-15）写成矩阵式为

$$\begin{pmatrix} X_1' \\ X_2' \\ \vdots \\ X_{n-1}' \\ X_n' \end{pmatrix}_{(n\times1)} = \begin{pmatrix} 0 & 1 & 0 & \cdots & 0 \\ 0 & 0 & 1 & \cdots & 0 \\ \vdots & \vdots & \vdots & & \vdots \\ 0 & 0 & 0 & \cdots & 1 \\ -a_n & -a_{n-1} & -a_{n-2} & \cdots & -a_1 \end{pmatrix}_{(n\times n)} \times \begin{pmatrix} X_1 \\ X_2 \\ \vdots \\ X_{n-1} \\ X_n \end{pmatrix}_{(n\times1)} + \begin{pmatrix} 0 \\ 0 \\ \vdots \\ 0 \\ 1 \end{pmatrix}_{(n\times1)} (U) \tag{7-16}$$

即

$$X' = AX + BU \tag{7-17}$$

式中　A——系数矩阵；

　　　B——控制矩阵。

式（7-17）即为与式（7-5）相同的状态方程。

（3）外加项输入为 n 阶导数的微分方程的情况。一般形式如式（7-7）所示

$$X^{(n)} + a_1 X^{(n-1)} + a_2 X^{(n-2)} + \cdots + a_{(n-1)} X' + a_n X$$
$$= b_0 U^{(n)} + b_1 U^{(n-1)} + \cdots + b_{(n-1)} U' + b_n U$$

为了简化起见，先推导 $n=3$ 的情况，即最高为三阶导数。

$$X''' + a_1 X'' + a_2 X' + a_3 X = b_0 U''' + b_1 U'' + b_2 U' + b_3 U \tag{7-18}$$

我们的目的是把式（7-18）变成矩阵式，即

$$X' = AX + BU$$

当 $n=3$ 时，即为

$$\begin{pmatrix} X_1' \\ X_2' \\ X_3' \end{pmatrix} = \begin{pmatrix} 0 & 1 & 0 \\ 0 & 0 & 1 \\ -a_3 & -a_2 & -a_1 \end{pmatrix} \begin{pmatrix} X_1 \\ X_2 \\ X_3 \end{pmatrix} + \begin{pmatrix} C_1 \\ C_2 \\ C_3 \end{pmatrix} (U) \tag{7-19}$$

系数矩阵 A 的标准型已如上述，问题归结为求控制矩阵 B，也即求出与 B 矩阵相当的矩阵 C 中各元素值。

我们定义如果输入为单值 U，则

$$\begin{cases} X = X_1 + C_0 U \\ X_1' = X_2 + C_1 U \\ X_2' = X_3 + C_2 U \\ X_3' = (-a_3 X_1 - a_2 X_2 - a_1 X_3) + C_3 U \end{cases} \tag{7-20}$$

这样一来即变为求 C_0、C_1、C_2、C_3 值，上述诸值以微分方程系数 a_f、b_j 表示。

同样对 X 的各阶导数定义为

$$X' = X_2 + C_0 U' + C_1 U \tag{7-21}$$

于是

$$X'' = X_3 + C_0 U'' + C_1 U' + C_2 U \tag{7-22}$$

$$X''' = -a_1 X_3 - a_2 X_2 - a_3 X_1 + C_0 U''' + C_1 U'' + C_2 U' + C_3 U \tag{7-23}$$

以 a_2 乘式（7-21）得

$$a_2 X' = a_2 X_2 + a_2 C_0 U' + a_2 C_1 U$$

以 a_1 乘式（7-22）得

$$a_1 X'' = a_1 X_3 + a_1 C_0 U'' + a_1 C_1 U' + a_1 C_2 U$$

以 a_3 乘式（7-20）第一式得

$$a_3 X = a_3 X_1 + a_3 C_0 U$$

将式（7-23）与上述三式相加得

$$X''' + a_1 X'' + a_2 X' + a_3 X = C_0 U''' + (C_1 + a_1 C_0) U'' + (C_2 + a_1 C_1 + a_2 C_0) U' +$$
$$(C_3 + a_1 C_2 + a_2 C_1 + a_3 C_0) U \tag{7-24}$$

式（7-24）与式（7-18）对比，得

$$\begin{cases} C_0 = b_0 \\ b_1 = C_1 + a_1 C_0 \\ b_2 = C_2 + a_1 C_1 + a_2 C_0 \\ b_3 = C_3 + a_1 C_2 + a_2 C_1 + a_3 C_0 \end{cases}$$

于是求得

$$\begin{cases} C_0 = b_0 \\ C_1 = b_1 - a_1 C_0 = b_1 - a_1 b_0 \\ C_2 = b_2 - a_1 C_1 - a_2 C_0 = b_2 - a_1(b_1 - a_1 b_0) - a_2 b_0 \\ \quad = b_2 - a_2 b_0 - a_1(b_1 - a_1 b_0) \\ C_3 = b_3 - a_1 C_2 - a_2 C_1 - a_3 C_0 \\ \quad = b_3 - a_1[b_2 - a_2 b_0 - a_1(b_1 - a_1 b_0)] - a_2(b_1 - a_1 b_0) - a_3 b_0 \\ \quad = b_2 - a_3 b_0 - a_1(b_2 - a_2 b_0) - (b_1 - a_1 b_0) - (a_2 - a_1^2) \end{cases} \tag{7-25}$$

求得控制矩阵 B 中相应元素 C_i 值后，即求得了状态方程。

同理对于方程（7-7），令

$$X = X_1 + C_0 U$$
$$X_1' = X_2 + C_1 U$$
$$X_2' = X_3 + C_2 U$$

$$X'_{n-1} = X_n + C_{n-1} U$$

$$X'_n = -a_n X_1 - a_{n-1} X_2 - \cdots - a_1 X_n + C_n U$$

于是方程（7-7）就变为

$$\begin{pmatrix} X'_1 \\ X'_2 \\ \vdots \\ X'_{n-1} \\ X'_n \end{pmatrix} = \begin{pmatrix} 0 & 1 & 0 & \cdots & 0 \\ 0 & 0 & 1 & \cdots & 0 \\ \vdots & \vdots & \vdots & & \vdots \\ 0 & 0 & 0 & \cdots & 1 \\ -a_n & -a_{n-1} & -a_{n-2} & \cdots & -a_1 \end{pmatrix} \begin{pmatrix} X_1 \\ X_2 \\ \vdots \\ X_{n-1} \\ X_n \end{pmatrix} + \begin{pmatrix} C_1 \\ C_2 \\ \vdots \\ C_{n-1} \\ C_n \end{pmatrix} (U)$$

这里

$$\begin{cases} C_0 = b_0 \\ C_1 = b_1 - a_1 C_0 \\ C_2 = b_2 - a_1 C_1 - a_2 C_0 \\ C_3 = b_3 - a_1 C_2 - a_2 C_1 - a_3 C_0 \\ \qquad\qquad \vdots \\ C_n = b_n - a_1 C_{n-1} - a_2 C_{n-2} - \cdots - a_{n-1} C_1 - a_n C_0 \end{cases}$$

状态方程即为

$$X' = AX + BU$$

综合上述，由微分方程可以转化为状态方程。状态方程的标准形式为

$$\begin{cases} X' = A^* X(t) + BU(t) \\ Y = H^* X(t) \end{cases} \qquad\qquad (7-26)$$

A^*、H^* 为标准形式，B 不限定，通过上述办法求出。A^*、H^* 矩阵的标准形式为：

$$A^* = \begin{pmatrix} 0 & 1 & 0 & 0 & \cdots & 0 \\ 0 & 0 & 1 & 0 & \cdots & 0 \\ 0 & 0 & 0 & 1 & \cdots & 0 \\ \vdots & \vdots & \vdots & \vdots & & \vdots \\ 0 & 0 & 0 & 0 & \cdots & 1 \\ -a_n & -a_{n-1} & -a_{n-2} & -a_{n-3} & \cdots & -a_{n-(m-1)} \end{pmatrix}_{(m \times m)}$$

$$H^* = \begin{bmatrix} 1 & 0 & 0 & \cdots & 0 \end{bmatrix}_{(1 \times m)}$$

7.3 微分方程转化为差分方程

微分方程表示过程的连续状态，如用计算机控制过程应将其离散化，即应转化为差分方程。所谓差分即变量的微小变化。由于差分可以近似地表示导数，因此微分方程可用差分方程表示及求解。差分可应用于插值、数据均修、曲线拟合等方面。

因为 $\lim\limits_{\Delta x \to 0} \dfrac{\Delta y}{\Delta x} = \dfrac{\mathrm{d}y}{\mathrm{d}x}$（$\Delta x$ 是自变量 x 的微小增量，Δy 是由于 Δx 的变化而引起的因变量 y 的相应变量），所以 $\dfrac{\mathrm{d}y}{\mathrm{d}x}$ 可近似表示为 $\dfrac{\Delta y}{\Delta x}$。下边叙述以差分表示的导数。

对于一阶导数：

$$
\begin{cases}
y'(0) = \dfrac{y(\delta) - y(0)}{\delta} = \dfrac{y_1 - y_0}{\delta} = \dfrac{\Delta y}{\Delta x} \\[3mm]
y'(\delta) = \dfrac{y(2\delta) - y(\delta)}{\delta} = \dfrac{y_2 - y_1}{\delta} \\[3mm]
y'(2\delta) = \dfrac{y(3\delta) - y(2\delta)}{\delta} = \dfrac{y_3 - y_2}{\delta} \\[2mm]
\quad\vdots \\[2mm]
y'(k\delta) = \dfrac{y[(k+1)\delta] - y(k\delta)}{\delta} = \dfrac{y_{k+1} - y_k}{\delta}
\end{cases}
\tag{7-27}
$$

式中　δ——步长。

故一阶导数近似值可以差分除以步长来表示。

对于二阶导数：

$$
\begin{cases}
y''(0) = \dfrac{y'(\delta) - y'(0)}{\delta} = \left(\dfrac{y_2 - y_1}{\delta} - \dfrac{y_1 - y_0}{\delta}\right)\dfrac{1}{\delta} = \dfrac{y_2 - 2y_1 + y_0}{\delta^2} \\[3mm]
y''(\delta) = \dfrac{y'(2\delta) - y'(\delta)}{\delta} = \left(\dfrac{y_3 - y_2}{\delta} - \dfrac{y_2 - y_1}{\delta}\right)\dfrac{1}{\delta} = \dfrac{y_3 - 2y_2 + y_1}{\delta^2} \\[2mm]
\quad\vdots \\[2mm]
y''(k\delta) = \dfrac{y'[(k+1)\delta] - y'(k\delta)}{\delta} = \dfrac{y_{k+2} - 2y_{k+1} + y_k}{\delta^2}
\end{cases}
\tag{7-28}
$$

对于三阶导数：

$$
\begin{cases}
y'''(0) = \dfrac{y''(\delta) - y''(0)}{\delta} = \left(\dfrac{y_3 - 2y_2 + y_1}{\delta^2} - \dfrac{y_2 - 2y_1 + y_0}{\delta^2}\right)\dfrac{1}{\delta} = \dfrac{y_3 - 3y_2 + 3y_1 - y_0}{\delta^3} \\[3mm]
y'''(0) = \dfrac{y''(2\delta) - y''(\delta)}{\delta} = \left(\dfrac{y_4 - 2y_3 + y_2}{\delta^2} - \dfrac{y_3 - 2y_2 + y_1}{\delta^2}\right)\dfrac{1}{\delta} = \dfrac{y_4 - 3y_3 + 3y_2 - y_1}{\delta^3} \\[2mm]
\quad\vdots \\[2mm]
y'''(k\delta) = \dfrac{y''[(k+1)\delta] - y''(k\delta)}{\delta} = \dfrac{y_{k+3} - 3y_{k+2} + 3y_{k+1} - y_k}{\delta^3}
\end{cases}
\tag{7-29}
$$

因此三阶微分方程以差分方程表示时就变成如下的形式：

步长为 δ，函数为

$k = 0, f(0) = y'''(0) + y''(0) + y'(0) + y(0)$

$$
= \frac{1}{\delta^3}(y_3 - 3y_2 + 3y_1 - y_0) + \frac{1}{\delta^2}(y_2 - 2y_1 + y_0) + \frac{1}{\delta}(y_1 - y_0) + y_0
$$

$$
= \frac{1}{\delta^3}y_3 + \left(-\frac{3}{\delta^3} + \frac{1}{\delta^2}\right)y_2 + \left(\frac{3}{\delta^3} - \frac{1}{\delta^2} + \frac{1}{\delta}\right)y_1 + \left(\frac{-1}{\delta^3} + \frac{1}{\delta^2} - \frac{1}{\delta} + 1\right)y_0
$$

$k = 1, f(\delta) = \frac{1}{\delta^3}(y_4 - 3y_3 + 3y_2 - y_1) + \frac{1}{\delta^2}(y_3 - 2y_2 + y_1) + \frac{1}{\delta}(y_2 - y_1) + y_1$

$$
= \frac{1}{\delta^3}y_4 + \left(-\frac{3}{\delta^3} + \frac{1}{\delta^2}\right)y_3 + \left(\frac{3}{\delta^3} - \frac{2}{\delta^2} + \frac{1}{\delta}\right)y_2 + \left(\frac{-1}{\delta^3} + \frac{1}{\delta^2} - \frac{1}{\delta} + 1\right)y_1
$$

$\quad\vdots$

因此

$$f(k\delta) = \frac{1}{\delta^3}y_{k+3} + \left(-\frac{3}{\delta^3} + \frac{1}{\delta^2}\right)y_{k+2} + \left(\frac{3}{\delta^3} - \frac{2}{\delta^2} + \frac{1}{\delta}\right)y_{k+1} +$$

$$\left(\frac{-1}{\delta^3} + \frac{1}{\delta^2} - \frac{1}{\delta} + 1\right)y_k \quad (k = 0,1,2,3,\cdots) \tag{7-30}$$

由以上可知，一阶导数化为差分方程时，其表达式为

$$f'(k\delta) = \frac{1}{\delta}(y_{k+1} - y_k)$$

二阶导数化为差分方程时，其表达式为

$$f''(k\delta) = \frac{1}{\delta^2}(y_{k+2} - 2y_{k+1} + y_k)$$

三阶导数化为差分方程时，其表达式为

$$f'''(k\delta) = \frac{1}{\delta^3}(y_{k+3} - 3y_{k+2} + 3y_{k+1} - y_k)$$

四阶导数化为差分方程时，其表达式为

$$f^{(4)}(k\delta) = \frac{1}{\delta^4}(y_{k+4} - 4y_{k+3} + 6y_{k+2} - 4y_{k+1} + y_k)$$

$$\vdots$$

n 阶导数化为差分方程时，其表达式为

$$f^{(n)}(k\delta) = \frac{1}{\delta^n}\left[y_{k+n} + a'_1 y_{k+n-1} + a'_2 y_{k+n-2} + \cdots + (-1)^n y_k\right] \tag{7-31}$$

式中：（1）差分方程项数为 $n+1$，n 为导数最高阶数；（2）各项系数取决于导数阶数 n、k 值及步长 δ；（3）差分方程各项系数为常数。

即 n 阶微分方程可转化为 y 的多项式。

同理式（7-2）右端转化为差分方程为

$$f^{(m)}(k\delta) = \frac{1}{\delta^m}(u_k + b'_1 u_{k-1} + b'_2 u_{k-2} + \cdots + b'_{m+1} u_{k-m}) \tag{7-32}$$

由式（7-2）

$$f^n(k\delta) = f^{(m)}(k\delta) \tag{7-33}$$

式（7-31）和式（7-32）两边均乘以 δ^n，于是得

$$y_k + a'_1 y_{k-1} + a'_2 y_{k-2} + \cdots + a'_{n+1} y_{k-n} = \frac{\delta^n}{\delta^m}u_k + \frac{\delta^n}{\delta^m}b'_1 u_{k-1} + \frac{\delta^n}{\delta^m}b'_2 u_{k-2} + \cdots + \frac{\delta^n}{\delta^m}b'_{m+1} u_{k-m} \tag{7-34}$$

上式也可写成：

$$y_k + a'_1 y_{k-1} + a'_2 y_{k-2} + \cdots + a'_{n+1} y_{k-n} = b''_0 u_k + b''_1 u_{k-1} + b''_2 u_{k-2} + \cdots + b''_{m+1} u_{k-m} \tag{7-35}$$

式中，y_k，y_{k-1}，$\cdots$ 为相应各阶导数中 $k = t = 0$ 时的值。通常 $m \leqslant n$。

式（7-35）为线性方程，因此动态系统的动态差分方程如为式（7-35）的形式，引入状态变量 X_k 即可转化为状态方程：

$$\begin{cases} X_k = AX_{k-1} + BU_{k-1} \\ Y_k = HX_k \end{cases} \tag{7-36}$$

其中

$$\text{状态变量}\quad \boldsymbol{X}_k = \begin{pmatrix} X_1(k) \\ X_2(k) \\ \vdots \\ X_n(k) \end{pmatrix} = \begin{pmatrix} y_k \\ y_{k+1} - d_1 U_k \\ y_{k+2} - d_1 U_{k+1} - d_2 U_k \\ \vdots \\ y_{k+n-1} - d_1 U_{k+n-2} - \cdots - d_{n-1} U_k \end{pmatrix}_{(n \times 1)} \quad (7-37)$$

$$\text{系数矩阵}\quad \boldsymbol{A} = \begin{pmatrix} 0 & 1 & 0 & \cdots & 0 \\ 0 & 0 & 1 & \cdots & 0 \\ \vdots & \vdots & \vdots & & \vdots \\ 0 & 0 & 0 & \cdots & 1 \\ -a_n & -a_{n-1} & -a_{n-2} & \cdots & -a_1 \end{pmatrix} \quad (7-38)$$

$$\text{控制矩阵}\quad \boldsymbol{B} = \begin{pmatrix} d_1 \\ d_2 \\ d_3 \\ \vdots \\ d_n \end{pmatrix} = \begin{pmatrix} 1 & 0 & 0 & \cdots & 0 & 0 \\ a_1 & 1 & 0 & \cdots & 0 & 0 \\ a_2 & a_1 & 1 & \cdots & 0 & 0 \\ \vdots & \vdots & \vdots & & \vdots & \vdots \\ 0 & 0 & 0 & \cdots & 1 & 0 \\ a_{n-1} & a_{n-2} & a_{n-3} & \cdots & a_1 & 1 \end{pmatrix}_{(n \times n)} \begin{pmatrix} b_1 \\ b_2 \\ b_3 \\ \vdots \\ b_n \end{pmatrix}_{(n \times 1)} \quad (7-39)$$

联系矩阵　$\boldsymbol{H} = \begin{bmatrix} 1 & 0 & 0 & \cdots & 0 \end{bmatrix}_{(1 \times n)}$

在实际控制中一般最多取二或三阶微分方程近似表示实际情况，在这种情况下式（7-35）变为：

对于二阶微分方程其差分方程可为三项，即

$$y_k + a_1 y_{k-1} + a_2 y_{k-2} = b_1 u_{k-1} + b_2 u_{k-2} \quad (7-40)$$

对于三阶微分方程其差分方程可为四项，即

$$y_k + a_1 y_{k-1} + a_2 y_{k-2} + a_3 y_{k-3} = b_1 u_{k-1} + b_2 u_{k-2} + b_3 u_{k-3} \quad (7-41)$$

这样可得

$$y_k = -a_1 y_{k-1} - a_2 y_{k-2} + b_1 u_{k-1} + b_2 u_{k-2} \quad (7-42)$$

或

$$y_k = -a_1 y_{k-1} - a_2 y_{k-2} - a_3 y_{k-3} + b_1 u_{k-1} + b_2 u_{k-2} + b_3 u_{k-3} \quad (7-43)$$

因此式（7-42）或式（7-43）可看成 y_k 关于 $y_{k-1}, y_{k-2}, \cdots, u_{k-1}, u_{k-2}, \cdots$ 的线性回归方程。通过试验，即根据系统的输入 $u_{k-m}(m = 1,2,3,\cdots)$，测定相应的响应（即输出）$y_{k-n}(n = 1,2,3,\cdots)$，然后用最小二乘法求出系数 $-a_1, -a_2, \cdots, b_1, b_2, \cdots$。求出系数 $-a_f$、b_j 后代入式（7-39）求控制矩阵 $\boldsymbol{B}$ 的各元素值 $d_1, d_2, \cdots, d_n$，代入式（7-38）求标准型系数矩阵 $\boldsymbol{A}$，由此可得出状态方程（7-36）。

8　动态模型的建立方法

建立动态数学模型常用的方法有传递函数法、飞升曲线法和理论推导法。下边分别作一扼要介绍。

8.1　传递函数法及拉氏变换

如图 8-1 所示，将输入矢量和输出矢量联系起来有不少方法，其中利用传递函数来描述在求解运算上特别方便。

传递函数的定义为

$$传递函数 G(s) = \frac{y(s)}{u(s)} = \frac{输出的拉氏变换}{输入的拉氏变换} \tag{8-1}$$

式中，$y(s)$、$u(s)$ 分别代表输出函数 $y(t)$ 和输入函数 $u(t)$ 的象函数；与此对应，$y(t)$，$u(t)$ 分别为其原函数。

拉氏变换的定义：对于与时间 t 有关的 t 域函数 $f(t)$ 来说（$t \geq 0$），当 $t < 0$ 时认为 $f(t) = 0$，则

$$F(s) = \int_0^\infty \mathrm{e}^{-st} f(t) \mathrm{d}t \tag{8-2}$$

式中，e^{-st} 称为拉氏变换的核；$F(s)$ 为原函数 $f(t)$ 的象函数，它是 S 域的函数。因此 t 域函数 $f(t)$ 的拉氏变换定义为与核 e^{-st} 乘积的广义积分，即，$F(s)$ 称为 $f(t)$ 的拉氏变换。

拉氏变换常用的表示符号为"L"。例如：

$$L[f(t)] = F(s) \tag{8-3}$$
$$L[u(t)] = u(s) \tag{8-4}$$
$$L[y(t)] = y(s) \tag{8-5}$$

传递函数的物理意义可用图 8-1 说明。

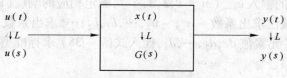

图 8-1　传递函数的意义

（L 表示拉氏变换）

拉氏变换的主要性质如下：

（1）求函数 $f(t) = 1$ 的拉氏变换。

解：
$$L[f(t)] = L[1] = \int_0^\infty \mathrm{e}^{-st}\mathrm{d}t = -\frac{1}{s}\mathrm{e}^{-st}\Big|_0^\infty = \frac{1}{s} \tag{8-6}$$

（2）求函数 $f(t) = e^{at}$ 的拉氏变换。

解：
$$L[e^{at}] = \int_0^\infty e^{-st} e^{at} dt = \int_0^\infty e^{-(s-a)t} dt = -\frac{1}{s-a} e^{-(s-a)t} \Big|_0^\infty = \frac{1}{s-a} \qquad (8-7)$$

（3）线性变换性质。设 $L[f(t)] = F(s)$，$L[g(t)] = G(s)$，如果 α、β 为常数，则
$$L[\alpha f(t)] = \alpha F(s) \qquad (8-8)$$
$$L[\beta g(t)] = \beta G(s) \qquad (8-9)$$
$$L[\alpha f(t) + \beta g(t)] = \alpha F(s) + \beta G(s)$$

【实例 8-1】 已知 $f(t) = 4$，$g(t) = e^{2t}$，求 $f(t) + g(t)$ 的拉氏变换。

解：由式（8-6）得

$$L[4] = \frac{4}{s}$$

由式（8-7）得

$$L[e^{2t}] = \frac{1}{s-2}$$

所以
$$L[4 + e^{2t}] = \frac{4}{s} + \frac{1}{s-2}$$

即
$$L[4 + e^{2t}] = L[4 \times 1 + e^{2t}] = 4L[1] + L[e^{2t}] = \frac{4}{s} + \frac{1}{s-2}$$

（4）相似定理。当 $\alpha > 0$ 时，有
$$L[f(\alpha t)] = \frac{1}{\alpha} F\left(\frac{s}{\alpha}\right) \qquad (8-10)$$

证明：
$$L[f(\alpha t)] = \int_0^\infty e^{-st} f(\alpha t) dt$$
$$= \frac{1}{\alpha} \int_0^\alpha e^{-s/\alpha(\alpha t)} f(\alpha t) d(\alpha t)$$
$$= \frac{1}{\alpha} F\left(\frac{s}{\alpha}\right)$$

（5）函数微分。当 $t = 0$ 时，$f(0) = 0$，有
$$L\left[\frac{df(t)}{dt}\right] = sF(s) - f(0) \qquad (8-11)$$

证明：
$$L\left[\frac{df(t)}{dt}\right] = L[f'(t)] = \int_0^\infty e^{-st} f'(t) dt = e^{-st} f(t) \big|_0^\infty - \int_0^\infty f(t) d(e^{-st})$$
$$= e^{-st} f(t) \big|_0^\infty + s\int_0^\infty e^{-st} f(t) dt$$
$$= [0 - f(0)] + sF(s) = sF(s) - f(0)$$

推论：
$$L[f''(t)] = s[sF(s) - f(0)] - f'(0) = s^2 F(s) - sf(0) - f'(0) \qquad (8-12)$$
$$\vdots$$
$$L[f^m(t)] = s^m F(s) - s^{m-1} f(0) - s^{m-2} f'(0) - s^{m-3} f''(0) - \cdots - f^{(m-1)}(0) \qquad (8-13)$$

（6）函数积分。

$$L\left[\int_0^t f(t)\,\mathrm{d}t\right] = \frac{1}{s}F(s) \tag{8-14}$$

证明：

令　$\int_0^t f(t)\,\mathrm{d}t = \varphi(t)$，则 $\varphi(t) = \int_0^t \varphi'(t)\,\mathrm{d}t$，即 $\varphi'(t) = f(t)$。

又　　　　　$L[f(t)] = F(s)$，$L[\varphi'(t)] = s\Phi(s) - \varphi(0)$

所以　　　　　　　$F(s) = s\Phi(s)$

即　　　　　　　　$\Phi(s) = \frac{1}{s}F(s)$

由此得　　　　$L[\varphi(t)] = \varphi\left[\int_0^t f(t)\,\mathrm{d}t\right] = \Phi(s) = \frac{1}{s}F(s)$

即　　　　　　　$L\left[\int_0^t f(t)\,\mathrm{d}t\right] = \frac{1}{s}F(s)$

（7）褶积。当 $\tau > t$ 时，$f(t-\tau) = 0$，$\int_0^t f(t)g(t-\tau)\,\mathrm{d}\tau$ 称为函数 $f(t)$ 与 $g(t)$ 的褶积，记为 $f(t)*g(t)$。

下面求褶积的拉氏变换：

$$
\begin{aligned}
L[f(t)*g(t)] &= \int_0^\infty \int_0^t \mathrm{e}^{-st}f(t)*g(t)\,\mathrm{d}t \\
&= \int_0^\infty \mathrm{e}^{-st}\left[\int_0^t f(t)g(t-\tau)\,\mathrm{d}\tau\right]\mathrm{d}t \\
&= \int_0^\alpha f(t)\left[\int_0^\alpha \mathrm{e}^{-st}g(t-\tau)\,\mathrm{d}t\right]\mathrm{d}\tau \\
&= \int_0^\alpha f(t)\mathrm{e}^{-st}\,\mathrm{d}\tau \int_0^\alpha g(t)\mathrm{e}^{-st}\,\mathrm{d}\tau \\
&= F(s)\cdot G(s) \tag{8-15}
\end{aligned}
$$

拉氏变换还有一些其他性质，可参阅相关书籍。

由以上可以看出，对于函数的微、积分运算经过拉氏变换后可化为象函数的乘积运算，这种计算甚为方便。利用这种性质可将计算结果反演成原 t 域函数。

例如，已知某线性系统的动态方程为

$$y^{(n)}(t) + a_0 y^{(n-1)}(t) + \cdots + a_n y(t) = b_m u^{(m)}(t) + b_{m-1}u^{(m-1)}(t) + \cdots + b_0 u(t) \tag{8-16}$$

式中　$y(t)$——输出；

$u(t)$——输入。

根据拉氏变换性质可得

$$L[y^{(n)}(t)] = s^n y(s)$$

$$L[a_0 y^{(n-1)}(t)] = \alpha_0 s^{n-1} y(s)$$

$$\vdots$$

$$L[b_m u^{(m)}(t)] = b_m s^m u(s)$$

$$\vdots$$

则式（8-16）两端经过拉氏变换后可得

$$s^n y(s) + a_0 s^{n-1} y(s) + a_1 s^{n-2} y(s) + \cdots + a_n y(s) = b_m s^m u(s) + b_{m-1} s^{m-1} u(s) + \cdots + b_0 u(s)$$

即　　$(s^n + a_0 s^{n-1} + a_1 s^{n-2} + \cdots + a_n) y(s) = (b_m s^m + b_{m-1} s^{m-1} + b_{m-2} s^{m-2} + \cdots + b_0) u(s)$

所以　　$$y(s) = \frac{b_m s^m + b_{m-1} s^{m-1} + b_{m-2} s^{m-2} + \cdots + b_0}{s^n + a_0 s^{n-1} + a_1 s^{n-2} + \cdots + a_n} u(s) = G(s) \cdot u(s) \tag{8-17}$$

即　　$$G(s) = \frac{y(s)}{u(s)} = \frac{\text{输出的拉氏变换}}{\text{输入的拉氏变换}} \tag{8-18}$$

$$G(s) = \frac{b_m s^m + b_{m-1} s^{m-1} + b_{m-2} s^{m-2} + \cdots + b_0}{s^n + a_0 s^{n-1} + a_1 s^{n-2} + \cdots + a_n} \tag{8-19}$$

$G(s)$ 称为传递函数。传递函数运算的一般规则如下：

（1）过程环节的串联（见图8-2）。

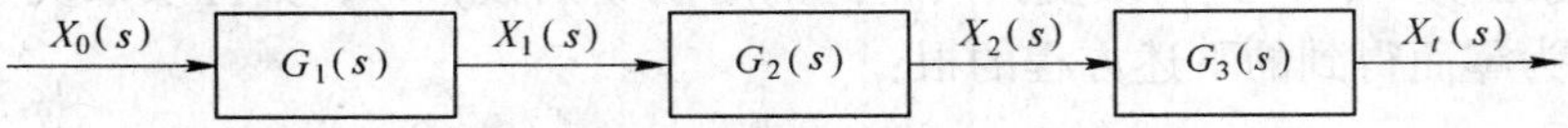

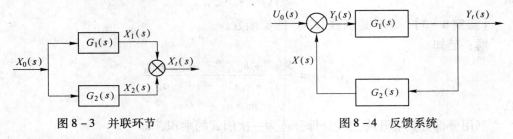

图8-2　串联环节

图8-2中 $G_1(s)$，$G_2(s)$，$G_3(s)$ 分别为三个环节的传递函数，则串联环节总的传递函数为

$$G_{总}(s) = \frac{X_t(s)}{X_0(s)} = \frac{X_1(s)}{X_0(s)} \cdot \frac{X_2(s)}{X_1(s)} \cdot \frac{X_t(s)}{X_2(s)} = G_1(s) \cdot G_2(s) \cdot G_3(s) \tag{8-20}$$

即串联环节总的传递函数 $G_{总}(s)$ 为各环节传递函数之积。

（2）过程环节的并联（见图8-3）。

$$G_{总}(s) = \frac{X_t(s)}{X_0(s)} = \frac{X_1(s) + X_2(s)}{X_0(s)} = \frac{X_1(s)}{X_0(s)} + \frac{X_2(s)}{X_0(s)} = G_1(s) + G_2(s) \tag{8-21}$$

即并联环节的传递函数为各个环节传递函数的代数和。

（3）闭环控制系统（反馈系统）（见图8-4）。

图8-3　并联环节　　　　图8-4　反馈系统

反馈系统有正反馈和负反馈两种，正反馈一般不能稳定工作，故自动控制中常用负反馈。

$$G_{总}(s) = \frac{G_1(s)}{1 \pm G_1(s) \cdot G_2(s)} \tag{8-22}$$

式（8-22）中，正反馈取"-"号，负反馈取"+"号。

利用象函数运算后再进行拉氏变换的反变换即可求原函数。拉氏反变换符号为"L^{-1}"。

拉氏变换的反变换常用的方法有以下几种：

（1）查表，一般有关积分变换的书中都有拉氏变换及反变换表。

（2）利用分部分数展开。例如，可将传递函数 $G(s) = \dfrac{y(s)}{u(s)}$ （$m \leqslant n$）展开成如下有理函数之和：

$$\frac{A}{as+b}, \qquad \frac{As+B}{as^2+bs+c}, \qquad \frac{As^2+Bs+C}{as^3+bs^2+cs+d}$$

式中分母为 $G(s)$ 分母的有关项。

（3）级数展开法。将 $G(s)$ 转换成展开的 s 的逆幂级数，然后再转换成 t 的幂级数。

（4）微分方程法。将 $G(s)$ 转换成以 t 为函数的微分方程，其解就是 $G(s)$ 的拉氏反变换。

下边介绍关于利用分部分数展开法求拉氏变换的反变换。

把 s 域象函数 $F(s)$ 进行反变换所得到的时间域函数 $f(t)$，其性质取决于令 $F(s)$ 的分母多项式为零而得到的下述方程的根：

$$s^n + a_0 s^{n-1} + a_1 s^{n-2} + \cdots + a_n = 0 \tag{8-23}$$

【实例 8-2】 求 $L^{-1}\left[\dfrac{3s+7}{s^2-2s-3}\right]$。

解：　　　$L^{-1}\left[\dfrac{3s+7}{s^2-2s-3}\right] = L^{-1}\left[\dfrac{3s+7}{(s-3)(s+1)}\right] = L^{-1}\left[\dfrac{A}{s-3} + \dfrac{B}{s+1}\right]$

由　　　　　　　　　　$3s+7 = A(s+1) + B(s-3)$

得

$$\begin{cases} (A+B)s = 3s \\ A - 3B = 7 \end{cases}$$

于是求得 $A = 4$，$B = -1$。

所以

$$L^{-1}\left[\frac{3s+7}{(s-3)(s+1)}\right] = L^{-1}\left[\frac{4}{s-3} - \frac{1}{s+1}\right]$$

得　　　　　　　　　　　　$f(t) = 4e^{3t} - e^{-t}$

【实例 8-3】 求传递函数 $G(s)$ 的原函数。

解： 已知

$$G(s) = \frac{b_m s^m + b_{m-1} s^{m-1} + \cdots + b_0}{s^n + a_0 s^{n-1} + \cdots + a_n}$$

且　　　　　　　　　　　　　　$m \geqslant n$

利用分部分数展开将上式分母分解为一次因式的乘积，即

$$G(s) = \frac{b_m s^m + b_{m-1} s^{m-1} + \cdots + b_0}{(s+s_1)(s-s_2) + \cdots + (s-s_n)} \tag{8-24}$$

式（8-24）中 s_1，s_2，$\cdots$，s_n 为下述方程的根：

$$s_n + a_0 s^{n-1} + a_1 s^{n-2} + \cdots + a_n = 0 \tag{8-25}$$

s_1，s_2，$\cdots$，s_n 称为 $G(s)$ 的极点。

以上情况又分为两种情况：

（1）$G(s)$ 的极点全为单极点，即式（8-25）或所有的根都是不相同的单根。这样可将式（8-25）写成下述形式：

$$G(s) = \frac{c_1}{s - s_1} + \frac{c_2}{s - s_2} + \cdots + \frac{c_n}{s - s_n} \tag{8-26}$$

式中，$c_i(i=1, 2, \cdots, n)$ 为极点 s_i 的留数：

$$c_i = \lim_{s \to s_i}(s - s_i)G(s) \tag{8-27}$$

因此 $G(s)$ 的拉氏反变换可用下式求出：

$$g(t) = L^{-1}[G(s)] = L^{-1}\left[\frac{c_1}{s - s_1}\right] + L^{-1}\left[\frac{c_2}{s - s_2}\right] + \cdots + L^{-1}\left[\frac{c_n}{s - s_n}\right] = c_1 e^{s_1 t} + c_2 e^{s_2 t} + \cdots + c_n e^{s_n t}$$

$$\tag{8-28}$$

（2）$G(s)$ 为非单极点，即式（8-25）有重根。例如，s_1 有 r 个重根，则

$$G(s) = \frac{b_m s^m + b_{m-1} s^{m-1} + \cdots + b_0}{(s - s_1)(s - s_2)\cdots(s - s_n)}$$

$$= \frac{c_{r,1}}{(s - s_1)^r} + \frac{c_{r-1,1}}{(s - s_1)^{r-1}} + \frac{c_{r-2,1}}{(s - s_1)^{r-2}} + \frac{c_{1,1}}{s - s_1} + \frac{c_{r+1}}{s - s_{r+1}} + \cdots + \frac{c_n}{s - s_n} \tag{8-29}$$

式中，c_{r+1}，c_{r+2}，$\cdots$，c_n 的情况同单极点。在 $c_{r,1}$，$c_{r-1,1}$，$\cdots$，$c_{1,1}$ 中，仅 $c_{1,1}$ 称为 s_1 处的留数，其他都不称留数。

式（8-29）的拉氏反变换为

$$g(t) = L^{-1}[G(s)] = \left[c_{r,1}\frac{t^{r-1}}{(r-1)!} + c_{r-1,1}\frac{t^{r-2}}{(r-2)!} + \cdots + c_{1,1}\right]e^{s_1 t} + c_{r+1}e^{s_{r+1} t} + \cdots + c_n e^{s_n t}$$

$$\tag{8-30}$$

例如

$$g(t) = L^{-1}\left[\frac{1}{s^2(s+1)^2}\right]$$

$$= L^{-1}\left[\frac{1}{(s+1)^2} + \frac{2}{s+1} + \frac{1}{s^2} + \frac{2}{s}\right]$$

$$= te^{-t} + 2e^{-t} + t - 2$$

8.2　飞升曲线法

所谓飞升曲线是指经过实际测试的过程（或系统环节）的动态响应曲线。它类似于静态模型中经过试验所获得的观测数据的散点图曲线。根据测得的动态响应曲线（飞升曲线）建立微分方程，然后解此微分方程就可得到动态模型。

测定过程动态特性的原理如图 8-5 所示。当已选定要测量的某个自变量 x 与每个因变量 y_1，y_2，$\cdots$，y_n 之间的关系时，采用信号发生器发出使 x 发生特定变化的信号（如脉冲信号、阶跃信号、正弦波信号、梯形波信号……），同时用记录仪记下 x_i 及 $y_i(i=1, 2, \cdots, n)$ 的曲线。为了避免对象的非线性，在测定动态特性时，应使输入和输出信号都较小。为了放大这些信号，并且只记录放大部分，在输出量进入记录仪之前连入放大器 T_0，T_1，$\cdots$，T_n（此外也可以通过压缩记录仪量程或移动记录仪零点来实现）。

如果采用电子计算机，则它可以代替信号发生器以及记录仪器（见图 8-6）。由电子计算机产生所要求的输入信号送入过程的输入器，过程的输出（响应）也进入计算机。由于输入信号本身就是电子计算机产生的，因此就不必再记录了。安排一定程序就可使计算

机产生专门信号。由于计算机能快速处理数据，一旦试验完毕马上就能算出被测特性并绘出飞升曲线。

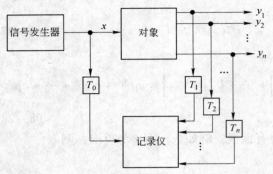 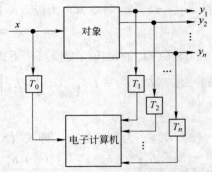

图8-5   动态特性测定原理   图8-6   利用电子计算机测定动态特性

常用的输入信号如图8-7所示。

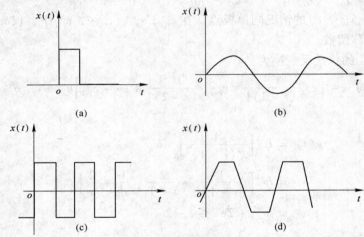

图8-7   常用输入信号

（a）方波；（b）正弦波；（c）矩形波；（d）梯形波

不同环节（或过程）施以脉冲信号或阶跃信号时的输出（响应函数）及其相应的微分方程如下：

（1）放大环节（见图8-8）。其微分方程为

$$y = Kx \tag{8-31}$$

式中 K——比例常数。

（2）积分环节（见图8-9）。其微分方程为

$$y = K\int_0^t x\mathrm{d}t \tag{8-32}$$

式中 K——常数。

（3）一阶非周期环节（见图8-10）。其微分方程为

$$T\frac{\mathrm{d}y}{\mathrm{d}t} + y = x \tag{8-33}$$

式中 T——时间常数。

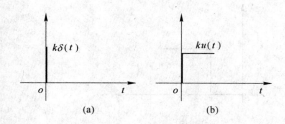 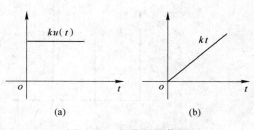

图 8 - 8 放大环节信号

（a）脉冲响应函数；（b）阶跃响应函数

图 8 - 9 积分环节信号

（a）脉冲响应函数；（b）阶跃响应函数

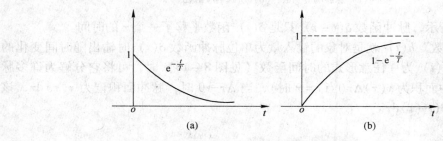

图 8 - 10 一阶非周期环节信号

（a）脉冲响应函数；（b）阶跃响应函数

（4）二阶环节（见图 8 - 11）。其微分方程为

$$T^2 \frac{\mathrm{d}^2 y}{\mathrm{d}t^2} + 2T\xi \frac{\mathrm{d}y}{\mathrm{d}t} + y = x \qquad (8-34)$$

式中 T, ξ——参数。

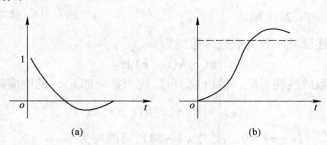

图 8 - 11 二阶环节信号

（a）脉冲响应函数；（b）阶跃响应函数

（5）纯延时环节（见图 8 - 12）。其微分方程为

$$y(t) = x(t - \tau) \qquad (8-35)$$

下边介绍"脉冲函数"与"阶跃函数"的意义。

"单位脉冲函数"又称"δ 函数"，所谓 δ 函数 $[\delta(t)]$，其意义为：当 $t=0$ 时，$\delta(t)$ 值为无穷大，当 $t \neq 0$ 时，$\delta(t)$ 值全为零，而且 $\delta(t)$ 的面积为

$$\delta(t) = \begin{cases} \infty, & t = 0 \\ 0, & t \neq 0 \end{cases}$$

$$\int_{-\infty}^{\infty} \delta(t)\,\mathrm{d}t = 1 \qquad (8-36)$$

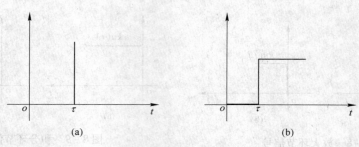

图 8 - 12 纯延时环节信号

（a）脉冲响应函数；（b）阶跃响应函数

如图 8 - 13 所示，脉冲函数 $\delta(t-\tau)$ 只是 $\delta(t)$ 函数平移了一个 τ 的时间。

"脉冲响应函数" $h(t)$ 就是对象的输入量为单位脉冲函数 $\delta(t)$ 时输出随时间变化的过程。当输入量 $x(t)$ 为一任意形式的时间函数（见图 8 - 14）时，可将它分解为许多脉冲之和，每个脉冲面积为 $x(\tau)\Delta\tau$（当 $t=\tau$ 时），当 $\Delta\tau\to0$ 时，脉冲面积记为 $x(\tau)\mathrm{d}\tau$，该脉冲可记为 $x(\tau)\delta(t-\tau)\mathrm{d}\tau$。

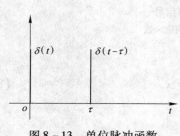

图 8 - 13 单位脉冲函数

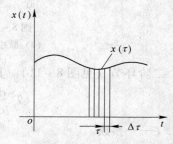

图 8 - 14 脉冲响应

因此相应于上述脉冲函数的响应函数应为

$$x(\tau)h(t-\tau)\mathrm{d}\tau \tag{8-37}$$

对一个连续函数的线性对象，输出量 $y(t)$ 应当是全部 $\tau<t$ 的响应函数之和，即

$$y(t) = \int_{-\infty}^{t} x(\tau)h(t-\tau)\mathrm{d}\tau \tag{8-38}$$

考虑到 $\tau>t$ 时，$h(t-\tau)=0$，故式（8-38）可改写为

$$y(t) = \int_{-\infty}^{\infty} x(\tau)h(t-\tau)\mathrm{d}\tau \tag{8-39}$$

式（8-39）为 $x(t)$ 与 $h(t)$ 的褶积。因此若已知"脉冲响应函数" $h(t)$，就可以求出任意输入量 $x(t)$ 的输出量 $y(t)$，所以 $h(t)$ 可以用来描述对象的动态特性。

"单位阶跃函数"的定义：当函数 $u(t)$ 满足下述条件时，称 $u(t)$ 为单位阶跃函数。

$$u(t) = \begin{cases} 0, t < 0 \\ 1, t \geq 0 \end{cases}$$

上述函数的图形如图 8 - 15 所示。

当 $t<0$ 时，$u(t)=0$；

当 $t>0$ 时，$u(t)=1$；

当 $t=0$ 时，$u(t)$ 不定。

阶跃函数的积分为单位斜坡函数（见图 8 – 16），即

$$S(t) = \int_{-\infty}^{t} u(t)\,\mathrm{d}t = \int_0^t 1\,\mathrm{d}t = t \tag{8-40}$$

$$S(t) = \begin{cases} 0, t < 0 \\ t,\ t > 0 \end{cases}$$

斜坡函数的斜率为 1，当 $t = 1$ 时，函数值 $S(t) = 1$。

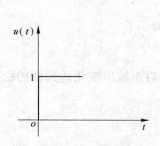

图 8 – 15　单位阶跃函数

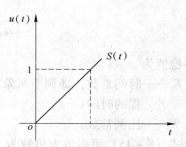

图 8 – 16　阶跃函数积分（单位斜坡函数）

阶跃函数的导数为脉冲函数，也即脉冲函数的积分为阶跃函数。

还需指出的是，在测定对象的动态特性时，应注意对象是自平衡还是非自平衡。自平衡即自变量由一个状态变为另一状态时，被调量（目标函数）也由一个稳态趋于另一稳态（也可能存在一定余差）；非自平衡，即自变量发生阶跃变化后，被调量达不到一个稳态，它可能振荡、无限增大或减小。

【实例 8 – 4】　螺旋分级机将给入水量 W 作一阶跃变化（见图 8 – 17（a）），则溢流浓度 y 将随时间 t 而变化（响应曲线，见图 8 – 17（b））。试根据动态响应曲线（飞升曲线）求浓度变化的动态模型。

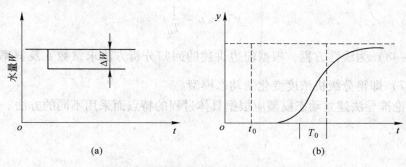

图 8 – 17　螺旋分级机水量变化响应曲线

解：分级浓度不能无限制变化，故为自平衡系统。因为脉冲响应函数的积分为阶跃响应函数，上述过程可用式（8 – 33）一阶微分方程描述，即

$$T_0 \frac{\mathrm{d}y}{\mathrm{d}t} + y = KW \tag{8-41}$$

又阶跃响应函数为

$$y = \int_0^t \exp\left(-\frac{t}{T_0}\right)\mathrm{d}t = T_0\left[1 - \exp\left(-\frac{t}{T_0}\right)\right] \tag{8-42}$$

其中 $\qquad \exp\left(-\dfrac{t}{T_0}\right) = y'$ $\qquad\qquad$ (8-43)

y' 为脉冲响应函数。将式（8-43）代入式（8-41）得

$$T_0\exp\left(-\frac{t}{T_0}\right) + y = KW$$

$$y = T_0\exp\left(-\frac{t}{T_0}\right) + KW \qquad\qquad (8-44)$$

因为 $\qquad\qquad t\to\infty, \quad \exp\left(-\dfrac{t}{T_0}\right)\to 0$

故最终稳值为 $\qquad\qquad y(\infty) = K_0 W_0$ $\qquad\qquad$ (8-45)

式中　T_0——时间常数，即调节对象接受阶跃变化信号后至输出变化达到新的稳态这一过程的时间；

$\qquad K$——比例常数。

由式（8-45）可得放大倍数为

$$K_0 = \frac{y(\infty)}{W_0} \qquad\qquad (8-46)$$

故式（8-44）的通解为

$$y = T_0\exp\left(-\frac{t}{T_0}\right) + KW_0 \qquad\qquad (8-47)$$

将式（8-47）线性化，有

$$\ln(K_0 W_0 - y) = \ln\left[T_0\exp\left(-\frac{t}{T_0}\right)\right]$$

或 $\qquad\qquad \ln(K_0 W_0 - y) = \ln T_0 - \dfrac{1}{T_0}t$

或 $\qquad\qquad y^* = b - \dfrac{1}{T_0}t$ $\qquad\qquad$ (8-48)

式（8-48）为线性方程，根据前边讲述的回归分析方法求常数 b 及斜率 $\dfrac{1}{T_0}$，然后代入式（8-47）即得分级机浓度变化的动态模型。

采用理论推导法建立动态模型应根据具体过程的特点而采用不同的方法。

9 粒度模型

9.1 粒度及其表示方法

"颗粒"是物料离散的单元（或个体），这种离散单元（或个体）的集合称为松散物料。

颗粒的"粒度"是描述颗粒所占空间范围的一个量度，它是物料颗粒的一个很重要的物理量。在选矿工业中，有关选矿方法、流程及设备的选择以及生产中工艺过程指标的好坏在很大程度上与所处理的物料的粒度有关。因此物料粒度特性的研究是选矿工艺的主要研究领域之一。选矿所处理的对象——矿石，从地质生成、采矿到选矿加工所有的过程中，其尺寸及形状都是参差不齐、大小不一的。粒度特性研究的目的之一就是测量出这种表面看起来无规则的、杂乱无章的随机体的形状和粒度，找出其内在规律，并以一定形式把它描述出来。本章内容主要是论述物料粒度特性的数学描述。

9.1.1 粒度／粒径

在实际工作中，粒度通常借用"直径"一词来表示，记为 d。例如，球形颗粒的直径用球的直径表示，立方体颗粒的直径用其边长表示，对于这些形状规则的颗粒，表示它们的粒度非常容易，然而如前所述，松散物料的颗粒形状大都是不规则的，那么如何表示它们的粒度呢？

针对某一颗粒形状不规则的颗粒，将其放置于每边与其相切的长方体中，如图 9 - 1 所示。长方体的长、宽、高分别为 a、b、c，则其粒度可用表 9 - 1 所示的不同方式进行表示。

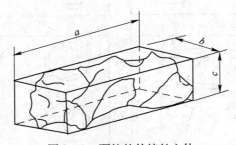

图 9 - 1　颗粒的外接长方体

对于单颗粒的粒度有时候也采用投影直径来表示，如利用显微镜测量颗粒的粒度时，观察到的即是投影直径。常有以下几种表示方法：

（1）Feret 直径：与颗粒投影相切的两条平行线之间的距离称为 Feret 直径，用 D_F 表示。如图 9 - 2(a) 所示。

9 粒度模型

表 9 - 1　单颗粒粒度的表示方式

序号	粒度计算式	名　称	物 理 意 义
1	$\dfrac{a+c}{2}$	长短平均径 二轴平均径	二维图形算术平均值
2	$\dfrac{a+b+c}{3}$	三轴平均径	三维图形算术平均值
3	$\dfrac{3}{\dfrac{1}{a}+\dfrac{1}{b}+\dfrac{1}{c}}$	三轴调和平均径	与外接长方体比表面积相同的球体直径
4	$\sqrt{ab}$	二轴几何平均径	平面图形上的几何平均值
5	$\sqrt[3]{abc}$	三轴几何平均径	与外接长方体体积相同的立方体的一条边
6	$\sqrt{\dfrac{2ab+2bc+2ac}{6}}$	三轴等表面积平均径	与外接长方体比表面积相同的立方体的一条边

（2）Martin 直径：在一定方向上将颗粒投影面积分为两等份的直径，用 D_M 表示，如图 9 - 2(b) 所示。

（3）定方向最大直径（Krumbein 直径）：在一定方向上颗粒投影的最大长度，用 D_K 表示，如图 9 - 2(c) 所示。

（4）投影面积相当径（Heywood 直径）：与颗粒投影面积相等的圆的直径，用 D_H 表示，如图 9 - 2(d) 所示。

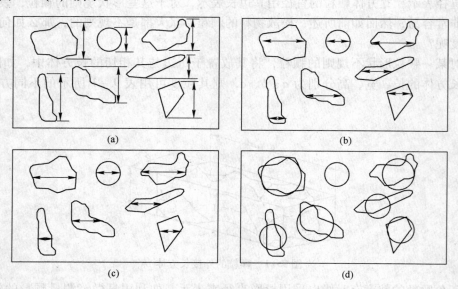

图 9 - 2　颗粒投影的几种直径

颗粒的等效直径是表示颗粒粒度的又一种方法。所谓等效直径是指在某一特定过程中能发生与该颗粒相同行为的球体的直径。等效直径往往因测量方法而异，常见的等效直径有以下几种，如通过沉降和淘析技术测定的斯托克斯直径、用显微镜测定的投影面积直径以及通过筛分确定的筛分径等。

（1）等表面积相当径：与颗粒等表面积球的直径，用 D_S 表示，外表面积 $S = \pi D_S^2$。

（2）等体积相当径：与颗粒等体积球的直径，用 D_V 表示，颗粒体积 $V = \dfrac{\pi}{6} D_V^3$。

（3）等比表面积相当径：与颗粒等比表面积的球的直径，用 D_{SV} 表示，$D_{SV} = \dfrac{D_V^3}{D_S^2}$。

（4）沉降速度相当径：在同一介质中，与颗粒沉降速度相同的球体直径，在层流区称为 Stokes 径、Newton 径，记作 D_{stk}。这里颗粒与球体的密度应相同。

（5）筛分径：当颗粒正好通过某一筛网的筛孔时，筛孔的算术或几何平均直径称为筛分径，用 D_A 表示。$D_A = \dfrac{1}{2}(a + b)$ 或 $D_A = \sqrt{ab}$，其中 a、b 为筛孔的长和宽。

对于单个颗粒，用粒度表示它们的尺寸大小就足够了，但对于一个包含众多颗粒的松散物料粒群来说，测定出每一个颗粒的尺寸既不实际，而且也无法确定用哪一个颗粒的粒度来描述它们的集体尺寸特征。由此可见，仅用粒度的概念根本无法清楚地表示一个松散物料粒群的尺寸特征。为了弥补这一缺欠，人们又建立了粒级、粒度组成和平均粒度的概念，以便从不同的方面准确地描述粒群的尺寸特征。

9.1.2　粒级

所谓粒级，就是用某种分级方法（如筛分）将粒度范围较宽的松散物料粒群分成粒度范围较窄的若干个级别，这些级别就称为粒级。按粒级可将物料分为宽级别松散物料和窄级别松散物料。前者常以 "$d \sim 0$" 表示，其中 d 为该松散物料的最大粒度；后者常用 $-d_1 +d_2$ 表示，有时也采用 $d_1 \sim d_2$ 或 $d_2 \sim d_1$ 表示，其中 d_1、d_2 分别表示该松散物料上限尺寸和下限尺寸。

9.1.3　粒度组成

粒度组成是记录松散物料中各个粒级的质量分数或累计质量分数的文字资料，它表明物料的粒度构成情况，是对松散物料粒度分布特征的一种数字描述。

当需要确切了解松散物料粒度分布特性时就需要采用相应的粒度分析方法和概率统计的算法来研究该物料的粒度分布规律，其中包括绘制粒度曲线，求粒度的密度函数及分布函数，计算比表面积，求颗粒形状系数等。

9.1.4　平均粒度

平均粒度是松散物料粒群中颗粒粒度大小的一种统计表示方法。单一粒级的平均粒度（d）是其上限尺寸（d_1）和下限尺寸（d_2）的算术平均值，亦即

$$d = (d_1 + d_2)/2$$

由多个粒级组成的物料粒群，可以看做是一个统计集合体，其平均粒度一般用统计学中求平均值的方法来计算。依据采用的计算方法，又可将计算出的平均粒度细分为加权算术平均粒度（$d_算$）、加权几何平均粒度（$d_几$）、调和平均粒度（$d_调$）。若用 d_i 表示物料中

某一粒级的平均粒度，用 γ_i 表示平均粒度为 d_i 的那个粒级在物料中的质量分数，则上述三种平均粒度的计算式分别为

$$d_算 = \frac{\sum\limits_{i=1}^{n} \gamma_i d_i}{\sum\limits_{i=1}^{n} \gamma_i} \qquad (9-1)$$

$$d_几 = (d_1^{\gamma_1} d_2^{\gamma_2} \cdots d_n^{\gamma_n})^{1 / \sum\limits_{i=1}^{n} \gamma_i} \qquad (9-2)$$

$$d_调 = \frac{\sum\limits_{i=1}^{n} \gamma_i}{\sum\limits_{i=1}^{n} \dfrac{\gamma_i}{d_i}} \qquad (9-3)$$

式中，$i = 1, 2, 3, \cdots, n$，n 表示粒级数量。

当 n 为松散物料粒群的所有粒级时，有

$$d_算 = \frac{\sum\limits_{i=1}^{n} \gamma_i d_i}{\sum\limits_{i=1}^{n} \gamma_i} = \sum\limits_{i=1}^{n} \gamma_i d \qquad (9-4)$$

$$d_几 = (d_1^{\gamma_1} d_2^{\gamma_2} \cdots d_n^{\gamma_n})^{1 / \sum\limits_{i=1}^{n} \gamma_i} = d_1^{\gamma_1} d_2^{\gamma_2} \cdots d_n^{\gamma_n} \qquad (9-5)$$

$$d_调 = \frac{\sum\limits_{i=1}^{n} \gamma_i}{\sum\limits_{i=1}^{n} \dfrac{\gamma_i}{d_i}} = \frac{1}{\sum\limits_{i=1}^{n} \dfrac{\gamma_i}{d_i}} \qquad (9-6)$$

对于同一个松散物料粒群，用不同的统计计算方法计算出的平均粒度一般也是不相同的。其数值的大小顺序为 $d_算 > d_几 > d_调$，而且计算时粒级分的越多，这三种平均粒度的数值就越接近，计算出的结果也越准确。基于这一情况，在实践中，当每个粒级的上限粒度与下限粒度之比不大于 $\sqrt{2}$ 时，常采用加权算术平均粒度表示松散物料粒群的平均粒度。

平均粒度虽然反映了一个松散物料粒群中颗粒粒度的平均大小，从一个侧面描述了这一物料的粒度特征，但它并不能全面地说明物料的粒度特征。例如，尽管两个松散物料粒群的加权算术平均粒度都是 10mm，但其中一个的上限粒度为 30mm，下限粒度为 0mm，而另一个的上限粒度为 15mm，下限粒度为 6mm。又比如，尽管两个松散物料粒群的平均粒度相同，但它们各个相同粒级的质量分数却完全不同。因此，为了更充分地描述物料的粒度特征，在实际工作中，除采用平均粒度外，还引入了偏差系数（$K_偏$）来描述物料中颗粒粒度的均匀程度。偏差系数的计算式为

$$K_偏 = \frac{\sigma}{d_算} \times 100\% \qquad (9-7)$$

式中 σ——标准差。

亦即

$$\sigma = \sqrt{\sum_{i=1}^{n} (d_i - d_{算})^2 \gamma_i} \qquad (9-8)$$

一般认为，$K_{偏} < 40\%$ 是均匀粒群，$K_{偏} = 40\% \sim 60\%$ 是中等均匀粒群，而 $K_{偏} > 60\%$ 则是不均匀粒群。

9.2 粒度曲线及其数学描述

9.2.1 密度函数和分布函数

假设某松散物料粒度分析后得到 10 个窄级别，根据此粒度分析结果算出各窄级别平均粒径、产率、频率密度（密度函数）（见表 9-2）。图 9-3 为根据表 9-2 中数据绘制的粒度曲线。图 9-3 中 a 为密度函数曲线，图 9-3 中 b 为分布函数曲线。

表 9-2　粒度分析计算（$k = 0.5$）

序号	粒级 Δx_i/mm	平均粒径 $\Delta \overline{x_i}$/mm	产率 Δy_i（频率）/%	负累积 $\sum_{i=1}^{n} \Delta y_i$/%	正累积 $\sum_{i=1}^{n} \Delta y_i$/%	频率密度 $\Delta y_i / \Delta x_i$
1	-0.1	0.05	31.6	31.6	100.0	3.16
2	0.1~0.2	0.15	13.1	44.7	64.8	1.31
3	0.2~0.3	0.25	10.1	54.8	55.3	1.01
4	0.3~0.4	0.35	8.4	63.2	45.2	0.84
5	0.4~0.5	0.45	7.5	70.7	36.8	0.75
6	0.5~0.6	0.55	6.7	77.4	29.3	0.67
7	0.6~0.7	0.65	6.3	83.7	22.6	0.63
8	0.7~0.8	0.75	5.7	89.4	16.3	0.57
9	0.8~0.9	0.85	5.4	94.8	10.6	0.54
10	0.9~1.0	0.95	5.2	100.0	5.2	0.52

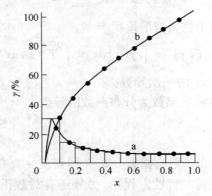

图 9-3　粒度密度函数及分布函数曲线

密度函数的定义：

$$\lim_{\Delta x \to 0} \frac{\Delta y_i}{\Delta x_i} = \frac{\mathrm{d}y}{\mathrm{d}x} = f(x) \qquad (9-9)$$

令 $y = f(x)$，以纵坐标表示之，横坐标表示粒度，则曲线下微分面积 ΔA_i 为

$$\Delta A_i = f(x_i) \Delta x_i$$

总面积 A 为

$$A = \sum_{i=1}^{n} \Delta A_i = \sum_{i=1}^{n} f(x_i) \Delta x_i \tag{9-10}$$

于是得

$$\lim_{n \to \infty} \sum_{i=1}^{n} f(x_i) \Delta x_i = \int_{x_1}^{x_2} f(x) \mathrm{d}x \tag{9-11}$$

式中　x_1，x_2——密度函数 $f(x)$ 积分的上下限。

很显然，$\int_{x_1}^{x_2} f(x) \mathrm{d}x$ 的意义为 $-x_2 + x_1$ 粒级的产率。因此式（9-11）的性质可描述如下：

（1）$\int_{x_1}^{x_2} f(x) \mathrm{d}x$ 的意义为"$-x_2 + x_1$"粒级的产率。当 $x_1 = 0, x_2 = x_{max}$ 时，则

$$\int_{0}^{x_{max}} f(x) \mathrm{d}x = 100.0 \tag{9-12}$$

此时为整个物料粒群的累积产率。因此式（9-11）的值与 x_1、x_2 取值范围有关。它也为 x 的函数，此函数以 $F(x)$ 表示之，称为分布函数。

由此得

$$F(x) = \int_{x_1}^{x_2} f(x) \mathrm{d}x \tag{9-13}$$

（2）对 $-x_2 + x_1$ 粒级物料，有

$$\int_{x_1}^{x_2} f(x) \mathrm{d}x = F(x_2) - F(x_1) \tag{9-14}$$

它表示粒度上、下限为 x_2 及 x_1 的粒级范围的物料产率。

对整个粒群而言，有

$$\int_{0}^{x_{max}} f(x) \mathrm{d}x = F(x_{max}) - F(0) \tag{9-15}$$

它表示粒度从最小至最大整个物料群的累积产率。

（3）　　　　　$$F(x) = \int_{x_1}^{x_2} f(x) \mathrm{d}x = \int_{x_1}^{x_2} F'(x) \mathrm{d}x \tag{9-16}$$

式中，$F'(x)$ 为分布函数 $F(x)$ 的一次导数。

因为 $F'(x) = f(x)$，故密度函数为分布函数的导数。

9.2.2　粒度分布函数

选矿通常遇到的粒度分布函数有指数分布（即盖茨-高登-舒曼粒度特性方程）、双对数分布（即罗逊-拉姆勒粒度特性方程），另外还有对数正态分布、威布分布、柯西分布等。

9.2.2.1　粒度特性的指数分布方程

通常称盖茨-高登-舒曼粒度特性方程是粒度分布的最简单表达形式，即

$$F(x) = y = Ax^k \tag{9-17}$$

式中，分布函数 y 代表粒度小于 x 的粒级的累积产率（负累积）；A、k 为模型参数，其中 k 值与物料性质有关，A 值与变量 (x, y) 的选用单位有关。

式（9-17）很容易化为直线。对其两边取对数，有

$$\lg y = \lg A + k \lg x \tag{9-18}$$

令 $Z = \lg y$，$A' = \lg A$，$x' = \lg x$，则得

$$Z = A' + kx' \tag{9-19}$$

因此，如果某物料的粒度分布曲线以对数坐标表示时呈直线形式，则该物料的粒度分布函数可用式（9-17）的数学模型描述。这样根据物料的粒度分析数据采用最小二乘法可求得参数 A、k 之值。

为了使式（9-17）的应用更普遍，可将其转化为相对粒度模型。

当 $x = x_{max}$ 时，$y = 100$，代入式（9-17）后得

$$A = \frac{100}{x_{max}^k} \tag{9-20}$$

将 A 代入式（9-17）后得

$$y = 100\left(\frac{x}{x_{max}}\right)^k \tag{9-21}$$

式（9-21）变为以相对粒度 x/x_{max} 表示的粒度方程，令 $x_{相对} = x/x_{max}$，则式（9-21）变为

$$y = 100x_{相对}^k \tag{9-22}$$

这样，上述粒度方程仅包含一个与物料性质有关的参数 k，而与所选用的粒度单位无关。因此使用就更方便。

式（9-21）的密度函数 $F'(x) = y'$ 为

$$\frac{dy}{dx} = 100k\left(\frac{1}{x_{max}}\right)x^{k-1} \tag{9-23}$$

图 9-4 为按式（9-22）计算的不同 k 值时粒度曲线的形式。应指出的是，粒度分布的指数模型对于中硬以上的中碎以前的产品尚较符合，如颚式破碎机和圆锥破碎机的破碎产物粒度特性曲线从 0 到破碎机排料口范围内的粒级都近似符合该模型，但对于中碎以下，特别是磨矿产品则不十分符合。因此这种模型的应用就有局限性，而应用范围较广的为 e 函数模型。

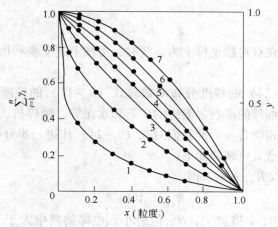

图 9-4 不同 k 值时按式（9-22）计算的曲线形式

1—$k = 0.2$；2—$k = 0.5$；3—$k = 0.8$；4—$k = 1.0$；5—$k = 1.2$；6—$k = 1.5$；7—$k = 2.0$

9.2.2.2　e 函数粒度模型——罗逊－拉姆勒粒度特性方程

当粒度曲线以双对数坐标表示为直线时，可用下述方程描述：

$$R = 100\exp(-bx^k) \tag{9-24}$$

式中　R——粒度大于 x 的累积产率，%；

　　　　b——与破碎方式有关的常数；

　　　　x——粒度，μm；

　　　　k——与物料性质有关的常数。

粒度分布函数 R 与式（9-17）中 y 的关系为

$$100 - y = R \tag{9-25}$$

式（9-24）的密度函数为

$$R' = \frac{dR}{dx} = -100bkx^{k-1}\exp(-bx^k) \tag{9-26}$$

当 R 以小数表示时，有

$$R = \exp(-bx^k) \tag{9-27}$$

将式（9-24）进行线性化，得

$$\frac{R}{100} = \exp(-bx^k)$$

$$\ln\left(\frac{R}{100}\right) = -bx^k$$

$$\ln\left(\frac{100}{R}\right) = bx^k$$

$$\ln\left(\ln\frac{100}{R}\right) = \ln b + k\ln x \tag{9-28}$$

令

$$Z = \ln\left(\ln\frac{100}{R}\right), \quad b' = \ln b, \quad x' = \ln x$$

则

$$Z = b' + kx' \tag{9-29}$$

因此，当粒度曲线在双对数坐标上为直线时，可按上述变换利用最小二乘法求出模型参数 b 和 k 之值。

实践证明，式（9-24）的粒度分布函数较式（9-17）的粒度分布函数的用途要广泛得多，如破碎的煤、细碎的矿石、磨碎的矿石和水泥等，锤碎机、球磨机和分级机的产物粒度也常与这一方程相吻合，为此我们对式（9-24）作进一步分析。

关于参数 b 的物理意义可解释如下：

当 $x = 1\mu m$ 时，R 以 R_{+1} 表示，得

$$R_{+1} = 100e^{-b} \tag{9-30}$$

由式（9-30）可知，b 值愈大，R_{+1} 值愈小，也即物料中大于 $1\mu m$ 的产率愈小；换而言之，物料小于 $1\mu m$ 的量多。

由式（9-30）可得

$$b = \frac{\lg \dfrac{100}{R_{+1}}}{\lg e} = \frac{1}{\lg e}(\lg 100 - \lg R_{+1}) = 4.6052 - 2.3026 \lg R_{+1} \qquad (9-31)$$

或
$$b = 4.6052 - \ln R_{+1} \qquad (9-32)$$

式（9-31）和式（9-32）为线性模型。表9-3列出了不同 R_{+1} 值时的 b 值。因此可利用某物料粒度分布函数中 b 值大小来判断该物料过粉碎情况。

表9-3　$x=1\mu m$ 时不同 R_{+1} 时的 b 值

$R_{+1}/\%$	$\ln R_{+1}$	b
10	2.3026	2.3026
20	2.9957	1.6094
30	3.4012	1.2040
40	3.6888	0.91632
50	3.9120	0.69319
60	4.0943	0.51085
70	4.2485	0.35670
80	4.3820	0.22317
90	4.4978	0.10539
95	4.5539	0.05132
100	4.6052	0

【实例9-1】　根据德兴铜矿湿式自磨、半自磨工业试验产品粒度的分析数据，分别求其粒度分布方程为

自磨　　　　　　　　　$R = 100\exp(-0.0774x^{0.4810})$

半自磨　　　　　　　　$R = 100\exp(-0.0653x^{0.4810})$

试验用矿石性质一样，故二者 k 值一样，均为0.4810；半自磨时由于磨机中加入部分大钢球，加强了磨机内的冲击作用，所以磨矿产品过磨情况得以改善，因此，半自磨机 b 值减小。

【实例9-2】　根据东鞍山与歪头山铁矿石湿式自磨产品的粒度分析资料，得出其粒度分布方程为

$$R_{东} = 100\exp(-0.0113x^{1.1113})$$
$$R_{歪} = 100\exp(-0.013x^{0.8284})$$

上述两个选矿厂自磨机直径、型号一样，自磨机工作条件近似，但东鞍山铁矿石硬度大于歪头山，因此反映在其粒度分布方程中 b 值近似、k 值不一样，前者大于后者。

既然 b 与物料中大于 $1\mu m$ 的产率 R_{+1} 有关，那么令 $b = \left(\dfrac{1}{x_e}\right)^k$，代入式（9-24）得

$$R = 100\exp\left[-\left(\frac{x}{x_e}\right)^k\right] \qquad (9-33)$$

式中　x_e——特定标准粒度；

$\left(\dfrac{x}{x_e}\right)$——特定相对粒度。

下面求与 x_e 相对应的产率 R_e 值。当 $x = x_e$ 时，有

$$\frac{x}{x_e} = 1$$

由此得　　　　　　　$R = 100\exp(-1^k) = 100e^{-1} = 36.79\%$

因此 x_e 的意义是筛上累积产率为 36.79% 时的粒度值。这样，粒度 $x = x_e$ 的 R 值为 36.79%，则粒度小于 x_e 的产率 $y_e = 100 - R_e = 63.21\%$。

图 9−5 为利用式（9−33）得出不同 k 值的曲线形式。

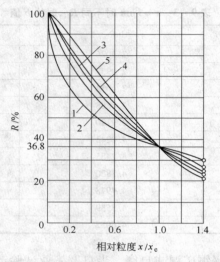

图 9−5　按式（9−33）计算不同 k 值的粒度曲线

1—$k = 0.5$；2—$k = 0.8$；3—$k = 1.0$；4—$k = 1.1$；5—$k = 1.3$

9.3　松散物料平均粒径的计算

粒度密度函数对粒度的积分为粒度分布函数，它代表物料各粒级的累积产率。粒度分布函数对粒度的积分为"粒度分布面积"；计算某物料的粒度分布面积可以求得该物料的平均粒径 $\bar{x}$。

设两松散物料的粒度分布函数分别为 $F_1(x)$、$F_2(x)$（见图 9−6），其最大粒度相同。很显然这两个粒度分布曲线下所形成的粒度分布面积 S_1 和 S_2 不相同。

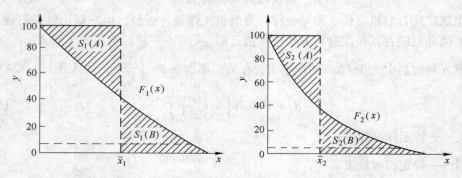

图 9−6　粒度分布面积与平均粒径 $\bar{x}$ 的关系

以 $F_1(x)$ 为例,微分粒度分布面积 ΔS_{1-i} 为

$$\Delta S_{1-i} = \Delta F_1(x_i)\Delta x_i \tag{9-34}$$

总面积 S_1 为

$$S_1 = \sum_{i=1}^{n} \Delta S_{1-i} = \sum_{i=1}^{n} \Delta F_1(x_i)\Delta x_i \tag{9-35}$$

$$\lim_{\substack{i=1 \\ n\to\infty}} \sum_{i=1}^{n} \Delta F_1(x_i)\Delta x_i = \int_{x_1}^{x_2} F_1(x)\,\mathrm{d}x \tag{9-36}$$

由此得

$$S_{1(a-b)} = \int_{x_1=a}^{x_2=b} F_1(x)\,\mathrm{d}x \tag{9-37}$$

如图 9-6 所示,$F_1(x)$ 存在一个粒度 $\bar{x}_1$,使得

$$S_1(A) = S_1(B) \tag{9-38}$$

则

$$S = \int_0^{x_{\max}} F_1(x)\,\mathrm{d}x = \int_{x_1}^{x_2} \mathrm{d}s = \bar{x}_1 \times 100 \tag{9-39}$$

即

$$\bar{x}_1 = \frac{1}{100}\int_0^{x_{\max}} F_1(x)\,\mathrm{d}x \tag{9-40}$$

在实际工作中近似计算时不一定要求出分布函数 $F_1(x)$ 的具体数学式,而只需根据足够粒度分析数据即可。下边推导按式 (9-40) 计算离散状况下平均粒径 $\bar{x}_1$ 的公式。

$$\bar{x}_1 \times 100 = \sum_{i=1}^{n} \Delta F_1(x_i)\Delta x_i = \sum_{i=1}^{n} \Delta y_{1-i}\Delta x_i \tag{9-41}$$

由此可得

$$\bar{x}_1 = \frac{1}{100}\sum_{i=1}^{n} \Delta y_{1-i}\Delta x_i = \frac{1}{100}(\Delta y_{1-1}\Delta x_1 + \Delta y_{1-2}\Delta x_2 + \cdots + \Delta y_{1-n}\Delta x_n) \tag{9-42}$$

式中 Δy_{1-i}——$x_i \sim x_{i+1}$ 粒级的产率(以 % 表示);

Δx_i——该粒级的平均粒径,$\Delta x_i = \dfrac{x_i + x_{i+1}}{2}$。

由此得

$$\bar{x}_1 = \frac{1}{100}\left(\gamma_{1-1}\frac{x_1 + x_2}{2} + \gamma_{1-2}\frac{x_2 + x_3}{2} + \cdots + \gamma_{1-n}\frac{x_n + x_{n+1}}{2}\right) \tag{9-43}$$

由式 (9-43) 可以看出 $\bar{x}_1$ 为 $F_1(x)$ 的加权平均粒径。

同理可求得 $F_2(x)$ 的加权平均粒径 $\bar{x}_2$。

当 $S_2(A) = S_2(B)$ 时,有

$$\bar{x}_2 = \frac{1}{100}\left(\gamma_{2-1}\frac{x_1 + x_2}{2} + \gamma_{2-2}\frac{x_2 + x_3}{2} + \cdots + \gamma_{2-n}\frac{x_n + x_{n+1}}{2}\right) \tag{9-44}$$

当两物料的最大粒径 $x_{1-\max}$、$x_{2-\max}$ 相同时,如果粒度分布方程中参数 $k_1 \neq k_2$,则两物料的加权平均粒径 $\bar{x}_1$ 和 $\bar{x}_2$ 也不一样,即

$k_2 < k_1$ 时,$S_2 < S_1$,$\bar{x}_2 < \bar{x}_1$;

$k_2 > k_1$ 时,$S_2 > S_1$,$\bar{x}_2 > \bar{x}_1$。

因此，仅用物料的某一窄级别产率值（通常多用 0.074mm）代表粒度分布是不合适的。合理的办法是采用粒度分布面积 S 或加权平均粒径 $\bar{x}$ 来比较两物料的整体粒度特性。

9.4　比表面积的理论计算

所谓比表面积是指物料单位质量所具有的表面积（cm^2/g、cm^2/kg 或 cm^2/t）。物料的比表面积愈大，所具有的表面能愈大。测定和计算物料的比表面积对研究药剂吸附、固体物料絮凝团聚、磨矿功耗、物料脱水等都有重要意义。物料比表面积的测定有许多方法，这些测定方法都较复杂且有一定误差。本节介绍比表面积的理论计算方法。比较实际测定和理论计算的比表面系数，就可确定物料颗粒的形状。

9.4.1　离散状况——根据粒度分析数据计算

为了与连续状况相区别，此处设某颗粒的直径为 d_i（不用 x_i 表示），密度为 δ。

该颗粒如为立方体，则其体积 $V_i = d_i^3$；如为球体，其体积 $V_i = \frac{1}{6}\pi d_i^3$。

设某窄级别物料中颗粒总数为 N_i，总重为 γ_i，则

$$N_i = \frac{\gamma_i}{\delta V_i} \tag{9-45}$$

如颗粒为立方体，则

$$N_i = \frac{\gamma_i}{\delta d_i^3}$$

于是可求得该窄级别物料所具有的表面积 $S_i（cm^2）$ 为

$$S_i = N_i \cdot 6d_i^2 = \frac{\gamma_i}{\delta d_i^3} \cdot 6d_i^2 = \frac{6}{\delta} \cdot \frac{1}{d_i}\gamma_i \tag{9-46}$$

如颗粒为球体，则

$$S_i = N_i \cdot \pi d_i^2 = \frac{\gamma_i}{\delta \cdot \frac{1}{6}\pi d_i^3} \cdot \pi d_i^2 = \frac{6}{\delta} \cdot \frac{1}{d_i}\gamma_i \tag{9-47}$$

比较式（9-46）和式（9-47）可知，对于立方体或球体来说比表面积的计算公式是一样的。

上两式中 6 为常数，称为形状系数；$\frac{1}{d_i}$ 称为"反尺寸"，"反尺寸"与颗粒尺寸 d_i 成反比；γ_i 为窄级别物料质量或产率，当 $\gamma_i = 1$ 时，式（9-46）和式（9-47）即代表比表面积。例如 $\gamma_i = 1g$，则比表面积 S_0（cm^2/g）为

$$S_0 = \frac{6}{\delta} \cdot \frac{1}{d_i} \tag{9-48}$$

式中　d_i——窄级别的平均粒径。

设某物料筛析后某粒级平均直径为 d_i，相应产率为 γ_i，n 为筛析的粒级数，且

$$d_i = \frac{d_{i-1} + d_{i+1}}{2} \quad \text{或} \quad d_i = \sqrt{d_{i-1}d_{i+1}}$$

则该物料所具有的表面积 S 为

$$S = \sum_{i=1}^{n} S_i = \sum_{i=1}^{n} \frac{6}{\delta} \cdot \frac{1}{d_i} \gamma_i = \frac{6}{\delta} \sum_{i=1}^{n} \frac{1}{d_i} \gamma_i \tag{9-49}$$

由此得

$$S_0 = \frac{6}{\delta} \left(\frac{\gamma_1}{d_1} + \frac{\gamma_2}{d_2} + \cdots + \frac{\gamma_n}{d_n} \right) = \frac{6}{\delta} \left(\frac{1}{d_1} \frac{q_1}{\sum_{i=1}^{n} q_i} + \frac{1}{d^2} \frac{q_2}{\sum_{i=1}^{n} q_i} + \cdots + \frac{1}{d_n} \frac{q_n}{\sum_{i=1}^{n} q_i} \right)$$

$$= \frac{6}{\delta} \left(\frac{q_1}{d_1} + \frac{q_2}{d_2} + \cdots + \frac{q_n}{d_n} \right) \frac{1}{\sum_{i=1}^{n} q_i} \tag{9-50}$$

很显然，粒度分析所得级别愈多，求得的比表面积 S_0 愈准确。

9.4.2　连续状态——利用粒度分布函数计算

设颗粒数目为 $\mathrm{d}N$ 的微分质量为 $\mathrm{d}\gamma$，并设颗粒为立方体，其边长为 x，则

$$\mathrm{d}N = \frac{1}{\delta x^3} \mathrm{d}\gamma \tag{9-51}$$

微分表面积为

$$\mathrm{d}s = \mathrm{d}N \cdot 6x^2 = \frac{6}{\delta} \cdot \frac{1}{x} \mathrm{d}\gamma \tag{9-52}$$

粒度范围为 $x_1 \sim x_2$，总重为 1g 的表面积为

$$S_0 = \int_{s_1}^{s_2} \mathrm{d}s = \int_{x_1}^{x_2} \frac{6}{\delta} \cdot \frac{1}{x} \mathrm{d}\gamma \tag{9-53}$$

下面求 γ 与 x 的关系。

（1）罗逊－拉姆勒方程中 R 为粒度大于 x 的产率，如果令 γ 代表粒度小于 x 的产率，且以小数计，则

$$\gamma = 1 - R = 1 - \exp(-bx^k) \tag{9-54}$$

式（9-54）对 x 微分可得

$$\mathrm{d}\gamma = \mathrm{d}[1 - \exp(-bx^k)] = bkx^{k-1} \exp(-bx^k)\mathrm{d}x \tag{9-55}$$

又式（9-52）中 x 的单位为 $\mu\mathrm{m}$，则单位换算为

$$1\mathrm{cm} = 10^4 \mu\mathrm{m}$$

于是式（9-52）变为

$$\mathrm{d}s = \frac{6}{\delta} \cdot \frac{1}{x} \cdot 10^4 \cdot \mathrm{d}\gamma \quad (\mathrm{cm}^2) \tag{9-56}$$

由此得

$$\mathrm{d}s = \frac{6}{\delta} \cdot \frac{1}{x} \cdot 10^4 \cdot bkx^{k-1} \exp(-bx^k)\mathrm{d}x = \frac{6}{\delta} \cdot 10^4 \cdot bkx^{k-2} \exp(-bx^k)\mathrm{d}x \tag{9-57}$$

将式（9-57）代入式（9-53）后得

$$S_0 = \frac{6}{\delta} \cdot 10^4 \cdot bk \int_{x_1}^{x_2} x^{k-2} \exp(-bx^k)\mathrm{d}x \quad (\mathrm{cm}^2/\mathrm{g}) \tag{9-58}$$

又知

$$\exp(-bx^k) = 1 - \frac{bx^k}{1!} + \frac{(bx^k)^2}{2!} - \frac{(bx^k)^3}{3!} + \cdots + (-1)^{n-1}\frac{(bx^k)^{n-1}}{(n-1)!} \tag{9-59}$$

将式（9-59）代入式（9-58）后得

$$S_0 = \frac{6}{\delta} \cdot 10^4 \cdot bk\int_{x_1}^{x_2} x^{k-2}\Big[1 - \frac{bx^k}{1!} + \frac{(bx^k)^2}{2!} - \frac{(bx^k)^3}{3!} + \cdots + (-1)^{n-1}\frac{(bx^k)^{n-1}}{(n-1)!}\Big]\mathrm{d}x$$

$$= \frac{6}{\delta} \cdot 10^4 \cdot bk\Big[\int_{x_1}^{x_2} x^{k-2}\mathrm{d}x - b\int_{x_1}^{x_2} x^{2k-2}\mathrm{d}x + \frac{b^2}{2!}\int_{x_1}^{x_2} x^{3k-2}\mathrm{d}x + \cdots + (-1)^{n-1}\frac{b^{n-1}}{(n-1)!}\int_{x_1}^{x_2} x^{nk-2}\mathrm{d}x\Big] \tag{9-60}$$

上式分部积分取有限项，精度足够，即

$$S_0 = \frac{6}{\delta} \cdot 10^4 \cdot bk\Big[\frac{x^{k-1}}{2k-1} - b\frac{x^{2k-1}}{2k-1} + b^2\frac{x^{3k-1}}{2!(3k-1)} -$$

$$b^3\frac{x^{4k-1}}{3!(4k-1)} + \cdots + (-1)^{n-1}b^{n-1}\frac{x^{nk-1}}{(n-1)!(nk-1)}\Big]_{x_1}^{x_2} \quad (\mathrm{cm^2/g}) \tag{9-61}$$

已知物料密度 δ，粒度方程中常数 b、k，利用式（9-61）即可求出粒度范围为 $x_1 \sim x_2$ 的比表面积。

这种计算方法的特点是连续状态推导，离散状态求和，计算项数可取 $n=4\sim6$。上述公式利用计算机计算很方便。

为了简化计算，粒度下限 x_1 取 $1\mu\mathrm{m}$，则

$$S_0 = \frac{6}{\delta} \cdot 10^4 \cdot bk\Big[\frac{1}{k-1}(x_2^{k-1}-1) - \frac{b}{2k-1}(x_2^{2k-1}-1) + \frac{b^2}{2!(3k-1)}(x_2^{3k-1}-1) -$$

$$\frac{b^3}{3!(4k-1)}(x_2^{4k-1}-1) + \cdots + (-1)^{n-1}\frac{b^{n-1}}{(n-1)!(nk-1)}(x_2^{nk-1}-1)\Big] \quad (\mathrm{cm^2/g}) \tag{9-62}$$

（2）利用盖茨-高登-舒曼方程计算比表面积。为简便起见，产率 $\gamma(\gamma=y)$ 以小数计，则

$$\gamma = y = \Big(\frac{x}{x_{\max}}\Big)^k$$

$$\mathrm{d}\gamma = \mathrm{d}y = \frac{k}{x_{\max}^k}x^{k-1}\mathrm{d}x \tag{9-63}$$

因为

$$\mathrm{d}s = \frac{6}{\delta}\frac{1}{\frac{x}{10^4}}\mathrm{d}\gamma = \frac{6}{\delta} \cdot 10^4 \cdot \frac{k}{x_{\max}^k}x^{k-2}\mathrm{d}x \quad (\mathrm{cm^2}) \tag{9-64}$$

由此得 1g 物料的表面积为

$$S_0 = \int_{x_1}^{x_2}\mathrm{d}s = \frac{6}{\delta} \cdot 10^4 \cdot \frac{k}{x_{\max}^k}\int_{x_1}^{x_2} x^{k-2}\mathrm{d}x = \frac{6}{\delta} \cdot 10^4 \cdot \frac{k}{x_{\max}^k}\frac{1}{k-1}\big[x^{k-1}\big]_{x_0}^{x_{\max}} \quad (\mathrm{cm^2/g}) \tag{9-65}$$

式（9-65）中粒度 x 的单位为 $\mu\mathrm{m}$，如果 $x_0=1\mu\mathrm{m}$，则

$$S_0 = \frac{6}{\delta} \cdot 10^4 \cdot \frac{k}{x_{\max}^k}\frac{1}{k-1}(x_{\max}^{k-1}-1) \quad (\mathrm{cm^2/g}) \tag{9-66}$$

需要指出的是，上述比表面积的理论计算中均假定颗粒为立方体或球体，故形状系数 $\psi=6$。实际上颗粒形状并非如此，因此需要加以修正。设理论计算比表面积为 S_0，实测比

表面积为 $S_实$，修正系数为 β，则

$$S_实 = \beta S_0$$

由此得

$$\beta = \frac{S_实}{S_0} \tag{9-67}$$

通常 $\beta = 1.0 \sim 1.6$（详见 9.5 节）。

【实例 9-3】 已知 $S_i = \frac{6}{\delta} \cdot \frac{1}{d_i} \gamma_i$，令 $\gamma_i = 1g$，$\delta = 2.65$。（1）试计算不同粒级（见表 9-4）的算术及几何平均粒径；（2）求反尺寸；（3）求比表面积。

表 9-4 根据 $S_i = \frac{6}{\delta} \cdot \frac{1}{d_i}$ 计算的结果（$\delta = 2.65$）

粒 度				反尺寸 $\frac{1}{d_i}$		比表面积 $S_i/cm^2 \cdot g^{-1}$	
网目	粒径/mm	按 $\frac{d_1+d_2}{2}$ 计	按 $\sqrt{d_1 d_2}$ 计	d_i 按算术平均值计算	d_i 按几何平均值计算	d_i 按算术平均值计算	d_i 按几何平均值计算
+28	+0.589	0.645	0.643	1.550	1.555	35.038	35.171
32	0.495	0.542	0.540	1.845	1.852	41.697	41.855
35	0.417	0.456	0.454	2.193	2.203	49.561	49.744
42	0.351	0.384	0.383	2.604	2.611	58.854	59.072
48	0.295	0.323	0.322	3.096	3.106	69.969	70.233
60	0.246	0.271	0.269	3.690	3.717	83.548	84.169
65	0.208	0.227	0.226	4.405	4.425	99.559	99.910
80	0.175	0.192	0.191	5.208	5.236	118.016	118.456
100	0.147	0.161	0.160	6.211	6.250	140.373	140.906
115	0.124	0.136	0.135	7.353	7.407	166.790	167.394
150	0.104	0.114	0.1136	8.772	8.803	198.246	199.012
170	0.088	0.096	0.0957	10.417	10.449	235.416	236.238
200	0.074	0.081	0.0806	12.346	12.407	279.012	280.060
250	0.062	0.068	0.0677	14.706	14.771	332.353	333.654
270	0.053	0.0575	0.057	17.391	17.544	393.304	394.252
325	0.043	0.048	0.0477	20.833	20.964	470.833	473.408
400	0.038	0.0405	0.040	24.691	25.000	558.025	559.090
-400	0.038	0.019		52.631		1189.47	

例如 "-48+60" 网目的粒级，其平均粒径 d_i 的计算如下：

算术平均粒径 $\quad d_i = \dfrac{0.295 + 0.246}{2} = 0.271mm$

几何平均粒径 $\qquad d_i = \sqrt{0.295 \times 0.246} = 0.269 \text{mm}$

该粒级反尺寸：

d_i 按算术平均值计 $\qquad \dfrac{1}{d_i} = \dfrac{1}{0.271} = 3.69$

d_i 按几何平均值计 $\qquad \dfrac{1}{d_i} = \dfrac{1}{0.269} = 3.717$

比表面积 S_i：

d_i 按算术平均值计 $\qquad S_i = \dfrac{6}{2.65} \times \dfrac{1}{0.271} = 83.548 \text{cm}^2/\text{g}$

d_i 按几何平均值计 $\qquad S_i = \dfrac{6}{2.65} \times \dfrac{1}{0.269} = 84.169 \text{cm}^2/\text{g}$

【实例 9 - 4】 某物料经过筛析，已知" - 200 + 250"网目及" - 250 + 270"网目的质量分别为 10g 及 20g，试求此两粒级物料所具有的表面积（$\delta = 3.0$）。

此计算可用表 9 - 4 已算出的值：

$$S_{-200+270} = \frac{2.65}{\delta_x}(S_{-200+250} \times 10 + S_{-250+270} \times 20)$$

$$= \frac{2.65}{3.0}(332.353 \times 10 + 393.304 \times 20)$$

$$= 9883.1130 \text{ cm}^2$$

【实例 9 - 5】 试计算 1t 矿泥（按 10μm 计）的比表面积（$\delta = 2.65$）。

因为 $10\mu m = 0.001 \text{cm}$，$1t = 1000^2 \text{g}$，所以

$$S_0 = \frac{6}{2.65} \times \frac{1}{0.001} \times 1000^2 = 2.26 \times 10^3 \times 10^6 \text{cm}^2/\text{t} = 2.26 \times 10^5 \text{m}^2/\text{t}$$

9.5 松散物料形状系数的计算

通常我们认为球体、立方体、柱体、圆锥体、四面体、八面体等有确定几何形状，下边介绍这些有确定几何形状物体的形状系数。

（1）球体。以 d 代表球体直径，则

面积 $\qquad A = \pi d^2 = C_2 d^2$

体积 $\qquad V = \dfrac{1}{6}\pi d^3 = C_3 d^3$

形状系数 $\qquad \psi = \dfrac{C_2}{C_3} = \pi \Big/ \dfrac{1}{6}\pi = 6$

（2）立方体。其边长为 d，则

面积 $\qquad A = 6d^2 = C_2 d^2$

体积 $\qquad V = d^3 = C_3 d^3$

形状系数 $\qquad \psi = \dfrac{C_2}{C_3} = \dfrac{6}{1} = 6$

（3）正圆柱体（见图 9 - 7(a)）。

面积
$$A = 2 \times \frac{1}{4}\pi d^2 + \pi dd = \frac{3}{2}\pi d^2 = C_2 d^2$$

体积
$$V = \frac{1}{4}\pi d^2 d = C_3 d^3$$

形状系数
$$\psi = \frac{C_2}{C_3} = \frac{3}{2}\pi \Big/ \frac{1}{4}\pi = 6$$

（4）正圆锥体（见图 9 − 7(b)）。

面积
$$A = \frac{1}{4}\pi(1 + \sqrt{5})d^2 = C_2 d^2$$

体积
$$V = \frac{1}{12}\pi d^3 = C_3 d^3$$

形状系数
$$\psi = \frac{C_2}{C_3} = \frac{1}{4}\pi(1 + \sqrt{5}) \Big/ \frac{1}{12}\pi = 9.17$$

（5）四面体。其每边长为 d（见图 9 − 7(c)），则

面积
$$A = 1.173d^2$$

体积
$$V = 0.118d^3$$

形状系数
$$\psi = \frac{C_2}{C_3} = \frac{1.173}{0.118} = 9.94$$

（6）正八面体。

面积
$$A = 2.828d^2$$

体积
$$V = 0.333d^3$$

形状系数
$$\psi = \frac{C_2}{C_3} = \frac{2.828}{0.333} = 8.49$$

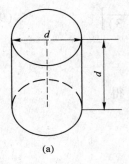 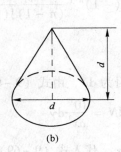 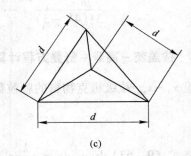

(a)　　　　　　　　(b)　　　　　　　　(c)

图 9 − 7　不同几何形状物体

前面 9.4 节中介绍的比表面积的理论计算公式，选取的形状系数 $\psi = 6$。因此如果颗粒的形状为非确定的，则其形状系数 $\psi > 6$。由式（9 − 67）得

$$\beta = \frac{\psi_x}{\psi_{球}} = \frac{1}{6}\psi_x \tag{9 − 68}$$

一般 $\psi_x = 6 \sim 9.94$，所以 $\beta = \frac{1}{6}(6 \sim 9.94) \approx 1.0 \sim 1.6$。

9.6　松散物料中颗粒数目的计算

9.6.1　按罗逊－拉姆勒粒度方程计算

"$-x_2+x_1$"粒径中每克试样颗粒数目可按下述步骤进行计算。

设颗粒为立方体，其边长为 x，单元微分质量 $d\gamma$ 中的颗粒数为 dN，则

$$dN = \frac{1}{\delta x^3}d\gamma = \frac{1}{\left(\frac{x}{10^4}\right)^3\delta}d\gamma = \frac{10^{12}}{x^3\delta}d\gamma \tag{9-69}$$

则"$-x_2+x_1$"粒级中颗粒总数 N 为

$$N = \int_{x_1}^{x_2}dN = \int_{x_1}^{x_2}\frac{10^{12}}{\delta}\frac{1}{x^3}d\gamma \tag{9-70}$$

将式（9-55），$d\gamma = bkx^{k-1}\exp(-bx^k)dx$ 代入式（9-70），有

$$N = \frac{10^{12}}{\delta}bk\int_{x_1}^{x_2}x^{k-4}\exp(-bx^k)dx \tag{9-71}$$

进行分部积分，得

$$N = \frac{10^{12}}{\delta}bk\left[\int_{x_1}^{x_2}x^{k-4}dx - \int_{x_1}^{x_2}x^{k-4}bx^kdx + \int_{x_1}^{x_2}x^{k-4}\frac{b^2x^{2k}}{2!}dx - \right.$$
$$\left.\int_{x_1}^{x_2}x^{k-4}\frac{b^3x^{3k}}{3!}dx + \cdots + (-1)^{n-1}\int_{x_1}^{x_2}x^{k-4}\frac{b^{n-1}x^{(n-1)k}}{(n-1)!}dx\right]$$

$$= \frac{10^{12}}{\delta}bk\left[\frac{x^{k-3}}{k-3} - \frac{bx^{2k-3}}{2k-3} + \frac{b^2x^{3k-3}}{2!(3k-3)} - \right.$$
$$\left.\frac{b^3x^{4k-3}}{3!(4k-3)} + \cdots + (-1)^{n-1}\frac{b^{n-1}x^{nk-3}}{(n-1)!(nk-3)}\right]_{x_1}^{x_2} \tag{9-72}$$

9.6.2　按盖茨－高登－舒曼方程计算

设 $x_0 \sim x_{max}$ 粒级每克物料的颗粒数目为 dN，由式（9-69）得

$$dN = \frac{10^{12}}{\delta x^3}d\gamma$$

将式（9-63）$d\gamma = dy = \frac{k}{x_{max}^k}x^{k-1}dx$，代入式（9-69）得

$$dN = \frac{10^{12}}{\delta}\frac{k}{x_{max}^k}x^{k-4}dx \tag{9-73}$$

则 $x_0 \sim x_{max}$ 粒级每克物料颗粒数目 N（粒数/g）为

$$N = \int_{x_0}^{x_{max}}dN = \frac{10^{12}}{\delta}\frac{k}{x_{max}^k}\int_{x_0}^{x_{max}}x^{k-4}dx = \frac{10^{12}}{\delta}\frac{k}{x_{max}^k}\frac{1}{k-3}(x_{max}^{k-3}-x_0^{k-3}) \tag{9-74}$$

以上颗粒数目计算中粒度 x 单位为 μm。密度 δ 单位为 g/cm^3。

10 粒度分离模型

10.1 粒度分离简介

粒度分离在选矿厂很常见，通常包括筛分作业和分级作业两大类。

10.1.1 筛分

所谓筛分，就是使松散物料通过单层或多层筛面分成多个不同粒度级别的过程，它是利用筛分机械（筛子）的筛面进行粒度分离。按照筛面的运动特性及筛面的形状可将筛子分为很多种，常见的有：

（1）固定筛。如固定棒条筛、固定细筛、弧形筛等。

（2）运动筛。如摇动筛、直线振动筛、旋转筛等。

筛分是利用筛面比较严格地按颗粒的几何尺寸进行粒度分离，因此分离的精度高。

筛分作业的目的就是分出入筛物料中粒度比筛孔尺寸小的那部分细粒级别。理想的情况是，粒度比筛孔尺寸小的所有颗粒都进入筛下物中，粒度比筛孔尺寸大的所有颗粒都留在筛面上形成筛上物。然而在实际生产中，由于多种因素的影响，筛上物中总是或多或少地残留一些粒度比筛孔尺寸小的细颗粒，而筛下物中有时也会因筛面磨损或操作不当混入一些粒度比筛孔尺寸大的粗颗粒。为了描述筛分作业完成的不完善程度，在实际工作中引入了筛分效率的概念。

所谓筛分效率，就是通过筛分实际得到的细粒级别的质量占入筛物料中所含的粒度小于筛孔尺寸的那部分物料的质量百分数。如果用 Q_F、Q_P、$Q_{筛上}$ 和 α、β、θ 分别代表入筛物料、筛下物、筛上物的质量和入筛物料、筛下物、筛上物中粒度小于筛孔尺寸的那部分物料的质量分数，则根据定义，筛分效率 E 的计算式为

$$E = \frac{Q_P\beta}{Q_F\alpha} \times 100\% = \left(1 - \frac{Q_{筛上}\theta}{Q_F\alpha}\right) \times 100\% \tag{10-1}$$

在实际生产中，由于直接测定 Q_F 和 Q_P 比较困难，所以常常根据筛分过程中物料量的平衡关系进行间接测定和计算筛分效率。

在物料的筛分过程中，存在如下的物料量平衡关系：

$$Q_F = Q_{筛上} + Q_P$$
$$Q_F\alpha = Q_{筛上}\theta + Q_P\beta$$

由上述两式可推导出

$$\frac{Q_P}{Q_F} = \frac{\alpha - \theta}{\beta - \theta}$$

将上式代入式（10-1）得

$$E = \frac{\beta(\alpha - \theta)}{\alpha(\beta - \theta)} \times 100\% \qquad (10-2)$$

筛面未磨损或磨损轻微时，可以认为 $\beta = 1$，于是有

$$E = \frac{\alpha - \theta}{\alpha(1 - \theta)} \times 100\% \qquad (10-3)$$

上述计算出来的筛分效率称为总筛分效率，即用小于筛孔的所有物料计算出来的筛分效率。

在研究筛分过程时发现，物料中筛下级别的粒级组成对筛分效率影响很大，细粒（易筛颗粒）容易透过筛孔，难筛颗粒很难透过筛孔，因而容易残存在筛面上。如果按各个粒级来计算筛分效率，则细粒部分的筛分效率要高些，而难筛颗粒的筛分效率要低些。因此，把按照筛下产品中某一级别物料的质量与入筛物料中同一级别物料的质量之比的百分数称为部分筛分效率。部分筛分效率计算公式同总筛分效率式（10-2）或式（10-3），只不过此时 α、β、θ 的含义不是表示小于筛孔尺寸粒级的含量，而是表示要计算级别的物料的含量。

部分筛分效率与总筛分效率关系很大。细粒级的部分筛分效率总是大于总筛分效率，且级别愈细，部分筛分效率愈高；难筛颗粒的部分筛分效率总是小于总筛分效率，并且难筛颗粒尺寸愈接近筛孔尺寸，其部分筛分效率愈低。

10.1.2　分级

所谓分级，就是根据颗粒在流体介质中沉降速度的差异，将物料分成不同粒级的过程。按照所使用的介质，可分为风力分级（干式分级）和水力分级（湿式分级）两种；按照沉降方式，可分为重力沉降分级和离心力沉降分级。常用的分级设备有机械分级机、水力分级机、水力旋流器等。

由于分级是按颗粒的沉降速度差异实现分离，因此颗粒的尺寸、形状、密度及沉降条件等对其分离的精确性均有影响。

按沉降规律进行粒度分离的设备，计算其分级效率有许多标准，如量效率、质效率、总效率、修正效率、折算效率等。下面先介绍量效率、质效率和总效率的概念，至于修正效率和折算效率将在讨论水力旋流器数学模型时论述。

如图 10-1 所示，设分级给料、溢流、底流（或沉砂）的固体料量（t/h）分别为 Q_F、Q_P、$Q_底$，其中小于某粒度级别的产率分别为 α_{-x}、β_{-x}、θ_{-x}，则大于某级别的产率分别为 $\alpha_{+x} = 100 - \alpha_{-x}$；$\beta_{+x} = 100 - \beta_{-x}$；$\theta_{+x} = 100 - \theta_{-x}$。

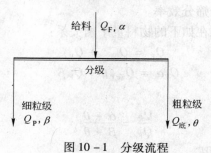

图 10-1　分级流程

（1）分级量效率。分级的目的是在指定的粒度下，使细、粗颗粒分别进入溢流和底流（或沉砂）。因此可以考虑两个方面，即细级别进入溢流和粗级别进入底流的回收率，二者愈高愈好，此二指标可分别用其量效率来评价。

细级别在溢流的回收率，即细级别在溢流的量效率 E_{-x} 为

$$E_{-x} = \frac{Q_P \beta_{-x}}{Q_F \alpha_{-x}} = \frac{\beta_{-x}(\alpha_{-x} - \theta_{-x})}{\alpha_{-x}(\beta_{-x} - \theta_{-x})} \times 100\% \qquad (10-4)$$

粗级别在底流中的回收率，即粗级别在底流中的量效率 E'_{+x} 为

$$E'_{+x} = \frac{Q_底 \theta_{+x}}{Q_F \alpha_{+x}} = \frac{\theta_{+x}(\alpha_{+x} - \beta_{+x})}{\alpha_{+x}(\theta_{+x} - \beta_{+x})} \times 100\% \qquad (10-5)$$

由式（10-4）很容易算出细颗粒在底流中的回收率 $E'_{-x} = 100 - E_{-x}$；由式（10-5）很容易算出粗颗粒在溢流中的回收率 $E_{+x} = 100 - E'_{+x}$。很显然，细颗粒在溢流中的回收率高、粗颗粒在溢流中的回收率低时，分级设备的作业效率才真实反映出来，这就需要用分级质效率来计算。

（2）分级质效率。在分级过程中，理想的情况是分级溢流中不含粗颗粒，分级沉砂中不含细颗粒，但实际情况并非如此，而是粗颗粒中含有细颗粒，细颗粒中含有粗颗粒。因此，评价溢流或沉砂的质量时应采用分级质效率。

考虑了粗、细颗粒在分级产品中的混杂情况之后的分级效率，称为分级质效率。

溢流质效率 $E_{质-溢}$ 为

$$E_{质-溢} = E_{-x} - E_{+x} = E_{-x} - (100 - E'_{+x}) = E_{-x} + E'_{+x} - 100 \qquad (10-6)$$

底流质效率 $E_{质-底}$ 为

$$E_{质-底} = E'_{+x} - E'_{-x} = E'_{+x} - (100 - E_{-x}) = E_{-x} + E'_{+x} - 100 \qquad (10-7)$$

由上知

$$E_{质-溢} = E_{质-底}$$

故以 $E_质$ 表示分级质效率，$E_{-x} + E'_{+x}$ 称为分级总效率，以 $E_总$ 表示。

所以

$$E_质 = E_{-x} + E'_{+x} - 100 = E_总 - 100 \qquad (10-8)$$

$$E_总 = E_{-x} + E'_{+x} \qquad (10-9)$$

因此，评价分级设备效率时，应采用以上四个效率指标进行综合评价，即 E_{-x}、E'_{+x}、$E_质$ 和 $E_总$。

10.2　水力旋流器的理论模型

水力旋流器是一种典型的离心力场粒度分离设备，由于它构造简单，占地面积小，无运转部件，处理量大，分级效率高，容易实现自动控制，故在选矿及其他工业方面得到广泛应用。水力旋流器广泛应用于分级、脱水、脱泥、除油以及分选等作业。水力旋流器代替螺旋分级机作为磨矿回路的分级设备在国内外应用非常普遍。

水力旋流器与其他液－固相对运动分级设备一样，受概率规律的支配。因此水力旋流器的分级精度不高，溢流产品中有粗颗粒，底流产品中有细颗粒；并且由于物料在旋流器中停留时间很短，而影响旋流器指标的因素又较多，故生产中旋流器很敏感，指标波动较大，为此水力旋流器操作的自动控制是非常必要的；另外水力旋流器的磨损也非常严重。虽然如此，但由于水力旋流器所具有的前述优点，它的应用、研究仍得到了很大的发展。

水力旋流器的作业指标主要有处理量、分级效率、分离粒度等。影响这些作业指标的参数分为三大类：

（1）设计变量（或结构变量）。如旋流器筒体直径和高度、给料口尺寸及形状、溢流口直径、沉砂口直径、锥角大小、锥体高度、溢流管壁厚、旋流器内表面的粗糙度等。

（2）操作变量。如给料压力、浓度、给料体积流量、旋流器的安装倾角、矿浆的温度等。

（3）给料及介质特性。如给料粒度分布特性、密度、形状、介质密度、介质黏度、矿浆密度、矿浆黏度等。

影响水力旋流器作业指标的上述参数又相互影响，因此在设计及选用旋流器时，要求结构参数尽可能适合工艺条件，而在实际生产中则要求给料浓度、压力、流量满足工艺指标。达到上述要求并不是一件很简单的工作。

很多选矿工作者对这些规律做过研究。20 世纪 50～60 年代不少人做过理论研究，并得出不少计算水力旋流器作业指标的理论模型。但是由于水力旋流器中矿浆运动规律太复杂，在推导理论公式时需要某些假设和简化，因此到目前为止，所得出的许多理论模型中除处理量模型较接近实际情况外，其他模型的计算偏差都较大。为此 60 年代中期以后，开始研究水力旋流器的经验模型，目前已得出较好的结果。

本节扼要介绍理论模型。

10.2.1 处理量模型

$$Q_V = k_1 D d_{\mathrm{c}} \sqrt{gp} \tag{10-10}$$

式中 Q_V——旋流器体积流量，L/min；

k_1——与 d_{F}/D 之比有关的常数；

d_{F}——进口尺寸，cm；

D——旋流器直径，cm；

d_{c}——溢流口直径，cm；

g——重力加速度，9.81m/s²；

p——进口压力，kg/cm²。

根据试验数据进行曲线拟合可得到

$$k_1 = \exp\left(4.8 \frac{d_{\mathrm{F}}}{D} - 1\right) \tag{10-11}$$

由此得

$$Q_V = D d_{\mathrm{c}} \sqrt{gp} \exp\left(4.8 \frac{d_{\mathrm{F}}}{D} - 1\right) \tag{10-12}$$

由式（10-12）可以看出，水力旋流器的体积流量 Q_V 与旋流器尺寸 D、溢流口直径 d_{c} 的一次方成比例，与入口压力 p 的 $\frac{1}{2}$ 次方成比例；同时和进口尺寸 d_{F} 与旋流器直径 D 的比值也有关系。

当 d_{F}/D 保持不变时，有

$$Q_V \propto D d_{\mathrm{c}} p^{\frac{1}{2}} \tag{10-13}$$

由于 d_c 与 D 之间也存在适宜比例关系，因此，当压力 p 不变时，有

$$Q_V \propto D^2 \qquad (10-14)$$

综上所述，可以看出：

（1）当压力不变时，旋流器处理量 Q_V 与旋流器直径 D 的 2 次方成比例，即加大旋流器尺寸可大大提高处理能力，即

$$\frac{Q_{V-1}}{Q_{V-2}} = \frac{D_1^2}{D_2^2} \qquad (10-15)$$

（2）旋流器的直径 D 不变，则 Q_V 与 p 的关系为

$$Q_V \propto \sqrt{p}$$

由此得

$$\frac{Q_{V-1}}{Q_{V-2}} = \frac{p_1^{\frac{1}{2}}}{p_2^{\frac{1}{2}}} \qquad (10-16)$$

即旋流器直径不变时，加大给矿压力可提高处理能力；但因为 $Q_V \propto p^{\frac{1}{2}}$，故利用加大压力提高处理量远不如增大旋流器直径 D 有效。

实践证明，式（10-10）的预报值与观测值偏差不大，故它可用于实际计算。

后来波瓦洛夫对式（10-10）进行了改进，提出用式（10-17）计算水力旋流器的处理量 $Q_V(\mathrm{m}^3/\mathrm{h})$：

$$Q_V = 3K_\alpha K_D d_F d_c \sqrt{p} \qquad (10-17)$$

式中　K_α——水力旋流器锥角修正系数，按式（10-18）计算：

$$K_\alpha = 0.79 + \frac{0.044}{0.0397 + \tan\dfrac{\alpha}{2}} \qquad (10-18)$$

　　　　α——水力旋流器的锥角，(°)；当 $\alpha = 10°$ 时，$K_\alpha = 1.15$；当 $\alpha = 20°$ 时，$K_\alpha = 1.0$；

　　　　K_D——水力旋流器的直径修正系数，查表 10-1，或按式（10-19）计算：

$$K_D = 0.8 + \frac{1.2}{1 + 0.1D} \qquad (10-19)$$

　　　　p——水力旋流器入口矿浆的压力，MPa；当水力旋流器的直径 $D > 500\mathrm{mm}$ 时，应考虑旋流器本身内部液柱高度的影响，此时 p 按式（10-20）计算：

$$p = p_0 + 0.01 H_g \rho_s \qquad (10-20)$$

　　　　p_0——水力旋流器入口矿浆的压力，MPa；

　　　　H_g——水力旋流器高度，m；

　　　　ρ_s——给矿矿浆密度，$\mathrm{t/m}^3$；

　　　　d_F、d_c 含义同前。

表 10-1　水力旋流器直径修正系数 k_D 值

D/mm	150	250	360	500	710	1000	1400	2000
K_D	1.28	1.14	1.06	1.00	0.95	0.91	0.88	0.81
H_g/m	—	—	—	—	3.5	4.5	6	8

10. 2. 2   分离粒度的理论模型

水力旋流器的分离粒度常以 d_{50} 来表示。所谓 d_{50}，其意义为旋流器在分级过程中某一粒级 d_i 进入溢流和进入底流的概率一样，该粒级以 d_{50} 表示之。

关于计算 d_{50} 的理论公式有很多，下面列举主要的几种。

（1）根据矿浆在旋流器中回转半径 r_H（等于溢流口尺寸 d_c）处颗粒进入溢流及底流的机会相等，可导出下述公式

$$d_{50} = 0.75 \frac{d_F^2}{\varphi_x} \sqrt{\frac{\pi\mu}{Q_V p(\delta - \rho)}} \qquad (10-21)$$

式中 μ——矿浆黏度；

δ——固体密度；

ρ——介质密度；

φ_x——矿浆回转速度变换系数。

由于溢流管半径 $\frac{1}{2}d_c$ 处切向速度 v_{tc} 不易测知，而进料口速度 v_P 容易测知，故可认为

$$v_{tc} \propto v_P = \varphi_x v_P \qquad (10-22)$$

或

$$\varphi_x = \frac{v_{tc}}{v_P}$$

回转速度变换系数有几种算法，常用下述算法：

$$\varphi_x = 6.6 \frac{F_F \alpha^{0.3}}{D d_c} \qquad (10-23)$$

式中 F_F——进料口截面积，cm^2；

α——旋流器锥角，（°）。

（2）

$$d_{50} = 2.6 \sqrt{\frac{D d_c}{d_F p^{0.5}(\delta - \rho)}} \qquad (10-24)$$

（3）

$$d_{50} = 0.9 \sqrt{\frac{d_c^2 D T_F}{d_F^2 p^{0.5}(\delta - \rho)}} \qquad (10-25)$$

式中 T_F——给料固体浓度，% 。

（4）

$$d_{50} = 85 \frac{(d_F d_c)^{0.68}}{Q_V^{0.53}(\delta - \rho)^{0.5}} \qquad (10-26)$$

式中 Q_V——旋流器给料量，L/min，其计算式为

$$Q_V = 5 d_c d_F \sqrt{gp} \qquad (10-27)$$

将式（10-27）代入式（10-26）可得

$$d_{50} = 19.75 \frac{(d_F d_c)^{0.13}}{p^{0.265}(\delta - \rho)^{0.5}} \qquad (10-28)$$

（5）长沙矿冶研究院提出的公式。其认为旋流器溢流中最大粒度为 d_{50} 的 1.5 ~ 2.0 倍，即

$$d_{max} = (1.5 \sim 2.0)d_{50} \qquad (10-29)$$

以 d_{max} 来描述溢流粒度时，为

$$d_{max} = k\frac{d_c D^{0.5} T_F^n}{d_F^m p^{0.25}(\delta-\rho)^{0.5}} \qquad (10-30)$$

常数 k、m、n 与 d_c 及 T_F 的取值有关，如表 10-2 所示。

表 10-2 k、m、n 与 d_c 及 T_F 的取值的关系

d_c	T_F	k	n	m
<100	<20	0.9~1.0	0.5	1.0
<110	20~25	1.2~1.6	0.5	1.0
150~300	40~60	0.9~1.0	0.5~0.75	1.0~0.5

由表 10-2 可知，T_F 增加，d_c 增大，k、n 取大值，m 取小值。

d_{50} 的理论计算值与实际值偏差较大。

当给料压力 p 不变时，缩小旋流器尺寸 D，则离心力 C 增加；因离心力

$$C = m\frac{v_t^2}{r} = m\frac{v_t^2}{\dfrac{D}{2}}$$

即

$$C \propto \frac{1}{D}$$

式中 v_t——矿浆切线速度。

式（10-21）中 φ_x、π、δ、ρ、μ 均为常数，而 d_P 与 D 有一比例关系，又 $Q_V \propto D^2$，$p \propto D$，故由式（10-21）可得

$$d_{50} \propto D^2 \sqrt{\frac{1}{D^2 D}} \propto D^{\frac{1}{2}}$$

即

$$\frac{d_{50-1}}{d_{50-2}} = \frac{D_1^{\frac{1}{2}}}{D_2^{\frac{1}{2}}} \qquad (10-31)$$

由式（10-31）知，给料压力不变时，改变 D（由式（10-15）和式（10-31））则 Q_V 及 d_{50} 均发生变化；旋流器直径变小，分离粒度变细，处理量 Q_V 急剧下降。

由式（10-16），有

$$\frac{Q_{V-1}}{Q_{V-2}} = \frac{p_1^{\frac{1}{2}}}{p_2^{\frac{1}{2}}}$$

又

$$d_{50} \propto \sqrt{\frac{D^3}{Q_V}}$$

所以

$$\sqrt{D^3} \propto d_{50}\sqrt{Q_V} \propto d_{50}(D^2\sqrt{gp})^{\frac{1}{2}} \propto d_{50}D(gp)^{\frac{1}{4}}$$

或

$$\sqrt{D} \propto d_{50}(gp)^{\frac{1}{4}}$$

因此当旋流器的 D 不变，即 $D_1 = D_2$ 时，有

$$d_{50-1}(gp_1)^{\frac{1}{4}} = d_{50-2}(gp_2)^{\frac{1}{4}}$$

于是

$$\frac{d_{50-1}}{d_{50-2}} = \frac{p_2^{\frac{1}{4}}}{p_1^{\frac{1}{4}}} \qquad (10-32)$$

由

$$Q_V \propto D^3 \sqrt{\frac{1}{d_{50}}}$$

当分离粒度不变时，可得

$$\frac{Q_{V-1}}{Q_{V-2}} = \frac{D_1^3}{D_2^3} \qquad (10-33)$$

根据以上分析，可以归纳如下：

（1）旋流器规格不变，处理量 Q_V 与给矿压力 p 的 $\frac{1}{2}$ 次方成正比，分离粒度 d_{50} 与 p 的 $\frac{1}{4}$ 次方成反比，即

$$\frac{Q_{V-1}}{Q_{V-2}} = \left(\frac{p_1}{p_2}\right)^{\frac{1}{2}}, \quad \frac{d_{50-1}}{d_{50-2}} = \left(\frac{p_2}{p_1}\right)^{\frac{1}{4}}$$

也就是说，旋流器规格不变，欲使流量增加 1 倍，给料压力要增加 4 倍；欲使分离粒度减小 $\frac{1}{2}$，给料压力要增加 16 倍，这在生产中是不利的。

（2）旋流器入口压力不变时，处理量与旋流器直径 D 的二次方成正比；分离粒度不变时，处理量与 D 的三次方成正比，即

$$\frac{Q_{V-1}}{Q_{V-2}} = \left(\frac{D_1}{D_2}\right)^2, \quad \frac{Q_{V-1}}{Q_{V-2}} = \left(\frac{D_1}{D_2}\right)^3$$

因此实际应用中主要不是靠改变操作压力来改变旋流器生产指标，而是靠改变旋流器尺寸（主要为直径 D 及沉砂 d_H）。欲分离粒度细，采用小直径旋流器；欲处理量大，采用大直径旋流器；改变沉砂口，则影响水力旋流器产品中水量分布，从而影响分级效率。

（3）对于一定规格的旋流器，正确地设计入口和出口（溢流口和沉砂口）是非常重要的。

给料口断面尺寸及形状影响处理量及效率。多数旋流器给料口在入口到旋流器柱体部分由圆形向矩形发展，这样有助于矿浆沿旋流器壁扩展。给料口一般有切线形、渐开线形等；后者能使湍流最小，并减少磨损。

溢流管直径 d_c 是一个很重要的变量。在一定入料压力下，增大 d_c 可增加处理量，但溢流粒度变粗。

沉砂口 d_H 的大小决定底流产品的浓度、粒度。沉砂口应能使空气沿旋流器中心轴线进入以形成空气旋流。在适宜的操作条件下排料应形成 20°～30° 夹角的"伞状"喷射（见图 10-2），这样空气能进入旋流器，被分级的粗颗粒能顺利排出，同时也能增大排料

浓度（如大于50%）。增大底流产品浓度可减少其中细颗粒含量，因为细颗粒含量与进入底流中的水量成比例。沉砂口过小就会出现"麻花"状的排料；在这种情况下，空气柱消失，形成与沉砂口直径相同且非常浓的矿浆流，粗大颗粒从溢流口排出，分级效率下降。排砂口过大将形成大的"伞面状"排料，底流浓度变稀，细颗粒过多地混入底流，也导致分级效率下降。因此在生产过程中要特别注意调节和维持沉砂口 d_H 的尺寸不发生变化。

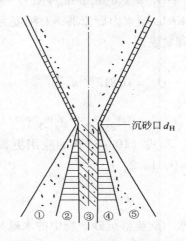

图 10 - 2 沉砂口大小对底流的影响

①，⑤—沉砂口太大呈伞面状排料；②，④—正常伞状排料；③—沉砂口太小呈麻花状排料

通常入料口截面积约为旋流器横切面积的 6% ~ 7%；溢流管直径为旋流器直径的20% ~ 40%；沉砂口直径一般不小于溢流管直径的 25%。

（4）旋流器给料浓度对旋流器的工作也有较大影响。入料浓度增加，将增加矿浆黏度和妨碍颗粒沉降，因此分级精度随矿浆浓度的增加而降低。此外浓度增加，旋流器中旋流运动的阻力增加，因而溢流产品粒度变粗。只有给料浓度较稀（如不超过30%）和给料压力较高时才能进行较细颗粒的分级。

（5）欲使水力旋流器工作稳定，必须保持给料速度不变，同时维持入料压力不变，因此水力旋流器的自动控制是非常必要的。

10.3　水力旋流器的经验模型

由于水力旋流器的影响因素复杂，理论推导很难对这些因素都给予全面考虑。20 世纪 50 年代后期有些选矿工作者采用统计规律研究水力旋流器的数学模型。经拉奥、林奇、米拉、布鲁德雷等人研究，特别是林奇的研究，总结出一组计算水力旋流器指标经验的模型。它们是处理量模型、短路量模型、水量分布模型、效率模型、分离粒度模型等。

10.3.1　处理量模型

在给料粒度不变的条件下，旋流器体积流量 Q_V（L/min）可用下述表达式描述：

$$Q_V = k_0 d_c^{k_1} d_F^{k_2} p^{k_3} \tag{10 - 34}$$

式中，溢流口直径 d_c、入料口当量直径 d_F 的单位为 cm；入口压力 p 的单位为 kPa；k_0、k_1、k_2、k_3 为待定系数。$1Pa = 1N/m^2$，所以 1 工程大气压 $= 1kg/cm^2 = 9.8 \times 10kPa$。

当给料粒度变化较大时，应考虑沉砂口 d_H 这个因素，同时计入给料小于 $53\mu m$ 的数量，（$\gamma_{-53\mu m}\%$），其数学表达式为

$$Q_V = k_0 d_c^{k_1} d_F^{k_2} p^{k_3} d_H^{k_4} \gamma_{-53}^{k_5} \tag{10-35}$$

林奇和劳采用多种规格的 Krebs 型水力旋流器，对纯度为 99% 的石灰石进行工业试验后，根据其试验结果建立了处理量模型。

当给料粒度组成不变时

$$Q_V = 0.81 d_c^{0.73} d_F^{0.86} p^{0.42} \tag{10-36}$$

当给矿粒度组成发生变化时

$$Q_V = 9 d_c^{0.68} d_F^{0.85} p^{0.49} d_H^{0.16} \gamma_{-53}^{-0.35} \tag{10-37}$$

实际研究表明式（10-34）和式（10-35）的应用更普遍些，可以经过试验采用曲线拟合方法求出待定系数 $k_i (i=0, 1, 2, \cdots)$。

10.3.2 水量分布模型

水量分布是指正常生产的水力旋流器沉砂产物中的水量与给料中的水量之比，即

$$R_f = W_H / W_F \tag{10-38}$$

$$W_F = W_C + W_H \tag{10-39}$$

式中 W_H——进入底流的水量；

       W_F——给料水量；

       W_C——进入溢流的水量。

研究水量分布模型的目的是模拟计算进入水力旋流器底流和溢流中的水量，从而计算矿浆的体积和浓度。水量（或矿浆）在旋流器出口（溢流口及沉砂口）的分布既影响分离粒度及分级效率，又影响处理能力。

经研究，进入旋流器的水量分布主要与沉砂口 d_H 的尺寸有关，其数学表达式为

$$W_c = k_1 W_F - k_2 d_H + k_0 \tag{10-40}$$

式中 W_c——溢流中水流率，t/h；

       W_F——入料水量，t/h；

k_1，k_2，k_0——待定系数。

在林奇的试验条件下可得

$$W_c = 1.07 W_F - 3.94 d_H + k_0 \tag{10-41}$$

试验证明，式（10-40）和式（10-41）符合实际。表 10-3 列出了东北大学以纯水和矿浆进行试验的结果。此外还做了以东鞍山赤铁矿磨矿产品为原料进行水力旋流器分级的试验（见表 10-4）。根据试验结果，采用最小二乘法进行曲线拟合，求得式（10-40）中 $k_0 = -0.0333$，$k_1 = 1.104$，$k_2 = 0.6508$。于是得东鞍山铁矿石为原料的试验室水量分布模型为

$$W_c = 1.104 W_F - 0.6508 d_H - 0.0333 \tag{10-42}$$

表 10-4 列出了按式（10-42）计算和实测水量的对比结果。

表 10 – 3 水力旋流器水量分布试验结果

条件	d_H/cm	实测			计 算		
		p/kg·m^{-2}	W_c/t·h^{-1}	W_F/t·h^{-1}	$\hat{W}_c^*$/t·h^{-1}	ΔW_c/t·h^{-1}	误差/%
纯水	0.6	0.3	1.421	1.477	1.376	0.045	3.1
		0.6	1.952	2.012	1.951	0.001	0.05
		1.0	2.55	2.619	2.60	0.05	1.9
	平均	—	—	—	—	—	1.68
	0.8	0.3	1.319	1.507	1.349	0.03	2.2
		0.6	1.892	2.011	1.888	0.004	0.9
		1.0	2.384	2.52	2.43	0.046	1.9
	平均	—	—	—	—	—	1.67
矿浆	0.8	0.65	2.77	2.784	2.72	0.049	1.8
		0.95	4.047	4.063	4.089	0.042	1.0
		1.0	3.426	3.347	3.430	0.017	0.5
	平均	—	—	—	—	—	1.43

注：$\hat{W}_c^*$ 为式（10 – 40）求出 k_0、k_1、k_2 值后的计算结果。

表 10 – 4 东鞍山赤铁矿磨矿产品旋流器分级水量分布试验结果

序号	溢流水量/t·h^{-1}		误差/%	序号	溢流水量/t·h^{-1}		误差/%
	实测 W_c	按式（10 – 42）计算 $\hat{W}_c$	$\dfrac{\|W_c - \hat{W}_c\|}{W_c} \times 100$		实测 W_c	按式（10 – 42）计算 $\hat{W}_c$	$\dfrac{\|W_c - \hat{W}_c\|}{W_c} \times 100$
1	1.767	1.650	6.62	10	2.588	2.499	3.44
2	1.819	1.804	0.82	11	3.319	3.336	0.51
3	2.263	2.367	4.60	12	3.363	3.400	1.10
4	1.751	1.584	9.54	13	3.488	3.654	4.76
5	2.771	2.757	0.50	14	2.779	2.729	1.69
6	3.137	3.345	6.63	15	3.117	1.953	7.75
7	2.498	2.524	1.08	16	3.301	3.426	3.79
8	2.813	2.859	1.64	17	2.779	2.701	2.81
9	3.391	3.443	1.41	18	3.402	3.399	0.09

注：1~6 号和 13~16 号试验，$d_H = 0.8$cm，其余 $d_H = 0.55$cm。

由表 10 – 4 所示结果可以看出，式（10 – 40）的模型可用。此模型可用以计算旋流器产品的浓度及修正系数 E_C。

林奇及其同事经大量研究工作发现，水力旋流器正常工作过程中的水量分布同其给矿矿浆中的含水量以及沉砂口直径有关，其通式为

$$R_f = k_1 \frac{d_H}{W_F} - \frac{k_2}{W_F} + k_3 \qquad (10 - 43)$$

如果考虑给料粒度的影响，则可用式（10 – 44）求水量分布：

$$R_f = \frac{201.2}{W_F}d_H - \frac{268.6}{W_F} - \frac{0.87W_F}{\gamma_{+420}} + \frac{7.85W_F}{\gamma_{-53}} - 621 \tag{10-44}$$

式中　γ_{+420}，γ_{-53}——分别为 $+420\mu m$ 和 $-53\mu m$ 的含量，%。

式（10-44）比式（10-43）更为准确，因为它反映出给料粒度组成对水量分布的影响。

还有资料推荐采用式（10-45）：

$$\frac{W_c}{W_H} = 1.1\left(\frac{d_c}{d_H}\right)^3 \tag{10-45}$$

式中　W_H——底流水量。

经验证式（10-45）与实际偏差较大（见表10-5）。很显然，水量及矿量分布取决于很多因素，例如当压力变化时水量分布就发生，故式（10-45）不能反映实际情况。

表 10-5　式（10-45）试验验证结果表

压力 $p/\mathrm{kg \cdot cm^{-2}}$	$\frac{d_c}{d_H}$	$\left(\frac{d_c}{d_H}\right)^3 \times 1.1$	实测 $\frac{W_c}{W_H}$	$\frac{d_c}{d_H}$	$\left(\frac{d_c}{d_H}\right)^3 \times 1.1$	实测 $\frac{W_c}{W_H}$
0.3	1.4/0.6	13.97	$\frac{23.69}{0.93}=25.47$	1.4/0.8	5.89	$\frac{23.32}{1.80}=12.95$
0.6	1.4/0.6	13.97	$\frac{32.54}{0.99}=32.86$	1.4/0.8	5.89	$\frac{31.53}{1.99}=15.84$
1.0	1.4/0.6	13.97	$\frac{42.61}{1.05}=40.58$	1.4/0.8	5.89	$\frac{39.74}{2.26}=17.58$

注：取自选矿厂设计参考资料。

10.3.3　短路量模型

进入水力旋流器的给料分为两部分：一部分完全靠离心力分级，结果底流中是粗粒产品，溢流中是细粒产品；另一部分是不经过分级直接进入底流，这部分物料称为短路或短路流。短路量的确定十分重要。

不经过分级而直接进入底流部分物料的产率，称为短路量。

短路量主要有以下几种模型：

（1）Kelsall 模型。Kelsall 认为短路量等于水量分布，即

$$R_B = R_f \tag{10-46}$$

式中　R_f——水量分布。

$$R_f = W_H/W_F \tag{10-47}$$

（2）Austin 模型。Austin 认为短路量不是一个固定的值，而是一个变量，即

$$R_B = a \tag{10-48}$$

式中　a——一个变量。

（3）Finch 模型。Finch 认为短路量与给料粒度有关，随着给料粒度的增加，短路量下降；当给料粒度达到某一值时，短路量将是 0，即当 d_i 大于 d_0 时，将不再有短路发生。即

$$R_B = \begin{cases} R_f\left(1 - \dfrac{d_i}{d_0}\right), & d_i < d_0 \\ \\ 0, & d_i > d_0 \end{cases} \qquad (10-49)$$

10.3.4 效率模型

10.3.4.1 修正效率

前已述及（见10.1.2节）按沉降规律分级的设备可用量效率、质效率、总效率来评价。利用式（10-5）计算底流中各级别效率 E 时并不经过坐标原点，而是与纵坐标交于某点。一般认为，该点与 R_f 相当（见图10-3）。这是因为进入水力旋流器底流中的固体颗粒实际上分为两部分：一部分为由旋流器离心力场作用的结果，此可称"分级底流"；另外一部分为由于进入底流中的水量夹带的颗粒所造成，此可称为"短路底流"。各粒级短路底流的绝对量 $q_{i-短底}$ 与 R_f 相当（式（10-46）），即底流中进水愈多（沉砂浓度愈稀），底流产品中短路底流量愈大，分级效率愈低。

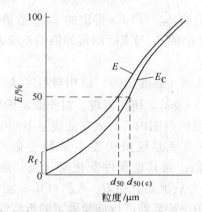

图10-3 水力旋流器底流中各粒级实际效率 E 及修正效率 E_C

由上可知，各级别短路矿量 $q_{i-短底}$ 为

$$q_{i-短底} = R_f q_{i-F} \qquad (10-50)$$

式中 q_{i-F}——旋流器给料中同一粒级的绝对量，t/h。

因此旋流器分级底流 $q_{i-分底}$（t/h）的效率不应按式（10-5）计算，而应从总底流 $q_{i-总底}$ 中减去短路底流 $q_{i-短底}$，即

$$q_{i-分底} = q_{i-总底} - q_{i-短底} \qquad (10-51)$$

由此引出修正效率 E_C 的概念。所谓修正分级效率，是指扣除短路量后，实际分级部分物料中的某一粒级在分级溢流或沉砂中的回收率，即

$$E_C = \frac{分级底流}{分级给料} \qquad (10-52)$$

所谓"分级给料"是考虑到进入旋流器的原料真正被分级的量应是入料量减去短路底流，后者视为未经分级作用而混入底流中的量。各级别"分级给料" $q_{i-分给}$（t/h）可用式（10-53）计算：

$$q_{i-分给} = q_{i-F} - q_{i-短底} \qquad (10-53)$$

由此得

$$E_C = \frac{q_{i-分底}}{q_{i-分给}} = \frac{q_{i-总底} - q_{i-短底}}{q_{i-F} - q_{i-短底}} = \frac{q_{i-总底} - R_f q_{i-F}}{q_{i-F} - R_f q_{i-F}} \qquad (10-54)$$

式（10-54）各项除 q_{i-F}，则 $q_{i-总底}/q_{i-F} = E$，即底流各粒级的实际效率。

$$E_C = \frac{\dfrac{q_{i-总底}}{q_{i-F}} - R_f \dfrac{q_{i-F}}{q_{i-F}}}{\dfrac{q_{i-F}}{q_{i-F}} - R_f \dfrac{q_{i-F}}{q_{i-F}}} = \frac{E - R_f}{1 - R_f} \qquad (10-55)$$

或

$$E_C = \frac{E - R_f}{100 - R_f}\% \qquad (10-56)$$

式（10-55）中，E、R_f、E_C 均为小数；式（10-56）中 E、R_f、E_C 均为百分数。

由式（10-55）或式（10-56）算出的修正效率 E_C 曲线经过坐标原点（见图 10-3）。

需要指出的是，由 E 得出的 d_{50} 与由 E_C 得出的 $d_{50(c)}$ 数值不一样，后者大于前者。这可以解释为什么按理论算式算出的 d_{50} 与实际测定的值偏差较大。

10.3.4.2 折算效率

修正效率的曲线如果横坐标（粒度坐标）以相对粒度 $d_i/d_{50(c)}$ 表示，则曲线称为折算效率曲线，以 $E_d = f(d_i/d_{50(c)})$ 表示。研究发现，对于既定的作业在给料流率 Q_V、固体浓度 $T_F(\%)$ 及 d_c、d_H 变化很宽的范围内折算效率曲线是不变的，且呈 "S" 形；此外，即使物料性质发生变化，折算效率曲线虽也发生某种变化，但仍都是 "S" 形。因此：（1）假如保持旋流器几何相似，而其他条件变化时（包括旋流器直径 D），折算效率不变；（2）物料的折算效率 E_d 与旋流器直径 D、入料口 d_F、溢流口 d_c、沉砂口 d_H，以及操作条件无关；（3）某物料利用小旋流器进行试验确定的折算效率可用于比例放大。

$E_d = f\left(\dfrac{d_i}{d_{50(c)}}\right)$ 的函数关系的数学表达式主要有以下几种形式：

（1）1965 年布鲁德雷以下述方程描述的 "S" 曲线。

$$E_d = 1 - \exp\left[-\left(\frac{d_i}{d_{50(c)}} - 0.115\right)^3\right] \qquad (10-57)$$

此式的缺点是斜率为常数，故仅适用于特定物料。

（2）式（10-57）的改进形式。

$$E_d = 1 - \exp\left[-A\left(\frac{d_i}{d_{50(c)}}\right)^m\right] \qquad (10-58)$$

式中 A，m——参数。

当 $d_i/d_{50(c)} = 1$ 时，$E_d = 0.5$，求得 $A = 0.693$。所以式（10-58）又可写成

$$E_d = 1 - \exp\left[-0.693\left(\frac{d_i}{d_{50(c)}}\right)^m\right] \qquad (10-59)$$

图 10-4 示出了不同 m 值的折算效率曲线的变化情况。由图可知，随着 m 值的增加，曲线变陡，底流中细粒级含量减少。

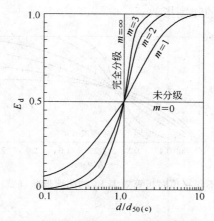

图 10 - 4   不同 m 值时折算效率 E_d 的曲线形状（式（10 - 59））

（3）林奇以 $\phi150$，$\phi250$，$\phi380$，$\phi500$ 水力旋流器进行试验，并用计算机进行多项回归计算，导出下述折算效率模型：

$$E_d = \frac{e^{\alpha x} - 1}{e^{\alpha x} + e^{\alpha} - 2} \qquad (10 - 60)$$

式中，$x = d_i/d_{50(c)}$，α 为参数。

式（10 - 59）中 m 与式（10 - 60）中 α 具有一定关系。由试验得出 $\alpha = f(m)$ 呈线性关系，因此可用下述线性模型表示：

$$\alpha = C_1 m + C_2 \qquad (10 - 61)$$

式中 C_1，C_2——待测参数。

有人经过试验，并用回归分析求出参数 C_1、C_2 值，即

$$\alpha = 1.74m - 0.47 \qquad (10 - 62)$$

下边对式（10 - 60）进行一些讨论。

式（10 - 59）可以化为线性方程，但是式（10 - 60）是超越方程，不能化为线性方程，因此只能近似求解 α 值。一种办法是计算机计算求解；另一种办法是作图近似求解。计算方法如下。

将式（10 - 60）变换成下述形式：

$$E_d(e^{\alpha x} + e^{\alpha} - 2) = e^{\alpha x} - 1 \qquad (10 - 63)$$

令 $\qquad\qquad T_1 = (e^{\alpha x} + e^{\alpha} - 2)E_d \qquad (10 - 64)$

$$T_2 = e^{\alpha x} - 1$$

将 (E_{d-i}, x_i) 的试验值代入 T_1、T_2 方程式，并以一定步长赋予 α 值，当 $T_1 = T_2$ 时，即可求得 α 值。

图 10 - 5 示出了不同 α 值的折算效率曲线的变化情况。由图可知，随着 α 值的增加，曲线变陡，底流中细粒级含量减少。

（4）勒基（Luckie）- 奥斯汀（Austin）在试验基础上提出了下述计算折算效率的半经验公式：

$$E_d = \frac{1}{1 + \left(\dfrac{d}{d_{50(c)}}\right)^{2.196/\ln(S_i)}} \qquad (10 - 65)$$

式中 S_i——折算效率曲线的陡度指数。

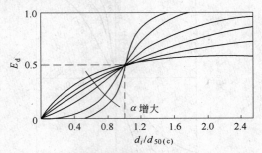

图 10-5 不同 α 值时折算效率 E_d 的曲线形状（式（10-60））

S_i 的定义为

$$S_i = \frac{d_{0.25}}{d_{0.75}} \tag{10-66}$$

式中，$d_{0.25}$、$d_{0.75}$ 分别为修正效率（按式（10-55）计算）等于 0.25 和 0.75 时相应的粒度值（见图 10-3）。

大多数工业用旋流器的陡度指数 S_i 介于 0.3~0.6 之间。

（5）罗杰斯（Rogers）折算效率模型，形式如下：

$$E_d = \frac{1}{1 + \dfrac{d_{50(c)}}{d} \exp\left\{\beta\left[1 - \left(\dfrac{d}{d_{50(c)}}\right)^3\right]\right\}} \tag{10-67}$$

罗杰斯等进一步研究，发现式（10-67）中参数 β 与陡度 S_i 之间存在下述关系：

$$S_i = \frac{\ln(\beta/0.07986)}{14.564} \tag{10-68}$$

上述几个效率曲线均可应用，不过对某些具体条件，有的精度高些，有的精度低些。

10.3.5 分离粒度模型

水力旋流器的分离粒度有实际分离粒度和修正分级粒度之分。实际分离粒度是指在旋流器分级过程中，进入溢流和底流的概率各为 50% 的颗粒粒度，常用 d_{50} 表示；修正分离粒度是指考虑了旋流器分级过程中的短路后，进入溢流和底流概率均为 50% 的颗粒粒度，通常用 $d_{50(c)}$ 来表示。如图 10-3 所示。

前已述及水力旋流器实际分离粒度 d_{50} 小于修正分离粒度 $d_{50(c)}$。$d_{50(c)}$ 有两种求法：

（1）根据修正效率曲线求 $d_{50(c)}$。经过试验测定实际效率 E 及 R_f 值，按式（10-55）或式（10-56）计算修正效率 E_C。然后绘制 $E_C = f(d_i)$ 曲线，与 $E_C = 0.5$（50%）相应的粒度即为 $d_{50(c)}$。

（2）根据分离粒度数学模型求 $d_{50(c)}$。

$$\lg d_{50(c)} = k_1 d_c - k_2 d_H + k_3 d_F + k_4 T_F - k_5 Q_V + k_0 \tag{10-69}$$

式中，d_c、d_H、d_F 单位为 cm；入料浓度 T_F 单位为固体重量百分比；入料流率 Q_V 单位为 L/min；求得的 $d_{50(c)}$ 单位为 μm。

在试验或实际生产中，d_c、d_H、d_F 均为已知，可利用流量计测定 Q_V，利用浓度计测

定 T_F，并对旋流器的给料、底流、溢流进行取样、粒度分析，这样可测知试验条件下的 d_{50} 及 $d_{50(c)}$。然后采用最小二乘法对式（10-69）进行曲线拟合后求参数 $k_i(i=0,1,\cdots,5)$。这样即可求出适合物料粒度的分离粒度模型。

林奇以硅灰石为原料，采用直径 $D=508mm$ 的 Krebs 型水力旋流器进行试验，得到的数学模型如下：

$$\lg d_{50(c)} = 0.04d_c - 0.0576d_H + 0.0366d_F + 0.0299T_F - 0.00005Q_F + 0.0806 \quad (10-70)$$

当水力旋流器给矿粒度组成变化不大时，运用式（10-70）可以根据小型旋流器试验结果预测工业旋流器的修正分离粒度 $d_{50(c)}$ 值。但当给矿粒度组成变化较大时，将会影响预测结果的准确性。如果考虑给矿粒度组成的变化，则水力旋流器的修正分离粒度数学模型为

$$\lg d_{50(c)} = 0.0418d_c - 0.0543d_H + 0.0304d_F + 0.0319T_F - \\ 0.00006Q_F - 0.0042\gamma_{+420} + 0.0004\gamma_{-53} \quad (10-71)$$

式中 γ_{+420}，γ_{-53}——分别为给矿中 $+420\mu m$ 和 $-53\mu m$ 粒级的含量，%。

杜亥姆采用直径 $D=100mm$ 的水力旋流器对白云石进行了系统的分级研究，周密地考察了水力旋流器沉砂固体回收率与修正分离粒度的函数关系，并根据研究资料建立了具有简单结构形式的修正分级粒度模型：

$$d_{50(c)} = 195.466 - 1.786R_1 \quad (10-72)$$

式中 R_1——沉砂固体回收率，%。

【实例 10-1】 以东鞍山赤铁矿磨矿产品为原料，在 $\phi75$ 旋流器上进行试验。试验条件及数据示于表 10-6 中。试根据该表试验数据求式（10-69）中参数 $k_i(i=0,1,\cdots,5)$。

表 10-6 $\phi75$ 水力旋流器 $d_{50(c)}^*$ 试验条件及结果

试验序号	d_c/cm	d_H/cm	d_F/cm	T_F/%	Q_V/L·min^{-1}	$d_{50(c)}$/μm	$\lg d_{50(c)}$
1	1.2	0.8	1.76	21.44	38.732	18.19	1.2598
2	1.2	0.8	1.76	21.15	47.904	11.88	1.0751
3	1.4	0.8	1.76	28.52	66.455	37.30	1.5717
4	1.4	0.8	1.76	26.41	55.786	41.26	1.6155
5	1.4	0.8	1.55	26.93	70.983	40.07	1.6028
6	1.4	0.8	1.55	22.69	54.266	38.62	1.5868
7	1.2	0.8	1.55	25.53	66.733	34.66	1.5398
8	1.2	0.8	1.55	19.49	42.022	13.19	1.1433
9	1.2	0.55	1.76	29.65	49.737	70.06	1.8455
10	1.2	0.55	1.76	21.45	53.172	75.00	1.8751
11	1.4	0.55	1.76	28.81	64.722	139.04	2.1431
12	1.4	0.55	1.76	26.27	62.740	134.16	2.1276
13	1.4	0.55	1.55	25.18	77.800	201.80	2.3049
14	1.4	0.55	1.55	23.91	63.725	173.00	2.2380

注：$d_{50(c)}^*$ 为水力旋流器对各产品进行取样筛析，计算 E_C，由 $E_C = f(d_i)$ 曲线求出。

解：自变量的结构矩阵 X 及其转置矩阵 X^T 为

$$X = \begin{pmatrix} 1 & d_{c-1} & d_{H-1} & d_{F-1} & T_{F-1} & Q_{V-1} \\ 1 & d_{c-2} & d_{H-2} & d_{F-2} & T_{F-2} & Q_{V-2} \\ 1 & d_{c-3} & d_{H-3} & d_{F-3} & T_{F-3} & Q_{V-3} \\ \vdots & \vdots & \vdots & \vdots & \vdots & \vdots \\ 1 & d_{c-14} & d_{H-14} & d_{F-14} & T_{F-14} & Q_{V-14} \end{pmatrix} \tag{10-73}$$

$$X^T = \begin{pmatrix} 1 & 1 & 1 & \cdots & 1 \\ d_{c-1} & d_{c-2} & d_{c-3} & \cdots & d_{c-14} \\ d_{H-1} & d_{H-2} & d_{H-3} & \cdots & d_{H-14} \\ d_{F-1} & d_{F-2} & d_{F-3} & \cdots & d_{F-14} \\ T_{F-1} & T_{F-2} & T_{F-3} & \cdots & T_{F-14} \\ Q_{V-1} & Q_{V-2} & Q_{V-3} & \cdots & Q_{V-14} \end{pmatrix} \tag{10-74}$$

上述矩阵中各元素值 d_{c-i}，d_{H-i}，d_{F-i}，T_{F-i}，$Q_{V-i}(i=1,2,\cdots,14)$ 为表 10-6 中的相应值。由此得系数矩阵 A 为

$$A = X^T X \tag{10-75}$$

常系数矩阵 B 为

$$B = X^T Y = \begin{pmatrix} 1 & 1 & 1 & \cdots & 1 \\ d_{c-1} & d_{c-2} & d_{c-3} & \cdots & d_{c-14} \\ d_{H-1} & d_{H-2} & d_{H-3} & \cdots & d_{H-14} \\ \vdots & \vdots & \vdots & & \vdots \\ Q_{V-1} & Q_{V-2} & Q_{V-3} & \cdots & Q_{V-14} \end{pmatrix} \begin{pmatrix} \lg d_{50(c)-1} \\ \lg d_{50(c)-2} \\ \lg d_{50(c)-3} \\ \vdots \\ \lg d_{50(c)-14} \end{pmatrix} \tag{10-76}$$

由此得未知元矩阵 K 为

$$K = \begin{pmatrix} k_0 \\ k_1 \\ k_2 \\ k_3 \\ k_4 \\ k_5 \end{pmatrix} = A^{-1} B = [X^T X]^{-1} \cdot X^T Y \tag{10-77}$$

解上述矩阵，求得

$k_0 = 1.92956$，$k_1 = 1.08776$，$k_2 = 2.33955$，$k_3 = -0.35131$，$k_4 = 0.00818$，$k_5 = -0.00609$

于是得分离粒度数学模型为

$$\lg d_{50(c)} = 1.08776 d_c - 2.33955 d_H - 0.35131 d_F + 0.00818 T_F + 0.00609 Q_V + 1.92956 \tag{10-78}$$

表 10-7 列出了按式（10-78）计算出的 $d_{50(c)}$ 与实测 $d_{50(c)}$ 的对比。由该表对比结果可知按式（10-78）算出的 $d_{50(c)}$ 绝大多数均在 $d_{25(c)} \sim d_{75(c)}$ 范围内。

表 10-7 $d_{50(c)}$ 的计算值（按式（10-78））与试验值对比

序 号	$d_{50(c)}/\mu m$		试验值/μm	
	计算值	试验值	$d_{25(c)}$	$d_{75(c)}$
1	14.33	18.19	16.90	20.11
2	16.21	11.88	9.63	16.05
3	39.86	37.30	30.96	46.61
4	35.67	38.62	27.54	51.32
5	17.14	13.91	11.77	17.65
6	75.03	70.06	54.94	91.64
7	139.42	134.16	88.36	190.36
8	199.95	201.80	124.89	273.30

【**实例 10-2**】 以东鞍山赤铁矿磨矿产品为原料进行旋流器试验。实测得知旋流器给料、溢流、底流三种产品的料量分别为 $Q_F = 1.39t/h$，$Q_C = 1.159t/h$，$Q_H = 0.231t/h$。各产品粒度分析结果见表 10-8，且已算出 $R_f = 2.068\%$。试求：（1）$d_{50(c)}$；（2）修正效率 E_c；（3）折算效率模型中参数 α 值。

解：按矩阵计算较简便。设 $[\gamma_{F-i}]$，$[\gamma_{C-i}]$ 及 $[\gamma_{H-i}]$ 分别代表旋流器给料、溢流和底流产品中各粒级粒度分布矩阵，则

$$[\gamma_{F-i}] = \begin{pmatrix} 1.51 \\ 1.87 \\ 7.84 \\ 5.54 \\ 16.84 \\ 22.66 \\ 15.54 \\ 8.20 \\ 5.97 \\ 14.03 \end{pmatrix}_{10\times1}, \quad [\gamma_{C-i}] = \begin{pmatrix} 0 \\ 0 \\ 2.07 \\ 5.26 \\ 16.48 \\ 25.54 \\ 17.60 \\ 9.49 \\ 7.08 \\ 16.48 \end{pmatrix}_{10\times1}, \quad [\gamma_{H-i}] = \begin{pmatrix} 9.09 \\ 11.36 \\ 36.80 \\ 6.93 \\ 18.61 \\ 8.23 \\ 5.19 \\ 1.73 \\ 0.43 \\ 1.73 \end{pmatrix}_{10\times1}$$

由此得给料、溢流、底流中各粒级物料的料量矩阵为

$$[q_{F-i}]_{m\times1} = Q_F \times [\gamma_{F-i}]_{m\times1} = \frac{1.39}{100} \times \begin{pmatrix} 1.51 \\ 1.87 \\ 7.84 \\ \vdots \\ 14.03 \end{pmatrix}_{10\times1} = \begin{pmatrix} 0.021 \\ 0.026 \\ 0.109 \\ \vdots \\ 0.195 \end{pmatrix}_{10\times1}$$

$$[q_{C-i}]_{m\times1} = Q_C \times [\gamma_{C-i}]_{m\times1} = \frac{1.159}{100} \times \begin{pmatrix} 0 \\ 0 \\ 2.07 \\ 5.26 \\ \vdots \\ 16.48 \end{pmatrix}_{10\times1} = \begin{pmatrix} 0 \\ 0 \\ 0.024 \\ 0.061 \\ \vdots \\ 0.091 \end{pmatrix}_{10\times1}$$

$$[q_{H-i}]_{m \times 1} = Q_H \times [\gamma_{H-i}]_{m \times 1} = \frac{0.231}{100} \times \begin{pmatrix} 9.09 \\ 11.26 \\ 36.80 \\ \vdots \\ 1.73 \end{pmatrix}_{10 \times 1} = \begin{pmatrix} 0.021 \\ 0.026 \\ 0.085 \\ \vdots \\ 0.004 \end{pmatrix}_{10 \times 1}$$

短路底流矩阵为

$$[q_{H-短-i}]_{m \times 1} = R_f [q_{F-i}]_{m \times 1} = \frac{2.068}{100} \times \begin{pmatrix} 0.021 \\ 0.026 \\ 0.109 \\ \vdots \\ 0.195 \end{pmatrix}_{10 \times 1} = \begin{pmatrix} 0.00043 \\ 0.00053 \\ 0.00225 \\ \vdots \\ 0.00400 \end{pmatrix}_{10 \times 1} \quad (10-79)$$

由以上计算可得出水力旋流器产品中各粒级的折算料量。

分级给料矩阵为

$$\begin{aligned} [q_{F-分-i}]_{m \times 1} &= [q_{F-i}]_{m \times 1} - [q_{H-短-i}]_{m \times 1} \\ &= [q_{F-i}]_{m \times 1} - R_f [q_{F-i}]_{m \times 1} \\ &= (1 - R_f)[q_{F-i}]_{m \times 1} \\ &= (1 - 0.02068) \begin{pmatrix} 0.021 \\ 0.026 \\ \vdots \\ 0.195 \end{pmatrix}_{10 \times 1} = \begin{pmatrix} 0.02057 \\ 0.02547 \\ \vdots \\ 0.1909 \end{pmatrix}_{10 \times 1} \end{aligned}$$

分级底流矩阵为

$$\begin{aligned} [q_{H-分-i}]_{m \times 1} &= [q_{H-i}]_{m \times 1} - [q_{H-短-i}]_{m \times 1} \\ &= [q_{H-i}]_{m \times 1} - R_f [q_{F-i}]_{m \times 1} \\ &= \begin{pmatrix} 0.021 \\ 0.026 \\ 0.085 \\ \vdots \\ 0.004 \end{pmatrix}_{10 \times 1} - \begin{pmatrix} 0.00043 \\ 0.00053 \\ 0.00225 \\ \vdots \\ 0.00400 \end{pmatrix}_{10 \times 1} = \begin{pmatrix} 0.02057 \\ 0.02547 \\ 0.08275 \\ \vdots \\ 0 \end{pmatrix}_{10 \times 1} \end{aligned} \quad (10-80)$$

修正效率矩阵 $[E_{C-i}]$ 为

$$[E_{C-i}] = ([q_{F-分-i}]_{m \times 1})_{m \times m}^{-1} [q_{H-分-i}]_{m \times 1}$$

$$= \begin{pmatrix} 0.02057 & 0 & 0 & \cdots & 0 \\ 0 & 0.02547 & 0 & \cdots & 0 \\ 0 & 0 & 0.10675 & \cdots & 0 \\ \vdots & \vdots & \vdots & & \vdots \\ 0 & 0 & 0 & \cdots & 0.1909 \end{pmatrix}_{10 \times 10}^{-1} \times \begin{pmatrix} 0.02057 \\ 0.02547 \\ 0.08275 \\ \vdots \\ 0 \end{pmatrix}_{10 \times 1}$$

$$= \begin{pmatrix} \dfrac{1}{0.02057} & 0 & 0 & \cdots & 0 \\ 0 & \dfrac{1}{0.02547} & 0 & \cdots & 0 \\ 0 & 0 & \dfrac{1}{0.10675} & \cdots & 0 \\ \vdots & \vdots & \vdots & & \vdots \\ 0 & 0 & 0 & \cdots & \dfrac{1}{0.1909} \end{pmatrix}_{10 \times 10} \times \begin{pmatrix} 0.02057 \\ 0.02547 \\ 0.08275 \\ \vdots \\ 0 \end{pmatrix}_{10 \times 1}$$

$$= \begin{bmatrix} 1 & 1 & 0.7752 & 0.1911 & 0.1665 & 0.0405 & 0.0356 & 0.0417 & 0 & 0 \end{bmatrix}_{1 \times 10}^{T}$$

上述矩阵计算中 m 为粒级数目，本例中 $m = 10$。计算结果示于表 10 - 8 中，根据表 10 - 8 中计算结果绘制 $E_d = f(d_i / d_{50(c)})$ 曲线（见图 10 - 6）。利用计算机求得折算效率模型中参数 $\alpha = 4.46$。于是求得折算效率模型为

$$E_d = \frac{e^{4.46x} - 1}{e^{4.46x} + e^{4.46} - 2} \tag{10-81}$$

表 10 - 8 旋流器各产品粒度分布及修正效率计算

粒级/μm		产率/%			各粒级料量/t·h⁻¹			折算料量/t·h⁻¹			修正效率	相对粒度
粒径	$d_i = \sqrt{d_1 d_2}$	给料 γ_F	溢流 γ_C	底流 γ_H	给料 q_{F-i}	溢流 q_{C-i}	底流 q_{H-i}	短路底流 $q_{H-短-i}$	分级给料 $q_{F-分-i}$	分级底流 $q_{H-分-i}$	E_C/%	$\dfrac{d_i}{d_{50(c)}}$
+500.0	612.4	1.51	0.00	9.09	0.021	0.00	0.021	0.00043	0.02057	0.02057	100.00	4.4045
+200.0	316.2	1.87	0.00	11.26	0.026	0.00	0.026	0.00053	0.02547	0.02547	100.00	2.2742
+147.9	172.0	7.84	2.07	36.80	0.109	0.024	0.085	0.00225	0.10675	0.08275	77.52	1.2370
+100.0	121.6	5.54	5.26	6.93	0.077	0.061	0.016	0.00159	0.07541	0.01441	19.11	0.8746
+74.0	86.0	16.84	16.48	18.61	0.234	0.191	0.043	0.00484	0.22916	0.03816	16.65	0.6185
+52.0	62.0	22.66	25.54	8.23	0.315	0.296	0.019	0.00650	0.3085	0.01250	4.050	0.4459
+37.0	43.9	15.54	17.60	5.19	0.216	0.204	0.012	0.00446	0.21154	0.00754	3.560	0.3157
+25.5	30.7	8.20	9.49	1.73	0.114	0.110	0.004	0.00236	0.11164	0.00164	1.470	0.2208
+18.0	21.4	5.97	7.08	0.83	0.083	0.082	0.001	0.00171	0.08129	0.00000	—	
-18.0	9.0	14.03	16.48	1.73	0.195	0.191	0.004	0.00400	0.1909	0.00000	—	
		100.00	100.00	100.00	1.390	1.159	0.231	0.0287	1.3613	0.203		

注：$d_{50(c)} = 139 \mu m$，$R_f = 2.068\%$。

【实例 10 - 3】 在实例 10 - 2 中如旋流器给料量及浓度发生变化，经取样实测得 $Q_F = 2.0 t/h$，$R_f = 4\%$，并根据式（10 - 78）分离粒度模型算出 $d_{50(c)} = 200 \mu m$。试计算水力旋流器溢流和底流的实际粒度分布（假设给料粒度分布没有发生变化）。

解：（1）根据已知条件求给料各粒级料量分布为

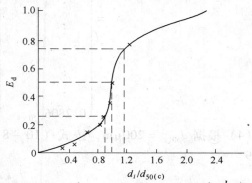

图 10 - 6 根据表 10 - 8 结果绘制的 $E_d = f\left(\dfrac{d_i}{d_{50(c)}}\right)$ 曲线

$$[q_{F-i}]_{10\times1} = Q_F[\gamma_{F-i}]_{10\times1} = 2.0 \begin{pmatrix} 0.0151 \\ 0.0187 \\ 0.0784 \\ 0.0554 \\ 0.1684 \\ 0.2266 \\ 0.1554 \\ 0.0820 \\ 0.0597 \\ 0.1403 \end{pmatrix}_{10\times1} = \begin{pmatrix} 0.0302 \\ 0.0374 \\ 0.1568 \\ 0.1108 \\ 0.3368 \\ 0.4532 \\ 0.3108 \\ 0.1640 \\ 0.1194 \\ 0.2806 \end{pmatrix}_{10\times1}$$

（2）各粒级短路底流料量为

$$[q_{H-短-i}]_{10\times1} = R_f[q_{F-i}]_{10\times1} = 0.04 \begin{pmatrix} 0.0302 \\ 0.374 \\ 0.1568 \\ \vdots \\ \vdots \\ \vdots \\ \vdots \\ \vdots \\ \vdots \\ 0.2806 \end{pmatrix}_{10\times1} = \begin{pmatrix} 0.001208 \\ 0.001496 \\ 0.006272 \\ 0.004432 \\ 0.013472 \\ 0.018128 \\ 0.012432 \\ 0.00656 \\ 0.004776 \\ 0.011224 \end{pmatrix}_{10\times1}$$

（3）分级给料各粒级料量为

$$[q_{F-分-i}]_{10\times1} = [q_{F-i}]_{10\times1} - [q_{H-短-i}]_{10\times1}$$

$$= \begin{pmatrix} 0.0302 \\ 0.0374 \\ 0.1568 \\ \vdots \\ \vdots \\ \vdots \\ \vdots \\ \vdots \\ \vdots \\ 0.2806 \end{pmatrix}_{10\times1} - \begin{pmatrix} 0.001208 \\ 0.001496 \\ 0.006272 \\ \vdots \\ \vdots \\ \vdots \\ \vdots \\ \vdots \\ \vdots \\ 0.011224 \end{pmatrix}_{10\times1} = \begin{pmatrix} 0.028992 \\ 0.035904 \\ 0.150528 \\ 0.106368 \\ 0.323328 \\ 0.435072 \\ 0.298368 \\ 0.15744 \\ 0.114624 \\ 0.269376 \end{pmatrix}_{10\times1}$$

（4）根据 $d_{50(c)} = 200\mu m$，按式（10 - 81）计算各级别折算效率，计算结果见表 10 - 9。

$$E_d = \frac{e^{4.46\frac{d_i}{200}} - 1}{e^{4.46\frac{d_i}{200}} + e^{4.46} - 2}$$

表 10 −9   各粒级折算效率计算结果

$d_i/\mu m$	$\dfrac{d_i}{200}$	$E_d/\%$	$d_i/\mu m$	$\dfrac{d_i}{200}$	$E_d/\%$
612. 4	3. 062	100. 00	86. 0	0. 430	6. 36
316. 2	1. 581	93. 10	62. 0	0. 310	3. 37
172. 0	0. 860	34. 38	43. 9	0. 219	1. 91
121. 6	0. 608	14. 11			

（5）分级底流各粒级料量为

$$[q_{H-分-i}]_{10\times1} = [E_{c-i}]_{10\times10}[q_{F-分-i}]_{10\times1}$$

$[E_{c-i}]_{10\times10}$ 为对角阵，所以有

$$[q_{H-分-i}] = \begin{pmatrix} 1 & 0 & 0 & 0 & 0 & 0 & 0 & 0 & 0 & 0 \\ 0 & 0.9310 & 0 & 0 & 0 & 0 & 0 & 0 & 0 & 0 \\ 0 & 0 & 0.3438 & 0 & 0 & 0 & 0 & 0 & 0 & 0 \\ 0 & 0 & 0 & 0.1411 & 0 & 0 & 0 & 0 & 0 & 0 \\ 0 & 0 & 0 & 0 & 0.0636 & 0 & 0 & 0 & 0 & 0 \\ 0 & 0 & 0 & 0 & 0 & 0.0337 & 0 & 0 & 0 & 0 \\ 0 & 0 & 0 & 0 & 0 & 0 & 0.0191 & 0 & 0 & 0 \\ 0 & 0 & 0 & 0 & 0 & 0 & 0 & 0 & 0 & 0 \\ 0 & 0 & 0 & 0 & 0 & 0 & 0 & 0 & 0 & 0 \\ 0 & 0 & 0 & 0 & 0 & 0 & 0 & 0 & 0 & 0 \end{pmatrix}_{10\times10} \times$$

$$\begin{pmatrix} 0.028992 \\ 0.035904 \\ 0.1505028 \\ 0.106368 \\ \vdots \\ \vdots \\ \vdots \\ \vdots \\ \vdots \\ 0.269376 \end{pmatrix}_{10\times1} = \begin{pmatrix} 0.028992 \\ 0.033427 \\ 0.051751 \\ 0.015008 \\ 0.020563 \\ 0.014002 \\ 0.005699 \\ 0 \\ 0 \\ 0 \end{pmatrix}_{10\times1}$$

（6）实际总底流各粒级料量为

$$[q_{H-i}]_{10\times1} = [q_{H-短-i}]_{10\times1} + [q_{H-分-i}]_{10\times1} = \begin{pmatrix} 0.030200 \\ 0.034923 \\ 0.058023 \\ 0.077463 \\ 0.111498 \\ 0.032790 \\ 0.018131 \\ 0.00656 \\ 0.004776 \\ 0.011224 \end{pmatrix}_{10\times1}$$

（7）实际溢流各粒级料量为

$$[q_{C-i}]_{10\times1} = [q_{F-i}]_{10\times1} - [q_{H-i}]_{10\times1} = \begin{pmatrix} 0 \\ 0.002477 \\ 0.098777 \\ 0.033337 \\ 0.225302 \\ 0.420410 \\ 0.292669 \\ 0.157440 \\ 0.114624 \\ 0.269376 \end{pmatrix}_{10\times1}$$

（8）底流粒度分布为

$$[\gamma_{H-i}]_{10\times1} = \frac{100}{\sum\limits_{i=1}^{10} q_{H-i}} [q_{H-i}]_{10\times1}$$

$$= \frac{100}{0.385588} \begin{pmatrix} 0.030200 \\ 0.034923 \\ 0.058023 \\ \vdots \\ \vdots \\ \vdots \\ \vdots \\ \vdots \\ \vdots \\ 0.011224 \end{pmatrix}_{10\times1} = \begin{pmatrix} 7.83 \\ 9.06 \\ 15.05 \\ 20.09 \\ 28.91 \\ 8.50 \\ 4.70 \\ 1.70 \\ 1.24 \\ 2.91 \end{pmatrix}_{10\times1}$$

（9）溢流粒度分布为

$$[\gamma_{C-i}]_{10\times1} = \frac{100}{\sum\limits_{i=1}^{10} q_{C-i}} [q_{C-i}]_{10\times1}$$

$$= \frac{100}{1.614412} \begin{pmatrix} 0 \\ 0.002477 \\ 0.098777 \\ \vdots \\ \vdots \\ \vdots \\ \vdots \\ \vdots \\ \vdots \\ 0.269376 \end{pmatrix}_{10\times1} = \begin{pmatrix} 0 \\ 0.15 \\ 6.12 \\ 2.06 \\ 13.96 \\ 26.04 \\ 18.13 \\ 9.75 \\ 7.10 \\ 16.69 \end{pmatrix}_{10\times1}$$

将以上计算结果列于表 10 – 10 中。

表 10 – 10　水力旋流器计算结果

粒级/μm		给料量 q_{F-i} /t·h⁻¹	短路底流料量 $q_{H-短-i}$ /t·h⁻¹	分级给料量 $q_{F-分-i}$ /t·h⁻¹	底　流			溢流料量 q_{C-i} /t·h⁻¹	产率/%	
粒径	$d_i = \sqrt{d_1 d_2}$				折算效率 E_{d-i}	分级底流 $q_{H-分-i}$ /t·h⁻¹	总底流 q_{H-i} /t·h⁻¹		γ_{H-i}	γ_{C-i}
+500.0	612.4	0.0302	0.001208	0.028992	1.0000	0.028992	0.030200	0.000000	7.83	0.00
+200.0	316.2	0.0374	0.001496	0.035904	0.9310	0.033427	0.034923	0.002477	9.06	0.15
+147.9	172.0	0.1568	0.006272	0.150528	0.3438	0.051751	0.058032	0.098777	15.05	6.12
+100.0	121.6	0.1108	0.004432	0.106368	0.1411	0.015008	0.077463	0.033337	20.09	2.06
+74.0	86.0	0.3368	0.013472	0.323328	0.0636	0.020563	0.111498	0.225302	28.91	13.96
+52.0	62.0	0.4532	0.018128	0.435072	0.0337	0.014602	0.032790	0.420410	8.50	26.04
+31.0	43.9	0.3108	0.012432	0.29836	0.0191	0.005699	0.018131	0.292669	4.70	18.13
+25.5	30.7	0.1640	0.006560	0.15744	0.0000	0.000000	0.065600	0.157440	1.70	9.75
+18.0	21.4	0.1194	0.004776	0.114624	0.0000	0.000000	0.004776	0.114624	1.24	7.10
–18.0	9.0	0.2806	0.011224	0.269376	0.0000	0.000000	0.011224	0.269376	2.91	16.69
		2.0	0.08	1.92		0.305588	0.385588	1.614412	100.00	100.00

由以上计算可推得底流各粒级产率计算公式为

$$[\gamma_{H-i}] = \frac{100}{\sum\limits_{i=1}^{n} q_{H-i}} ([q_{H-短-i}] + [q_{H-分-i}])$$

$$= \frac{100}{\sum\limits_{i=1}^{n} q_{H-i}} ([q_{H-短-i}] + [E_{C-i}][q_{F-分-i}])$$

$$= \frac{100}{\sum\limits_{i=1}^{n} q_{H-i}} \{[q_{H-短-i}] + [E_{C-i}]([q_{F-i}] - [q_{H-短-i}])\}$$

$$= \frac{100}{\sum\limits_{i=1}^{n} q_{H-i}} \{(I - E_{C-i})[q_{H-短-i}] + [E_{C-i}][q_{F-i}]\}$$

$$= \frac{100}{\sum\limits_{i=1}^{n} q_{H-i}} \{(I - E_{C-i})R_f[q_{F-i}] + [E_{C-i}][q_{F-i}]\}$$

$$= \frac{100}{\sum\limits_{i=1}^{n} q_{H-i}} \{\{(I - E_{C-i})R_f + [E_{C-i}]\}[Q_F][\gamma_{F-i}]\} \qquad (10-82)$$

溢流粒度分布为

$$[\gamma_{C-i}] = \frac{100}{\sum\limits_{i=1}^{n} q_{C-i}} \{\{I - \{(I - E_{C-i})R_f + [E_{C-i}]\}\}[Q_F][\gamma_{F-i}]\} \qquad (10-83)$$

E_{C-i} 以对角矩阵表示之。

10.4 筛分数学模型

筛分效率和生产率是筛分过程的两个主要指标，二者之间也有一定的关系，同时也与其他因素有关。影响筛分过程的因素可以分为三类：

（1）入筛物料的性质。包括物料的粒度组成、湿度、含泥量以及颗粒的相对密度和形状等。

（2）筛分设备构造。包括筛面运动特性、筛面长度和宽度、筛孔尺寸和形状，以及有效筛面等。

（3）筛子的工作条件。包括要求的筛分效率、给料的均匀性，以及筛子的振幅及振次等。

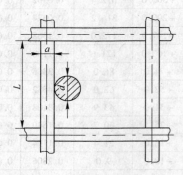

图 10 – 7　颗粒通过筛孔的概率

10.4.1 筛分概率模型

筛分过程中由于物料与筛面的相对运动，筛面上的物料被松散分层，粗大颗粒在上层，细小颗粒在下层，小于筛孔的颗粒穿过筛孔构成筛下物料，但是尺寸大小接近筛孔尺寸的颗粒则不易透过筛孔。颗粒大小及其透过筛孔的概率可用图 10 – 7 来说明。假设筛孔边长为 L，筛丝直径为 a，颗粒尺寸为 d，颗粒垂直筛面下落，则颗粒透过筛孔的概率 P 为

$$P = \frac{(L-d)^2}{(L+a)^2} = \frac{L^2}{(L+a)^2}\left(1 - \frac{d}{L}\right)^2 \tag{10-84}$$

式中，$L^2/(L+a)^2$ ＝筛孔面积/筛网面积，对于一定筛面来说为一常数，以 β 表示。β 称为筛网有效活面。d/L 为颗粒尺寸与筛孔尺寸之比，称为相对粒度，以 x 表示。这样式（10–84）可写成

$$P = \beta(1-x)^2 \tag{10-85}$$

概率 P 的倒数 N 称为随机事件一定发生的"可能次数"。这样一来，根据式（10–85）可求出颗粒落下一次必然透过筛孔所需的筛孔数目为

$$N = \frac{1}{P} = \frac{1}{\beta(1-x)^2} \tag{10-86}$$

式（10–86）适合于非常狭窄的粒级，如果筛分所用筛面筛孔为 N'，而 $N' < N$，则应透过筛孔的颗粒在一次下落时不能全部透过筛孔；窄级别颗粒透过的量（即部分筛分效率）为

$$\mu = \frac{N'}{N} = \frac{N'}{\dfrac{1}{\beta(1-x)^2}} = C(1-x)^2 \tag{10-87}$$

式中　C——筛面常数。

作近似计算时，筛分效率为

$$\mu = 1 - x^\delta \tag{10-88}$$

式中　δ——与筛分时间有关的函数。

10.4.2 筛分动力学模型

颗粒状物料的透筛概率在筛分过程中起着重要的作用，而颗粒透筛的概率与筛分时间有关。因此筛分效率和筛分时间的关系可以用筛分速度来表示，即

$$\frac{\mathrm{d}W}{\mathrm{d}t} = -k_1 W \tag{10-89}$$

式中 $\dfrac{\mathrm{d}W}{\mathrm{d}t}$——颗粒状物料在某一瞬间筛分的速率；

　　　t——筛分时间；

　　　k_1——比例系数；

　　　W——瞬间内筛面上含筛下级别物料的重量。

对式（10-89）积分，则

$$\ln W = -k_1 t + C \tag{10-90}$$

设 W_0 为筛分开始时瞬间筛面上含筛下级别物料的重量。当 $t=0$ 时，$W = W_0$，则

$$\ln W_0 = C$$

代入式（10-90），有

$$\ln W - \ln W_0 = -k_1 t$$

于是得到筛分动力学方程为

$$\frac{W}{W_0} = \mathrm{e}^{-k_1 t} \tag{10-91}$$

比值 $\dfrac{W}{W_0}$ 是筛下粒级在筛上产物中的收集率（即在筛上的回收率）。所以筛分效率为 μ：

$$\mu = 1 - \frac{W}{W_0} = 1 - \mathrm{e}^{-k_1 t} \tag{10-92}$$

10.4.3 筛分经验模型

根据对生产过程的实际检测数据或试验结果，通过数理统计，得出了许多筛分经验模型。其中影响较大的筛分模型有以下几种：

（1）澳大利亚 W. J. Whiten 模型。

$$E(x) = \left[1 - \frac{(L-x)^2}{(L+a)^2} \right]^m \tag{10-93}$$

（2）美国 Vallant 模型。

$$E(x) = 1 - \exp(kx) \tag{10-94}$$

式（10-93）和式（10-94）中，$E(x)$ 是粒度为 x 的物料在筛上产品中的分配率（即不透筛概率）；m、k 为模型比例系数；x 为物料颗粒粒度；L 为筛孔尺寸；a 为筛丝尺寸。

对 $E(x)$ 进行积分可以得到粒级 $x_i \sim x_{i+1}$ 的筛分效率 μ 为

$$\mu = E(x_i, x_{i+1}) = \frac{1}{x_{i+1} - x_i} \int_{x_i}^{x_{i+1}} E(x) \, \mathrm{d}x \tag{10-95}$$

（3）折算效率模型。

$$E_i = 1 - \exp\left[-0.6931 \left(\frac{\overline{d_i}}{d_{50}} \right)^m \right] \tag{10-96}$$

式中　　E_i——某粒级的筛分折算效率；

$\bar{d}_i$——第 i 粒级的平均粒度；

d_{50}——筛分设备的分离粒度；

m——比例系数。

由于筛分过程影响因素的变化非常复杂，致使筛分经验模型很难全面描述筛分条件变化对筛分机性能指标的影响，因此这些模型的局限性较大，使用也受一定的限制。

10.4.4　部分筛分效率的计算模型

在计算双层筛的生产率或筛下产品的粒度特性时，常常要应用部分筛分效率 μ。μ 的大小与物料特性及总筛分效率 E 有关。在缺少试验数据的情况下，可采用下述模型作近似计算。

10.4.4.1　$-x_1 + 0$ 粒级的部分筛分效率 μ_{-x_1+0} 的计算

设相对粒度 $x_i = \dfrac{d_i}{a}$，d_i 为任意粒度级别，a 为筛孔尺寸，又设 q_{-x_1+0} 为筛下产品中相对粒度小于 x_1 级别的物料重，Q_{-x_1+0} 为筛分给料中相对粒度小于 x_1 级别的料量，Q_0 为筛分给料总量。

则 $-x_1 + 0$ 粒级筛分后的部分筛分效率为

$$\mu_{-x_1+0} = \frac{q_{-x_1+0}}{Q_{-x_1+0}} \tag{10-97}$$

以相对粒度 x 表示的粒度分布函数为

$$y = Ax^k \tag{10-98}$$

其密度函数为

$$\frac{\mathrm{d}y}{\mathrm{d}x} = Akx^{k-1} \tag{10-99}$$

$$\mathrm{d}y = Akx^{k-1}\mathrm{d}x \tag{10-100}$$

粒度由 x_1 变化到 x_2 时，即 $-x_2 + x_1(x_2 > x_1)$ 粒级的产率为

$$y_{-x_2+x_1} = \int_{y_1}^{y_2}\mathrm{d}y = \int_{x_1}^{x_2}Akx^{k-1}\mathrm{d}x \tag{10-101}$$

原矿中 $-x_1 + 0$ 粒级的产率为

$$y_{-x_1+0} = \frac{Q_{-x_1+0}}{Q_0} \tag{10-102}$$

故

$$Q_{-x_1+0} = Q_0 y_{-x_1+0} = Q_0\int_0^{x_1}Akx^{k-1}\mathrm{d}x \tag{10-103}$$

筛下产品中 $-x_1 + 0$ 级别的料量为

$$q_{-x_1+0} = \mu_{-x_1+0}Q_{-x_1+0} = \mu_{-x_1+0}Q_0 y_{-x_1+0} = Q_0\int_0^{x_1}\mu_{-x_1+0}Akx^{k-1}\mathrm{d}x \tag{10-104}$$

将式（10-88）代入式（10-104）得

$$q_{-x_1+0} = Q_0\int_0^{x_1}(1-x^\delta)Akx^{k-1}\mathrm{d}x \tag{10-105}$$

又
$$\mu_{-x_1+0} = \frac{q_{-x_1+0}}{Q_{-x_1+0}} = \frac{Q_0\int_0^{x_1}(1-x^\delta)Akx^{k-1}\mathrm{d}x}{Q_0\int_0^{x_1}Akx^{k-1}\mathrm{d}x}$$

$$= \frac{\int_0^{x_1}(1-x^\delta)x^{k-1}\mathrm{d}x}{\int_0^{x_1}x^{k-1}\mathrm{d}x} = \frac{\int_0^{x_1}(x^{k-1}-x^{k+\delta-1})\mathrm{d}x}{\int_0^{x_1}x^{k-1}\mathrm{d}x}$$

$$= \frac{\frac{1}{k}x_1^k - \frac{1}{\delta+k}x_1^{k+\delta}}{\frac{1}{k}x_1^k} = 1 - \frac{k}{\delta+k}x_1^\delta \tag{10-106}$$

当 $d=a$ 时，$x_1 = \dfrac{d}{a} = 1.0$，由式（10-106）求出的 $\mu_{-1.0+0}$ 即为总筛分效率，即

$$\mu_{-1.0+0} = \mu = E = 1 - \frac{k}{\delta+k} \tag{10-107}$$

这样可求得 δ 值为

$$\delta = \frac{kE}{1-E} \tag{10-108}$$

故参数 δ 为与物料特性参数 k 及总筛分效率 E 有关的函数。从而得出计算 $-x_1+0$ 粒级的筛分效率的通式为

$$\mu_{-x_1+0} = 1 - (1-E)x_1^{\frac{kE}{1-E}} \tag{10-109}$$

10.4.4.2 $-x_2+x_1$ 粒级的部分筛分效率 $\mu_{-x_2+x_1}(x_2 > x_1)$ 的计算

由
$$\mu_{-x_2+x_1} = \frac{q_{-x_2+x_1}}{Q_{-x_2+x_1}} \tag{10-110}$$

设筛下产物中 $-x_2+x_1$、$-x_2+0$、$-x_1+0$ 三个粒级的物料量分别为 $q_{-x_2+x_1}$、q_{-x_2+0}、q_{-x_1+0}，则

$$q_{-x_2+x_1} = q_{-x_2+0} - q_{-x_1+0} = \mu_{-x_2+0}Q_{-x_2+0} - \mu_{-x_1+0}Q_{-x_1+0}$$

$$= \mu_{-x_2+0}\gamma_{-x_2+0}Q_0 - \mu_{-x_1+0}\gamma_{-x_1+0}Q_0$$

$$= Q_0\Big[\int_0^{x_2}(1-x^\delta)Akx^{k-1}\mathrm{d}x - \int_0^{x_1}(1-x^\delta)Akx^{k-1}\mathrm{d}x\Big]$$

$$= Q_0Ak\Big[\frac{1}{k}(x_2^k - x_1^k) - \frac{1}{k+\delta}(x_2^{k+\delta} - x_1^{k+\delta})\Big] \tag{10-111}$$

又
$$Q_{-x_2+x_1} = Q_0\gamma_{-x_2+x_1} = Q_0\int_{x_1}^{x_2}Akx^{k-1}\mathrm{d}x = Q_0A(x_2^k - x_1^k) \tag{10-112}$$

由此得 $-x_2+x_1$ 粒级的部分筛分效率为

$$\mu_{-x_2+x_1} = \frac{q_{-x_2+x_1}}{Q_{-x_2+x_1}} = \frac{Q_0Ak\Big[\frac{1}{k}(x_2^k - x_1^k) - \frac{1}{k+\delta}(x_2^{k+\delta} - x_1^{k+\delta})\Big]}{Q_0A(x_2^k - x_1^k)}$$

$$= 1 - \frac{k(x_2^{k+\delta} - x_1^{k+\delta})}{(\delta+k)(x_2^k - x_1^k)} \tag{10-113}$$

式（10-113）即为计算部分筛分效率的通式。

例如计算 μ_{-x_1+0}，即 $x_2=x_1$，$x_1=0$，则

$$\mu_{-x_1+0}=1-\frac{kx_1^{\delta+k}}{(\delta+k)x_1^k}=1-\frac{kx_1^\delta}{\delta+k}$$

此即式（10-106）。

计算 $\mu_{-1.0+x_1}$ 时，即 $x_2=1.0$，则

$$\mu_{-1.0+x_1}=1-\frac{k(1-x_1^{\delta+k})}{(\delta+k)(1-x_1^k)} \qquad (10-114)$$

因此利用式（10-106）、式（10-107）、式（10-113）和式（10-114）可以计算任意粒级的筛分效率。

10.4.4.3 理论部分筛分效率计算步骤

（1）根据粒度分析数据及回归分析技术求粒度方程 $y=Ax^k$ 中常数 k。

（2）求出 k 后根据式（10-108），即 $\delta=\dfrac{kE}{1-E}$，求已知 E 时的 δ 值。

（3）求出 k 和 δ 后，即可根据前述模型求任意粒级的部分筛分效率。

11 破碎数学模型

11.1 概　　述

粉碎（包括破碎和磨矿）是利用外力将物料由较大颗粒转换成较小颗粒的过程。物料粉碎中，当给料和产品粒度较粗（如大于 5mm）时称为破碎；当给料和产品粒度较细时称为磨矿。在粉碎过程中，典型的变化是被粉碎物料颗粒粒度变细。因此，一般而言，粉碎数学模型主要描述被碎物料的粒度及其粒度分布在粉碎过程中的变化。

如果粉碎过程是稳定的，那么，我们主要关心的是破碎产品的粒度分布，于是可以采用与时间无关的矩阵模型来描述粉碎过程。在矩阵模型中，破碎被理解成过程的给料粒度分布向产品粒度分布的一种转化手段，而转化的特性则由一个被称为破碎矩阵的下三角矩阵唯一决定。在破碎机中，物料在破碎腔中仅作短暂停留就排出了，因而可以认为是静态过程，适合于利用矩阵模型来描述。

生产实际中，设计破碎流程的模拟算法和计算软件具有重要意义，其原因在于：（1）生产中当已测得进入破碎车间的原始矿量和各段破碎机排矿口尺寸后，利用模拟算法和程序马上就可以计算出破碎车间各料流的产率、绝对矿量及粒度分布。这样就可以根据情况和要求对各作业及时进行调整，而不必经过繁重的、费时的实际流程考查。（2）这种模拟算法和程序提供了破碎车间自动控制所必需的基础模型。（3）设计部门利用这种模拟算法和程序，可以估算不同破碎流程中各作业的指标，从而为设备的选择计算及方案对比打下基础。

选矿厂常用的破碎流程主要由破碎和筛分两种作业构成。物料经过破碎作业时将发生颗粒破裂而减小的变化；物料经过筛分作业时不发生颗粒的破裂，但将使物料粒度分布重新组合。

为了便于模拟计算，可采用两种不同的作业单元组合计算程序：

（1）把整个破碎流程归纳为由破碎、筛分两种作业单元组成，每种作业单元都相应建立模拟计算子程序。这种组合方法的优点是使用灵活，通用性强；其缺点是主程序相对比较麻烦。

（2）把整个破碎流程划分为由五个不同类型的作业单元（见图 11 – 1）组成，即：

1）破碎作业单元（见图 11 – 1(a)），以 CR 表示。

2）筛分作业单元（见图 11 – 1(b)），以 SC 表示；对于多层筛，如两层筛或三层筛可以看作筛分作业单元的串联。

3）带预先筛分的破碎作业单元（见图 11 – 1(c)），以 SC – CR 表示；这种作业单元可简称为筛分 – 破碎作业单元（或以 SR 表示）。

4）带检查筛分的破碎作业单元（见图 11 – 3(d)），简称为破碎 – 筛分复合作业单元，以 CR – SC(或 RS) 表示。

5）预先筛分和检查筛分合一的破碎作业单元（见图 11 – 1(e)），简称筛分 – 筛分 – 破碎复合作业单元，以 SC – SC – CR(或 SSR) 表示。

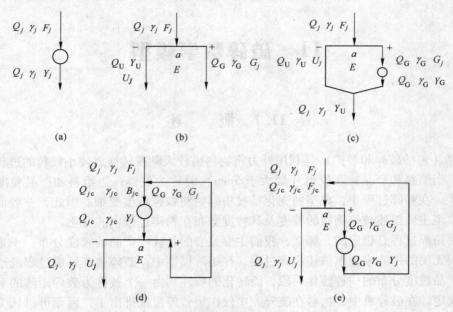

图 11 – 1　不同破碎、筛分作业单元示意图

对上述这五个不同类型的作业单元都建立相应的模拟计算子程序。根据具体流程特点调用相应子程序即可模拟算出各作业单元的指标。这种模拟算法虽然子程序较多，但主程序简单，且易于算出各作业单元的指标。

应该指出的是，粉碎模型本应包括矿石和设备特定性质的一些参数，但由于粉碎过程参数太复杂，至今还没有包括所有粉碎特性参数的模型。然而，已有的一些不十分精确的模型，已基本满足过程模拟的需要，即可以从已知的给矿特性、操作变量和设计变量预测粉碎产品的粒度特性。

11.2　破碎机模型

11.2.1　矩阵模型的基本形式

在粉碎过程中，物料最重要的特性是粒度的变化。选矿过程中，常采用粒度分布来表示物料的粒度特性。将给料和产品的粒度分布按同一标准离散化为 n 个粒级，第 i 粒级的上限为 x_i，下限为 x_{i+1}。这样，可以用 n 维向量（$n \times 1$ 阶矩阵）来表示给料粒度分布 F 和产品的粒度分布 P，即

$$\boldsymbol{F} = \begin{pmatrix} f_1 \\ f_2 \\ \vdots \\ f_n \end{pmatrix}_{n \times 1}, \quad \boldsymbol{P} = \begin{pmatrix} p_1 \\ p_2 \\ \vdots \\ p_n \end{pmatrix}_{n \times 1}$$

现在考查粉碎过程中给料 F 转化成为产品 P 的过程。粉碎时，给料中所有粒级的颗粒都可能以某种概率被破碎，而破碎后的产品可以分布在原粒级中和任何更细的粒级中。例如，第 i 粒级破碎后的产品将分布在第 i，$i+1$，$\cdots$，n 粒级中。给料中的每个粒级破碎后的产品如表 11-1 所示。表中产品栏中的元素 p_{ij} 表示由给料中第 j 粒级经破碎后进入产品中第 i 粒级的颗粒在产品中所占的质量分数。所以，产品栏中第 j 列表示给料中第 j 粒级经破碎后的全部产品，即

$$f_i = p_{ij} + p_{i+1j} + \cdots + p_{nj} = \sum_{i=n}^{j} p_{ij} \quad (j = 1,\cdots,n) \tag{11-1}$$

表 11-1 破碎后粒级的产品

粒级	给料	产　品					
1	f_1	p_{11}	0	0	$\cdots$	0	p_1
2	f_2	p_{21}	p_{22}	0	$\cdots$	0	p_2
3	f_3	p_{31}	p_{32}	p_{33}	$\cdots$	0	p_3
$\vdots$	$\vdots$	$\vdots$	$\vdots$	$\vdots$		$\vdots$	$\vdots$
n	f_n	p_{n1}	p_{n2}	p_{n3}	$\cdots$	p_{nn}	p_n

而第 i 行则表示产品中第 i 粒级来自给料中一切不比 i 粒级更细的粒级 $j(j \leqslant i)$。即

$$p_i = p_{i1} + p_{i2} + \cdots + p_{ii} = \sum_{j=1}^{i} p_{ij} \quad (i = 1,2,\cdots,n) \tag{11-2}$$

由于 p_{ij} 是来自给料的第 j 粒级，以 x_{ij} 表示 p_{ij} 在 f_i 中所占的比例，则

$$p_i = \sum_{j=1}^{n} x_{ij} f_i \quad (i = 1,2,\cdots,n) \tag{11-3}$$

其中，规定当 $j > i$ 时，$x_{ij} = 0$。将式（11-3）写成矩阵形式，即得

$$P = XF \tag{11-4}$$

其中，矩阵

$$X = \begin{pmatrix} x_{11} & 0 & \cdots & 0 \\ x_{21} & x_{22} & \cdots & 0 \\ \vdots & \vdots & & \vdots \\ x_{n1} & x_{n2} & \cdots & x_{nn} \end{pmatrix} \tag{11-5}$$

称为破碎矩阵，它唯一地决定了破碎过程的特征。只要知道破碎矩阵 X 和给料粒度分布 F，即可计算出产品粒度分布 P。因此式（11-4）是矩阵模型的基本形式。

很显然，矩阵模型（11-4）只有在 X 已知时才可进行计算，但 X 却不能直接由式（11-4）推算出来，因此需要将 X 分解成更基本的能够计算的组成形式。

11.2.2 破碎矩阵的结构

由式（11-1）可知，给料中任何一个粒级经破碎后的产品可以分为两部分：（1）破碎后变为细粒级的部分，即 $\sum_{i=1}^{j-1} p_{ij} = \sum_{i=1}^{j-1} x_{ij} f_j$；（2）未破碎的部分，即 $x_{jj} f_j$。令

$$S_i = \frac{(1 - x_{jj})f_i}{f_i} \qquad (11-6)$$

则 S_i 表示给料中第 j 粒级的颗粒被破碎的概率。各粒级被破碎的概率一般是不相同的，可以用下面的对角线矩阵 S 来表示所有粒级的破碎概率：

$$S = \begin{pmatrix} S_1 & 0 & \cdots & 0 \\ 0 & S_2 & \cdots & 0 \\ \vdots & \vdots & & \vdots \\ 0 & 0 & \cdots & S_n \end{pmatrix} \qquad (11-7)$$

S 称为碎裂函数，又称为选择函数或选择矩阵。这样被破碎的颗粒可以用 SF 来表示，而未被破碎的颗粒则可以用 $(I-S)F$ 来表示，其中 I 为单位矩阵。由式（11-5）可得

$$X = \begin{pmatrix} x_{11} & 0 & \cdots & 0 \\ x_{21} & x_{22} & \cdots & 0 \\ \vdots & \vdots & & \vdots \\ x_{n1} & x_{n2} & \cdots & x_{nn} \end{pmatrix} = \begin{pmatrix} 0 & 0 & \cdots & 0 \\ x_{21} & 0 & \cdots & 0 \\ \vdots & \vdots & & \vdots \\ x_{n1} & x_{n2} & \cdots & 0 \end{pmatrix} + \begin{pmatrix} x_{11} & 0 & \cdots & 0 \\ 0 & x_{22} & \cdots & 0 \\ \vdots & \vdots & & \vdots \\ 0 & 0 & \cdots & x_{nn} \end{pmatrix} = X_1 + X_2 \qquad (11-8)$$

于是由式（11-4），则有

$$P = XF = X_1F + X_2F \qquad (11-9)$$

从式（11-6）可知，X_2F 即为 $(I-S)F$，为未被破碎的部分；而 X_1F 这部分则是被破碎的部分，即由 SF 这部分被破碎后再分配到各粒级中。为此引入碎裂分布函数 B（也称为碎裂分布矩阵），其元素 b_{ij} 表示第 j 粒级被破碎后分配到第 i 粒级的质量分数，它与矩阵 X_1 中的元素 x_{ij} 有如下关系：

$$x_{ij} = b_{ij}S_1 \quad (i = j+1, \cdots, n; j = 1,2, \cdots, n) \qquad (11-10)$$

于是

$$X_1F = BSF \qquad (11-11)$$

所以粉碎过程可用下式描述：

$$P = XF = \left[BS + (I-S) \right] F \qquad (11-12)$$

这就是以选择函数 S 和碎裂分布函数 B 表示的粉碎过程矩阵模型的一般形式。该模型如图 11-2 所示。

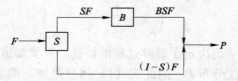

图 11-2 带选择函数的矩阵模型示意图

在粉碎过程中，几乎在所有类型的粉碎设备中都发生某种粒度分离现象，只是有些设备明显一些，而有些设备不太明显。为了与专用分级设备的分级作用相区别，称这种分级作用为粉碎设备的内分级作用。以颚式破碎机为例解释这个概念，如图 11-3 所示，在破碎过程中，比排矿口小的颗粒逐渐由排矿口排出，而比排矿口大的颗粒将被留在破碎腔内待进一步破碎；在圆锥破碎机和辊式破碎机中，也产生相同类型的过程；棒磨机中这种现象也相当显著。这种内分级作用或者与破碎事件同时发生，或者发生在破碎事件之后。不

管哪种情况都将产生被破碎物料在粉碎设备中的内部循环，如图 11-4 所示。

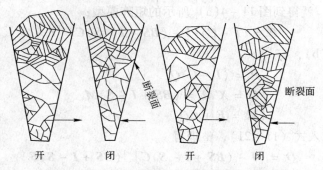

图 11-3　在颚式破碎机中发生的内分级作用

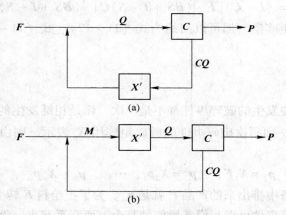

图 11-4　带内部循环的破碎机模型示意图
（a）分级与粉碎同时发生情况；（b）分级发生在粉碎后情况

为了描述这种内分级作用，引入分级函数（或分级矩阵）的概念。分级函数为一对角线矩阵：

$$C = \begin{pmatrix} C_1 & 0 & \cdots & 0 \\ 0 & C_2 & \cdots & 0 \\ \vdots & \vdots & & \vdots \\ 0 & 0 & \cdots & C_n \end{pmatrix} \qquad (11-13)$$

其元素 C_j 定义为

$$C_j = \frac{\text{设备内循环中第 } j \text{ 粒级的量}}{\text{设备内容纳的第 } j \text{ 级的量}} = \frac{q_j - p_j}{q_j} \qquad (11-14)$$

由图 11-4 可以推导出带内分级作用的矩阵模型。对于图 11-4(a)，有

$$\begin{cases} P = (I - C)Q & (11-15) \\ Q = F + X'CQ = F + (BS + I - S)CQ & (11-16) \end{cases}$$

由式（11-16）可得

$$[I - (BS + I - S)C]Q = F \qquad (11-17)$$

于是

$$Q = [I - (BS + I - S)C]^{-1}F \qquad\qquad (11-18)$$

代入式（11-15），就得到图 11-4(a) 所示的矩阵模型：

$$P = (I - C)[I - (BS + I - S)C]^{-1}F \qquad\qquad (11-19)$$

对于图 11-4(b)，有

$$\begin{cases} P = (I - C)Q & (11-20) \\ Q = X'M = (BS + I - S)M & (11-21) \\ M = F + CQ & (11-22) \end{cases}$$

将式（11-22）代入式（11-21），整理得

$$Q = [I - (BS + I - S)C]^{-1}(BS + I - S)F \qquad\qquad (11-23)$$

再将式（11-23）代入式（11-20），即得到图 11-4(b) 所示的矩阵模型：

$$P = (I - C)[I - (BS + I - S)C]^{-1}(BS + I - S)F \qquad\qquad (11-24)$$

各种粉碎设备的矩阵模型都可以归结为式（11-12）、式（11-19）和式（11-24）这三种形式。

11.2.3 重复破碎

大部分粉碎设备中发生的破碎事件都不是一次，而是相继发生的多次破碎事件。如果发生了 m 次破碎事件，而每次破碎事件的破碎矩阵用 X_j 表示，则由相继破碎事件得到的产品可以写成

$$p_1 = X_1 F, \quad p_2 = X_2 p_1, \cdots, \quad p_m = X_m p_{m-1}$$

这时，从粉碎设备中排出来的产品 P 就是 p_m。为了把给料 F 转变为产品 P，发生了 m 次破碎事件。一次破碎事件可以与设备操作的某个方面联系起来，例如，筒式磨机中，可以是一次旋转或某一单位时间的旋转。这样破碎过程可以用方程式（11-25）来描述：

$$P = \left[\prod_{j=1}^{m} X_j\right]F \qquad\qquad (11-25)$$

如果所有的破碎事件都是完全相同的，则破碎过程可用方程式（11-26）来描述：

$$P = X^m F \qquad\qquad (11-26)$$

值得指出的是，式（11-26）很适合描述棒磨机。

【实例 11-1】 已知破碎矩阵 X 和给料粒度分布的值为

$$X = \begin{pmatrix} 0.20 & 0 & 0 & 0 \\ 0.35 & 0.20 & 0 & 0 \\ 0.30 & 0.35 & 0.20 & 0 \\ 0.15 & 0.45 & 0.80 & 1.00 \end{pmatrix}, \quad F = \begin{pmatrix} 35 \\ 40 \\ 15 \\ 10 \end{pmatrix}$$

求该粉碎过程产品的粒度分布。

解：根据矩阵模型 $P = XF$ 和矩阵乘法，有

$$P = \begin{pmatrix} 0.20 & 0 & 0 & 0 \\ 0.35 & 0.20 & 0 & 0 \\ 0.30 & 0.35 & 0.20 & 0 \\ 0.15 & 0.45 & 0.80 & 1.00 \end{pmatrix}\begin{pmatrix} 35 \\ 40 \\ 15 \\ 10 \end{pmatrix}$$

$$= \begin{pmatrix} 0.20 \times 35 \\ 0.35 \times 35 + 0.20 \times 40 \\ 0.30 \times 35 + 0.35 \times 40 + 0.20 \times 15 \\ 0.15 \times 35 + 0.45 \times 40 + 0.8 \times 15 + 1.00 \times 10 \end{pmatrix} = \begin{pmatrix} 7 \\ 20.25 \\ 27.50 \\ 45.25 \end{pmatrix}$$

注意：如果 F 包含全部粒级，即 F 的各元素之和为 100% 或 1，则破碎矩阵的各列之和应分别等于 1；如果 F 不包含最细粒级（残余粒级），则 X 的各列无上述限制，这时可在计算出 F 的其他粒级产率后，通过减法计算出最细粒级。

【实例 11-2】 已知选择矩阵 S、破裂分布矩阵 B 和给料粒度分布矩阵 F 的值为

$$S = \begin{pmatrix} 0.8 & 0 & 0 & 0 \\ 0 & 0.6 & 0 & 0 \\ 0 & 0 & 0.3 & 0 \\ 0 & 0 & 0 & 0 \end{pmatrix}, \quad B = \begin{pmatrix} 0 & 0 & 0 & 0 \\ 0.40 & 0 & 0 & 0 \\ 0.35 & 0.40 & 0 & 0 \\ 0.25 & 0.60 & 1.00 & 0 \end{pmatrix}, \quad F = \begin{pmatrix} 35 \\ 40 \\ 15 \\ 10 \end{pmatrix}$$

求该粉碎过程的产品粒度分布。

解法 1： 因为给料被破碎的部分为 SF，则

$$SF = \begin{pmatrix} 0.8 & 0 & 0 & 0 \\ 0 & 0.6 & 0 & 0 \\ 0 & 0 & 0.3 & 0 \\ 0 & 0 & 0 & 0 \end{pmatrix} \begin{pmatrix} 35 \\ 40 \\ 15 \\ 10 \end{pmatrix} = \begin{pmatrix} 0.8 \times 35 \\ 0.6 \times 40 \\ 0.3 \times 15 \\ 0 \times 10 \end{pmatrix} = \begin{pmatrix} 28 \\ 24 \\ 4.5 \\ 0 \end{pmatrix}$$

故给料未破碎的部分为 $(I-S)F = F - SF$，即

$$F - SF = \begin{pmatrix} 35 \\ 40 \\ 15 \\ 10 \end{pmatrix} - \begin{pmatrix} 28 \\ 24 \\ 4.5 \\ 0 \end{pmatrix} = \begin{pmatrix} 35-28 \\ 40-24 \\ 15-4.5 \\ 10-0 \end{pmatrix} = \begin{pmatrix} 7 \\ 16 \\ 10.5 \\ 10 \end{pmatrix}$$

给料中被破碎部分所构成的粒度分布为

$$BSF = \begin{pmatrix} 0 & 0 & 0 & 0 \\ 0.40 & 0 & 0 & 0 \\ 0.35 & 0.40 & 0 & 0 \\ 0.25 & 0.60 & 1.00 & 0 \end{pmatrix} \begin{pmatrix} 28 \\ 24 \\ 4.5 \\ 0 \end{pmatrix} = \begin{pmatrix} 0 \\ 0.40 \times 28 \\ 0.35 \times 28 + 0.40 \times 24 \\ 0.25 \times 28 + 0.60 \times 24 + 1.00 \times 4.5 \end{pmatrix} = \begin{pmatrix} 0 \\ 11.2 \\ 19.4 \\ 25.9 \end{pmatrix}$$

于是产品粒度分布为

$$P = BSF + (I-S)F = \begin{pmatrix} 0 \\ 11.2 \\ 19.4 \\ 25.9 \end{pmatrix} + \begin{pmatrix} 7 \\ 16 \\ 10.5 \\ 10 \end{pmatrix} = \begin{pmatrix} 0+7 \\ 11.2+16 \\ 19.4+10.5 \\ 25.9+10 \end{pmatrix} = \begin{pmatrix} 7 \\ 27.2 \\ 29.9 \\ 35.9 \end{pmatrix}$$

解法 2： 首先计算破碎矩阵，有

$$X = BS + I - S$$

$$= \begin{pmatrix} 0 & 0 & 0 & 0 \\ 0.40 & 0 & 0 & 0 \\ 0.35 & 0.40 & 0 & 0 \\ 0.25 & 0.60 & 1.00 & 0 \end{pmatrix} \begin{pmatrix} 0.8 & 0 & 0 & 0 \\ 0 & 0.6 & 0 & 0 \\ 0 & 0 & 0.3 & 0 \\ 0 & 0 & 0 & 0 \end{pmatrix} + \begin{pmatrix} 0.2 & 0 & 0 & 0 \\ 0 & 0.4 & 0 & 0 \\ 0 & 0 & 0.70 & 0 \\ 0 & 0 & 0 & 1.0 \end{pmatrix}$$

$$= \begin{pmatrix} 0 & 0 & 0 & 0 \\ 0.32 & 0 & 0 & 0 \\ 0.28 & 0.24 & 0 & 0 \\ 0.20 & 0.36 & 0.30 & 0 \end{pmatrix} + \begin{pmatrix} 0.2 & 0 & 0 & 0 \\ 0 & 0.4 & 0 & 0 \\ 0 & 0 & 0.70 & 0 \\ 0 & 0 & 0 & 1.0 \end{pmatrix} = \begin{pmatrix} 0.20 & 0 & 0 & 0 \\ 0.32 & 0.40 & 0 & 0 \\ 0.28 & 0.24 & 0.70 & 0 \\ 0.20 & 0.36 & 0.30 & 1.00 \end{pmatrix}$$

然后由 $P = XF$ 计算粉碎产品粒度分布，得

$$P = \begin{pmatrix} 0.20 & 0 & 0 & 0 \\ 0.32 & 0.40 & 0 & 0 \\ 0.28 & 0.24 & 0.70 & 0 \\ 0.20 & 0.36 & 0.30 & 1.00 \end{pmatrix} \begin{pmatrix} 35 \\ 40 \\ 15 \\ 10 \end{pmatrix} = \begin{pmatrix} 7 \\ 27.2 \\ 29.9 \\ 35.9 \end{pmatrix}$$

【实例 11 – 3】 已知破裂分布矩阵 B，给料和产品的粒度分布与实例 11 – 1 相同，求选择矩阵。

解：由 $P = XF = [BS + (I - S)]F$，可知

$$\left[\begin{pmatrix} b_{11} & 0 & \cdots & 0 \\ b_{21} & b_{22} & \cdots & 0 \\ \vdots & \vdots & \vdots & \vdots \\ b_{n1} & b_{n2} & \cdots & b_{nn} \end{pmatrix} \begin{pmatrix} S_1 & 0 & \cdots & 0 \\ 0 & S_2 & \cdots & 0 \\ \vdots & \vdots & \vdots & \vdots \\ 0 & \cdots & \cdots & S_n \end{pmatrix} + \begin{pmatrix} 1 - S_1 & 0 & \cdots & 0 \\ 0 & 1 - S_2 & \cdots & 0 \\ \vdots & \vdots & \vdots & \vdots \\ 0 & \cdots & \cdots & 1 - S_n \end{pmatrix} \right] \begin{pmatrix} f_1 \\ f_2 \\ \vdots \\ f_n \end{pmatrix} = \begin{pmatrix} p_1 \\ p_2 \\ \vdots \\ p_n \end{pmatrix}$$

由此得到

$$\begin{pmatrix} b_{11}S_1 + 1 - S_1 & 0 & \cdots & 0 \\ b_{21}S_2 & b_{22}S_2 + 1 - S_2 & \cdots & 0 \\ \vdots & \vdots & & \vdots \\ b_{n1}S_1 & b_{n2}S_2 & \cdots & b_{nn}S_n + 1 - S_n \end{pmatrix} \begin{pmatrix} f_1 \\ f_2 \\ \vdots \\ f_n \end{pmatrix} = \begin{pmatrix} p_1 \\ p_2 \\ \vdots \\ p_n \end{pmatrix}$$

故有

$$\begin{cases} b_{11}S_1 f_1 + f_1 - S_1 f_1 = p_1 \\ b_{21}S_1 f_1 + b_{22}S_2 f_2 + f_2 - S_2 f_2 = p_2 \\ \vdots \\ b_{n1}S_1 f_1 + b_{n2}S_2 f_2 + \cdots + b_{nn}S_n f_n + f_n - S_n f_n = p_n \end{cases} \qquad (11-27)$$

由方程组（11 – 27）可以得到 S_i 的递推解为

$$S_i = \frac{1}{f_i(1 - b_{ii})} \left(\sum_{j=1}^{i-1} b_{ij}S_j f_j + f_i - p_i \right) \quad (i = 1, 2, \cdots, n) \qquad (11-28)$$

由式（11 – 28），有

$$S_1 = \frac{1}{(1 - b_{11})f_1}(f_1 - p_1) = \frac{1}{1 \times 35} \times (35 - 7) = 0.8$$

$$S_2 = \frac{1}{(1 - b_{22})f_2}(b_{21}S_1 f_1 + f_2 - p_2)$$

$$= \frac{1}{1 \times 40}(0.40 \times 0.8 \times 35 + 40 - 27.2) = 0.6$$

$$S_3 = \frac{1}{(1 - b_{33})f_3}(b_{31}S_1 f_1 + b_{32}S_2 f_2 + f_3 - p_3)$$

$$= \frac{1}{1 \times 15}(0.35 \times 0.8 \times 35 + 0.40 \times 0.6 \times 40 + 15 - 29.9) = 0.3$$

$$S_4 = \frac{1}{(1 - b_{44})f_4}(b_{41}S_1f_1 + b_{42}S_2f_2 + b_{43}S_3f_3 + f_4 - p_4)$$

$$= \frac{1}{1 \times 10}(0.25 \times 0.8 \times 35 + 0.60 \times 0.6 \times 40 + 1.00 \times 0.3 \times 15 + 10 - 35.9) = 0$$

于是求得选择矩阵为

$$S = \begin{bmatrix} 0.8 \\ 0.6 \\ 0.3 \\ 0 \end{bmatrix}$$

11.3 圆锥破碎机模型

圆锥破碎机的操作具有以下特点：

（1）破碎产品的所有颗粒的粒度都小于最大排矿口，但不一定小于最小排矿口。而大于最大排矿口的颗粒被保留在破碎腔内进行再破碎，所以圆锥破碎机的内分级作用很明显。

（2）虽然要求小于最小排矿口的颗粒在通过破碎机时尽可能少地受到破碎，但实际上总会受到明显的破碎。

（3）圆锥破碎机的功耗与给矿量以及给矿中大于最小排矿口的颗粒的量有关，也与破碎机的内分级作用有关，功耗随内分级作用的减少而增加。

根据以上分析，圆锥破碎机的模型主要包括：粒度分布模型、处理能力模型和动力消耗模型。

11.3.1 粒度分布模型

11.3.1.1 模型形式

根据圆锥破碎机的操作特点，可以将破碎机抽象为一个带有内分级作用的破碎带，如图 11 -4(a) 所示。进入破碎机的矿石首先被分级，一部分进入破碎带，另一部分排出破碎机。进入破碎带的矿石经破碎后与新的给矿一起再被分级。因此可直接应用式（11 - 19）作为圆锥破碎机的矩阵模型。但怀特在 1972 年首次提出包含内分级作用的圆锥破碎机模型时，并未将 S 与 B 严格地区分开，他认为某一粒级被破碎后仍有可能部分地保留在该粒级，而不是全部分配到比该粒级更细的粒级中去。从某种意义上说，怀特使用的 B 相当于式（11 - 19）中的 $BS + I - S$。如果采用这样定义的 B，则式（11 - 19）可以写为

$$P = (I - C)(I - BC)^{-1}F \tag{11-29}$$

11.3.1.2 破裂分布矩阵

圆锥破碎机的破碎过程，可以认为其中存在两种破碎方式：粗破碎和细破碎。在粗破碎方式中，颗粒卡在破碎机两侧相对的衬板之间，突然破裂成数量较少的较粗颗粒。在细破碎方式中，颗粒被夹在衬板和其他颗粒之间，或者被夹在两个较大的颗粒之间，破裂后成为数量较多的细颗粒。破碎机的产品是这两种破碎方式的产品的加权和，因此必须用两种不同的破裂分布矩阵来描述这两种破碎方式。

破碎产品的粒度分布大都符合罗逊－拉姆勒（Rosin－Rammler）分布，其负累积分布方程为

$$B(x) = 1 - \exp\left[-\left(\frac{x}{x_e} \right)^v \right] \qquad (11-30)$$

式中　x_e——特定标准粒度；

　　　$\dfrac{x}{x_e}$——特定相对粒度；

　　　v——模型参数。

对于粗破碎，要用式（11-30）来表示其产品粒度相对于原颗粒粒度为 y 的颗粒经破碎后的产品粒度分布，必须加以修正，如用 $B_1(x, y)$ 表示原颗粒粒度为 y 的颗粒经破碎后的产品粒度分布（负累积分布，即产品中粒度小于 x 的颗粒的质量分数）。布罗德本特和考尔科特用 y 代替式（11-30）中的 x_e，且定义当 $x = y$ 时，$B_1(x, y) = 1$，于是得

$$B_1(x, y) = \frac{1 - \exp\left[-\left(\frac{x}{y} \right)^v \right]}{1 - e^{-1}} \qquad (11-31)$$

这就是修正的罗逊－拉姆勒分布，可用来计算粒度为 y 的颗粒经粗破碎后产品中粒度小于 x 的颗粒的负累积产率。

细破碎的产品粒度分布与给矿粒度无关，可以直接应用罗逊－拉姆勒分布描述，即

$$B_2(x) = 1 - \exp\left[-\left(\frac{x}{x_e} \right)^v \right] \qquad (11-32)$$

总的破裂分布矩阵是粗破碎和细破碎的碎裂矩阵的加权和，即

$$B = \alpha B_1 + (1 - \alpha) B_2 \qquad (11-33)$$

式中　α——颗粒受粗破碎的比例。

由此得到下述碎裂分布矩阵的计算公式。

粗破碎碎裂分布矩阵元素 $B_{ij}^{(1)}$（累计）和 $b_{ij}^{(1)}$（部分）为

$$B_{ij}^{(1)} = \begin{cases} 0 & (i < j) \\ 1 & (i = j) \\ \dfrac{1 - \exp\left[-\left(\dfrac{x_i}{x_j} \right)^v \right]}{1 - e^{-1}} & (i > j) \end{cases}$$

$$b_{ij}^{(1)} = \begin{cases} 0 & (i < j) \\ B_{nj}^{(1)} & (i = n, j \leqslant n) \\ B_{ij}^{(1)} - B_{i+1,j}^{(1)} & (n > i > j) \end{cases} \qquad (11-34)$$

式中的 x_i / x_j 也可以用 $x_i / \sqrt{x_j x_{j+1}}$ 代替。

细破碎碎裂分布矩阵元素 $B_{ij}^{(2)}$（累计）和 $b_{ij}^{(2)}$（部分）为

$$B_{ij}^{(2)} = \begin{cases} 0 & (i < j) \\ 1 & (i = j) \\ 1 - \exp\left[-\left(\dfrac{x_i}{x_e} \right)^v \right] & (i > j) \end{cases}$$

$$b_{ij}^{(2)} = \begin{cases} 0 & (i < j) \\ B_{nj}^{(2)} & (i = n, j \leqslant n) \\ B_{ij}^{(2)} - B_{i+1,j}^{(2)} & (n > i > j) \end{cases} \tag{11-35}$$

于是总的碎裂分布矩阵 $\boldsymbol{B}$ 的元素 b_{ij}（部分）为

$$b_{ij} = \alpha b_{ij}^{(1)} + (1 - \alpha) b_{ij}^{(2)} \quad (i = 1,2,\cdots,n; j = 1,2,\cdots,n) \tag{11-36}$$

模型参数 v、x_e 随圆锥破碎机的型号和处理的矿石的不同而变化，因此需要根据试验或生产数据确定。参数 α 是最小排矿口宽度 $g(\text{mm})$ 的函数，已回归出的经验方程为

$$\alpha = 0.8723 + 0.00453g \pm 0.014 \tag{11-37}$$

11.3.1.3 分级矩阵

粒度为 x 的颗粒留在破碎带的概率由分级函数给出：

$$C(x) = \begin{cases} 0 & (x \leqslant k_1) \\ 1 - \left(\dfrac{x - k_2}{k_1 - k_2}\right)^m & (k_1 < x \leqslant k_2) \\ 1 & (x > k_2) \end{cases} \tag{11-38}$$

这就是说，粒度小于某一粒度 k_1（该粒度往往小于最小排矿口宽度而不是等于最小排矿口宽度）的颗粒在破碎机中不会被破碎，而粒度大于 k_2 的矿粒则总是被破碎。对于粒度介于 k_1 和 k_2 之间的矿粒，其分级函数为一条在 k_2 处斜率为零的 m 次抛物线。分级函数的曲线如图 11-5 所示。

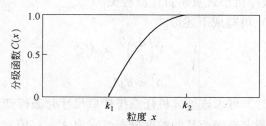

图 11-5 颗粒进入破碎带的概率 $C(x)$（分级函数）

分级矩阵 $\boldsymbol{C}$ 的元素分别是相应粒度范围内分级函数的平均值，即

$$C_i = \int_{x_{i+1}}^{x_i} \frac{C(x)}{x_i - x_{i+1}} \mathrm{d}x \tag{11-39}$$

式中 x_i，x_{i+1}——分别是第 i 粒级的上限和下限。

参数 k_1 和 k_2 的值与最小排矿口宽度密切相关。当给矿中的粗粒级含量增加时，对 k_1 的影响不大，而 k_2 则随之增加；当给矿量增加时，k_1 变化也不大，k_2 却随给矿量增加而减小，其影响是非线性的，如图 11-5 所示。

11.3.2 处理能力模型

美国雷诺（Rexnord）工程机械部利用在堵塞给矿条件下得到的 103 批数据，通过多元回归分析，得到处理能力 $Q_m(\text{t/h})$ 与破碎机圆锥锥角 θ、回转速度、摆动行程 $T(\text{mm})$ 以及最小排矿口宽度 $g(\text{mm})$ 之间的经验关系。然后用逐步回归的方法得到下述关系式：

$$Q_m = 1.663(\sin\theta)^{1.224} T^{0.733} g^{0.507} \pm 5.0 \tag{11-40}$$

式中，常数 1.663 用于堆密度为 $1.44t/m^3$ 的矿石，对于堆密度不同的矿石应作相应的调整。该式说明圆锥破碎机处理能力与回转速度无明显关系。

11.4 破碎作业单元模拟计算的数学模型

11.4.1 破碎作业单元破碎产品粒度分布的数学模型

破碎作业单元如图 11-1(a) 所示。破碎产品的粒度分布特性与矿石性质、破碎机形式及破碎机排矿口尺寸有关。根据生产统计检验得知，绝大多数矿石的破碎产品粒度都可以用下述指数方程描述：

$$Y_j = A_j d_{ji}^{k_j} \tag{11-41}$$

式中 Y_j——相应破碎产品中粒度小于 d_{ji} 的累积产率；

A_j——粒度模数；

d_{ji}——第 j 破碎段的绝对产品粒度，mm；

k_j——参数。

如果 Y_j 表示窄粒级产率，则破碎产品粒度 d_{ji} 与破碎机排矿口尺寸 b_{ji} 成比例。

即 $$d_{ji} \propto b_{ji} \tag{11-42}$$

或 $$d_{ji} = z_j b_{ji} \tag{11-43}$$

式中 z_j——常数，与破碎机形式及矿石性质有关。

这样，式（11-41）可写成下述形式：

$$Y_j = A_j'\left(\frac{d_{ji}}{b_{ji}}\right)^{k_j} = A_j' z_{ji}^{k_j} \tag{11-44}$$

$$A_j' = b_{ji}^{k_j} A_j \tag{11-45}$$

因此，已知 A_j、k_j 时，可求该破碎机任意排矿口尺寸时破碎产品的粒度分布。在具体选矿厂可根据矿石性质测定破碎产品的粒度分布，求出 A_j'、k_j 值。这样就可以利用式（11-44）的关系求出任意破碎机排矿口尺寸时的粒度分布。

表 11-2 列出了常用破碎机破碎不同硬度矿石的 A_j'、k_j 值。当没有实测数据时，可用表 11-2 的参数值概算破碎产品的粒度分布。

表 11-2 不同破碎机破碎不同硬度矿石时的产品粒度分布参数值

破碎机类型	应用特点	矿石性质					
		硬		中 硬		软	
		A_j'	k_j	A_j'	k_j	A_j'	k_j
颚式破碎机	开路	59.84	0.9662	72.75	0.7329	86.05	0.4352
旋回破碎机	开路	60.65	1.12732	75.25	0.7135	87.35	0.5163
标准圆锥破碎机	开路	43.23	1.002	61.58	0.7721	76.45	0.5501
短头圆锥破碎机	开路	20.61	1.4732	36.56	0.9880	53.12	0.7830
短头圆锥破碎机	闭路	25.61	1.310	40.94	1.140	57.66	0.9488

注：表中参数值按选矿设计手册中破碎机产品粒度特性曲线拟合而得。

11.4.2 筛分作业单元指标的计算

筛分作业单元如图 11-1(b) 所示。计算筛分作业的筛上和筛下产物的粒度分布时必须知道总筛分效率 E_0 及部分筛分效率 E_i 的函数关系。因为绝大多数破碎产物的粒度分布符合式 (11-41)，因此根据式 (11-41) 或式 (11-44) 以及前面介绍的计算部分筛分效率的方法，即可建立破碎流程模拟计算的程序，计算出筛分作业的指标。具体模拟计算步骤如下：

（1）根据已知数据求出筛分机给料粒度分布式 (11-44) 中的 k 值。

（2）求出参数 k 后按式 (10-108) 计算筛分效率函数中的参数 δ 值，即

$$\delta = \frac{kE}{1 - E}$$

式中 E——已知的总筛分效率。

（3）利用式 (10-106)、式 (10-113) 和式 (10-114) 数学模型求出所需的任意粒级的部分筛分效率，即

$$E_{-Z+0} = 1 - \frac{kZ^{\delta}}{\delta + k}$$

$$E_{-Z_1+Z_2} = 1 - \frac{k(Z_2^{\delta+k} - Z_1^{\delta+k})}{(\delta + k)(Z_2^k - Z_1^k)}$$

$$E_{-1.0+Z} = 1 - \frac{k(1 - Z^{\delta+k})}{(\delta + k)(1 - Z^k)}$$

式中 E_{-Z+0}——粒度小于 Z 粒度级别的筛分效率；

$E_{-Z_1+Z_2}$——窄粒级 $-Z_1 + Z_2$ 粒度级别的筛分效率；

$E_{-1.0+z}$——粒度小于筛孔但大于 Z 粒度级别的筛分效率；

Z——相对粒度，即绝对粒度 d 与筛孔尺寸 a 的比值，$Z = d/a$。

求出任意粒级的筛分效率后即可计算筛分产物的产率值及粒度分布。

筛下产物产率 $\qquad\qquad\qquad \gamma_U = E_0 \gamma_F F_{j(-a)}$ （11-46）

筛上产物产率 $\qquad\qquad\qquad \gamma_G = 1 - \gamma_U$ （11-47）

筛下产物量 $\qquad\qquad Q_U = E_0 Q_j F_{j(-a)} = \gamma_U Q_j$ （11-48）

筛上产物量 $\qquad\qquad\qquad Q_G = Q_j - Q_U = \gamma_G Q_j$ （11-49）

式中 γ_F——筛分机给料产率；

$F_{j(-a)}$——筛分机给料中小于筛孔尺寸 a 的累积含量；

Q_j——筛分机给料量，t/h。

设第 j 破碎段筛分机给料、筛下及筛上产物的粒度分布向量分别为 F_j、U_j 及 G_j，则

$$F_j = [f_{j1} f_{j2} \cdots f_{jn}]^T \qquad\qquad (11-50)$$

$$U_j = [U_{ja} U_{j(a+1)} \cdots U_{jn}]^T \qquad\qquad (11-51)$$

$$G_j = [g_{ji} g_{ji} \cdots g_{jn}]^T \qquad\qquad (11-52)$$

式中 n——粒级数，$n = 1, 2, \cdots, a$，a 为与筛孔尺寸大小相应的粒级序数。

（1）筛下产物粒度分布 U_j 按下述程序计算。

由物料平衡可得

$$Q_j E_j F_j = Q_j E_0 F_{j(-a)} U_j \tag{11-53}$$

式中　E_j——总筛分效率等于 E_0 时的部分筛分效率矩阵（对角阵），其中各元素值按式（11-48）计算。

由式（11-53）可得

$$\frac{1}{E_0 F_{j(-a)}} E_j F_j = U_j \tag{11-54}$$

或

$$\frac{1}{E_0 F_{j(-a)}}
\begin{bmatrix}
0 & 0 & \cdots & \cdots & \cdots & 0 \\
0 & 0 & \cdots & \cdots & \cdots & 0 \\
\vdots & \vdots & \ddots & & & \vdots \\
\vdots & \vdots & & e_a & & \vdots \\
\vdots & \vdots & & & e_{a+1} & \vdots \\
\vdots & \vdots & & & \ddots & \vdots \\
0 & 0 & \cdots & \cdots & \cdots & e_n
\end{bmatrix}_{n \times n}
\begin{bmatrix}
f_{j1} \\
f_{j1} \\
\vdots \\
f_{ja} \\
f_{j(a+1)} \\
\vdots \\
f_{jn}
\end{bmatrix}_{n \times 1}
=
\begin{bmatrix}
0 \\
0 \\
\vdots \\
u_{ja} \\
u_{j(a+1)} \\
\vdots \\
u_{jn}
\end{bmatrix}_{n \times 1} \tag{11-55}$$

式中，如果 F_j、U_j 各元素值按负累积（从细粒级至粗粒级累积）计算，则部分筛分效率矩阵中元素值 e_a，e_{a+1} … 按式（10-106）计算。如果 F_j、U_j 中各元素值按窄粒级计，则 F_j 中各元素值 e_a，e_{a+1} … 按式（10-113）计算。e_a 为与小于筛孔尺寸相应的第 a 粒级的筛分效率。

（2）筛上产物粒度分布按下述方法计算。

根据物料平衡得

$$Q_j (I - E_j) F_j = [I - (I - E_0) F_{j(-a)}] G_j Q_j \tag{11-56}$$

则

$$\frac{1}{I - (I - E_0) F_{j(-a)}} (I - E_j) F_j = G_j \tag{11-57}$$

式中　I——单位矩阵。

对于多层筛，例如双层筛的产品粒度分布及产率的计算可以仿效上述步骤进行。如图 11-6 所示的双层筛，由物料平衡得

$$Q_U = Q_F E_{02} E_{12} F_{j(-a)} \tag{11-58}$$

或

$$\gamma_U = \gamma_F E_{02} F_{j(-a2)} E_{a2} \tag{11-59}$$

$$Q_{UG} = Q_F E_{01} F_{j(-a1)} - Q_U = Q_F [E_{01} F_{j(-a1)} - E_{02} E_{a1} F_{j(-a2)}] \tag{11-60}$$

$$\gamma_{UG} = \gamma_F [E_{01} F_{j(-a2)} - E_{02} E_{a1} F_{j(-a2)}] \tag{11-61}$$

$$Q_{G1} = Q_F [I - E_{02} F_{j(-a1)}] \tag{11-62}$$

$$\gamma_G = \gamma_F [I - E_{01} F_{j(-a1)}] \tag{11-63}$$

式中　E_{01}，E_{02}——分别为第一、第二层筛的总筛分效率；

　　$F_{j(-a1)}$，$F_{j(-a2)}$——分别为筛分机给料中粒度小于第一层筛孔尺寸 a_1 和第二层筛孔尺寸 a_2 的含量；

　　　　E_{a1}——第一层筛分总效率为 E_{01} 时粒度小于 a_1 的物料的部分筛分效率，按式（10-106）计算。

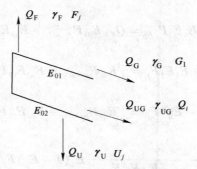

图 11 – 6 双层筛工作指标示意图

第二层筛筛下产物（见图 11 – 6）粒度分布 U_j 按下述程序计算。

根据物料平衡有

$$Q_F E_1 E_2 F_j = Q_F E_{02} E_{a1} U_j \tag{11-64}$$

或

$$E_1 E_2 F_j = E_{02} E_{a1} U_j \tag{11-65}$$

式中 E_1，E_2——分别为第一层、第二层筛的部分筛分效率矩阵。

则

$$E_{12} = \begin{pmatrix} 0 & 0 & \cdots & \cdots & \cdots & 0 \\ 0 & 0 & \cdots & \cdots & \cdots & 0 \\ \vdots & \vdots & \ddots & & & \vdots \\ \vdots & \vdots & & e_{1a} & & \vdots \\ \vdots & \vdots & & & e_{1(a+1)} & \vdots \\ \vdots & \vdots & & & & \ddots & \vdots \\ 0 & 0 & \cdots & \cdots & \cdots & e_{1n} \end{pmatrix}_{n \times n} \times \begin{pmatrix} 0 & 0 & \cdots & \cdots & \cdots & 0 \\ 0 & 0 & \cdots & \cdots & \cdots & 0 \\ \vdots & \vdots & \ddots & & & \vdots \\ \vdots & \vdots & & e_{2a} & & \vdots \\ \vdots & \vdots & & & e_{2(a+1)} & \vdots \\ \vdots & \vdots & & & & \ddots & \vdots \\ 0 & 0 & \cdots & \cdots & \cdots & e_{2n} \end{pmatrix}_{n \times n}$$

$$= \begin{pmatrix} 0 & 0 & \cdots & \cdots & \cdots & \cdots & \cdots & 0 \\ 0 & 0 & & & & & & 0 \\ \vdots & \ddots & & & & & & \vdots \\ & & e_{1a} & & & & & \\ & & & e_{1(a+1)} & & & & \\ & & & & \ddots & & & \\ & & & & & e_{1a}e_{2a} & & \vdots \\ \vdots & & & & & & e_{1(a+1)}e_{2(a+1)} & \\ & & & & & & & \ddots \\ 0 & 0 & \cdots & \cdots & \cdots & \cdots & \cdots & e_{1n}e_{2n} \end{pmatrix}_{n \times n}$$

因此可得

$$\frac{1}{E_{a1} E_{02}} E_{12} F_j = U_j \tag{11-66}$$

第二层筛筛上产品粒度分布 G_2 按下述程序计算。

根据物料平衡有

$$Q_F(E_1F_j - E_1E_2F_j) = Q_F[E_{01}F_{j(-a1)} - E_{a2}E_{02}F_{j(-a2)}]G_2 \qquad (11-67)$$

或

$$E_1F_j - E_1E_2F_j = [E_{01}F_{j(-a1)} - E_{a2}E_{02}F_{j(-a2)}]G_2$$

或

$$E_1(I - E_2)F_j = [E_{01}F_{j(-a1)} - E_{a2}E_{02}F_{j(-a2)}]G_2 \qquad (11-68)$$

由此得

$$\frac{1}{E_{01}F_{j(-a1)} - E_{a2}E_{02}F_{j(-a2)}}E_1(I - E_2)F_j = G_2 \qquad (11-69)$$

式中　E_{a2}——筛分机给料 F_j 中所含小于第二层筛孔尺寸的粒级的第一层筛的部分效率，按式（10-106）计算。

式（11-69）中如果部分筛分效率按式（10-113）计算，则粒度分布向量 F_j、G_2 中元素为相应产物中窄级别含量；如 E_1、E_2 按式（10-106）计算，则 F_j、G_2 中元素为相应产物中负累积含量。

11.4.3　筛分-破碎作业单元的模拟计算

筛分-破碎作业单元如图 11-1(c) 所示。筛分-破碎作业单元中，筛分产物和破碎产物的指标可分别按前述两种作业单元计算方法进行计算。筛下产物和破碎机排料的混合料流的粒度分布 Y_U 按下式计算。

根据物料平衡有

$$Q_j[E_jF_j + (I - E_0F_{j(-a)})Y_j] = Q_jY_U \qquad (11-70)$$

或　　　　　　　　$$E_jF_j + (I - E_0F_{j(-a)})Y_j = Y_U \qquad (11-71)$$

式中，如果 Y_U 中各元素值按式（11-44）求出，则 E_j 按式（10-106）计算；F_j、Y_U 中元素值为负累积产率值。

11.4.4　破碎-筛分作业单元的模拟计算

破碎-筛分作业单元如图 11-1(a) 所示。设 Q_j、γ_j、F_j、Y_j、b_j（破碎机排矿口尺寸）、a_j（筛孔尺寸）、E_0 为已知，返矿比 C_j 按式（11-72）计算：

$$C_j = \frac{Q_G}{Q_j} = \frac{Q_{jc}[1 - E_0Y_{j(-a)}]}{Q_{jc}E_0Y_{j(-a)}} = \frac{1 - E_0Y_{j(-a)}}{E_0Y_{j(-a)}} \qquad (11-72)$$

式中　$Y_{j(-a)}$——破碎机排料中所含小于筛孔尺寸 a 的物料含量；

　　　C_j——小数。

（1）破碎机给料粒度分布 B_{jc} 按下式计算。

根据物料平衡有

$$Q_jF_j + Q_{jc}(I - E_j)Y_j = Q_{jc}B_{jc} \qquad (11-73)$$

或　　$$Q_j[F_j + (I + C_j)(I - E_j)Y_j] = Q_j(I + C_j)B_{jc} \qquad (11-74)$$

由此得

$$\frac{I}{I + C}[E_j + (I + C_j)(I - E_j)Y_j] = B_{jc} \qquad (11-75)$$

式中，如果破碎机排料粒度分布按式（11-44）算出，则 E_j 按式（10-106）计算；在上述条件下 F_j、B_{jc} 中各元素均为相应产物中按负累积计的粒级含量。

（2）筛下产品的粒度分布 U_j 按下述程序计算。

由于
$$(I + C_j)Q_jE_jY_j = Q_jU_j$$

因此得
$$(I + C_j)E_jY_j = U_j \tag{11-76}$$

式中，如 Y_j 按式（11-44）算出，则 E_j 按式（10-106）计算；U_j 中各元素值为相应粒级的负累积含量。

（3）筛上产品粒度分布 G_j 的计算。

因
$$(I + C_j)Q_jY_j - (I + C_j)Q_jE_jY_j = C_jQ_jG_j$$

或
$$(I + C_j)(I - E_j)Y_j = C_jG_j \tag{11-77}$$

由此得
$$\frac{I + C_j}{C_j}(I - E_j)Y_j = G_j \tag{11-78}$$

式中，如 Y_j 按式（11-44）计算，则 E_j 按式（10-106）计算；G_j 中各元素相应为负累积含量。

11.4.5 筛分-筛分-破碎作业单元的模拟计算

筛分-筛分-破碎作业单元如图 11-1（e）所示。设 Q_j、γ_j、F_j、E_0、Y_j、a_j、b_j 为已知，返矿比 C_j 按下式计算：
$$C_j = \frac{Q_G}{Q_j} = \frac{Q_j[1 - E_0Y_{j(-a)}]}{Q_jY_{j(-a)}E_0} = \frac{1 - E_0Y_{j(-a)}}{E_0Y_{j(-a)}} \tag{11-79}$$

（1）筛分机给料的粒度分布 F_{jc} 的计算。

因
$$Q_jF_j + C_jQ_jY_j = (I + C_j)Q_jF_{jc}$$

由此得
$$\frac{I}{I + C_j}(F_j + C_jY_j) = F_{jc} \tag{11-80}$$

式中，如果 Y_j 按式（11-44）计算得出，则 F_j、F_{jc} 的元素相应分别为按负累积计的粒级含量。

（2）筛下产品的粒度分布 U_j 的计算。

因
$$(I + C_j)Q_jE_jF_{jc} = Q_jU_j$$

由此得
$$(I + C_j)E_jF_{jc} = U_j \tag{11-81}$$

式中，如果 F_{jc}、U_j 中元素分别为窄粒级含量，则 E_j 应按式（10-113）计算，否则按式（10-106）计算。

（3）筛上产品的粒度分布 G_j 的计算。

因
$$(I + C_j)Q_jF_{jc} - (I + C_j)Q_jE_jF_{jc} = C_jQ_jG_j \tag{11-82}$$

由此得
$$\frac{I + C_j}{C_j}[(I - E_j)F_{jc}] = G_j \tag{11-83}$$

式中，如果 F_{jc}、G_j 中元素为相应产物中窄级别含量，则 E_j 应按式（10-113）计算。

11.5 破碎筛分全流程模拟计算

所有破碎筛分流程都可以看作是由 11.1 节中介绍的五种作业单元组成。因此,破碎筛分流程的模拟计算可以根据流程的特点,首先将流程划分成不同的组成作业单元,然后按照 11.4 节中所述的各作业单元的模拟计算方法进行相应的计算,即可模拟计算出整个破碎筛分流程的工艺指标。下面以具体实例阐述破碎筛分全流程的模拟计算方法。

图 11-7 为我国某铁矿选矿厂破碎流程及流程考查数据,相应产物的粒度分析结果示于表 11-3 和表 11-4 中。将粒度分析数据绘成粒度曲线,根据粒度曲线对测试值进行略微调整;然后再根据调整数据进行曲线拟合,分别得到粗碎、中碎、细碎破碎产品的粒度分布模型(见式(11-84)~式(11-86))。可见,无论粗破碎(旋回破碎机)、中破碎(标准型圆锥破碎机)或细破碎,其破碎产品的粒度分布特性均符合式(11-44)的指数分布。

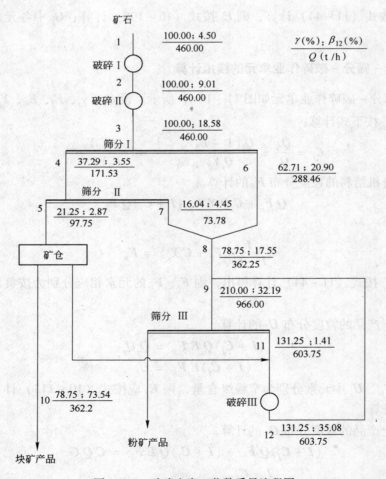

图 11-7 破碎生产工艺数质量流程图

粗破碎机 $\qquad\qquad Y_2 = 1.635d^{0.739}$ $\qquad\qquad$ (11-84)

中破碎机 $\qquad Y_3 = 3.31d^{0.8}$ $\qquad (11-85)$

细破碎机 $\qquad Y_{12} = 1.728d^{1.228}$ $\qquad (11-86)$

上述三式的计算结果与实测值对比示于表 11-3 中。

表 11-3　破碎机产品粒度分布计算与实测值对比

粒度/mm	粗碎机			中碎机			细碎机		
	实测值	计算值	偏差值/%	实测值	计算值	偏差值/%	实测值	计算值	偏差值/%
-1				2.46	3.31	—	4.0	—	—
-3*	2.72	3.68	—	8.23	7.97	3.2	7.61	6.60	12.4
-5	4.14	5.37	—	13.4	12.00	10.4	11.66	12.47	6.9
-12*	9.01	10.29	14	18.58	24.16	3.0	35.08	36.54	4.2
-15	11.0	12.10	10.0	26.0	28.88	11.1	48.0	48.06	0.1
-20	14.0	14.96	6.8	36.0	36.36	1.0	70.0	68.42	2.2
-25*	16.53	17.64	6.7	45.0	43.47	3.4	94.38	89.99	4.6
-30	20.0	20.19	0.9	53.0	50.30	5.1			
-40	26.0	24.97	4.0	66.0	63.31	4.1			
-50*	34.5	29.45	14.6	77.0	75.45	2.0			
-65	38.0	35.75	5.9	95.0	93.64	1.4			
-75*	43.0	39.74	7.6	—	—	—			
-100	54.0	49.15	8.9						
-150	70.0	66.32	5.2						
-200	80.0	82.03	2.5						
-250	95.0	96.74	1.8						

注：* 为未调整的实测粒级数据。

根据上述计算值计算其他料流指标。现场生产中筛分 I 为棒条筛，筛分 II、III 为振动筛。筛分 I、II 计算结果从略。这里只计算筛分 III 及细碎机作业单元的料流指标。

I 筛筛下产物粒度分布符合式 (11-87)：

$$Y_6 = 3.158d^{0.8499} \qquad (11-87)$$

II 筛筛下产物粒度分布符合式 (11-88)：

$$Y_7 = 1.081d^{1.1285} \qquad (11-88)$$

上述两个产物的混合物料 8 的粒度分布符合式 (11-89)：

$$Y_8 = 0.7963Y_{6i} + 0.2037Y_{7i} = 2.515d^{0.8499} + 0.2202d^{1.1285} \qquad (11-89)$$

III 筛的筛孔尺寸为 20mm。由式 (11-86) 及式 (11-89) 分别求得物料 12 和 8 所含有的 -20mm 含量为

$$\beta_{12}^{-20} = 68.42\%, \quad \beta_8^{-20} = 38.54\%$$

按式 (11-79) 求返矿比 C_3（即料流 12）：

$$C_3 = \frac{1 - E_0\beta_3^{-20}}{E_0\beta_{12}^{-20}} = \frac{1 - 0.742 \times 0.3854}{0.742 \times 0.6842} = 141\%$$

实测为

$$C_3' = \frac{131.25}{78.75} = 160\%$$

根据式（11－80）求得Ⅲ筛给料粒度分布为

$$Y_9 = 4.831d^{0.7396} \qquad (11-90)$$

由式（10－108）求得 δ 值为

$$\delta = \frac{kE}{1-E} = \frac{0.7596 \times 0.742}{1-0.742} = 2.1846$$

由式（10－106）求Ⅲ筛的部分筛分效率 E_{-Z+0} 为

$$E_{-Z+0} = 1 - \frac{0.7596Z^{2.1846}}{2.1846 + 0.7596} = 1 - \frac{0.7596\left(\frac{d}{20}\right)^{2.1846}}{2.9442} = 1 - 0.258\left(\frac{d}{20}\right)^{2.1846} \qquad (11-91)$$

表11－4列出了按式（11－91）算出的部分筛分效率值及按这些筛分效率值算出的筛下量与实测筛下量的对比。

表11－5列出了Ⅲ筛给料（料流9）和其筛下产物（料流10）粒度分布的计算值和实测值对比。

表11－4　Ⅲ筛筛下量（产物10）的计算值与实测值对比

粒级/mm	筛分效率/%	筛下量 q_{10i}/t·h^{-1}		
		实　测	计　算	偏差/%
－18	79.50	70.88	72.45	2.2
－15	86.23	64.58	68.43	6.0
－12	91.55	57.91	61.33	5.9
－10	94.32	51.19	55.00	7.4
－8	96.51	44.89	47.50	5.8

表11－5　Ⅲ筛给料（料流9）和其筛下产物（料流10）粒度分布的计算值和实测值对比

粒级/mm	料流9			料流10		
	实测值	按式（11－91）	偏差/%	实测值	按式（11－54）	偏差/%
－3	10.33	10.09	2.30	28.47	26.64	6.40
－5	16.60	14.86	10.30	37.96	37.94	0.05
－8	25.00	23.44	6.20	57.00	52.54	7.80
－10	29.00	27.77	4.20	65.00	61.32	5.60
－12	32.19	31.90	0.90	73.54	69.58	5.40
－15	38.00	37.79	0.50	82.00	81.21	0.90
－18	43.00	43.40	0.90	90.00	92.15	2.40
－20	47.00	47.02	0.04	95.00	99.12	6.50
－30	64.00	63.98	0.30			
－40	80.00	79.60	0.50			
－50	94.46	94.30	0.03			

12　磨矿数学模型

12.1　概　　述

由于磨矿是选矿过程中必不可少的重要作业，因此磨矿数学模型及模拟算法的研究也特别受重视。

1948 年 B. Epstein 首先利用统计原理来研究物料的破裂规律，从统计观点提出了描述颗粒破碎概率的选择函数和破碎产物粒度分布的破裂分布函数，并建立了微分－积分方程。1953～1954 年，A. M. Gaudin 及 L. Bass 等人相继用示踪原子或其他方法研究物料破裂过程及裂碎概率。1956 年 S. R. Broadbent 和 T. G. Callcatt 根据 Epstein 的破裂概率概念提出了静态矩阵模型。此项研究对描述破裂过程有很大价值，但其某些假设不很正确。1962 年 L. G. Austin 和 G. P. Gardner 利用示踪原子和计算机，以及哈氏可磨度机（Harbgrove）测定三种煤的破裂过程，并建立了偏微分积分方程计算公式。1964～1967 年 D. F. Kelsall、L. G. Austin、R. P. Klimpel 以及 K. J. Reid 等人先后多次发表论文阐述和完善有关矩阵模型的验证、求解等工作。应该指出的是以上所谈的磨矿数学模型多属于静态，它不适用于过程的控制和调整。与此同时，K. J. Reid、E. J. Freeh 等提出了矩阵动力学模型，为磨矿数学模型的研究开辟了另一领域。1974 年，W. J. Whiten 提出理想模型，进一步推动了磨矿数学模型的发展。以后又有人提出上述矩阵模型、矩阵动力学模型、微分－积分方程的求解方法等。

需要说明的是磨矿数学模型仍处于研究发展之中。

12.2　静态矩阵模型

12.2.1　开路流程

如前所述，设 F 为磨机给料粒度分布矩阵，P 为碎磨产品粒度分布矩阵，X 为破碎矩阵（下三角阵）。则开路磨矿矩阵模型为

$$P = XF = BSF + (I - S)F \qquad (12-1)$$

式中　B——破裂矩阵，为下三角阵；

　　　S——选择矩阵，为对角阵；

　　　I——单位矩阵；

　BSF——产品中由给料破碎构成的产品中各粒级的量；

　　SF——给料受到破碎的概率；

$(I-S)F$——给料未破裂而残留的量。

如果考虑到物料破裂后产品的粒度分布有一定的规律，那么破裂矩阵 **B** 可以测定。这样就可以利用式（12-1）求选择函数 **S**，**S** 矩阵实质为物料破裂概率矩阵。

由式（12-1）得

$$
\begin{pmatrix}
b_{11} & 0 & 0 & \cdots & 0 \\
b_{21} & b_{22} & 0 & \cdots & 0 \\
b_{31} & b_{32} & b_{33} & \cdots & 0 \\
\vdots & \vdots & \vdots & & \vdots \\
b_{n1} & b_{n2} & b_{n3} & \cdots & b_{nn}
\end{pmatrix}
\begin{pmatrix}
s_1 & 0 & 0 & \cdots & 0 \\
0 & s_2 & 0 & \cdots & 0 \\
0 & 0 & s_3 & \cdots & 0 \\
\vdots & \vdots & \vdots & & \vdots \\
0 & 0 & 0 & \cdots & s_n
\end{pmatrix}
\begin{pmatrix}
f_1 \\ f_2 \\ f_3 \\ \vdots \\ f_n
\end{pmatrix}
+
$$

$$
\left[
\begin{pmatrix}
1 & 0 & 0 & \cdots & 0 \\
0 & 1 & 0 & \cdots & 0 \\
0 & 0 & 1 & \cdots & 0 \\
\vdots & \vdots & \vdots & & \vdots \\
0 & 0 & 0 & \cdots & 1
\end{pmatrix}
-
\begin{pmatrix}
s_1 & 0 & 0 & \cdots & 0 \\
0 & s_2 & 0 & \cdots & 0 \\
0 & 0 & s_3 & \cdots & \\
\vdots & \vdots & \vdots & & \vdots \\
0 & 0 & 0 & \cdots & s_n
\end{pmatrix}
\right]
\begin{pmatrix}
f_1 \\ f_2 \\ f_3 \\ \vdots \\ f_n
\end{pmatrix}
=
\begin{pmatrix}
p_1 \\ p_2 \\ p_3 \\ \vdots \\ p_n
\end{pmatrix}
$$

于是

$$
\begin{pmatrix}
b_{11}s_1 + 1 - s_1 & 0 & 0 & \cdots & 0 \\
b_{21}s_1 & b_{22}s_2 + 1 - s_2 & 0 & \cdots & 0 \\
b_{31}s_1 & b_{32}s_2 & b_{22}s_2 + 1 - s_3 & \cdots & 0 \\
\vdots & \vdots & \vdots & & \vdots \\
b_{n1}s_1 & b_{n2}s_2 & b_{n3}s_3 & \cdots & b_{nn}s_n + 1 - s_n
\end{pmatrix}
\begin{pmatrix}
f_1 \\ f_2 \\ f_3 \\ \vdots \\ f_n
\end{pmatrix}
=
\begin{pmatrix}
p_1 \\ p_2 \\ p_3 \\ \vdots \\ p_n
\end{pmatrix}
\quad (12-2)
$$

由式（12-2）解 **S** 各元素值：

由于

$$
p_1 = (b_{11}s_1 + 1 - s_1)f_1
$$

$$
p_2 = b_{21}s_1 f_1 + [b_{22}s_2 + (1 - s_2)]f_2
$$

$$
p_3 = b_{31}s_1 f_1 + b_{32}s_2 f_2 + (b_{33}s_3 + 1 - s_3)f_3
$$

$$
\vdots
$$

$$
p_n = b_{n1}s_1 f_1 + b_{n2}s_2 f_2 + \cdots + (b_{nn}s_n + 1 - s_n)f_n
$$

所以

$$
s_1 = \frac{p_1 - f_1}{f_1(b_{11} - 1)}
$$

$$
s_2 = \left(\frac{p_2 - b_{21}s_1 f_1}{f_1} - 1 \right) \Big/ (b_{22} - 1)
$$

$$
s_3 = \left(\frac{p_3 - b_{31}s_1 f_1 - b_{32}s_2 f_2}{f_3} - 1 \right) \Big/ (b_{33} - 1)
$$

$$
\vdots
$$

$$
s_n = \frac{1}{f_n(b_{nn} - 1)}(p_n - b_{n1}s_1 f_1 - b_{n2}s_2 f_2 - \cdots - b_{n(n-1)}s_{n-1}f_{n-1} - f_n)
$$

由此得通式为

$$
s_i = \frac{1}{f_i(b_{ii} - 1)}\left(p_i - \sum_{j=1}^{i-1} b_{ij}s_j f_j - f_i \right) \quad (i = 1, 2, \cdots, n) \tag{12-3}
$$

可见已知 **F**、**P**，测定 **B**，可求得选择矩阵 **S**。

对于破裂矩阵 B，当磨矿产品的粒度分布符合罗逊－拉姆勒分布时，破裂函数可以由下式表示：

$$B_{(x,y)} = \frac{1 - \exp\left[-\left(\dfrac{x}{x_e}\right)^v\right]}{1 - \mathrm{e}^{-1}} = 1.582\left\{1 - \exp\left[-\left(\frac{x}{x_e}\right)^v\right]\right\} \tag{12-4}$$

因此破裂矩阵实质上是给料各粒级破裂产品的粒度分布，而选择函数矩阵中各元素只描述各粒级破裂颗粒占该粒级所有颗粒的质量比例。当已知物性常数 v 时，可按式（12-4）概算破裂函数值。

选择函数 S 和破裂函数 B 有很多求法，一般都需要根据具体矿石和作业条件做试验，然后根据试验数据计算。常用的方法有：（1）零阶产出率法；（2）奥－勒（奥斯汀和勒基）理论简算法及其他反算法；（3）理想混合器模拟算法；（4）卡普尔的 G－H 算法；（5）经验公式法。此外尚有利用示踪剂的直接测定法。这种方法虽然直观，但测定方法太麻烦，故应用较少。

12.2.2 闭路流程

在闭路磨矿静态模型中应引入分级函数 C。如图 12-1 所示的闭路磨矿流程，其中 F、M、Q、P 为相应产物粒度分布矩阵。其中 Q 相当于开路流程的 $P_{开}$，M 相当于开路流程中的 $F_{开}$。

因此
$$Q = P_{开} = (BS + I - S)M \tag{12-5}$$

又
$$M = F + CQ \tag{12-6}$$

$$P_{闭} = Q - CQ = (I - C)Q \tag{12-7}$$

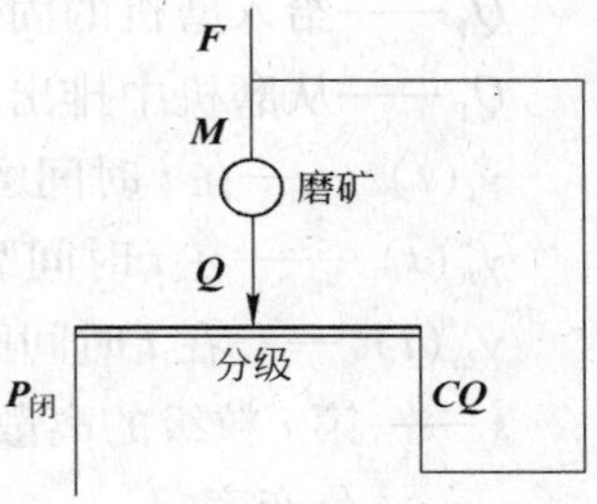

图 12-1 闭路流程

将式（12-5）代入式（12-7）得

$$P_{闭} = (I - C)(BS + I - S)M \tag{12-8}$$

将式（12-5）代入式（12-6）得

$$M = F + C(BS + I - S)M \tag{12-9}$$

由此得

$$F = M - C(BS + I - S)M = [I - C(BS + I - S)]M \tag{12-10}$$

$$M = [I - C(BS + I - S)]^{-1}F \tag{12-11}$$

将式（12-11）代入式（12-8）得

$$P_{闭} = (I - C)(BS + I - S)[I - C(BS + I - S)]^{-1}F \tag{12-12}$$

式中分级矩阵 C 为对角阵：

$$C = \begin{pmatrix} c_1 & 0 & 0 & \cdots & 0 \\ 0 & c_2 & 0 & \cdots & 0 \\ 0 & 0 & c_3 & \cdots & 0 \\ \vdots & \vdots & \vdots & & \vdots \\ 0 & 0 & 0 & \cdots & c_n \end{pmatrix} \tag{12-13}$$

对于式（12-12），设

$$G = BS + I - S \tag{12-14}$$

则
$$P_闭 = (I - C)G(I - CG)^{-1}F \tag{12-15}$$

又由式（12-7）得

$$CQ = Q - P_闭 \tag{12-16}$$

$$C = (Q - P_闭)Q^{-1}$$

因此可以通过开路试验求 B、S，然后通过闭路试验求 C。一般来说，在一定作业条件下，S、C 函数为常数，故求出 S、C 后可用式（12-15）预报不同 F 值时的 $P_闭$ 值。

12.3　动态模型——总体平衡动力学模型

12.3.1　基本概念及公式推导

在公式推导前首先设出下列符号的含义：

Q_t——磨机中 t 时间被磨物料总量；

Q_F——给入磨机的固体流量，t/h；

Q_P——从磨机中排出的固体量率，t/h；

$\gamma_i(t)$——在 t 时间磨机中第 i 粒级的产率；

$\gamma_{if}(t)$——在 t 时间磨机给料中第 i 粒级的产率；

$\gamma_{ip}(t)$——在 t 时间磨机排料中第 i 粒级的产率；

s_i——第 i 粒级的离散型（非连续）选择函数（破裂概率函数），即各粒级破裂的部分产率；

b_{ij}——从给料流中第 j 粒级粉碎至 i 粒级的质量分数（破裂函数中元素）。

则

$Q_F\gamma_1 f(t)$——给料中第 1 粒级的量。

$Q_P\gamma p_1(t)$——磨机排料中第 1 粒级的量。

$s_1 Q_{(t)}\gamma_i(t)$——磨机中第 1 粒级被磨碎的量。

……

由上可得第 1 粒级的破裂速率为

$$\frac{d[Q(t)\gamma_1(t)]}{dt} = Q_F\gamma_1 F(t) - s_1 Q(t) - Q_P\gamma_1 P(t)$$

依此可得第 2 粒级的破裂速率为

$$\frac{d[Q(t)\gamma_2(t)]}{dt} = Q_F\gamma_2 F(t) - s_2 Q(t)\gamma_2(t) + b_{21}s_1 Q(t)\gamma_1(t) - Q_P\gamma_2 P(t)$$

式中　$b_{21}s_1 Q(t)\gamma_1(t)$——由给料第 1 粒级破裂构成的第 2 粒级的量。

第 3 粒级的破裂速率为

$$\frac{d[Q(t)\gamma_3(t)]}{dt} = Q_F\gamma_3 F(t) - s_3 Q(t)\gamma_3(t) + b_{31}s_1 Q(t)\gamma_1(t) + b_{32}s_2 Q(t)\gamma_2(t) - Q_P\gamma_3 P(t)$$

式中　$b_{31}s_1 Q(t)\gamma_1(t)$——由给料中第 1 粒级破裂构成的第 3 粒级的量；

$b_{32}s_2 Q(t)\gamma_2(t)$——由给料中第 2 粒级破裂构成的第 3 粒级的量。

则第 i 粒级破裂速率的通式为

$$\frac{\mathrm{d}[Q(t)\gamma_i(t)]}{\mathrm{d}t} = Q_F\gamma_i F(t) - s_i Q(t)\gamma_i(t) + b_{i1}s_1 Q(t)\gamma_1(t) + b_{i2}s_2 Q(t)\gamma_2(t) +$$

$$b_{i3}s_3 Q(t)\gamma_3(t) + \cdots + b_{ij}s_j Q(t)\gamma_j(t) - Q_P\gamma_i P(t)$$

$$= Q_F\gamma_i F(t) - s_i Q(t)\gamma_i(t) + \sum_{j=1}^{i-1} b_{ij}s_j Q(t)\gamma_j(t) - Q_P\gamma_i P(t) \qquad (12-17)$$

对于连续磨矿，当稳态时 $Q_F = Q_P$。

对于批次磨矿（间歇磨矿），则

$$Q_F = Q_P = 0$$

因此对于批次磨矿，式（12-17）变为

$$\frac{\mathrm{d}[Q(t)\gamma_i(t)]}{\mathrm{d}t} = -s_i Q(t)\gamma_i(t) + \sum_{j=1}^{i-1} b_{ij}s_j Q(t)\gamma_j(t) \quad (i = 1, 2, \cdots, n) \qquad (12-18)$$

如果 $Q(t)$ 为常数，则式（12-18）变为

$$\frac{\mathrm{d}[\gamma_i(t)]}{\mathrm{d}t} = -s_i\gamma_i(t) + \sum_{j=1}^{i-1} b_{ij}s_j\gamma_j \qquad (12-19)$$

式（12-19）用矩阵表示时为

$$\frac{\mathrm{d}}{\mathrm{d}t}\begin{pmatrix} \gamma_1(t) \\ \gamma_2(t) \\ \gamma_3(t) \\ \vdots \\ \gamma_n(t) \end{pmatrix} = \begin{pmatrix} -s_1(t) & 0 & 0 & \cdots & 0 & 0 \\ b_{21}s_1(t) & -s_2(t) & 0 & \cdots & 0 & 0 \\ b_{31}s_1(t) & b_{32}s_2(t) & -s_3(t) & \cdots & 0 & 0 \\ \vdots & \vdots & \vdots & \ddots & -s_{n-1}(t) & 0 \\ b_{n1}s_1(t) & b_{n2}s_2(t) & b_{n3}s_3(t) & \cdots & b_{n(n-1)}s_{n-1}(t) & -s_n(t) \end{pmatrix} \times \begin{pmatrix} \gamma_1(t) \\ \gamma_2(t) \\ \gamma_3(t) \\ \vdots \\ \gamma_n(t) \end{pmatrix}$$

$$(12-20)$$

写成矩阵式为

$$\frac{\mathrm{d}\boldsymbol{\gamma}(t)}{\mathrm{d}t} = -[\boldsymbol{I} - \boldsymbol{B}]\boldsymbol{S}(t)\boldsymbol{\gamma}(t) \qquad (12-21)$$

12.3.2　总体平衡动力学模型的分析解

（1）当 $i=1$ 时，有

$$\frac{\mathrm{d}[\gamma_1(t)]}{\mathrm{d}t} = -s_1\gamma_1(t) \qquad (12-22)$$

由此得

$$\int \frac{\mathrm{d}[\gamma_1(t)]}{\gamma_1(t)} = \int -s_1 \mathrm{d}t$$

于是

$$\ln\gamma_1(t) = -s_1 t + C$$

当 $t=0$ 时，$C = \ln\gamma_1(0)$，则

$$\ln\gamma_1(t) = -s_1 t + \ln\gamma_1(0)$$

由此得

$$\gamma_1(t) = \gamma_1(0)\mathrm{e}^{-s_1 t} \qquad (12-23)$$

式（12-23）描述了在 t 时间磨矿产品中第 1 粒级的产率 $\gamma_1(t)$ 与给料中第 1 粒级产率 $\gamma_1(0)$ 的关系。s_1 为第 1 粒级的选择函数，t 为磨矿时间。

（2）当 $i=2$ 时，有

$$\frac{d[\gamma_2(t)]}{dt} = b_{21}s_1\gamma_1(t) - s_2\gamma_2(t) \tag{12-24}$$

$$\frac{d[\gamma_2(t)]}{dt} + s_2\gamma_2(t) = b_{21}s_1\gamma_1(t) \tag{12-25}$$

式（12-25）为一阶微分方程，其通解为

$$\gamma_2(t) = e^{-\int s_2 dt}\Big[\int b_{21}s_1\gamma_1(t)e^{\int s_2 dt}dt + C\Big]$$

$$= e^{-s_2 t}\Big[b_{21}\int s_1\gamma_1(0)e^{-s_1 t}e^{s_2 t}dt + C\Big]$$

$$= e^{-s_2 t}\Big[b_{21}\int s_1\gamma_1(0)e^{(s_2-s_1)t}dt + C\Big]$$

$$= e^{-s_2 t}\Big[b_{21}s_1\gamma_1(0)\frac{1}{s_2-s_1}e^{(s_2-s_1)t} + C\Big] \tag{12-26}$$

当 $t=0$ 时，得

$$C = \gamma_2(0) - b_{21}s_1\gamma_1(0)\frac{1}{s_2-s_1} \tag{12-27}$$

将式（12-27）代入式（12-26）得

$$\gamma_2(t) = \frac{b_{21}s_1\gamma_1(0)}{s_2-s_1}\big[e^{-s_1 t} - e^{-s_2 t}\big] + \gamma_2(0)e^{-s_2 t} \tag{12-28}$$

（3）当 $i=3$ 时，有

$$\frac{d[\gamma_3(t)]}{dt} = b_{31}s_1\gamma_1(t) + b_{32}s_2\gamma_2(t) - s_3\gamma_3(t)$$

由此得

$$\frac{d[\gamma_3(t)]}{dt} + s_3\gamma_3(t) = b_{31}s_1\gamma_1(t) + b_{32}s_2\gamma_2(t) \tag{12-29}$$

式（12-29）也为一阶微分方程，式中 $\gamma_1(t)$ 及 $\gamma_2(t)$ 可由式（12-23）及式（12-28）得到。利用解一阶微分方程的公式同样可解得 $\gamma_3(t)$ 的通解。

式（12-20）的通解可描述如下：

$$\begin{pmatrix}\gamma_1(t)\\ \gamma_2(t)\\ \gamma_3(t)\\ \vdots \\ \gamma_n(t)\end{pmatrix} = \begin{pmatrix}A_{11} & 0 & 0 & \cdots & 0\\ A_{21} & A_{22} & 0 & \cdots & 0\\ A_{31} & A_{32} & A_{33} & \cdots & 0\\ \vdots & \vdots & \vdots & & \vdots\\ A_{n1} & A_{n2} & A_{n3} & \cdots & A_{nn}\end{pmatrix}\begin{pmatrix}e^{-s_1 t}\\ e^{-s_2 t}\\ e^{-s_3 t}\\ \vdots\\ e^{-s_n t}\end{pmatrix} \tag{12-30}$$

其中

$$A_{ij} = \sum_{k=1}^{i-1}\frac{b_{ik}s_k}{s_i-s_j}A_{jk} \quad (i>j;\ k=1,2,\cdots,i-1;\ i=1,2,3,\cdots,n;\ j=0,1,2,\cdots,i-1)$$

$$A_{ij} = A_{jj} = \gamma_i(0) - \sum_{k=1}^{i-1}A_{ik} \quad (i=j)$$

$$A_{ij} = 0 \quad (i<j)$$

式（12-30）有许多算法，可利用逐步求解的方法求各粒级的选择函数 s_1, s_2, $\cdots$, s_n。

例如由式（12 – 23）知

$$\ln\gamma_1(t) = \ln\gamma_1(0) - s_1 t \qquad (12-31)$$

在间歇磨机中对已知粒度分布 $\gamma_1(0)$ 的原料进行不同时间的分批磨矿，求不同时间的选择函数 s_1，s_2，$\cdots$，s_j。利用批次磨矿结果，如：

$$
\begin{array}{cccccc}
t & t_1 & t_2 & t_3 & \cdots & t_n \\
\gamma_1(t) & \gamma_1(t_1) & \gamma_1(t_2) & \gamma_1(t_3) & \cdots & \gamma_1(t_n)
\end{array}
$$

对式（12 – 31）进行最小二乘法运算可求出 s_1 值。

对于式（12 – 28），可采用同样办法做试验求出不同 t 值时 $\gamma_2(t_1)$ 值。由于式（12 – 28）不能线性化，因此可用计算机求解 s_2 值。至于 s_3，s_4，$\cdots$ 利用同样办法均可求出。

12.4 给料粒度组成对磨机产量影响的计算

无论是棒磨机、球磨机或者自磨机，其给料的粒度组成对磨机产量都有很大的影响，因此本节专门介绍有关这方面的理论计算方法。

12.4.1 球磨机给料粒度的影响

根据生产统计，每破碎 1t 矿石消耗的电能为 $1 \sim 4\mathrm{kW} \cdot \mathrm{h}$，棒磨机为 $4 \sim 8\mathrm{kW} \cdot \mathrm{h}$，球磨机为 $10 \sim 30\mathrm{kW} \cdot \mathrm{h}$，自磨机为 $12 \sim 40\mathrm{kW} \cdot \mathrm{h}$。总的来说，磨矿的电耗比破碎高得多，因此"多破碎、少磨矿"，即尽量减小球磨机入料粒度从技术经济上看是合适的。关于磨矿最适宜的给料粒度主要取决于下述一些因素：（1）矿石硬度及嵌布特性；（2）含泥多少；（3）要求的磨矿产品细度；（4）选矿厂规模；（5）地形条件等。目前还没有一个适宜的公式能定量算出上述诸因素的数量关系。

由奥列夫斯基（В. А. Олевский）在 1956 年提出，后来又经过改进的概算球磨机最大入料粒度对球磨机产量的影响公式为

$$\frac{Q_x}{Q_{50}} = \left(\frac{d_{50}}{d_x}\right)^{1/4} \qquad (12-32)$$

式中 Q_x——磨机入料为 d_x 时的台时产量；

$\quad\ Q_{50}$——入料粒度为 50mm 时球磨机台时产量；

$\quad\ d_{50}$——相当于入料粒度为 50mm。

式（12 – 32）也可换算成式（12 – 33）：

$$\frac{Q_x}{Q_0} = \left(\frac{d_0}{d_x}\right)^{1/4} \qquad (12-33)$$

式中 Q_0——已知入料粒度为 d_0 的磨机台时产量。

应指出的是上述两式只在特定情况下符合实际。

入料粒度对磨机产量的影响可利用磨矿动力学公式求之。由开路磨矿动力学知

$$R_{1t} = R_{10} \exp\left(-\frac{k_1}{q_1^{n_1}}\right) \qquad (12-34)$$

$$R_{2t} = R_{20}\exp\left(-\frac{k_2}{q_2^{n_2}}\right) \qquad (12-35)$$

由此得

$$\frac{q_2}{q_1} = \left[\frac{k_2}{\ln\left(\frac{R_{20}}{R_{2t}}\right)}\right]^{1/n_2} \Bigg/ \left[\frac{k_1}{\ln\left(\frac{R_{10}}{R_{1t}}\right)}\right]^{1/n_1} \qquad (12-36)$$

式中　q_1，q_2——球磨机利用系数，$t/(m^2 \cdot h)$；

$\quad R_{10}$，R_{20}——分别代表球磨机给料中大于某一粒级的产率；

$\quad R_{1t}$，R_{2t}——分别代表球磨机磨矿产品中大于某一粒级的产率；

$\quad n_1$，n_2——与矿石性质有关的参数；

$\quad k_1$，k_2——与球磨机操作条件有关的参数。

n_1、n_2、k_1、k_2 可通过批次磨矿试验求出。

当矿石性质一样时，$n_1 = n_2$，则式（12-36）变为

$$\frac{q_2}{q_1} = \left[\frac{k_2}{k_1}\frac{\ln\left(\frac{R_{10}}{R_{1t}}\right)}{\ln\left(\frac{R_{20}}{R_{2t}}\right)}\right]^{1/n} \qquad (12-37)$$

如果磨矿产品粒度也一样，即 $R_{1t} = R_{2t}$，且 $n_1 = n_2$，则式（12-36）变为

$$\frac{q_2}{q_1} = \left(\frac{k_2}{k_1}\right)^{1/n}\left[\frac{\ln\left(\frac{R_{10}}{R_{1t}}\right)}{\ln\left(\frac{R_{20}}{R_{1t}}\right)}\right]^{1/n} = \left(\frac{k_2}{k_1}\right)^{1/n}\left[\frac{\ln\left(\frac{R_{10}}{R_{2t}}\right)}{\ln\left(\frac{R_{20}}{R_{2t}}\right)}\right]^{1/n} = \left(\frac{k_2}{k_1}\right)^{1/n}\left[\frac{\ln\left(\frac{R_{10}}{R_t}\right)}{\ln\left(\frac{R_{20}}{R_t}\right)}\right]^{1/n} \qquad (12-38)$$

当 $k_1 = k_2$ 时，式（12-38）变为

$$\frac{q_2}{q_1} = \left(\frac{\ln R_{10} - \ln R_{1t}}{\ln R_{20} - \ln R_{2t}}\right)^{1/n} \qquad (12-39)$$

式（12-39）与式（12-33）相似，但应用范围较广，因为它考虑了矿石性质的差别（反映在 n 上）。

12.4.2　自磨机入料粒度组成对自磨机产量的影响

据研究，自磨机给料中大于 150mm 的产率大于 25%，且小于 20mm 的产率大于 75% 时自磨机产量最高，能耗最低，过粉碎最轻；-100 +20mm 粒级多时则相反。

自磨机给料粒度组成对自磨机产率的影响如图 12-2 所示。由图 12-2 可以看出，按原矿计自磨机产量随 -350 +100mm 粒级含量的增加而增加，随 -100 +25mm 粒级含量的增加而降低。至于 -25mm，当其含量在 25% ~35% 范围内时，自磨机产量较高，小于或大于此范围，产量均降低。

为了使图 12-2 所示曲线有更广泛的适用性，下面推导描述它们关系的数学模型。

如果以 -305 +100mm 产率为 40% 时产量 Q_{1-0} 为基准，该粒级其他产率值时的产量为 Q_{1-x}。这样可求出 $\gamma_{-350+100}$ 为任意值时的相对产量 β_1。采用最小二乘曲线拟合可得

$$\beta_{1-x} = \frac{Q_{1-x}}{Q_{1-0}} = 1.38(\gamma_{-350+100})^{0.35} \qquad (12-40)$$

同样可推导出以给料中 $\gamma_{-100+25}=35\%$、$\gamma_{-25}=30\%$ 时自磨机产量 Q_{2-0} 及 Q_{3-0} 为基准，而 $\gamma_{-100+25}$、γ_{-25} 为其他值时自磨机相对产量 β_{2-x} 及 β_{3-x} 的计算公式，即

$$\beta_{2-x} = \frac{Q_{2-x}}{Q_{2-0}} = 1.25 - 0.13(\gamma_{-100+25}) - 2.5(\gamma_{-100+25})^2 \qquad (12-41)$$

$$\beta_{3-x} = \frac{Q_{3-x}}{Q_{3-0}} = -0.44 + 9(\gamma_{-25}) - 14.3(\gamma_{-25})^2 \qquad (12-42)$$

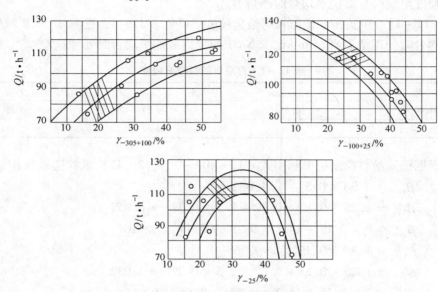

图 12 – 2 给料粒度组成对自磨机产量的影响

式（12 – 40）~式（12 – 42）中各粒级产率值 γ_i 为小数。

β_{1-x}、β_{2-x}、β_{3-x} 又称给料粒度系数。在实际生产中自磨机给料往往含有各种粒级，这种情况下就不能利用上述诸式计算。为了计算混合给料对自磨机产量的影响，进行下述模拟计算。

由式（12 – 40）~式（12 – 42）得

$$\begin{cases} Q_{1-x} = \beta_{1-x} Q_{1-0} \\ Q_{2-x} = \beta_{2-x} Q_{2-0} \\ Q_{3-x} = \beta_{3-x} Q_{3-0} \end{cases} \qquad (12-43)$$

则

$$\overline{Q}_x = \frac{Q_{1-x} + Q_{2-x} + Q_{3-x}}{3}$$

$$= \frac{\beta_{1-x} Q_{1-0} + \beta_{2-x} Q_{2-0} + \beta_{3-x} Q_{3-0}}{3} \qquad (12-44)$$

令

$$\overline{Q}_0 = \frac{Q_{1-0} + Q_{2-0} + Q_{3-0}}{3} \qquad (12-45)$$

则式（12 – 44）近似等于

$$\overline{Q}_x \approx \overline{Q}_0 (\beta_{1-x} + \beta_{2-x} + \beta_{3-x}) \qquad (12-46)$$

或

$$\overline{Q}'_x \approx \overline{Q}_0 (\beta'_{1-x} + \beta'_{2-x} + \beta'_{3-x}) \qquad (12-47)$$

由以上可得

$$\frac{\overline{Q}'_x}{\overline{Q}_x} = \frac{\beta'_{1-x} + \beta'_{2-x} + \beta'_{3-x}}{\beta_{1-x} + \beta_{2-x} + \beta_{3-x}} \qquad (12-48)$$

式中　$\overline{Q}_x$，$\overline{Q}'_x$——分别代表不同给料粒度组成时自磨机的平均台时产量。

如果通过试验已测知某一给料粒度组成及其平均台时产量 $\overline{Q}_x$，就可利用式（12-48）预算任意粒度组成时自磨机平均台时产量 $\overline{Q}'_x$。

【实例 12-1】　歪头山铁矿石自磨给料粒度组成见表 12-1，已测知 No.2 粒度组成时自磨机平均台时处理量为 88.50t/h，求 No.1 粒度组成的平均台时处理量 $\overline{Q}'_x$。

表 12-1　自磨机给料粒度组成

编　号	$\gamma_{-350+100}$	$\gamma_{-100+25}$	γ_{-25}
No.1	0.35	0.27	0.38
No.2	0.5	0.32	0.18

解：根据已知给料粒度组成利用式（12-40）~式（12-42）求粒度系数 β_{i-x}。

$$\beta_{1-x} = 1.38 \times 0.5^{0.35} = 1.082$$
$$\beta_{2-x} = 1.25 - 0.13 \times 0.32 - 2.5 \times 0.32^2 = 0.952$$
$$\beta_{3-x} = 9 \times 0.18 - 14.3 \times 0.18^2 - 0.44 = 0.716$$
$$\beta'_{1-x} = 1.38 \times 0.35^{0.35} = 0.965$$
$$\beta'_{2-x} = 1.25 - 0.13 \times 0.27 - 2.5 \times 0.27^2 = 1.032$$
$$\beta'_{3-x} = 9 \times 0.38 - 14.3 \times 0.38^2 - 0.44 = 0.915$$

将上述诸粒度系数值代入式（12-48）后得

$$\overline{Q}'_x = \overline{Q}_x \times \frac{0.965 + 1.032 + 0.915}{1.082 + 0.952 + 0.915} = 88.56 \times \frac{2.093}{2.75} = 93.41 \text{ t/h}$$

No.1 实测平均台时处理量为 93.6t/h。

【实例 12-2】　某石英-黏土矿进行湿式自磨，给矿粒度组成见表 12-2。已知 No.1 产量为 40t/h，求 No.2 产量。

表 12-2　自磨机给矿粒度组成

编　号	γ_{+100}	$\gamma_{-100+25}$	γ_{-25}
No.1	0.35	0.25	0.40
No.2	0.45	0.45	0.10

解：根据给料粒度组成利用式（12-40）~式（12-42）求相应粒度系数值，得

$$\beta_{1-x} = 0.955; \beta_{2-x} = 1.06; \beta_{3-x} = 0.872$$
$$\beta'_{1-x} = 1.043; \beta'_{2-x} = 0.685; \beta'_{3-x} = 0.317$$

将上述诸粒度系数值代入式（12-48）后得

$$\overline{Q}'_x = \overline{Q}_x \times \frac{1.043 + 0.685 + 0.317}{0.955 + 1.06 + 0.872} = 40 \times \frac{2.041}{2.887} \approx 28.3 \text{ t/h}$$

实测 No.2 产量为 30t/h。

13 浮选数学模型

13.1 概　　述

　　浮选是一个很复杂的物理－化学过程，影响浮选的作用指标因素很多。例如，参与浮选的矿物的可浮性及其差异，有价矿物的结晶颗粒大小及其解离度，矿泥的多少及其性质，药剂作用，水质、气泡的大小及析出，浮选机的工作特性等。因此目前为止还没有得出能包括上述所有因素且较符合实际的数学模型。虽有许多研究者提出不少有关浮选的数学模型，但绝大多数都只在研究者所进行的特定条件下相吻合，而不具有普遍意义。在这一章扼要介绍浮选数学模型的研究状况及主要研究内容。

　　浮选动力学模型：

　　最早研究浮选动力学的是赞尼格（H. G. Zuniga）和别罗格拉卓夫（K. Ф. Белоглаэов），他们分别提出所谓一级浮选动力学方程。后来苏萨兰（K. L. Sutherlond）、托姆里孙（H. S. Tomlison）、弗来明（M. G. Fleming）以及布什（G. H. C. Bushell）都先后进行过研究，他们赞同一级浮选动力学的说法。

　　阿尔比特（M. Arbeter）、胡基（R. T. Hukki）则主张浮选动力学属二级反应过程。

　　布尔（W. R. Bull）和林奇（A. J. Lynch）对宽级别工业产品进行筛析并逐级考查其浮选速度常数后发现，对窄级别矿物来说，仍符合一级反应。与此同时，普拉克辛（И. Н. Ллаксин）及克拉先（В. И. К. Ларсен）等人提出 n 级反应动力学。布什根据研究认为 n 为变值，对于较粗的物料 n 值较大，对于较细的物料 n 值较小。国内的研究也有同样的看法。

　　有人研究认为动力学方程中的常数 K 是一个随时间而变的函数。例如，1957 年果里柯夫（A. A. Голиков）以混合物料（10% 石英、90% 白铅矿）进行浮选，提出了白铅矿浮选动力学方程中 K 与时间的变化关系。1965 年伍德邦和劳夫德（E. T. Woodburn 和 B. K. Loverday）进一步研究了 K 值的函数形式，认为 K 值的变化符合 Γ 密度分布函数。而巴尔（B. Ball）和富尔斯坦诺（D. W. Fuerslenau）认为 K 值的变化是一个更复杂的分布函数。

　　我国近年来对 K 值分布规律也进行了一些研究，并取得了一些进展。

　　以上介绍的都属单相浮选模型，即把浮选泡沫和矿浆同样看待，视为一相。但是浮选过程中矿浆和泡沫实质上为两个各不相同的相。1962 年阿尔比特和哈瑞斯（C. C. Harris），1966 年哈瑞斯和瑞曼（H. W. Rimmer）等提出两相浮选模型。两相模型也有一级、二级及 n 级反应的速度模型。需要指出的是这种模型求解较复杂，应用也有困难。

　　1978 年哈瑞斯进一步提出三相或多相模型。

　　1969 年米卡（T. Mika）和富尔斯坦诺曾提出微观浮选模型。他们将浮选槽分为四个部分：（1）矿粒与气泡碰撞和附着的子过程；（2）泡沫与矿浆进行物质交换和分配的子过程；（3）矿粒从气泡上脱落的子过程；（4）精矿泡沫排出槽外的子过程。以这种观点建立的模型实质上为理论多相模型。到目前为止这种模型中许多参数尚难定量确定。故这种模型只可用于解释和说明一些问题而不能实际应用。

胡伯－盘纽（Huber－Panu）利用总体平衡理论和概率理论提出了浮选总体平衡模型。这种模型的通用性更大一些，可以批次浮选，也可以连续浮选。

从应用的角度，本章主要介绍单相浮选动力学模型和总体平衡模型，其他类型的模型仅作扼要介绍。

13.2　单相浮选动力学模型

单相浮选动力学模型的基本指导思想是把浮选槽看作理想混合器，把泡沫和矿浆的性质和行为视为一样，其基本动力学方程类似于化学反应动力学，即

$$\frac{\mathrm{d}C}{\mathrm{d}t} = - K_1 C \tag{13-1}$$

式中　C——浮选槽内目的矿物的浓度；

　　　　t——浮选时间；

　　　K_1——浮选速率常数。

此为一级动力学方程。

阿尔比特及胡基根据研究认为浮选过程符合二级反应，即

$$\frac{\mathrm{d}C}{\mathrm{d}t} = - K_2 C^2 \tag{13-2}$$

普拉克辛及克拉先根据研究认为浮选过程属于 n 级反应，即

$$\frac{\mathrm{d}C}{\mathrm{d}t} = - K_n C^n \tag{13-3}$$

布尔及林奇根据研究认为窄级别矿物的浮选速度符合一级反应。布什后来的研究认为 n 值是变化的，对于粗大颗粒 n 值较大，较细颗粒的 n 值较小；当颗粒粒度 $d \leqslant 65\mu\mathrm{m}$ 时，$n \leqslant 1.0$，当 $d > 65\mu\mathrm{m}$ 时，$n > 1.0$。

进一步研究表明，以上诸动力学方程中速率常数 K 并非常数而是时间的函数，因而倾向于把浮选过程视为一级反应，而速率常数 K 作为一个变数。即

$$K = f(t, \phi) \tag{13-4}$$

式中　t——浮选时间；

　　　ϕ——目的矿物可浮性指标。

国内不少研究者曾对式（13-4）的函数形式进行了探讨，认为根据一级反应速度和把 K 值作为时间的函数模型，使用简单且较符合实际情况。

为了便于选矿研究的应用，浮选动力学方程常以目的矿物的回收率 $\varepsilon(t)$ 来表示。浮选经 t 时间后槽中目的矿物的剩余量为 $1 - \varepsilon(t)$；这样仿效式（13-1）和式（13-3）可得

$$\frac{\mathrm{d}\varepsilon(t)}{\mathrm{d}t} = - K_1 [1 - \varepsilon(t)] \tag{13-5}$$

$$\frac{\mathrm{d}\varepsilon(t)}{\mathrm{d}t} = -K_n[1-\varepsilon(t)]^n \tag{13-6}$$

一般来说浮选矿浆中总会多少含有不可浮部分，即浮选时间 $t \to \infty$ 时该部分矿物也未浮出，此部分矿物称为"死质量"。因此如果目的矿物含有"死质量"部分，那么 $t \to \infty$ 时目的矿的回收率 $\varepsilon(t)_{t \to \infty}$ 将达不到100%，此时的最大回收率以 $\varepsilon(\infty)$ 表示，$\varepsilon(\infty) < 1.0$。这样浮选动力学方程变为

$$\frac{\mathrm{d}\varepsilon(t)}{\mathrm{d}t} = -K_\infty[\varepsilon(\infty)-\varepsilon(t)] \tag{13-7}$$

或

$$\frac{\mathrm{d}\varepsilon(t)}{\mathrm{d}t} = -K_\infty[\varepsilon(\infty)-\varepsilon(t)]^n \tag{13-8}$$

由式（13-7）得

$$\int \frac{\mathrm{d}\varepsilon(t)}{\varepsilon(\infty)-\varepsilon(t)} = -\int K_1 \mathrm{d}t \tag{13-9}$$

$$\ln[\varepsilon(\infty)-\varepsilon(t)] = K_1 t + C$$

当 $t=0$ 时，$C = \ln\varepsilon(\infty)$，代入式（13-9）后得

$$\ln\frac{\varepsilon(\infty)-\varepsilon(t)}{\varepsilon(\infty)} = -K_1 t \tag{13-10}$$

即

$$\frac{\varepsilon(\infty)-\varepsilon(t)}{\varepsilon(\infty)} = \mathrm{e}^{-K_1 t} \tag{13-11}$$

下面进一步分析速度常数 K 值的变化规律。表13-1列出了 K 值的变化情况。因此 K 值并非常数，对于窄级别物料或时间很短的 K 值可近似为常数。这样 K 值实质上为浮选速率系数函数。

K 值的大小与物料的粒度、矿物的可浮性、药剂在矿物表面吸附的不均匀性、矿物的解离度等因素有关。在浮选过程中可浮性好者，浮出速度较快，K 值较大；可浮性差者，浮出速度较慢，K 值较小；这样就形成 K 值随浮选时间的延长而逐渐减小的规律。

表13-1　K 的试验和计算数据对比

数据来源	累计浮选时间 T/min	产品名称	试 验 值				计 算 值	
			回收率 ε/‰		$K_1 t$	K_1	$\hat{K}_1 t$	$\hat{K}_1$
			个别	累积				
试验室试验	1	精矿1	49.23	49.23	0.730	0.730	0.730	0.730
	2.5	精矿2	25.02	74.25	1.570	0.628	1.290	0.516
	5.0	精矿3	9.94	84.19	2.172	0.434	1.949	0.390
	8.0	精矿4	2.45	86.64	2.430	0.304	2.430	0.304
	11.0	精矿5	1.92	88.56	2.693	0.245	2.708	0.246
	15.0	精矿6	0.91	89.47	2.842	0.189	2.900	0.193
	19.0	精矿7	0.53	90.00	2.945	0.155	3.070	0.162
	24.0	精矿8	0.31	90.31	3.010	0.125	3.117	0.130
		尾 矿	9.69	100.00				
		精 矿	100.00					

续表 13 – 1

数据来源	累计浮选时间 T/min	产品名称	试 验 值 回收率 ε/‰ 个别	试 验 值 回收率 ε/‰ 累积	试 验 值 $K_1 t$	试 验 值 K_1	计 算 值 $\hat{K}_1 t$	计 算 值 $\hat{K}_1$
某厂生产数据	2. 2	精矿 1	68. 50	68. 50	1. 155	0. 525	1. 155	0. 525
	4. 81	精矿 2	19. 54	88. 04	2. 250	0. 467	2. 027	0. 421
	7. 74	精矿 3	4. 55	92. 59	2. 600	0. 336	2. 600	0. 336
	10. 77	精矿 4	2. 56	95. 15	3. 040	0. 282	3. 054	0. 284
	13. 92	精矿 5	1. 42	96. 57	3. 370	0. 241	3. 370	0. 242
	17. 22	精矿 6	0. 85	97. 42	3. 650	0. 206	3. 580	0. 208
		尾 矿	2. 58	100. 00				
		精 矿	100. 00					

关于 K 值的变化规律有以下几种论点：

（1）Γ 分布。1965 年伍德邦和劳夫德提出 K 值的初始密度函数基本上符合 Γ 分布函数，即

$$F(K) = \frac{\lambda^{p+1}}{\Gamma(p+1)} K^p e^{-\lambda K} \qquad (13-12)$$

式中　λ——任意数；

　　　p——分布参数。

λ，p 均为常数。

由概率分布理论知：当 p 为正整数时，$\Gamma(p+1) = p!$。式（13 – 12）中 K 的平均值 K_{av} 为

$$K_{av} = \frac{p+1}{\lambda} \qquad (13-13)$$

对式（13 – 12）求导，得

$$F'(K) = \frac{\lambda^{p+1}}{\Gamma(p+1)} K^{p-1} e^{-\lambda K} (p - \lambda K) \qquad (13-14)$$

将 K_{av} 值代入式（13 – 14）得

$$
\begin{aligned}
F'(K_{av}) &= \frac{\lambda^{p+1}}{\Gamma(p+1)} K_{av}^{p-1} e^{-\lambda K_{av}} (p - \lambda K_{av}) \\
&= \frac{\lambda^{p+1}}{\Gamma(p+1)} K_{av}^{p-1} e^{-\lambda K_{av}} \left(p - \lambda \frac{p+1}{\lambda} \right) \\
&= -\frac{\lambda^{p+1}}{\Gamma(p+1)} K_{av}^{p-1} e^{-\lambda K_{av}} \qquad (13-15)
\end{aligned}
$$

式（13 – 15）表明 $F'(K_{av})$ 值恒为负，即分布函数的分布极值在平均值的左方，分布极值处的 K 值必小于平均值 K_{av}。即给料浮选过程的 K 值分布中小的 K 值占优势，这与大多数情况不符，但是有些试验数据认为其与 Γ 分布相符合。

（2）β 分布。我国的一些选矿工作者的试验研究认为 K 值的变化近似于 β 分布。β 密度分布函数如下式：

$$\beta(p, q) = \frac{x^{p-1}(1-x)^{q-1}}{\beta(p, q)} \quad (0 < x < 1.0, p > 0, q > 0) \tag{13-16}$$

$$x = K/K_{\max}$$

式中　p, q——分布参数;

　　　$K_{\max}$——最大 K 值;

　　$\beta(p,q)$——β 函数, 其定义为

$$\beta(p, q) = \int_0^1 t^{p-1}(1-t)^{q-1}\mathrm{d}t \tag{13-17}$$

式 (13-17) 右端为第一欧拉积分, 可得

$$\beta(p, q) = \frac{\Gamma(p)\Gamma(q)}{\Gamma(p+q)} \tag{13-18}$$

式中　$\Gamma(p)$, $\Gamma(q)$, $\Gamma(p+q)$——Γ 函数。

如果 p、q 均为大于 1 的正整数, 可得

$$\beta(p, q) = \frac{\Gamma(p)\Gamma(q)}{\Gamma(p+q)} = \frac{(p-1)!(q-1)!}{(p+q-1)!} \tag{13-19}$$

式 (13-19) 中, 当 $p = q$ 时, 为正态分布; 当 $p < q$ 时, 接近于 Γ 分布。为了求出两个参数即 p 及 q 的值, 需要有两个独立方程。根据概率分布理论, 可求得 β 函数分布的平均值 K_{av} 为

$$K_{\mathrm{av}} = \frac{p}{p+q} \tag{13-20}$$

β 分布的方差 $\mathrm{D}(K)$ 为

$$\mathrm{D}(K) = \frac{pq}{(p+q)^2(p+q+1)} \tag{13-21}$$

进行浮选试验, 根据试验数据可求得 K 值及 K_{av}、$\mathrm{D}(K)$ 值。求出 K_{av} 及 $\mathrm{D}(K)$ 后即可利用式 (13-20) 和式 (13-21) 求出参数 p、q 值。求出 p、q 后代回式 (13-16) 即得 K 值的分布函数——β 分布。

(3) K 值分布函数的其他形式。巴尔和富尔斯坦诺提出以多项式描述 K 值变化规律, 其形式如下:

$$F(K) = a + bK + cK^2 + dK^3 \tag{13-22}$$

这实际上是以多项式逼近 K 值, a、b、c、d 为待定系数, 可通过试验及回归分析求得。

综上所述可见, K 值并非常数而是一个非线性的复杂的分布函数, 此函数的形式尚待进一步研究确立。

13.3　多相浮选动力学模型

哈瑞斯和瑞曼 1966 年提出两相浮选动力学模型, 其基本指导思想如图 13-1 所示, 即把浮选过程视为泡沫相和矿浆相两部分, 分别在不同的相建立浮选模型, 然后将它们综合起来。

设 Q_v 为体积流量 (t/h), C 为密度 (包括空气), M 为质量, V 为体积; 下标 k、f、

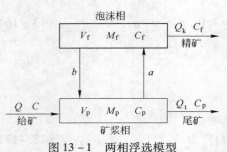

图 13-1 两相浮选模型

p、t 分别代表精矿、泡沫、矿浆和尾矿，a、b 分别代表两相间物质交换的速率常数。并设：（1）两相遵循一级反应速率；（2）两相彼此各理想混合。$M_p(t)$、$M_f(t)$ 分别代表矿浆和泡沫两相中目的矿物质量，Q_t、Q_k 分别代表尾矿和精矿中体积流量，V_p、V_f 分别代表矿浆和泡沫中的体积。这样，尾矿流出的体积占矿浆的比例为 Q_t/V_p，流出的精矿体积占泡沫的比例为 Q_k/V_f，由此得尾矿和精矿中目的矿物的质量流量分别为 $Q_t M_p(t)/V_p$ 和 $Q_k M_f(t)/V_f$，给矿中目的矿物的质量流量为 Q、C。

由矿浆相的质量平衡得

$$\frac{\mathrm{d}}{\mathrm{d}t}M_p(t) = QC + bM_f(t) - aM_p(t) - \frac{Q_t}{V_p}M_p(t) \tag{13-23}$$

由泡沫相的质量平衡得

$$\frac{\mathrm{d}}{\mathrm{d}t}M_f(t) = aM_p(t) - bM_f(t) - \frac{Q_k}{V_f}M_f(t) \tag{13-24}$$

将上述两式整理后得

$$\frac{\mathrm{d}}{\mathrm{d}t}M_p(t) + \left(a + \frac{Q_t}{V_p}\right)M_p(t) = QC + bM_f(t) \tag{13-25}$$

$$\frac{\mathrm{d}}{\mathrm{d}t}M_f(t) + \left(b + \frac{Q_k}{V_f}\right)M_f(t) = aM_p(t) \tag{13-26}$$

式（13-25）和式（13-26）为二元联立微分方程，实质上为二阶微分方程。由式（13-26）可得

$$\frac{\mathrm{d}^2}{\mathrm{d}t^2}M_f(t) + \left(b + \frac{Q_k}{V_f}\right)\frac{\mathrm{d}}{\mathrm{d}t}M_f(t) = a\frac{\mathrm{d}}{\mathrm{d}t}M_p(t) \tag{13-27}$$

将式（13-26）和式（13-27）代入式（13-25）后可得

$$\frac{\mathrm{d}^2}{\mathrm{d}t^2}M_f(t) + \left(a + b + \frac{Q_k}{V_f} + \frac{Q_t}{V_p}\right)\frac{\mathrm{d}}{\mathrm{d}t}M_f(t) + \left(a\frac{Q_k}{V_f} + b\frac{Q_t}{V_p} + \frac{Q_kQ_t}{V_fV_p}\right)M_f(t) = aQC \tag{13-28}$$

同理可得

$$\frac{\mathrm{d}^2}{\mathrm{d}t^2}M_p(t) + \left(a + b + \frac{Q_k}{V_f} + \frac{Q_t}{V_p}\right)\frac{\mathrm{d}}{\mathrm{d}t}M_p(t) + \left(a\frac{Q_k}{V_f} + b\frac{Q_t}{V_p} + \frac{Q_kQ_t}{V_fV_p}\right)M_p(t) = \left(b + \frac{Q_k}{V_f}\right)QC \tag{13-29}$$

很显然，如果 a、b、Q_k/V_f、Q_t/V_p 为常数，式（13-28）和式（13-29）即为常系数二阶线性微分方程，它们的分析解不难求得。

像单相浮选模型一样，两相模型也有 n 级反应速率。这种模型更为复杂。

1978 年哈瑞斯在两相模型的基础上，进一步提出了三相模型或更多相的模型。图 13-2 即为一种三相（两个泡沫相、一个矿浆相）模型示意图，三相浮选模型也有把矿浆视为两相、泡沫视为一相者。多相模型尚处于发展研究阶段。

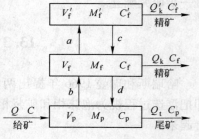

图 13-2 三相浮选模型

13.4 总体平衡模型——通用模型的数学表达式

胡伯－盘纽以及其他一些选矿工作者利用概率理论并对一些浮选过程的参数作一些必要的假设，提出了应用较为广泛的通用模型，通过这个模型可以推导出适用分批浮选或连续浮选的许多模型。这些演化的浮选模型有的已作过试验验证，发现与实际相吻合，有的则未予以验证。下边介绍通用模型的基本概念、数学描述及验证情况。

13.4.1 通用模型的基本指导思想

通用模型的基本指导思想主要涉及以下方面：

（1）给入浮选的有用矿物的颗粒粒度分布特性可用其密度函数 $H(x)$ 表示，则粒度介于 x 及 $x + \mathrm{d}x$ 之间的产率为 $H(x)\mathrm{d}x$。这样可得有用矿物浮选的粒度分布函数，即

$$\int_{x_0}^{x_{\max}} H(x)\mathrm{d}x = 1 \tag{13-30}$$

式中　x_0，$x_{\max}$——分别代表有用矿物颗粒尺寸的最小及最大值（粒度密度函数及分布函数见 9.2 节）。

（2）设 ε_x 代表 x 粒级的有用矿物的回收率，则有用矿物整体的回收率（$x_0 \rightarrow x_{\max}$）为

$$\int_{x_0}^{x_{\max}} \varepsilon(x) H(x)\mathrm{d}x \tag{13-31}$$

如果有用矿物的总体的粒度不用连续分布函数表示，而用 v 个离散型粒级表示（例如粒度分析结果），则式（13-31）变为

$$\varepsilon = \sum_{h=1}^{v} \varepsilon_h H_h \tag{13-32}$$

式中　ε_h，H_h——分别代表 h 粒级中有用矿物的回收率和产率。

（3）由于有用矿物的各个粒级并不能全部浮出，因此引入一个有用矿物的浮出函数。设 ψ_x 代表 x 粒级中可浮出的有用矿物占该粒级的质量分数，则该 x 粒级可浮出的有用矿物密度函数为 $\psi_x H(x)\mathrm{d}x$。那么从 $x_0 \rightarrow x_{\max}$ 所有粒级的可浮出有价矿物的分布函数 ψ（即产率）为

$$\psi = \int_{x_0}^{x_{\max}} \psi_x H(x)\mathrm{d}x \tag{13-33}$$

如果有用矿物的颗粒分布为离散型，例如共分 v 个粒级，则

$$\psi = \sum_{h=1}^{v} \psi_h H_k \tag{13-34}$$

如果有价矿物各粒级可浮出的产率 ψ_x 及粒度密度函数均已知，那么可浮出有价矿物颗粒可用条件质量密度函数 $H_\psi(x)$ 来表示。即

$$H_\psi(x) = \frac{\psi(x)}{\psi} H(x) \tag{13-35}$$

式（13-35）中比值 ψ_x/ψ 为 x 粒级可浮有用矿物占总体可浮出有用矿物产率 ψ 的比例，很显然 $H_\psi(x)$ 是一个密度函数，它代表 x 粒级可浮出有用矿物占该粒级所有参与浮选的质量分数。

总体有用矿物可浮出分布函数为

$$\int_{x_0}^{x_{max}} H_\psi(x)\,\mathrm{d}x = 1 \tag{13-36}$$

如果为离散型，则式（13-35）可改写成

$$H_{\psi,h} = \frac{\psi_h}{\psi}H_h \tag{13-37}$$

式（13-36）可改写成

$$\sum_{h=1}^{v} H_{\psi,h} = 1 \tag{13-38}$$

（4）可浮性函数。对于同一种矿物和同一粒度来说，各颗粒的可浮性也是不一样的，因为即使是同一粒度的有用矿物，由于颗粒本身的表面性质的差异、吸附药剂的不同、与气泡碰撞概率的不同、浮选槽内矿浆及泡沫流动动力学条件的差异……最终反映到同一粒级内有用矿物颗粒的可浮性也不同。设 ϕ_{xmax} 代表 x 粒级中有用矿物的最大可浮性，该粒级有用矿物颗粒的可浮性密度函数为 $f_x(\phi)$，则 $f_x(\phi)\mathrm{d}\phi$ 为 x 粒级中可浮有用矿物的可浮性在 $\phi \to \phi+\mathrm{d}\phi$ 之间的质量分数。由此可得 x 粒级有用矿物可浮性在 $0 \to \phi_{xmax}$ 间的分布函数，即

$$\int_0^{\phi_{xmax}} f_x(\phi)\,\mathrm{d}x = 1 \tag{13-39}$$

（5）剩余函数。有用矿物中部分被浮出，部分未被浮出而残留在矿浆中。x 粒级中可浮性为 ϕ 的有用矿物颗粒未浮出残留在矿浆中的部分可用剩余函数（或残留函数）$F(x, \phi)$ 表示。根据 13.2 节所述浮选动力学的概念，对于窄级别物料来说其符合一级反应。因此根据式（13-11）可得

$$F(x, \phi) = \mathrm{e}^{-kt} \tag{13-40}$$

剩余函数 $F(x, \phi)$ 可以从下述概念推出：

从浮选的理论和实践可知，有用矿物的浮游速度与矿浆中单位体积的气泡数 N 及有用矿物的可浮性 ϕ 的乘积成比例，即

$$R(x, \phi) \propto N\phi \tag{13-41}$$

式中 $R(x, \phi)$ ——x 粒级有用矿物的浮游速度；

  ϕ ——该粒级有用矿物的可浮性。

则

$$R(x, \phi) = C(x, \phi, t)N\phi \tag{13-42}$$

式中 $C(x, \phi, t)$ ——浮选速度系数函数（见 13.2 节）。

设浮选槽中浮选矿浆体积为 V，则

$$\frac{\mathrm{d}[C(x, \phi, t)V]}{\mathrm{d}t} = -C(x, \phi, t)VN\phi \tag{13-43}$$

即

$$\frac{\mathrm{d}[C(x, \phi, t)V]}{C(x, \phi, t)V} = -N\phi\mathrm{d}t$$

则

$$\ln[C(x, \phi, t)V] = -N\phi t + C \tag{13-44}$$

$t = 0$ 时，$V = V_0$，$C = \ln[C(x, \phi, t_0)V_0]$，代入式（13-44）得

$$\frac{\ln[C(x, \phi, t)V]}{\ln[C(x, \phi, t_0)V_0]} = -N\phi t \qquad (13-45)$$

所以

$$F(x, \phi) = \frac{C(x, \phi, t)V}{C(x, \phi, t_0)V_0} = e^{-N\phi t} \qquad (13-46)$$

式（13-46）即为剩余函数。将式（13-40）与式（13-46）比较可得

$$K = N\phi \qquad (13-47)$$

上述剩余函数适用于分批浮选。

下面推导连续浮选的剩余函数。

如图 13-3 所示，连续浮选由 n 个槽组成，设浮选槽体积为 V，矿浆体积流量为 Q，矿浆中有用矿物浓度为 C，则矿浆流经第 i 槽后选出的有用矿物量为

$$Q_{i-1}C_{i-1} - Q_iC_i = N\phi V_iC_{mi} \qquad (13-48)$$

式中 $Q_{i-1}C_{i-1}$，Q_iC_i——分别为矿浆离开第 $i-1$ 槽进入第 i 槽和离开第 i 槽进入第 $i+1$ 槽的有用矿物固体流量；

C_{mi}——第 i 槽内矿浆中有用矿物平均浓度。

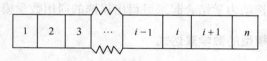

图 13-3 连续浮选槽

根据定义，矿浆经过第 i 槽后未浮出的有用矿物的比例，即剩余函数为

$$F_i(x, \phi) = \frac{Q_iC_i}{Q_{i-1}C_{i-1}} \qquad (13-49)$$

令 $\gamma_i = \dfrac{Q_{i-1}}{Q_i}$，则 γ_i 为第 i 槽的体积流量比。

$$f_i = \frac{C_{i-1} - C_{mi}}{C_{i-1} - C_i} \qquad (13-50)$$

得

$$C_{mi} = C_{i-1} - C_{i-1}f_i + C_if_i \qquad (13-51)$$

将式（13-51）代入式（13-48）后得

$$\frac{C_i}{C_{i-1}} = \frac{Q_{i-1} - N\phi V_i(1 - f_i)}{Q_i + N\phi V_if_i} \qquad (13-52)$$

将式（13-52）代入式（13-49）后得

$$F_i(x, \phi) = \frac{Q_iC_i}{Q_{i-1}C_{i-1}} = \frac{Q_i}{Q_{i-1}} \frac{Q_{i-1} - N\phi V_i(1 - f_i)}{Q_i + N\phi V_if_i} \qquad (13-53)$$

为了简化计算，设每个浮选槽的体积一样，则 $V_i = V$，$\gamma_i = \dfrac{Q_i}{Q_{i-1}} \approx \gamma =$ 常数；而且假设 $f_i = f$，则

$$Q_i = \left(\frac{1}{\gamma}\right)^i Q_0 \qquad (13-54)$$

式中，Q_0 为第 1 槽入料中有用矿物固体流量。设浮选单位体积有用矿物固体流量为 q_0，

则

$$q_0 = \frac{Q_0}{V} \tag{13-55}$$

这样式（13-53）可化为

$$F_i(x, \phi) = \frac{q_0 - H\phi(1-f)\gamma^{i-1}}{q_0 + N\phi f\gamma^i} \tag{13-56}$$

粒级为 x，可浮性为 ϕ 的可浮有用矿物经过 n 个浮选槽后未浮出的残留颗粒占总可浮颗粒的份数（稳态时）为

$$F(x, \phi) = \prod_{i=1}^{n} F_i(x, \phi) \tag{13-57}$$

将式（13-56）代入式（13-57）后得

$$F(x, \phi) = \prod_{i=1}^{n} \frac{q_0 - N\phi(1-f)\gamma^{i-1}}{q_0 + N\phi f\gamma^i} \tag{13-58}$$

令 $a_i = (1-f)\gamma^{i-1}$，$b_i = f\gamma^i$，则式（13-58）变为

$$F(x, \psi) = \prod_{i=1}^{n} \frac{q_0 - a_i N\phi}{q_0 + b_i N\phi} \tag{13-59}$$

依据上述观点与浮选动力学结合起来可得出浮选的通用数学模型。

13.4.2　通用浮选数学模型的数学表达式

如果 ψ 表示浮选给料中可浮有用矿物总量，F 表示残留比例，则有用矿物回收率 ε 为

$$\varepsilon = \psi - \psi F = \psi(1-F) \tag{13-60}$$

粒级为 x、可浮性为 ϕ 能浮出的有用矿物的量为

$$f_x(\phi)\psi_x H(x)\mathrm{d}x = f_x(\phi)\psi H_\psi(x)\mathrm{d}\phi\mathrm{d}x \tag{13-61}$$

残留在矿浆中未浮游的有用矿物占原矿的比例为

$$F(x,\phi)f_x(\phi)\psi H_\psi(x)\mathrm{d}\phi\mathrm{d}x \tag{13-62}$$

粒级为 $x_0 \to x_{\max}$，可浮性为 $0 \to \phi_{\max}$ 的有用矿物残留在矿浆中而未浮出的占原矿的总比例为

$$\int_0^{x_{\max}} \int_0^{\phi_{\max}} F(x,\phi)f_x(\phi)\psi H_\psi(x)\mathrm{d}\phi\mathrm{d}x \tag{13-63}$$

它们占有用矿物的总比例为

$$F = \frac{1}{\psi}\int_{x_0}^{x_{\max}} \int_0^{\phi_{\max}} F(x,\phi)f_x(\phi)\psi H_\psi(x)\mathrm{d}\phi\mathrm{d}x \tag{13-64}$$

$$= \int_{x_0}^{x_{\max}} \int_0^{\phi_{\max}} F(x,\phi)f_x(\phi)H_\psi(x)\mathrm{d}\phi\mathrm{d}x \tag{13-65}$$

将式（13-65）代入式（13-60）得浮选通用模型为

$$\varepsilon = \psi\left[1 - \int_0^{x_{\max}} \int_0^{\phi_{\max}} F(x,\phi)H_\psi(x)f_x(\phi)\mathrm{d}\phi\mathrm{d}x\right] \tag{13-66}$$

式（13-66）既适用于分批浮选又适用于连续浮选。方程式（13-66）根据分批浮选还是连续浮选，给料粒度分布特征，有用矿物的可浮性分布等，可以转化成许多不同的形式，下面讨论其主要的几种变化形式。

13.4.3　通用模型的其他演化形式

13.4.3.1　分批浮选

在分批浮选过程中存在下述几个问题：（1）粒度分布是离散的还是连续的，如果是连续的，那么粒度分布函数的形式是什么？（2）可浮性分布函数的形式是什么？

（1）粒度分布是由 v 个粒级组成的离散性分布。方程式（13-66）中 $H_\psi(x)$ 应由式（13-37）中的 $H_{\psi,h}$ 代之。这样式（13-66）变为

$$\varepsilon = \psi\Big[1 - \sum_{h=1}^{v} H_{\psi,h}\int_0^{\phi_{h,\max}} F_h(\phi)f_h(\phi)\,\mathrm{d}\phi\Big] \tag{13-67}$$

（2）对于窄级别物料或整体物料，$v=1$，由式（13-38），式（13-67）可简化成下述形式：

$$\varepsilon = \psi\Big[1 - \int_0^{\phi_{\max}} F_1(\phi)f_1(\phi)\,\mathrm{d}\phi\Big] \tag{13-68}$$

（3）可浮性函数变化时浮选模型的演化。假设可浮性函数为均匀分布函数，即

$$f_h(\phi) = \frac{1}{\phi_{h,\max}} \tag{13-69}$$

对于由 v 粒级组成的离散型粒度分布，将式（13-69）和式（13-46）代入式（13-67）得

$$\varepsilon = \psi\Big(1 - \sum_{h=1}^{v} H_{\psi,h}\frac{1}{\phi_{h,\max}}\int_0^{\phi_{h,\max}} \mathrm{e}^{-N\phi t}\,\mathrm{d}\phi\Big)$$

$$= \psi\Big[1 - \sum_{h=1}^{v} \frac{H_{\psi,h}}{Nt\phi_{h,\max}}(1 - \mathrm{e}^{-Nt\phi_{h,\max}})\Big] \tag{13-70}$$

对于窄级别或单一物料，将式（13-69）及式（13-46）代入式（13-68），得

$$\varepsilon = \psi\Big(1 - \frac{1}{\phi_{\max}}\int_0^{\phi_{\max}} \mathrm{e}^{-N\phi t}\,\mathrm{d}\phi\Big)$$

$$= \psi\Big[1 - \frac{1}{Nt\phi_{\max}}(1 - \mathrm{e}^{-N\phi_{\max}t})\Big] \tag{13-71}$$

如果令式（13-71）中 $K = N\phi_{\max}$ 则变为

$$\varepsilon = \psi\Big[1 - \frac{1}{Kt}(1 - \mathrm{e}^{-Kt})\Big] \tag{13-72}$$

即通常的浮选动力学方程。

（4）如果浮选物料的粒度不是离散型而是可以用粒度分布函数描述的连续型分布。如均匀粒度分布，即

$$H_\psi(x) = \frac{1}{x_{\max} - x_0} \quad (x_0 \leqslant x \leqslant x_{\max}) \tag{13-73}$$

则式（13-66）变为

$$\varepsilon = \psi\Big[1 - \frac{1}{x_{\max} - x_0}\int_{x_0}^{x_{\max}}\int_0^{\phi_{x,\max}} F(x,\phi)f_x(\phi)\,\mathrm{d}x\,\mathrm{d}\phi\Big] \tag{13-74}$$

在利用式（13-74）时还要考虑可浮性函数 $f_x(\phi)$ 的具体性质。如下面两种情况：

1）假定 x_i 粒级中有用矿物颗粒的可浮性是一样的。在这种情况下各粒级 $x_0 \to x_{\max}$ 的可浮性未必是一样的。为此还需知道可浮性与粒度 x_i 的变化关系，关于可浮性 ϕ 与粒度 x

的关系曾作过下述两种关系的试验验证，即

线性关系 $$\phi(x) = \alpha x \qquad (13-75)$$

式中　α——大于 0 的常数。

抛物线关系 $$\phi(x) = \alpha x - \beta x^2 \qquad (13-76)$$

式中　α, β——正常数。

如果可浮性 $\phi(x)$ 与 x_i 成线性关系，将式（13-75）代入式（13-46）后再代入式（13-74）可得

$$
\begin{aligned}
\varepsilon &= \psi\left(1 - \frac{1}{x_{\max} - x_0}\int_{x_0}^{x_{\max}} e^{-N\phi t}\,dx\right)\\
&= \psi\left(1 - \frac{1}{x_{\max} - x_0}\int_{x_0}^{x_{\max}} e^{-\alpha x N t}\,dx\right)\\
&= \psi\left(1 - \frac{e^{-\alpha x_0 N t} - e^{-\alpha x_{\max} N t}}{\alpha N t x_{\max} - \alpha N t x_0}\right) \qquad (13-77)
\end{aligned}
$$

令 $K_0 = \alpha x_0 N, K_{\max} = \alpha x_{\max} N$，代入式（13-77）得

$$\varepsilon = \psi\left[1 - \frac{e^{-K_0 t} - e^{-K_{\max} t}}{(K_{\max} - K_0)t}\right] \qquad (13-78a)$$

如可浮性 ϕ 与粒度 x_i 成非线性关系，如式（13-76）所示，那么将式（13-76）代入式（13-46）后再代入式（13-74）可得

$$\varepsilon = \psi\left[1 - \frac{1}{x_{\max} - x_0}\int_{x_0}^{x_{\max}} e^{-(\alpha x - \beta x^2)Nt}\,dx\right] \qquad (13-78b)$$

将式（13-78b）积分代换后可得

$$\varepsilon = \psi\left\{1 - \frac{1}{x_{\max} - x_0}\left[e^{-K_0 t}\sum_{S=0}^{\infty} A_S(K_0)(K_{\max} - K_0)^{S+1} + e^{-K_m t}\sum_{S=0}^{\infty} S_S(K_m)(K_{\max} - K_m)^{S+1}\right]\right\} \qquad (13-79)$$

$$K_0 = N(\alpha x_0 - \beta x_0^2), \quad K_m = N(\alpha x_{\max} - \beta x_{\max}^2), \quad K_{\max} = \frac{\alpha^2 N}{4\beta}$$

式中　$A_S(K_0), S_S(K_{\max})$——分别为 K_0 及 $K_{\max}$ 的函数。

2）假设可浮性在区间 $[0, \phi_{x,\max}]$ 是均匀分布的，在所有区间可浮性函数 $f(\phi) = \dfrac{1}{\phi_{x,\max}}$。将此关系及式（13-46）代入式（13-74）后得

$$\varepsilon = \psi\left(1 - \frac{1}{x_{\max} - x_0}\int_{x_0}^{x_{\max}}\int_{0}^{\phi_{s,\max}} \frac{1}{\phi_{x,\max}} e^{-N\phi t}\,d\phi\,dx\right) \qquad (13-80)$$

以上介绍的是分批浮选数学模型的演化。下边介绍连续浮选数学模型的演化。

13.4.3.2　连续浮选

在连续浮选中也有几种不同的情况。粒度分布函数和可浮性函数分布特征的不同，连续浮选的数学模型也有不同的形式。

（1）粒度分布是由 v 个粒级组成的离散型。假定有用矿物颗粒的可浮性符合均匀分布（即式（13-69）），将式（13-69）和式（13-59）代入式（13-66）后可得

$$\varepsilon = \psi\sum_{h=1}^{v} H_{\psi,h}\sum_{i=1}^{n} B_i\left[1 - \frac{q_0}{b_i\phi_{\max}N}\ln\left(1 + \frac{b_i\phi_{\max}N}{q_0}\right)\right] \qquad (13-81)$$

其中

$$B_i = \prod_{j=1}^{n}\left(1 + \frac{a_j}{b_i}\right)\bigg/\prod_{\substack{j=1}}^{n}\left(1 - \frac{b_j}{b_i}\right) \qquad (13-82)$$

（2）如果粒度分布认为是单一粒级，可浮性为均匀分布，则式（13-81）变为

$$\varepsilon = \psi \sum_{i=1}^{n} B_i\left[1 - \frac{q_0}{b_i\phi_{max}N}\ln\left(1 + \frac{b_i\phi_{max}N}{q_0}\right)\right] \qquad (13-83)$$

式中，B_i 如式（13-82）所示。

（3）如果物料是单一粒级，且假定有用矿物可浮性一样。则因 $F_\psi(x) = 1$，$f_x(\phi) = 1$，将上述关系及式（13-59）代入式（13-66）得

$$\varepsilon = \psi\left(1 - \prod_{i=1}^{n}\frac{q_0 - a_iN}{q_0 + b_iN}\right) \qquad (13-84)$$

如果认为浮选槽充分搅拌，则式（13-58）中 $f=1$，且假设精矿体积忽略不计，即 $\gamma = 1$，则式（13-84）变为

$$\varepsilon = \psi\left[1 - \left(1 + \frac{\phi N}{q_0}\right)^{-n}\right] \qquad (13-85)$$

式中 n——浮选槽数。

假如 $\psi = 1$，令 $K = \phi N$，$\tau = \frac{1}{q_0}$，τ 的意义为矿浆在每个浮选槽中平均停留时间，则式（13-85）可进一步简化为

$$\varepsilon = 1 - (1 + K\tau)^{-n} \qquad (13-86)$$

曾有一些选矿工作者用式（13-86）来描述 n 个相同浮选槽连续浮选的性能。

（4）如果粒度分布是一个连续函数，如均匀分布函数（如式（13-73）），且可浮性与粒度 x 呈线性关系，如式（13-75）所示，将式（13-73）、式（13-75）和式（13-59）代入式（13-66）后可得

$$\varepsilon = \psi \sum_{i=1}^{n} B_i\left[1 - \frac{q_0}{b_i(K_{max} - K_0)}\ln\left(\frac{q_0 + b_iK_{max}}{q_0 + b_iK_0}\right)\right] \qquad (13-87)$$

式中，B_i 由式（13-82）求出。

13.5 通用浮选数学模型的检验

13.5.1 分批浮选模型

分批浮选模型式（13-72）中的 K、ψ 由分批试验所得数据进行回归分析求出。式（13-78a）中的常数 K_0、K_{max}、ψ 也采用类似办法求出。

表13-2列出了根据分批试验得出的 ψ、K、K_0、K_{max} 值。

表13-3列出了分批试验按粒级算出的 ψ、K 值。

表13-4列出了实测值与计算值的对比。

表13-5列出了按式（13-72）算出的结果与分级实测值对比。

由表中所示结果可以看出：方程式（13-70）（粒度分布由实测的 v 个粒级的产率计算，在每个粒级中可浮性假定为均匀分布）和方程式（13-78a）（粒度分布为连续均匀

分布，在每一粒级中可浮性相等，但各粒级可浮性 $\phi(x)$ 与 x 成线性关系）计算结果与分批试验结果相符合，但是由方程式（13 – 72）（把物料当做可浮性均匀分布的单一整体）计算的结果在一些情况下与试验数据吻合得不好，这说明浮选数学模型中粒度分布影响的重要性。在考虑了粒度分布的模型中，粒度为均匀分布、可浮性与粒度成线性关系的模型的计算值与实测值（利用黄铁矿和方铅矿进行的试验）吻合得最好。

表 13 – 5 为利用式（13 – 72）分粒级计算与分粒级浮选实测值的对比。由该表数据可以看出计算值与实测值吻合得较好。这进一步说明速率系数 K 及有用矿物可浮部分 ψ 与矿石性质、颗粒粒度、浮选操作有关，而不是不变的常量。

表 13 – 2 分批试验所得 ψ、K、K_0、K_{max} 值

试验序号	方程式（13 – 72）		方程式（13 – 78a）		
	$\psi/\%$	K/s^{-1}	$\psi/\%$	K_{max}/s^{-1}	K_0/s^{-1}
1	93.1	80.82×10^{-3}	93.0	80.74×10^{-3}	0.0911×10^{-3}
2	90.3	57.32×10^{-3}	90.0	54.71×10^{-3}	0.6981×10^{-3}
3	81.1	48.71×10^{-3}	81.5	45.35×10^{-3}	0.0062×10^{-3}
4	84.9	93.09×10^{-3}	85.0	94.44×10^{-3}	0.0000×10^{-3}
5	80.2	21.40×10^{-3}	80.2	21.40×10^{-3}	0.0013×10^{-3}

表 13 – 3 分批试验按粒级计算的 ψ、K 值

试验序号	参数	常 数 值				
		– 0.04mm	– 0.06 + 0.04mm	– 0.07 + 0.06mm	– 0.10 + 0.07mm	– 0.15 + 0.10mm
1	$\psi/\%$	98.5	99.8	98.0	96.1	77.4
	K/s^{-1}	70.73×10^{-3}	148.5×10^{-3}	102.1×10^{-3}	150.4×10^{-3}	57.6×10^{-3}
2	$\psi/\%$	98.4	96.5	95.3	97.0	68.22
	K/s^{-1}	48.8×10^{-3}	82.0×10^{-3}	73.53×10^{-3}	69.68×10^{-3}	52.44×10^{-3}
3	$\psi/\%$	69.2	90.0	88.4	87.3	85.1
	K/s^{-1}	28.79×10^{-3}	52.08×10^{-3}	70.83×10^{-3}	72.75×10^{-3}	68.19×10^{-3}
4	$\psi/\%$	71.64	92.70	92.20	91.3	90.7
	K/s^{-1}	49.87×10^{-3}	128.7×10^{-3}	160.1×10^{-3}	190.2×10^{-3}	171.8×10^{-3}
5	$\psi/\%$	66.86	90.31	89.3	86.3	79.3
	K/s^{-1}	17.56×10^{-3}	24.24×10^{-3}	35.33×10^{-3}	26.05×10^{-3}	244.7×10^{-3}

表 13 – 4 分批试验回收率与分批浮选模型计算值对比

试验序号	浮选时间 /s	实际 $\varepsilon/\%$	按式（13 – 70）计算		按式（13 – 72）计算		按式（13 – 78a）计算	
			$\hat{\varepsilon}/\%$	$\Delta\varepsilon$	$\hat{\varepsilon}/\%$	$\Delta\varepsilon$	$\hat{\varepsilon}/\%$	$\Delta\varepsilon$
1	60	74.6	74.2	– 0.4	74.1	– 0.5	74.0	– 0.6
	120	84.2	83.3	– 0.9	83.5	– 0.7	83.5	– 0.7
	180	86.5	86.5	0.0	86.7	0.2	86.7	0.2
	240	88.1	88.1	0.0	88.3	0.2	88.3	0.2
	360	89.9	89.7	– 0.2	90.2	0.3	89.9	0.0
	480	90.7	90.4	– 0.3	91.1	0.4	90.7	0.0
	720	91.5	91.2	– 0.3	91.9	0.4	91.5	0.0

试验序号	浮选时间/s	实际 ε/%	按式（13-70）计算		按式（13-72）计算		按式（13-78a）计算	
			$\hat{\varepsilon}$/%	$\Delta\varepsilon$	$\hat{\varepsilon}$/%	$\Delta\varepsilon$	$\hat{\varepsilon}$/%	$\Delta\varepsilon$
2	60	65.7	65.4	-0.3	65.3	-0.4	65.4	-0.3
	120	76.6	75.8	-0.8	77.6	1.0	77.3	0.7
	180	81.4	81.1	-0.3	82.0	0.6	81.8	0.4
	240	83.8	83.5	-0.3	84.2	0.4	84.1	0.3
	360	86.4	86.3	-0.1	86.6	0.2	86.4	0.0
	480	87.5	87.4	-0.1	87.6	0.1	87.5	0.0
	600	88.1	88.0	-0.1	88.2	0.1	88.2	0.1
	720	88.6	88.6	0.0	88.7	0.1	88.6	0.0
3	60	66.9	65.8	-1.1	64.9	-2.0	66.1	-0.8
	120	67.3	67.5	0.2	67.3	0.0	66.8	-0.5
	180	71.7	72.0	0.3	71.9	0.2	71.7	0.0
	240	74.2	74.4	0.2	74.2	0.0	74.2	0.0
	300	75.7	75.8	0.1	75.6	-0.1	75.7	0.0
	360	76.7	76.7	0.0	76.5	-0.2	76.7	0.0
	480	78.0	77.9	-0.1	77.7	-0.3	78.0	0.0
	600	78.9	78.6	-0.3	78.4	-0.5	78.7	-0.2
	720	79.5	79.1	-0.4	78.8	-0.7	79.2	-0.3
4	60	68.5	68.2	-0.3	67.7	-0.8	68.1	-0.4
	120	77.7	77.5	-0.2	77.3	-0.4	77.5	-0.2
	180	80.0	79.9	-0.1	79.8	-0.2	80.0	0.0
	240	81.1	81.1	0.0	81.1	0.0	81.3	0.2
	300	82.0	81.9	-0.1	81.9	-0.1	82.0	0.0
	360	82.5	82.3	-0.2	82.4	-0.1	82.5	0.0
	480	83.0	82.9	-0.1	83.0	0.0	83.1	0.1
	720	83.5	83.5	0.0	83.6	0.1	83.8	0.3
5	60	40.2	39.9	-0.3	39.6	-0.6	40.0	-0.2
	120	53.0	52.9	-0.1	51.4	-1.6	52.8	-0.2
	180	59.9	60.0	0.1	59.8	-0.1	59.8	-0.1
	240	64.6	64.7	0.1	64.7	0.1	64.7	0.1
	300	67.8	68.0	0.2	67.7	-0.1	67.7	-0.1
	360	69.8	69.9	0.1	69.8	0.0	69.8	0.0
	480	72.6	72.4	-0.2	72.4	-0.2	72.4	-0.2
	600	74.1	74.0	-0.1	74.0	-0.1	74.0	-0.1
	720	75.0	74.9	-0.1	75.0	0.0	75.0	0.0

表 13 - 5　分批试验回收率与按式（13 - 72）分粒级计算值对比

实验序号	浮选时间/s	-0.04mm			-0.06+0.04mm			-0.07+0.06mm			-0.10+0.07mm			-0.15+0.10mm		
		实际ε/%	计算ε/%	$\Delta\varepsilon$	实际ε/%	计算ε/%	$\Delta\varepsilon$	实际ε/%	计算ε/%	$\Delta\varepsilon$	实际ε/%	计算ε/%	$\Delta\varepsilon$	实际ε/%	计算ε/%	$\Delta\varepsilon$
1	60	76.8	75.6	-1.2	87.9	88.6	0.7	83.3	82.0	-1.3	80.7	80.9	0.2	56.2	55.7	-0.5
	120	86.9	86.9	0.0	94.4	94.2	-0.2	89.4	90.0	0.6	89.2	88.5	-0.7	68.2	66.2	-2.0
	180	90.3	90.8	0.5	95.9	96.1	0.2	91.9	92.7	0.8	91.3	91.0	-0.3	70.4	69.9	-0.5
	240	92.7	92.7	0.0	97.0	97.0	0.0	94.0	94.0	0.0	92.3	92.3	0.0	71.8	71.8	0.0
	360	95.4	94.8	-0.8	98.1	97.9	-0.2	95.6	95.3	-0.3	93.4	93.6	0.2	73.8	73.7	-0.1
	480	96.4	95.6	-0.8	98.4	98.4	0.0	96.0	96.0	0.0	94.2	94.2	0.0	74.6	74.6	0.0
	600	97.2	96.2	-1.0	98.5	98.7	0.2	96.4	96.4	0.0	94.6	94.6	0.0	75.1	75.2	0.1
	720	97.8	96.6	-1.2	98.9	98.9	0.0	96.7	96.7	0.0	94.8	94.8	0.0	75.2	75.5	0.3
2	60	71.6	66.6	-5.0	77.4	78.0	0.6	73.5	74.0	0.5	74.0	74.2	0.2	47.6	47.5	-0.1
	120	82.2	81.6	-0.6	89.1	90.1	1.0	83.1	84.5	1.4	84.7	85.4	0.7	57.4	57.4	0.0
	180	87.2	87.2	0.0	92.1	92.4	0.3	88.4	88.1	-0.3	89.3	89.3	0.0	60.7	61.0	0.3
	240	89.8	90.0	0.2	93.4	93.0	-0.4	89.9	89.9	0.0	91.2	91.2	0.0	62.8	62.8	0.0
	360	92.8	92.8	0.0	94.9	95.2	0.3	91.7	91.7	0.0	93.0	93.1	0.1	64.8	64.6	-0.2
	480	94.7	94.2	-0.5	96.2	96.8	0.6	93.0	92.6	-0.4	94.1	94.1	0.0	65.8	65.5	-0.3
	600	96.1	95.0	-1.1	96.6	96.9	0.3	93.3	93.1	-0.2	94.7	94.7	0.0	66.5	66.1	-0.4
	720	96.4	95.6	-0.8	97.0	97.1	0.1	93.5	93.5	0.0	94.9	95.1	0.2	66.8	66.4	-0.4
3	60	39.0	36.3	-2.7	63.7	62.5	-1.2	68.1	67.9	-0.2	67.4	67.6	0.2	64.4	64.7	0.3
	120	50.6	49.8	-0.8	75.3	75.6	0.3	77.9	78.0	0.1	76.7	79.3	0.6	74.0	74.7	0.7
	180	55.9	55.9	0.0	80.1	80.4	0.3	81.5	81.5	0.0	80.3	80.6	0.3	78.0	78.2	0.2
	240	58.9	59.2	0.3	82.8	82.8	0.0	83.2	83.2	0.0	82.2	82.3	0.1	79.9	79.9	0.0
	300	61.1	61.2	0.1	84.4	84.2	-0.2	84.2	84.2	0.0	83.3	83.3	0.0	80.9	80.9	0.0
	360	62.5	62.5	0.0	85.3	85.2	-0.2	85.0	84.9	-0.1	84.1	84.0	-0.1	81.9	81.6	-0.3
	480	64.6	64.2	-0.4	86.4	86.4	0.0	85.8	85.8	0.0	84.9	84.8	-0.1	82.5	82.5	0.0
	600	66.1	65.2	-0.9	87.0	87.1	0.1	86.1	86.3	0.2	85.3	85.2	-0.1	83.1	83.0	-0.1
	720	67.1	65.8	-1.3	87.5	87.6	0.1	86.4	86.7	0.3	85.7	85.6	-0.1	83.4	83.4	0.0
4	60	48.9	48.9	0.0	78.2	80.7	2.5	77.2	82.6	5.4	79.5	83.3	3.8	78.8	81.9	3.1
	120	59.7	59.7	0.0	86.7	86.7	0.0	87.1	87.4	0.3	87.3	87.3	0.0	86.3	86.3	0.0
	180	63.5	63.7	0.2	88.7	88.7	0.0	89.0	89.0	0.0	88.8	88.6	-0.2	87.9	87.8	-0.1
	240	65.5	65.7	0.2	89.7	89.7	0.0	89.8	89.8	0.0	89.3	89.3	0.0	88.5	88.5	0.0
	300	66.7	66.9	0.2	90.2	90.3	0.1	90.3	90.3	0.0	89.7	89.7	0.0	88.7	88.9	0.2
	360	67.8	67.7	-0.1	90.7	90.7	0.0	90.6	90.6	0.0	89.9	90.0	-0.1	89.0	89.2	0.2
	480	69.0	68.7	-0.3	91.1	91.2	0.1	90.8	91.0	0.2	90.1	90.3	0.2	89.2	89.6	0.4
	720	70.2	70.0	-0.2	91.6	91.7	0.1	91.1	91.4	0.3	90.4	90.6	0.2	89.4	90.0	0.6

实验序号	浮选时间/s	-0.04mm			-0.06+0.04mm			-0.07+0.06mm			-0.10+0.07mm			-0.15+0.10mm		
		实际 $\varepsilon/\%$	计算 $\varepsilon/\%$	$\Delta\varepsilon$	实际 $\varepsilon/\%$	计算 $\varepsilon/\%$	$\Delta\varepsilon$	实际 $\varepsilon/\%$	计算 $\varepsilon/\%$	$\Delta\varepsilon$	实际 $\varepsilon/\%$	计算 $\varepsilon/\%$	$\Delta\varepsilon$	实际 $\varepsilon/\%$	计算 $\varepsilon/\%$	$\Delta\varepsilon$
5	60	30.1	25.5	-4.6	44.6	42.8	-1.8	53.4	52.3	-1.1	48.6	42.7	-5.9	44.4	37.7	-6.7
	120	40.1	39.0	-1.1	59.7	61.0	1.3	65.6	68.6	3.0	60.2	59.9	-0.3	54.5	53.7	-0.8
	180	46.6	46.6	0.0	68.3	69.9	1.6	72.8	75.3	2.5	67.6	68.1	0.5	61.0	61.5	0.5
	240	51.0	51.2	0.2	74.3	74.8	0.5	77.6	78.8	1.2	72.1	72.5	0.4	65.7	65.8	0.1
	300	54.0	54.2	0.2	77.9	77.9	0.0	80.5	80.9	0.4	75.3	75.3	0.0	68.0	68.5	0.5
	360	56.3	56.3	0.0	80.3	80.0	-0.3	82.3	82.3	0.0	77.1	77.1	0.0	70.3	70.3	0.0
	480	59.6	58.9	-0.7	82.8	82.6	-0.2	84.3	84.1	-0.2	79.7	79.4	-0.3	72.6	72.6	0.0
	600	61.4	60.5	-0.9	84.1	84.1	0.0	85.3	85.1	-0.2	80.9	80.8	-0.1	73.7	73.9	0.2
	720	62.9	61.6	-1.3	84.8	85.1	0.3	85.8	85.8	0.0	81.7	81.7	0.0	74.8	74.8	0.0

13.5.2 连续浮选模型

关于连续浮选的数学模型，参数 q、r 可以通过 $q_{i-1}=\dfrac{Q_{i-1}}{V_i}$，$\gamma_i=\dfrac{Q_{i-1}}{Q_i}$ 来决定，f 通过式（13-50）来决定，$K(K_0,K_{max})$ 通过分批试验来决定。表 13-6 列出了利用式（13-81）（粒度分布由 v 个粒级组成，可浮性为均匀分布）、式（13-83）（粒度为单一粒级，可浮性为均匀分布）和式（13-73）（粒度是均匀分布的连续分布，可浮性与粒度成线性关系）的计算值和实测值对比，由表 13-6 所示对比结果可以看出式（13-83）的误差较式（13-81）和式（13-73）大。式（13-81）和式（13-73）都与实际结果吻合得较好，这与相应的批次浮选模型中式（13-70）（粒度分布由实测的 v 个粒级产率计算，每个粒级中可浮性为均匀分布）和式（13-78a）（粒度为连续均匀分布，各粒级可浮性与粒度成线性关系）的结果相一致。但是在连续浮选模型中式（13-87）由于包含的参数较少，因此更简单些，可视为较佳的连续浮选模型。

表 13-6 连续浮选试验回收率与模型计算值对比

试验序号	浮选槽号	实际 $\varepsilon/\%$	按式（13-81）计算		按式（13-83）计算		按式（13-73）计算	
			$\varepsilon/\%$	$\Delta\varepsilon$	$\varepsilon/\%$	$\Delta\varepsilon$	$\varepsilon/\%$	$\Delta\varepsilon$
1	1	59.4	59.3	-0.1	58.2	-1.2	58.4	-1.0
	2	76.3	76.2	-0.1	75.5	-0.8	75.7	-0.6
	3	81.3	81.3	0.0	81.0	-0.3	81.1	-0.2
	4	83.2	83.1	-0.1	82.9	-0.3	83.0	-0.2
	5	83.9	83.9	0.0	83.7	-0.2	83.8	-0.1
	6	84.3	84.2	-0.1	84.7	-0.2	84.2	-0.1

续表 13-6

试验序号	浮选槽号	实际 $\varepsilon/\%$	按式（13-81）计算		按式（13-83）计算		按式（13-73）计算	
			$\varepsilon/\%$	$\Delta\varepsilon$	$\varepsilon/\%$	$\Delta\varepsilon$	$\varepsilon/\%$	$\Delta\varepsilon$
2	1	37.3	37.4	0.1	36.4	-0.9	36.5	-0.8
	2	57.8	57.6	-0.2	56.5	-0.3	56.7	-1.1
	3	68.7	68.6	-0.1	67.8	-0.9	68.0	-0.7
	4	74.9	74.8	-0.1	74.2	-0.7	74.4	-0.5
	5	78.2	78.3	0.1	77.9	-0.3	78.0	-0.2
	6	80.3	80.3	0.0	80.1	-0.2	80.2	-0.1
3	1	46.1	46.2	0.1	46.3	0.2	46.0	-0.1
	2	65.2	65.2	0.0	65.3	0.1	65.3	0.1
	3	73.0	73.1	0.1	73.3	0.3	73.5	0.5
	4	76.7	76.7	0.0	76.9	0.2	77.2	0.5
	5	78.2	78.3	0.1	78.5	0.3	78.9	0.7
	6	79.2	79.2	0.0	79.4	0.2	79.8	0.6
4	1	26.0	26.1	0.1	25.8	-0.2	25.4	-0.6
	2	43.2	43.1	-0.1	42.8	-0.4	42.3	-0.9
	3	54.2	54.3	0.1	54.1	-0.1	53.7	-0.5
	4	61.7	61.8	0.1	61.7	0.0	61.3	-0.4
	5	66.7	66.8	0.1	66.8	0.1	66.6	-0.1
	6	70.3	70.3	0.0	70.3	0.0	70.2	-0.1
5	1	30.5	30.6	0.1	29.1	-1.4	30.0	-0.5
	2	49.5	49.4	-0.1	47.5	-2.0	48.9	-0.6
	3	61.0	61.1	0.1	59.3	-1.7	60.0	-1.0
	4	68.4	68.5	0.1	66.9	-1.5	67.9	-0.5
	5	73.2	73.3	0.1	71.8	-1.4	72.8	-0.4
	6	76.3	76.4	0.1	75.1	-1.2	76.1	-0.2
6	1	48.2	48.4	0.2	47.4	-0.8	47.4	-0.8
	2	69.0	69.1	0.1	67.5	-1.5	68.5	-0.5
	3	77.6	77.7	0.1	76.2	-1.4	77.2	-0.4
	4	81.4	81.5	0.1	80.1	-1.3	81.1	-0.3
	5	83.2	83.2	0.0	81.9	-1.3	82.9	-0.3
	6	83.9	84.0	0.1	82.8	-1.1	83.7	-0.2
7	1	26.9	27.0	0.1	26.4	-0.5	26.5	-0.4
	2	44.5	44.6	0.1	43.9	-0.6	44.0	-0.5
	3	56.2	56.3	0.1	55.5	-0.7	55.6	-0.6
	4	64.1	64.2	0.1	63.3	-0.8	63.4	-0.7
	5	69.4	69.5	0.1	68.6	-0.8	68.7	-0.7
	6	73.2	73.2	0.0	72.2	-1.0	72.4	-0.8

试验序号	浮选槽号	实际 ε/%	按式（13-81）计算		按式（13-83）计算		按式（13-73）计算	
			ε/%	$\Delta\varepsilon$	ε/%	$\Delta\varepsilon$	ε/%	$\Delta\varepsilon$
8	1	18.0	17.9	-0.1	18.0	0.0	18.0	0.0
	2	31.6	31.6	0.0	31.6	0.0	31.6	0.0
	3	42.0	42.1	0.1	41.9	-0.1	41.9	-0.1
	4	49.9	50.0	0.1	49.8	-0.1	49.8	-0.1
	5	56.0	56.1	0.1	55.9	-0.1	55.8	-0.2
	6	60.7	60.8	0.1	60.5	-0.2	60.5	-0.2

14 磁选设备的磁场计算模型

14.1 弱磁场磁选设备的磁场计算

磁选设备的磁系按照磁极的配置方式可分为开放型和闭合型两大类。所谓开放型磁系是指磁极在同一侧做相邻配置且磁极之间无感应铁磁介质的磁系，按照磁极的排列特点又可分为平面磁系、圆柱面磁系、塔形磁系三种，如图 14 – 1 所示。

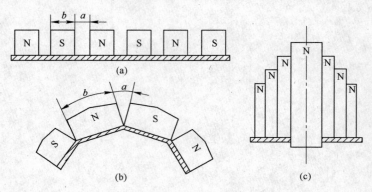

图 14 – 1 开放型磁系
（a）平面磁系；（b）圆柱面磁系；（c）塔形磁系

开放型磁系的磁场特性取决于通过相邻一对磁极的磁位差（或自由磁势）U_m、极距 l（极面宽 b 和极隙宽 a 之和）、极面宽 b 和极隙宽 a 之比值、磁极或磁极端面的形状，以及磁极端面到其排列中心的距离 R_1（对于曲面磁系）等。研究表明，沿磁极（或极间隙）对称面上的磁场强度的变化量最好用指数方程式表示，即

$$H_y = H_0 e^{-cy} = \frac{\pi u_m}{2l} e^{-cy} \tag{14 – 1}$$

式中　H_y——离磁极面 y 处的磁场强度，A/m；

　　　H_0——极面（或极隙面）上的磁场强度（此处 $y = 0$），A/m；

　　　u_m——相邻一对磁极间的磁位差（自由磁势）$\left(u_m = \dfrac{2lH_0}{\pi} \right)$，A；

　　　l——极距，m；

　　　c——磁场的非均匀系数，m^{-1}。

从理论上可以证明上述方程式用于磁极端面形状和极面宽与极隙宽的比值一定的开放型磁系是正确的。

在没有磁量也没有电流的磁场区域内，其有如下形式：

$$\begin{cases} \mathrm{div}\boldsymbol{H} = 0 \\ \mathrm{rot}\boldsymbol{H} = 0 \end{cases} \qquad (14-2)$$

磁场的基本方程式在直角坐标系下可变换成如下的形式:

$$\begin{cases} \dfrac{\partial(\ln H)}{\partial x} + \dfrac{\partial\alpha}{\partial y} = 0 \\ \dfrac{\partial(\ln H)}{\partial y} - \dfrac{\partial\alpha}{\partial x} = 0 \end{cases} \qquad (14-3)$$

式中,$\ln H$ 和 α 是共轭调和函数,它们都满足拉普拉斯方程。

下面推导用于计算开放型平面磁系的磁场强度的方程式(见图 14-2)。定坐标的原点在某一磁极的中线和极面的交点上。在此中线上,H 方向和 x 轴的夹角 α 均等于 90°。而在经过极间隙中线的一切点上,H 和 x 轴的夹角 α 均等于 0°,即 $x=0$ 时,$\alpha=90°$;$x=\dfrac{l}{2}$ 时,$\alpha=0°$。此外,在磁极上,$y=0$ 时,$H=H_0$;$y\to\infty$ 时,$H\to0$。

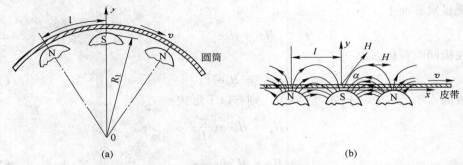

图 14-2 开放型磁系的磁极排列

求解磁场 H 的问题就是满足上述边界条件去解被变换后磁场的基本方程(14-3)的问题。

式(14-3)的一个可能的解如下:

令

$$\frac{\partial(\ln H)}{\partial x} = -\frac{\partial\alpha}{\partial y} = 0$$

$$\frac{\partial(\ln H)}{\partial y} = \frac{\partial\alpha}{\partial x} = c_1$$

得

$$\ln H = c_1 y + c_2$$

和

$$\alpha = c_1 x - c_3 \qquad (14-4)$$

式中 c_1,c_2,c_3——积分常数。

取边界条件便可求出 $c_1 = -\dfrac{\pi}{l}$,$c_2 = \ln H_0$ 和 $c_3 = -\dfrac{\pi}{2}$。于是有

$$\ln \frac{H}{H_0} = -\frac{\pi}{l}y$$

和

$$\alpha = \frac{\pi}{2} - \frac{\pi}{l}x$$

或

$$H = H_0 e^{-\frac{\pi}{l}y} = H_0 e^{-cy} \quad \left(c = \frac{\pi}{l} \right)$$

和

$$\alpha = \frac{\pi}{2} - \frac{\pi}{l}x \tag{14-5}$$

这些公式既满足式（14-3），又满足上述边界条件。还可确定磁场中的任一点（x，y）处的磁场强度

$$H_x = H_0 e^{-\frac{\pi}{l}y}\cos\alpha = H_0 e^{-\frac{\pi}{l}y}\cos\left(\frac{\pi}{2} - \frac{\pi}{l}x \right) = H_0 e^{-\frac{\pi}{l}y}\sin\frac{\pi}{l}x \text{、}$$

$$H_y = H_0 e^{-\frac{\pi}{l}y}\sin\alpha = H_0 e^{-\frac{\pi}{l}y}\sin\left(\frac{\pi}{2} - \frac{\pi}{l}x \right) = H_0 e^{-\frac{\pi}{l}y}\cos\frac{\pi}{l}x \tag{14-6}$$

在磁极对称面上，$a = 90°$，$H_x = 0$，$H_y = H = H_0 e^{-\frac{\pi}{l}y}$；而在极间隙对称面上，$\alpha = 0°$，$H_y = 0$，$H_x = H = H_0 e^{-\frac{\pi}{l}y}$。因此，在磁极和极间隙的对称面上，计算式有以下形式：

在磁极对称面上

$$H_y = H_0 e^{-\frac{\pi}{l}y}$$

而在极间隙对称面上

$$H_x = H_0 e^{-\frac{\pi}{l}y} \tag{14-7}$$

在极面水平上（$y = 0$）式（14-6）则有以下形式：

$$H_y = H_0 \cos\frac{\pi}{l}x$$

$$H_x = H_0 \sin\frac{\pi}{l}x \tag{14-8}$$

当磁极表面按圆柱面排列时，磁场的非均匀系数 $c(\mathrm{m^{-1}})$ 等于

$$c = \frac{\pi}{l} + \frac{1}{R_1} \tag{14-9}$$

当 $R_1 \to \infty$ 即相当于磁极表面按平面排列时，有

$$c = \frac{\pi}{l} \tag{14-10}$$

式中　l——极距，m；

　　　R_1——圆柱表面半径，m。

从以上两式看出，随着极距 l 的增加，磁场非均匀系数 c 逐渐下降。

将 $H = H_0 e^{-cy}$ 对 y 取导数求出磁场梯度为

$$\frac{\mathrm{d}H}{\mathrm{d}y} = \mathrm{grad}H = H_0\frac{\mathrm{d}e^{-cy}}{\mathrm{d}y} = H_0 e^{-cy}(-c) = -cH \tag{14-11}$$

式中负号可以省略，因为它只表示 grad H 是随着 y 的增加而降低。从这个等式就可求出磁场的非均匀系数为

$$c = \frac{\pi}{l} + \frac{1}{R_1} = \frac{\mathrm{grad}H}{H}$$

$$c = \frac{\pi}{l} = \frac{\mathrm{grad}H}{H} \tag{14-12}$$

磁场非均匀系数 c 在理论上是单位磁场强度的磁场梯度。它是极距 l 的函数，而对于按圆柱面排列的磁极，它还是圆柱表面半径 R_1 的函数。

实验研究表明，在磁选机中，系数 c 值不是相同的，随 x 值（即随平行于通过极心平面的平面位置）不同而不同；也随 y 值不同而不同。产生这种现象是由于实际磁系的极数通常是有限的，且磁极端面的形状也和指数磁场理论的不相符。

从式（14-7）和式（14-11）可求出离开极面（或极间隙）任一点 y 处的磁场力为

$$(H\mathrm{grad}H)_y = H_y(cH_y) = cH_y^2 = cH_0^2 \mathrm{e}^{-2cy} \tag{14-13}$$

从式（14-13）可以看出，当极面的磁场强度 H_0 一定时，磁场力 $H\mathrm{grad}H$ 大小取决于系数 c 和位置 y。如果 R_1 也一定，它就只取决于极距 l 和位置 y。从式（14-13）还可看出，磁场力 $H\mathrm{grad}H$ 随着离开极面距离 y 的增加而加剧下降。如果把式（14-12）中的 c 值代入式（14-13），并用极距 l 表示 y 值（$y = kl$），对于平面排列磁系，磁场力计算式可写成以下形式：

$$(H\mathrm{grad}H)_y = \frac{\pi}{l}H_0^2\mathrm{e}^{-\frac{2\pi}{l}kl} = \frac{\pi}{l}H_0^2\mathrm{e}^{-2\pi k} \tag{14-14}$$

14.2　强磁场磁选设备的磁场计算

14.2.1　单层感应磁极对的磁场计算

在原磁极之间放有一个整体的具有一定形状的感应磁介质（如转辊、转盘和转锥等）构成磁路。这种磁路所形成的选分空间是单层的，即选分空间是磁极对的空气隙。磁极对的形状有图14-3所示的几种情况。图14-3(a)所示磁极对由平面极（原磁极）和单个尖形齿极（感应磁极）组成；图14-3(b)所示磁极对由两个双曲线形极组成；图14-3(c)和(d)所示磁极对由平面极（原磁极）和多个平齿和尖形齿极（感应磁极）组成；图14-3(e)和(f)所示磁极对由槽形极（原磁极）和多个平齿和尖形齿极（感应磁极）组成；图14-3(g)所示磁极对由弧面极和凹形极组成。

选分弱磁性矿石用的强磁选机大多数采用由平面极或槽形极和单个齿极或多个齿极（平齿极和尖形齿极）组成的磁极对，而在磁性分析仪器中采用由弧面极和凹形极组成的磁极对。

14.2.1.1　平面-单齿磁极对的磁场计算

最初所用研究平面-单齿磁极对的磁场的理论方法而导出的计算式相当复杂，而且还没有考虑齿极尖端的磁饱和问题。以后的研究注意到了这一点，导出的计算式也较简单和使用方便。

为了避免齿极尖端的磁饱和，可把尖形齿极用和其近似的双曲线截面齿极代替；而且，齿极尖端做成圆弧形，齿极的渐近线在平面上有交点（见图14-3(a)）。

前面在推导表述开放型多极磁系磁场的式（14-6）时，应用了经过变换的基本方程式（14-3）。这里也可应用这一基本方程。场矢量 H 和 y 轴之间的夹角 α 的边界条件是：

（1）由于平面极表面为磁等位面，所以在 $y = l$ 和 x 为任一值（即在平面极上）时，$\alpha = 0°$。

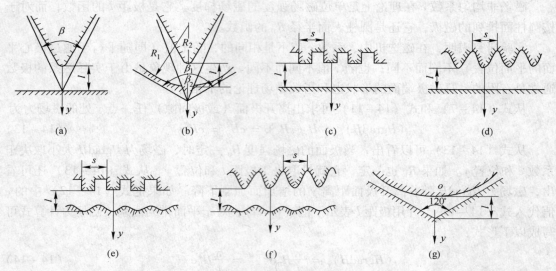

图 14 – 3　用于闭合磁系磁选机中的磁极形状

（2）由于对称条件，所以在 $x=0$ 和 y 为任一值（即在双曲线形极的对称面上）时，$\alpha = 0°$。

对应于上述边界条件的 α 值为

$$\alpha = \frac{1}{2}\arctan\frac{2(l-y)x}{(l-y)^2 - x^2 - l^2\sec^2\frac{\beta}{2}} \tag{14-15}$$

式中　l——极距；

　　　β——双曲线形极的渐近线之间的夹角（$\frac{\beta}{2}$ 为双曲线形极渐近线的倾角）。

由式（14-16）可确定对应于式（14-15）的双曲线形极的表面为

$$(l-y)^2 = x^2\cot^2\frac{\beta}{2} + l^2 \tag{14-16}$$

沿双曲线形极的对称面上的磁场强度为

$$H_y = \frac{H_0 l\sin\frac{\beta}{2}}{\left[l^2 - (l-y)^2\cos^2\frac{\beta}{2}\right]^{0.5}} = \frac{U_m\cos\frac{\beta}{2}}{\frac{1}{2}(\pi-\beta)\left[l^2 - (l-y)^2\cos^2\frac{\beta}{2}\right]^{0.5}}$$

$$= \frac{2U_m\cos\frac{\beta}{2}}{(\pi-\beta)\left[l^2 - (l-y)^2\cos^2\frac{\beta}{2}\right]^{0.5}} \tag{14-17}$$

式中　H_y——离双曲线形极 y 距离处的磁场强度；

　　　H_0——双曲线形极尖处（$y=0$）的磁场强度；

　　　U_m——磁极对间的自由磁势，为

$$U_m = \frac{1}{2}(\pi-\beta)lH_0\tan\frac{\beta}{2} \tag{14-18}$$

靠近平面极的磁场强度为

$$H_e = H_0 \sin \frac{\beta}{2} \tag{14-19}$$

将式（14-17）对 y 求导数得

$$\frac{\mathrm{d}H_y}{\mathrm{d}y} = \mathrm{grad}H = -H_0 l(l-y) \left[l^2 - (l-y)^2 \cos^2 \frac{\beta}{2} \right]^{-3/2} \sin \frac{\beta}{2} \cos^2 \frac{\beta}{2} \tag{14-20}$$

磁场力 $(H\mathrm{grad}H)_y$ 为

$$(H\mathrm{grad}H)_y = \frac{H_0^2 (l-y) \sin^2 \frac{\beta}{2} \cos^2 \frac{\beta}{2}}{\left[l^2 - (l-y)^2 \cos^2 \frac{\beta}{2} \right]^2} = \frac{4U_m^2 (l-y) \cos^4 \frac{\beta}{2}}{(\pi - \beta)^2 \left[l^2 - (l-y)^2 \cos^2 \frac{\beta}{2} \right]^2} \tag{14-21}$$

在式（14-21）中省略了负号，因为负号只表示磁场力方向与 y 轴方向相反。

14.2.1.2　双曲线形磁极对的磁场计算

这种磁极对（或称双曲线共焦点磁极对）的磁场不同于前面介绍的磁极对，整个空间都是不均匀的。应用保角变换法可推导出表述两个双曲线形极（见图 14-3）极间磁场的比较简单的计算式。沿磁极对称面上，磁场强度计算式为

$$H_y = \frac{H_0 l \sin \frac{\beta_2}{2}}{\left[l^2 - \left(l\cos \frac{\beta_2}{2} - Ky \right)^2 \right]^{0.5}} = \frac{2KU_m}{(\beta_1 - \beta_2) \left[l^2 - \left(l\cos \frac{\beta_2}{2} - Ky \right)^2 \right]^{0.5}} \tag{14-22}$$

式中　β_1，β_2——两双曲线形极的渐近线之间的夹角；

　　　K——系数（等于 $\cos \frac{\beta_2}{2} - \cos \frac{\beta_1}{2}$）；

　　　U_m——磁极对间的自由磁势，其计算式为

$$U_m = \frac{H_0 l (\beta_1 - \beta_2) \sin \frac{\beta_2}{2}}{2K} \tag{14-23}$$

靠近双曲线形极凹底处（$y = l$）的磁场强度为

$$H_e = H_0 \frac{\sin \frac{\beta_2}{2}}{\sin \frac{\beta_1}{2}} \tag{14-24}$$

将式（14-22）对 y 求导数，有

$$\frac{\mathrm{d}H_y}{\mathrm{d}y} = \mathrm{grad}H = -KH_0 l \left(l\cos \frac{\beta_2}{2} - Ky \right) \left[l^2 - \left(l\cos \frac{\beta_2}{2} - Ky \right)^2 \right]^{-3/2} \sin \frac{\beta_2}{2} \tag{14-25}$$

磁场力为

$$(H\mathrm{grad}H)_y = \frac{KH_0^2 l^2 \sin^2 \frac{\beta_2}{2} \left(l\cos \frac{\beta_2}{2} - Ky \right)}{\left[l^2 - \left(l\cos \frac{\beta_2}{2} - Ky \right)^2 \right]^2}.$$

$$= \frac{4K^3U_m^2\left(l\cos\dfrac{\beta_2}{2} - Ky\right)}{(\beta_1 - \beta_2)^2\left[l^2 - \left(l\cos\dfrac{\beta_2}{2} - Ky\right)^2\right]^2} \qquad (14-26)$$

在式（14-26）中省略了负号，因为负号只表示磁场力的方向与 y 轴方向相反。试验研究两个双曲线形极的极间磁场表明，可以应用式（14-22）作近似计算。靠近内双曲线形极凸出端处（$y=0$）的磁场力为

$$(H\mathrm{grad}H)_{y=0} = \frac{4K^3U_m^2\cot\dfrac{\beta_2}{2}}{(\beta_1 - \beta_2)^2 l^3\sin^3\dfrac{\beta_2}{2}} \qquad (14-27)$$

而靠近外双曲线形极凹底处（$y=l$）附近的磁场力为

$$(H\mathrm{grad}H)_{y=l} = \frac{4K^3U_m^2\cot\dfrac{\beta_1}{2}}{(\beta_1 - \beta_2)^2 l^3\sin^3\dfrac{\beta_1}{2}} \qquad (14-28)$$

14.2.1.3　平面或槽形 – 多齿磁极对的磁场计算

平面 – 单齿磁极对和平面 – 多齿磁极对中的磁场有许多共同点。实际上，对于这两种磁极对，在齿极对称面上，磁极表面和磁场 $\boldsymbol{H}$ 矢量方向之间的夹角 α 的边界条件是相同的（$y=0$ 和 x 为任一值时，$\alpha=0°$；$x=0$ 和 y 为任一值时，$\alpha=0°$）。它们的差别在于：平面 – 单齿磁极对中的平面极的面积实际上取为无限大，而平面 – 多齿磁极对中平面极的面积取为齿距值。除此之外，齿极附近的磁场非均匀区深度 h 大约等于 $0.5s$ 且当极距 $l>0.5s$ 时，离齿极距离 $y>0.5s$ 区的磁场接近于均匀。

根据研究，沿平面 – 多个尖形齿磁极对齿极对称面上的磁场强度的计算式为

$$H_y = \frac{0.5sH_0(1 - K_1)^{0.5}}{[0.25s^2 - K_1(0.5s - y)^2]^{0.5}} \qquad (14-29)$$

式中　H_0——齿极尖处（$y=0$）的磁场强度；

　　　s——齿极的齿距；

　　　K_1——系数，和齿距有关，取 $0.3(s\approx1\mathrm{cm})$、$0.55(s=3\mathrm{cm})$ 和 $0.6(s=5\mathrm{cm})$。

式（14-29）适用于当极距 $l>0.5s$ 时离齿极距离 $y\leqslant0.5s$ 的区域内。

比较式（14-17）和式（14-29）可以看出，考虑到磁场非均匀区深度 h 为 $0.5s$，在式（14-29）中用 $0.5s$ 代替了极距 l，还用和齿距 s 有关的系数 K_1 代替了 $\cos^2\dfrac{\beta}{2}$。

磁极对间的自由磁势为

$$U_m = (1 - K_1)^{0.5}H_0[l - s(1 - 0.5K_1^{0.5}\arcsin K_1^{0.5})] \qquad (14-30)$$

将式（7-20）对 y 取导数，得

$$\frac{\mathrm{d}H_y}{\mathrm{d}y} = \mathrm{grad}H = -\frac{0.5sH_0K_1(0.5s - y)(1 - K_1)^{0.5}}{[0.25s^2 - K_1(0.5s - y)^2]^{\frac{3}{2}}} \qquad (14-31)$$

磁场力为

$$(H\mathrm{grad}H)_y = \frac{0.25s^2H_0^2K_1(0.5s-y)(1-K_1)}{[0.25s^2-K_1(0.5s-y)^2]^2} \tag{14-32}$$

在离齿极 $y=0.5s$ 处的磁场力 $(H\mathrm{grad}H)_{y=0.5s}=0$，而靠近齿极处（$y=0$）的 $(H\mathrm{grad}H)_{y=0}$ 为

$$(H\mathrm{grad}H)_{y=0} = \frac{2H_0^2K_1(1-K_1)}{s(1-K_1)^2} \tag{14-33}$$

沿平面－多个平齿磁极对齿极对称面上的磁场强度的计算式为

$$H_y = \frac{0.59s^{0.75}H_0(1-K_1)^{0.5}}{[0.35s^{1.5}-K_1(0.5s-y)^{1.5}]^{0.5}} \tag{14-34}$$

式中 H_0，s——符号意义同式（14-29）；

K_1——系数，和齿距有关，取 $0.15(s\approx1\mathrm{cm})$、$0.25(s\approx3\mathrm{cm})$ 和 $0.3(s\approx5\mathrm{cm})$。

式（14-34）适用于当极距 $l>0.5s$ 时离齿极距离 $y\leq0.5s$ 的区域内。

将式（14-34）对 y 取导数，得

$$\frac{\mathrm{d}H_y}{\mathrm{d}y} = -\frac{0.45s^{0.75}H_0K_1(0.5s-y)^{0.5}(1-K_1)^{0.5}}{[0.35s^{1.5}-K_1(0.5s-y)^{1.5}]^{3/2}} \tag{14-35}$$

磁场力为

$$(H\mathrm{grad}H)_y = \frac{0.27s^{1.5}H_0^2K_1(0.5s-y)^{0.5}(1-K_1)}{[0.35s^{1.5}-K_1(0.5s-y)^{1.5}]^2} \tag{14-36}$$

在离齿极 $y=0.5s$ 处的磁场力 $(H\mathrm{grad}H)_{y=0.5s}=0$，靠近齿极处（$y=0$）的 $(H\mathrm{grad}H)_{y=0}$ 为

$$(H\mathrm{grad}H)_{y=0} = \frac{1.5H_0^2K_1(1-K_1)}{s(1-K_1)^2} \tag{14-37}$$

沿槽形－多个尖形齿磁极对齿极对称面上磁场强度的变化，作近似计算时，可应用式（14-22）。考虑这种磁极对的齿极数不是一个而是多个，沿着齿极对称面上的磁场比一个的要低，所以在计算磁场力时，磁场力的计算式（14-26）应引入一个修正系数。根据理论计算和试验研究，该系数为 $0.7\sim0.8$。

沿槽形－多个平齿磁极对齿极对称面上的磁场强度的计算式（经验公式）为

$$H_y \approx H_0\left(1-\frac{m}{1+ml}y\right) \tag{14-38}$$

式中 H_0——齿极端处（$y=0$）的磁场强度；

l——极距；

m——系数，表示曲线的斜率，其计算式为

$$m = \frac{H_0-H_l}{lH_l} = -\frac{\mathrm{grad}H}{H_l} \tag{14-39}$$

H_l——槽形极凹底处（$y=l$）的磁场强度，其计算式为

$$H_l = \frac{H_0}{1+ml} \tag{14-40}$$

式（14-40）适用于平齿极的齿距 $s\leq5\mathrm{cm}$ 时。

经过测量和计算，m 值如下：

$l = 0.5s = 2.5\text{cm}$ 时，$m = 1.09$；$l = 0.75s = 3.75\text{cm}$ 时，$m = 0.74$；$l = s = 5\text{cm}$ 时，$m = 0.48$。

将式（14-38）对 y 取导数，得

$$\frac{\mathrm{d}H_y}{\mathrm{d}y} = \mathrm{grad}H = -\frac{m}{1+ml}H_0 \qquad (14-41)$$

磁场力为

$$(H\mathrm{grad}H)_y = H_0^2\left(\frac{m}{1+ml}\right)\left(1 - \frac{m}{1+ml}y\right) \qquad (14-42)$$

14.2.1.4 等磁力磁极对的磁场计算

当磁极对为某一定形状时，有可能在工作隙中得到恒定的磁场力。等磁力磁极对是由弧面极和成120°角的凹形极组成，如图14-3(g)所示。在这种磁极对中磁场力的方向是以0点为始点的半径方向。沿磁极对称面的磁场强度和磁场力可用式（14-43）求出：

$$H_y = H_0\left(1 - \frac{y}{l}\right)^{0.5} = \frac{3}{2}\frac{U_m}{l}\left(1 - \frac{y}{l}\right)^{0.5} \qquad (14-43)$$

式中　H_0——弧面极表面处（$y = 0$）的磁场强度；

　　　l——极距；

　　　U_m——磁极对间的自由磁势，其计算式为

$$U_m = \frac{2}{3}lH_0 \qquad (14-44)$$

经试验查明，只有在极距和弧面极的曲率半径有一定比值，即 $\frac{l}{R} = 0.625$ 时，式（14-44）才是正确的。

将式（14-43）对 y 取导数，得

$$\frac{\mathrm{d}H_y}{\mathrm{d}y} = \mathrm{grad}H = -\frac{0.5H_0}{l}\left(1 - \frac{y}{l}\right)^{-0.5} \qquad (14-45)$$

磁场力为

$$(H\mathrm{grad}H)_y = \frac{H_0^2}{2l} = \frac{9}{8}\frac{U_m^2}{l^3} \qquad (14-46)$$

从式（14-46）可看出，磁场力 $(H\mathrm{grad}H)_y$ 和 y 无关，即和工作隙中点的位置无关。因此，当 H_0 和 l 为既定值时，沿磁极对的对称面上整个工作隙中的磁场力为一常数。

14.2.2 多层感应介质磁场的计算

14.2.2.1 多层尖齿极的磁场计算

多层尖齿极的磁场可用磁模拟法研究。尖齿极在磁选机中通常是齿尖对齿尖装配（见图14-4），这有利于矿粒的通过、排出和清洗。根据试验研究，沿齿极对称面上的磁场强度变化，可用下面的经验公式表示：

$$H_y = K_1K_2K_3H_0\mathrm{e}^{0.45\left(\frac{s-4y}{s}\right)^2} \qquad (14-47)$$

式中　H_0——背景磁场强度；

　　　s——齿极的齿距；

y——离齿极的距离;

K_1——系数,和齿极的齿尖角及背景磁场强度有关,其取值见表14-1;

K_2——系数,和极距有关。其取值见表14-2;

K_3——系数,和齿极板的材质有关,一般材质的$K_3 = 2.75$。

式(14-47)适用于极距$l \approx (0.45 \sim 0.65)s$和齿尖角$\beta = 60° \sim 105°$。

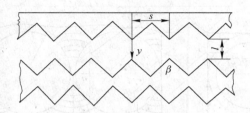

图14-4 多层尖齿极的形状

表14-1 式(14-47)的K_1值

齿极的齿尖角 $\beta/(°)$	背景磁场强度 $H_0/\text{kA} \cdot \text{m}^{-1}$(Oe)				
	200(2500)	280(3500)	360(4500)	440(5500)	520(6500)
60	1.19	1.04	0.87	0.83	0.80
75	1.17	1.02	0.86	0.81	0.78
90	1.15	1	0.85	0.80	0.77
105	1.13	0.98	0.84	0.79	0.76

表14-2 式(14-47)的K_2值($H_0 = 280\text{kA/m}$, $\beta = 90°$)

极距l	0.45s	0.5s	0.6s	0.65s
K_2	1.03	1.0	0.98	0.97

将式(14-47)对y取导数,得

$$\frac{\mathrm{d}H_y}{\mathrm{d}y} = -3.6K_1K_2K_3\left(\frac{H_0}{s^2}\right)(s - 4y)\,\mathrm{e}^{0.45\left(\frac{s-4y}{s}\right)^2} \qquad (14-48)$$

磁场力为

$$(H\mathrm{grad}H)_y = 3.6K_1^2K_2^2K_3^2\left(\frac{H_0}{s}\right)^2(s - 4y)\,\mathrm{e}^{0.9\left(\frac{s-4y}{s}\right)^2} \qquad (14-49)$$

在离齿极$y = 0.25s$处的磁场力$(H\mathrm{grad}H)_{y=0.25s} = 0$,而靠近齿极处($y = 0$)的$(H\mathrm{grad}H)_{y=0}$为

$$(H\mathrm{grad}H)_{y=0} = 3.6K_1^2K_2^2K_3^2\frac{H_0}{s}\mathrm{e}^{0.9} \qquad (14-50)$$

14.2.2.2 多层球极的磁场计算

设有半径为r的铁球放入极距为l的平面磁极中间,此时,在铁球周围形成高梯度磁场(见图14-5)。x处球的横断面积和球间空间的横断面积(平行于磁极面)为

$$S_1 = \pi(r^2 - x^2)$$

和
$$S_2 = 4r^2 - \pi(r^2 - x^2) \tag{14-51}$$

式中　S_1——球的横断面积；

　　　S_2——球间空间的横断面积；

　　　x——沿极隙方向离球心的距离。

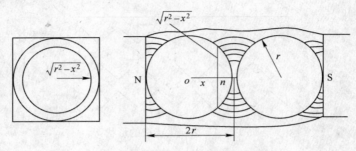

图 14-5　铁球磁感应形成的高梯度

磁饱和前 x 处球内磁通的磁阻 R_1 和球间空间磁通的磁阻 R_2 的变化为

$$dR_1 = \frac{dx}{\mu_1 S_1}$$

$$dR_2 = \frac{dx}{\mu_2 S_2} \tag{14-52}$$

它们的总磁阻变化为

$$dR = \frac{dR_1 dR_2}{dR_1 + dR_2} \tag{14-53}$$

将相应值代入式（14-53），得

$$dR = \frac{dx}{(r\sqrt{3.14\mu_1 + 0.86\mu_2})^2 - (x\sqrt{3.14(\mu_1 - \mu_2)})^2} \tag{14-54}$$

在 $x = r$ 即区域 n 处的磁阻为

$$R_n = \int_0^r dR = \frac{1}{6.28r\sqrt{\mu_1 + 0.274\mu_2}\sqrt{\mu_1 - \mu_2}} \ln \frac{\sqrt{\mu_1 + 0.274\mu_2} + \sqrt{\mu_1 - \mu_2}}{\sqrt{\mu_1 + 0.274\mu_2} - \sqrt{\mu_1 - \mu_2}} \tag{14-55}$$

令 $K = \dfrac{\mu_1}{\mu_2}$ 和 $K_1 = \ln \dfrac{\sqrt{K + 0.274} + \sqrt{K - 1}}{\sqrt{K + 0.274} - \sqrt{K - 1}}$，得

$$R_n = \frac{K_1}{6.28r\mu_2 \sqrt{(K + 0.274)(K - 1)}} \tag{14-56}$$

当原磁极的安匝数为 IN、极距为 l 时，长为 r 区段上的磁势为

$$U_n = \frac{IN}{l} r \tag{14-57}$$

根据欧姆定律，长为 x 区段上的磁位降与它的磁阻成比例，即

$$U_x = \frac{INr}{l} \cdot \frac{R_x}{R_n} \tag{14-58}$$

垂直于磁通距球心 x 处平面上的磁场强度为

$$H_x = \frac{dU_x}{dx} = \frac{INr}{lR_n}\frac{dR_x}{dx}$$

$$= \frac{2r^2 IN\sqrt{(K+0.274)(K-1)}}{lK_1[r^2(K+0.274)-x^2(K-1)]} \qquad (14-59)$$

将式 (14-59) 对 x 取导数, 得

$$\frac{dH_x}{dx} = \frac{4r^2 INx\sqrt{(K+0.274)(K-1)}(K-1)}{lK_1[r^2(K+0.274)-x^2(K-1)]^2} \qquad (14-60)$$

x 区段上的平均磁场力为

$$(H\mathrm{grad}H)_x = \frac{8r^4 l^2 N^2 x(K+0.274)(K-1)^2}{l^2 K_1^2[r^2(K+0.274)-x^2(K-1)]^3} \qquad (14-61)$$

当 $x = r$ 时, r 区段上的平均磁场力为

$$(H\mathrm{grad}H)_{x=r} = \frac{3.87 l^2 N^2(K+0.274)(K-1)^2}{l^2 r K_1^2} \qquad (14-62)$$

14.2.2.3 多层丝极的磁场计算

多层丝状和网状聚磁介质在磁场中磁化后, 在其表面及附近产生高梯度磁场, 可用磁模拟法进行研究。丝的断面分为圆形和矩形。丝的断面尺寸、排列形式和充填率等对磁场都有影响。

A 圆形断面的丝极

图 14-6(a) 和 (b) 示出圆形断面丝极不同排列类型的磁场。测量时, 背景磁场强度 $H_0 = 400\mathrm{kA/m}$, 丝极半径 $a = 3.5\mathrm{mm}$。

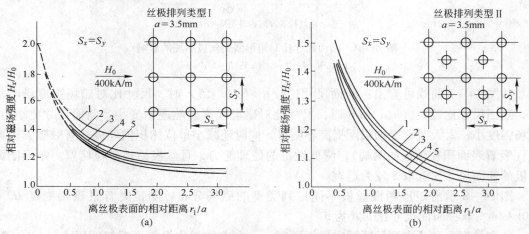

图 14-6 圆形断面丝极群不同类型在 x 方向的磁场分布

(a) 排列类型 I : 1—$S_x = 5a$; 2—$S_x = 6a$; 3—$S_x = 7a$; 4—$S_x = 8a$; 5—$S_x = 9a$;

(b) 排列类型 II : 1—$S_x = 9a$; 2—$S_x = 8a$; 3—$S_x = 7a$; 4—$S_x = 6a$; 5—$S_x = 5a$;

排列类型 I 和 II 在测量区域内磁场强度沿 x 方向的变化规律可近似地用式 (14-63) 表示:

$$H_x = H_0 m e^{-cx} \qquad (14-63)$$

式中　H_0——背景磁场强度;

x——离丝极中心的相对距离, $x = \dfrac{r}{a}$ (a 为丝极半径, r 为绝对距离);

m，c——由丝极排列形式和间距决定的常数。

其比较精确的表达式如下：

对于排列类型Ⅰ，当$S_x = 8a$时，有

$$H_x = [1.74 - 0.71r_1/a + 0.29(r_1/a)^2 - 0.04(r_1/a)^3]H_0 \qquad (14-64)$$

对于排列类型Ⅱ，当$S_x = 8a$时，有

$$H_x = [1.68 - 0.61r_1/a + 0.2(r_1/a)^2 - 0.02(r_1/a)^3]H_0 \qquad (14-65)$$

当$S_x \geqslant 9a$时，排列类型Ⅰ和Ⅱ的丝极群的复合磁场特性和单根的近似，可按一根丝来近似表示，即

$$H_x = \left(1 + \frac{a^2}{r^2}\right)H_0 \qquad (14-66)$$

B　矩形断面的丝极

图14-7示出矩形断面丝极的断面尺寸比对其磁场的影响。

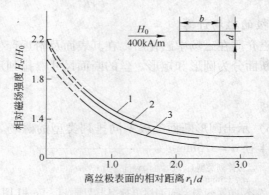

图14-7　断面尺寸比对矩形断面丝极磁场的影响
1—$b/d = 7$；2—$b/d = 5$；3—$b/d = 3$

从图14-7曲线可看出：断面尺寸比较小（$b/d < 5$）时，尺寸比对磁场强度影响较大，断面尺寸比较大（$b/a > 5$）时，尺寸比对磁场强度影响逐渐变小。断面尺寸比小时，磁场强度小；太大时，磁场强度提高不明显，同时还减小单位体积内丝极的有效吸着表面积（吸着表面积在丝极的两端），降低设备的处理能力，且丝极易被矿粒堵塞。矩形断面丝极的断面尺寸比选取5较为适宜。

图14-8示出矩形断面丝极不同排列类型的磁场分布。测量时背景磁场强度$H_0 = 400\text{kA/m}$，丝极断面尺寸比b/d为5。

排列类型Ⅰ和Ⅱ在测量区域内磁场强度沿x方向的变化规律可近似地用式（14-63）表示。

排列类型Ⅰ和Ⅱ（$S_x = 7d$）的磁场变化规律和单根的相似，用式（14-67）表示比较精确：

$$H_x = [2.13 - 1.02r_1/d + 0.38(r_1/d)^2 - 0.05(r_1/d)^3]H_0 \qquad (14-67)$$
$$x = r_1/d$$

式中　H_0——背景磁场强度；

　　　　x——离丝极表面的相对距离；

d——丝极厚度；

r_1——绝对距离。

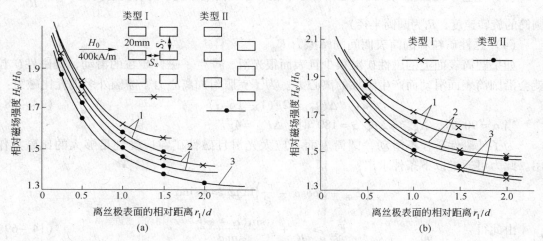

（a）

（b）

图 14 – 8　矩形断面丝极群的复合磁场分布

（a）$S_y = 3d$；（b）$S_y = 2d$

1—$S_x = 3d$；2—$S_x = 5d$；3—$S_x = 7d$

14.3　回收磁力的计算

矿石通过磁选机时，不仅受到磁力作用，还受到机械力的作用（湿选时还要考虑水力的作用）。

根据矿石（或矿浆）通过磁选机磁场的运动形式，所有磁选机可以分成两类：

（1）上面给矿，矿粒做曲线运动的磁选机，如上面给矿的筒式和辊式磁选机等。

（2）下面给矿，矿粒做直线或曲线运动的磁选机，如下面给矿的带式、盘式、筒式和辊式磁选机等。

14.3.1　在磁选机圆筒（或圆辊）上吸住磁性矿粒需要的磁力

在上面给矿，矿粒做曲线运动这种情况下，所需要的磁力取决于矿石的磁性和圆筒（或圆辊）的旋转速度以及磁选机的磁极排列方式。

14.3.1.1　磁极极性不变，圆筒（或圆辊）慢速运动

磁场中单位质量磁性矿粒所受的力如图 14 – 9 所示，其中包括：

（1）垂直筒面指向筒轴的磁力。为了简化分析，把此力看成是常数，即 $F_{磁} = \mu_0 \chi_0 H \mathrm{grad} H = c$。

（2）重力 g。它的两个分力为垂直于筒面的重力分力 $g\cos\alpha$ 和与筒面相切的重力分力 $g\sin\alpha$（α 为

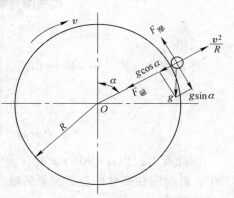

图 14 – 9　上面给矿，圆筒慢速运动时矿粒受力情况

矿粒在筒面上的位置）。

（3）垂直于筒面指向外的离心力。如矿粒尺寸、筒皮厚度小时，离心力为 $F_{离} = \dfrac{v^2}{R}$（v 为圆筒的旋转速度；R 为圆筒半径）。

（4）磁性矿粒和圆筒表面间的摩擦力 $F_{摩}$。

如果圆筒表面上的磁性矿粒很少且表面很光滑，产生了磁性矿粒的滑动，则磁性矿粒就会沿圆筒表面滑动而产生附加的离心力。为了克服附加离心力，需额外多消耗比磁力：

$$\Delta F_{磁} = 2g(1 - \cos\alpha) \tag{14-68}$$

当 $\alpha = 90°$ 时，$\Delta F_{磁} = 2g$；$\alpha = 180°$ 时，$\Delta F_{磁} = 4g$。

为了使磁性矿粒不滑动，圆筒表面不应太光滑且磁性矿粒应受到足够大的比磁力作用。此力可通过以下条件求出：

$$\left(F_{磁} + g\cos\alpha - \frac{v^2}{R}\right)\tan\varphi \geqslant g\sin\alpha$$

由此得

$$F_{磁} \geqslant \frac{v^2}{R} + g\frac{\sin(\alpha - \varphi)}{\sin\varphi} \tag{14-69}$$

式中　$\tan\varphi$——矿粒和圆筒表面的摩擦系数。

如矿粒直径 d 和圆筒半径 R 比较不应忽视时（$\dfrac{d}{R} > 0.05$ 时），则式（14-69）中的半径 R 应以圆筒轴心到矿粒中心的距离 $R + 0.5d$ 来代替，而圆筒的周速 v 应以 $\dfrac{v(R + 0.5d)}{R}$ 来代替，此时

$$F_{磁} \geqslant \frac{v^2(R + 0.5d)}{R^2} + g\frac{\sin(\alpha - \varphi)}{\sin\varphi} \tag{14-70}$$

从式（14-70）可看出，当 v、R、d 和 φ 已知时，所需要的比磁力 $F_{磁}$ 只取决于 α。

为使吸住这种矿粒所需的比磁力 $F_{磁}$ 最大，α 的取值，即磁性矿粒在何位置的确定如下：

令 $\dfrac{\mathrm{d}F_{磁}}{\mathrm{d}\alpha} = 0$，求 $F_{磁}$ 最大值，由

$$\frac{\mathrm{d}F_{磁}}{\mathrm{d}\alpha} = g\frac{\mathrm{d}\dfrac{\sin(\alpha - \varphi)}{\sin\varphi}}{\mathrm{d}\alpha} = 0$$

求出

$$\alpha = 90° + \varphi$$

将 α 值代入式（14-69）和式（14-70）中，得

$$F_{磁(\max)} = \frac{v^2}{R} + \frac{g}{\sin\varphi} \tag{14-71}$$

$$F_{磁(\max)} = \frac{v^2(R + 0.5d)}{R^2} + \frac{g}{\sin\varphi} \tag{14-72}$$

由此看出，当 $\alpha = 90° + \varphi$ 时，吸住磁性矿粒所需要的磁力最大。如 $\varphi = 30°$ 时，则 $\alpha = 120°$，此时吸住磁性矿粒所需要的磁力最大。同时又看出，摩擦系数 $\tan\varphi$ 较大时，所需要的磁力较小。

在上面给矿辊式强磁选机上选别弱磁性矿石时，由于作用在磁性矿粒上的磁力很小，

因此整个分选过程应在辊子上部第一象限内完成。因为在此象限内垂直于辊面的重力分力 $g\cos\alpha$ 方向和磁力方向一致，比磁力须克服的比机械力小。

如使磁性矿粒离开圆筒表面的脱落角 $\alpha = 90°$，即磁性矿粒在第一象限未脱离圆筒表面，则圆筒的容许旋转圆周速度 v 可由式（14 – 69）和式（14 – 70）确定，即

$$v_{a11} = \sqrt{R\left(F_{磁} - \frac{g}{\tan\varphi}\right)} \tag{14 – 73}$$

和

$$v_{a11} = R\sqrt{\frac{1}{R + 0.5d}\left(F_{磁} - \frac{g}{\tan\varphi}\right)} \tag{14 – 74}$$

由以上两式可知，为了提高磁选机圆筒的旋转速度（即提高磁选机的处理能力），应提高作用在矿粒上的比磁力 $F_{磁}$，增大磁选机圆筒的半径 R 和矿粒与圆筒表面的摩擦系数 $\tan\varphi$。

14.3.1.2 磁极极性交替，圆筒慢速运动

对于粒状和块状强磁性矿石，一般采用低频率的旋转磁场磁选机。旋转磁场是在磁系上方移动矿石时产生的。磁选机工作时，如在圆筒表面上存在一层磁性矿粒和非磁性矿粒，且矿粒互相不接触，在这种情况下，吸住磁性矿粒所需要的比磁力仍可用式（14 – 70）来估算。实际上，圆筒表面上的磁性矿粒以不同的比磁力被吸到筒表面上，比磁力大小与矿粒中磁性矿物的含量（或比磁化率）和磁选机的磁场力有关。磁选机的磁场是这样确定的：能使磁性矿物含量为某一最低值（或比磁化率为某一最低值）以上的矿粒被吸到筒表面上。无疑，磁性矿物含量高的那一部分矿粒要以相对比较大的磁力吸在筒表面上，在筒面上不滑动。由于大量磁性矿物含量高的矿粒存在，使得磁性矿物含量较低的矿粒也不会在与筒面相切的重力分力 $g\sin\alpha$ 作用下沿筒面滑动。同时，由于磁性矿粒和非磁性矿粒之间的摩擦存在，使得非磁性矿粒难以脱离筒面。因此在式（14 – 70）中应考虑修正系数 K，以减少所需的比磁力。这一系数和被回收到磁性产品中的磁性矿粒（包括连生体在内）的含量 $\alpha_{磁}$ 有关，$K = 1 + \alpha_{磁}$。对于大多数磁铁矿石，磁性矿粒的含量 $\alpha_{磁} = 0.3 \sim 0.9$。

把修正系数 K 代入式（14 – 70）中，并去掉与筒面相切的重力分力 $g\sin\alpha$，得到

$$F_{磁} \geqslant \frac{1}{1 + \alpha_{磁}}\left[\frac{v^2(R + 0.5d)}{R^2} - g\cos\alpha\right] \tag{14 – 75}$$

按式（14 – 69）计算筒式磁选机的比磁力，筒表面上磁场强度 $H \approx 100\text{kA/m}$（12500Oe），筒旋转周速为 1m/s 时，可以回收粒度为 50 ~ 0mm、磁铁矿含量不低于 80% ~ 90% 的矿块（即纯的矿块）。而按式（14 – 75）计算，在磁选机有一般磁场力 $H\text{grad}H$ 值和筒旋转周速为 1 ~ 1.5m/s 时，可以回收粒度为 50 ~ 0mm、磁铁矿含量达 1% ~ 3% 的矿块（连生体）。这符合实际情况。

分出尾矿（取 $\alpha = 90°$）应采取较大的圆筒旋转周速，以便尾矿能在第一象限内排出。此时圆筒旋转容许周速为

$$v_t = \frac{R}{\sqrt{R + 0.5d}}\sqrt{(1 + \alpha_{磁})F_{磁}} = \frac{R}{\sqrt{R + 0.5d}}\sqrt{(1 + \alpha_{磁})\mu_0\chi_0'H\text{grad}H} \tag{14 – 76}$$

式中　$F_{磁}$——尾矿（连生体）所受的比磁力，$F_{磁} = \mu_0\chi_0'H\text{grad}H$。

分出精矿（取 $\alpha = 180°$）时，圆筒旋转周速应低些，此时圆筒旋转容许周速为

$$v_c = \frac{R}{\sqrt{R + 0.5d}} \sqrt{(1 + \alpha_{磁})F_{磁} - g} = \frac{R}{\sqrt{R + 0.5d}} \sqrt{(1 + \alpha_{磁})\mu_0\chi_0 H \mathrm{grad} H - g} \quad (14-77)$$

式中　$F_{磁}$——精矿（连生体）所受的比磁引力，$F_{磁} = \mu_0\chi_0 H \mathrm{grad} H$。

　　根据式（14-75）可以求出非磁性矿粒（尾矿）脱离筒面的脱落角 β，即

$$\beta = \arccos\left[\frac{v^2(R + 0.5d)}{R^2 g} - \frac{(1 + \alpha_{磁})F_{磁}}{g}\right] \quad (14-78)$$

因这些矿粒的 $F_{磁}$ 较小，作近似计算时，可以认为 $F_{磁} \approx 0$，此时

$$\beta = \arccos\frac{v^2(R + 0.5d)}{R^2 g} \quad (14-79)$$

　　从式（14-79）可以看出，非磁性矿粒的脱落角 β 随圆筒旋转周速的增加而变小，即尾矿的排出区向上移动，这可以提高选矿效率。在同一旋转周速下，开始分出的是粒度比较大的矿粒，之后分出的是粒度比较小的矿粒，再分出的矿粒更小。此时脱落角为

$$\beta \approx \arccos\frac{v^2}{Rg} \quad (14-80)$$

　　实际上，非磁性矿粒的脱落角比按式（14-80）算出的要大些，这是因为吸在筒面上的磁性矿粒摩擦力对其有影响。这种影响随着矿粒粒度的减小和给矿中磁性矿物含量的增加而增加。

14.3.1.3　磁极极性交替，圆筒快速运动

　　在圆筒做慢速运动的磁选机上干式磁选细粒磁铁矿石时很难选出尾矿和最终精矿。这是因为细粒特别是微细粒的强磁性矿粒进入磁场以后形成了磁链。这些磁链由磁铁矿颗粒、连生体和包裹在它们当中的非磁性脉石颗粒组成。圆筒做慢速运动时很难清除磁链中的脉石颗粒，也很难把连生体同磁铁矿颗粒分开，即使降低磁选机的磁场强度也是如此。如果圆筒做快速运动（产生旋转磁场），这些磁链就被破坏，可以清除其中的脉石颗粒和把连生体同磁铁矿颗粒分开，从而容易得到最终精矿。

　　在圆筒快速运动时，磁链除了随圆筒一起运动外，还围绕磁链自身的一端在筒面上做磁翻转运动。此时产生附加离心力。比离心力大小为

$$F'_{离} = \frac{v'^2}{a} \quad (14-81)$$

式中　v'——磁链重心对旋转点的移动线速度；

　　　　a——磁链长度之半。

　　已知磁链走过一个极距 l 路径，并磁翻转180°，它的重心线速度为

$$v' = \frac{\pi a}{\frac{T}{2}} = \frac{\pi a v}{l} = 2\pi a f \quad (14-82)$$

式中　v——圆筒旋转周速；

　　　　T——磁链翻转一整圈的时间（走过两个极距）；

　　　　f——磁场频率。

　　将式（14-82）代入式（14-81），得

$$F'_{离} = \frac{\pi^2 a v^2}{l^2} = 4\pi^2 a f^2 \quad (14-83)$$

它的径向分量为

$$F'_{离(r)} = \frac{\pi^2 av^2}{l^2}\sin\frac{\pi v}{l}t = 4\pi^2 af^2\sin(2\pi ft) \qquad (14-84)$$

式中 t——从磁链翻转开始算的时间（开始时磁链的轴方向沿着筒面切线）。

当磁链翻转开始时间 $t=0$ 时，$F'_{离(r)}=0$；当磁链走过半个极距 $0.5l$，翻转 $90°$ 时 $F'_{离(r)}$ 达到最大值。

回收磁性矿粒所需要的比磁力为

$$F_{磁} = \mu_0\chi_0 H\mathrm{grad}H = \frac{v^2}{R} + \frac{\pi^2 av^2}{l^2} - g\cos\alpha$$

$$= \frac{v^2}{Rl^2}(l^2 + \pi^2 aR) - g\cos\alpha \qquad (14-85)$$

从式（14-85）可以确定出使磁性矿粒或磁链开始脱离筒面的圆筒临界旋转周速为

$$v_c = \sqrt{\frac{Rl^2(\mu_0\chi_0 H\mathrm{grad}H + g\cos\alpha)}{l^2 + \pi^2 aR}} \qquad (14-86)$$

在式（14-85）和式（14-86）中，除了考虑磁力和离心力以外，还考虑了重力。圆筒慢速运动时重力必须考虑，但在圆筒快速运动，如离心力超过重力很多倍（大于 10 倍）时，重力可以忽略。此时式（14-85）和式（14-86）中的比重力 g 或其重力分力 $g\cos\alpha$ 可以忽略不计。

14.3.2 从磁选机的矿流中吸出磁性矿粒需要的磁力

下面给矿的磁选机，矿石和磁性产品通过磁选机的工作区可以有以下三种运动形式：

（1）矿石和磁性产品做直线运动。

（2）矿石做直线运动，而磁性产品做曲线运动。

（3）矿石和磁性产品做曲线运动。

14.3.2.1 下面给矿，矿石和磁性产品做直线运动

磁选的任务在于：在矿石中的磁性矿粒通过磁选机的工作区（长度 L）的时间内，利用磁力把它吸离斜面（给矿槽或给矿皮带）h 距离，而与非磁性矿粒分开成为单独的选矿产品（见图 14-10）。

作用在单位质量磁性矿粒上的力有：

（1）垂直于斜面的磁力。同前述一样，为了简化分析，把此力看成是常数，即 $F_{磁} = \mu_0\chi_0 H\mathrm{grad}H = c$。

（2）重力 g。它的两个分力分别为垂直于斜面的重力分力 $g\cos\alpha$ 和与斜面相切的重力分力 $g\sin\alpha$（α 为斜面的倾角）。

（3）矿粒对斜面的摩擦力 $F_{摩}$。磁性矿粒在磁力作用下离开斜面，所以对磁性矿粒而言，此力为零。

磁性矿粒被吸在分选部件上时，在斜面法向

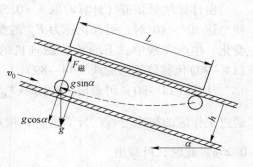

图 14-10 下面给矿，矿石和磁性
产品做直线运动时的受力情况

方向走过了路程 h 的同时，也在斜面的切线方向走过了路程 L。

法向路程 h 为

$$h = \frac{1}{2}a_1t_1^2$$

式中 a_1——磁性矿粒的法向加速度；

t_1——磁性矿粒走过路程 h 需要的时间。

使磁性矿粒产生法向加速度的力为磁力 $F_磁$ 和重力的法向分力 $g\cos\alpha$ 之差，即 $F_1 = F_磁 - g\cos\alpha = a_1$。如假定 $F_1 = C$（常数），则磁性矿粒沿法向方向做等加速度运动，此时

$$h = \frac{1}{2}F_1t_1^2 = \frac{1}{2}(F_磁 - g\cos\alpha)t_1^2 \tag{14-87}$$

切向路程 L 为

$$L = v_0t_2 + \frac{1}{2}a_2t_2^2$$

式中 v_0——磁性矿粒进入工作区时的初速度；

t_2——磁性矿粒走过路程 L 需要的时间；

a_2——磁性矿粒的切向加速度。

使磁性矿粒产生切向加速度的力为重力的切向分力 $g\sin\alpha$，即 $F_2 = g\sin\alpha = a_2$。由此得出

$$L = v_0t_2 + \frac{1}{2}g\sin\alpha t_2^2 \tag{14-88}$$

为了使磁性矿粒能从斜面吸向磁极，必须使 $t_1 \leqslant t_2$。取 $t_1 = t_2$，由式（14-87）和式（14-88）可得出

$$F_磁 = g\cos\alpha + \frac{h}{L^2}(v_0^2 + Lg\sin\alpha + v_0\sqrt{v_0^2 + 2Lg\sin\alpha}) \tag{14-89}$$

矿粒做水平运动（$\alpha = 0$）时，式（14-89）可写成

$$F_磁 = g + \frac{2hv_0^2}{L^2} \tag{14-90}$$

从式（14-90）可看出，矿粒做水平运动时，需要的比磁力用来克服比重力 g 和运动矿粒的比惯性力 $\frac{2hv_0^2}{L^2}$。后者正比于矿粒进入磁选机工作区时的初速度的平方。

由计算结果知道（计算时取 $h = 0.5$cm，$L = 4$cm 和 $v_0 = 1$m/s），增加给矿槽的倾角 α 使之达 $30° \sim 40°$时，引起比磁力 $F_磁$ 的变化不大，只有 $\alpha > 40°$时，比磁力 $F_磁$ 才有较大的变化。生产实践中，下面给矿磁选机的给矿槽的倾角都不超过 $30° \sim 40°$，因此可用式（14-90）代替较复杂的式（14-89）。

从式（14-90）可看出，在同一 $F_磁$ 值下，工作区长度 L 取决于矿粒运动路程 h 和其通过工作区的初速度 v_0。为了建立 L 和 h 的关系，取矿粒的运动速度 $v_0 = 1$m/s 和 $\frac{2hv_0^2}{L^2} = 0.25g$。此时，可写出

$$L \geqslant v_0\sqrt{\frac{2h}{0.25g}} = 0.9\sqrt{h} \tag{14-91}$$

矿粒做垂直运动（$\alpha = 90°$）时，式（14-89）可写成

$$F_磁 = \frac{h}{L^2}(v_0^2 + Lg + v_0\sqrt{v_0^2 + 2Lg}) \tag{14-92}$$

如矿粒通过磁选机的初速度 $v_0 = 0$，则有

$$F_磁 = \frac{h}{L}g \tag{14-93}$$

从式（14-93）可看出，当 $L > h$ 时，$F_磁 < g$，即当矿粒做垂直运动且运动初速度 $v_0 = 0$ 时，磁性矿粒需要的磁力最小。

在矿粒做直线运动时，回收磁性矿粒需要的磁力 $F_磁$ 在很大的程度上取决于矿粒通过工作区的初速度 v_0。

矿粒做水平直线运动时，矿粒通过磁选机的理论容许速度 v_{0a11} 可由式（14-90）求出：

$$v_{0a11} = L\sqrt{\frac{F_磁 - g}{2h}} = L\sqrt{\frac{\mu_0\chi_0 HgradH - g}{2h}} \tag{14-94}$$

从式（14-94）可看出，为了提高矿粒通过工作区的初速度（或磁选机的处理能力），应当提高磁力 $F_磁$（或磁场力 $HgradH$）和磁选机的吸引区长度 L，减少矿粒层到磁极的距离 h。

14.3.2.2　下面给矿，矿石做直线运动，磁性产品做曲线运动

在某些磁选机中，矿粒沿给矿槽做直线运动进入工作区内，而磁性产品沿圆筒（或圆辊）表面做曲线运动被排出（见图 14-11）。在这种情况下，磁性矿粒的运动可以分成两个阶段：磁性矿粒的上升和磁性矿粒吸到圆筒表面上并被输送。

在第一阶段，磁性矿粒做直线运动，考虑到给矿槽的倾角一般不超过 40°，符合前述式（14-90）的情况，即

$$F_{1磁} = \frac{2v_0^2 h}{L^2} + g$$

在第二阶段，磁性矿粒做曲线运动，吸住磁性矿粒需要的比磁力为

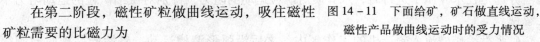

图 14-11　下面给矿，矿石做直线运动，磁性产品做曲线运动时的受力情况

$$F_{2磁} = \frac{v^2}{R} + g\cos\beta \tag{14-95}$$

式中　v——圆筒的旋转周速；

β——磁性矿粒在圆筒圆周上的位置。

圆筒的旋转容许周速为

$$v_c = \sqrt{R[(1 + \alpha_磁)\mu_0\chi_0 HgradH + g]} \tag{14-96}$$

14.3.2.3　下面给矿，矿石和磁性产品做曲线运动

矿石沿给矿槽自流进入磁选机的工作区内，之后沿和圆筒（或圆辊）同心的溜槽（或磁化极）运动（见图 14-12）。磁性矿粒的运动和前述的情况一样，也分成两个阶段。需要的磁力可用式（14-90）和式（14-95）计算。

矿粒以如下的加速度沿给矿槽向下运动:

$$a_2 = g\sin\alpha - g\cos\alpha\tan\varphi = \frac{g\sin(\alpha - \varphi)}{\cos\varphi} \qquad (14-97)$$

式中 φ ——摩擦角。

如磁性矿粒沿给矿槽向下自流时的初速度等于0，则给矿槽的长度为

$$l_1 = \frac{a_2 t^2}{2}$$

由此得出

$$t = \sqrt{\frac{2l_1}{a_2}}$$

式中 t ——和给矿槽长度 l_1 有关的矿粒运动时间。

磁性矿粒沿给矿槽自流进入磁选机工作区始端的运动速度为

$$v_0 = a_2 t = \sqrt{\frac{2l_1 g\sin(\alpha - \varphi)}{\cos\varphi}} \qquad (14-98)$$

给矿槽的倾角 α 和长度 l_1 的选择应恰当些，以使速度 v_0 不应过大（它的临界值见式（14-94）），否则，式（14-90）中等式右边第二项值过大，会使回收磁性矿粒的磁力显得不足。设计时应当考虑 l_1 的大小，尽量使 l_1 小些（即尽量使给矿点靠近工作区）。

圆筒（或圆辊）的旋转容许周速可按式（14-96）计算。被回收的磁性矿物的比磁化率高时，速度可以快些。

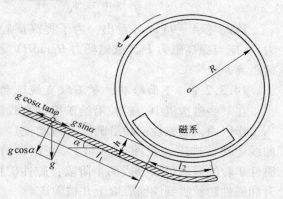

图 14-12 下面给矿，矿石和磁性产品做曲线运动时的受力情况

14.3.2.4 下面给矿，矿浆和磁性产品做曲线运动

干选和矿粒在磁选机中的运动速度不很大时，空气对矿粒运动的阻力可以忽略不计。而当分选是在水介质中进行时，水介质对矿粒运动的阻力，特别对微细矿粒的运动阻力不能忽视。

矿浆沿给矿槽流入磁选机的工作区内，之后沿弧形溜槽运动，磁性产品被吸向圆筒（或圆辊）做曲线运动而被排出（见图 14-12）。

作用在单位质量磁性矿粒上的机械力有:

（1）在水介质中的重力。

$$g_0 = g\frac{\rho - 1000}{\rho}$$

式中 ρ ——磁性矿粒的密度，kg/m^3。

（2）磁性矿粒沿磁力 $F_磁$ 方向运动时所受到的水介质阻力（对于细粒，此力是阿连阻力，而对于微细矿粒，此力是斯托克斯阻力）

$$F_斯 = \frac{18\mu v}{d^2\rho} \qquad (14-99)$$

式中 μ——水的黏度（在 SI 单位制中，当 $t = 20℃$ 时，$\mu = 10^{-3}\mathrm{N \cdot s/m^2}$，而在 CGSM 单位制中，$\mu = 10^{-2}\mathrm{P(泊)}$）；

v——磁性矿粒沿磁力 $F_磁$ 方向对水介质运动的平均相对速度，m/s；

d——磁性矿粒的直径，m。

假定磁性矿粒的运动为等加速度运动，此时 $h = \dfrac{a_1 t^2}{2}$，$v = a_1 t$。由此得

$$a_1 = \frac{2h}{t^2}, \quad v = \frac{2h}{t} \tag{14-100}$$

但 $t = \dfrac{l_2}{v_0}$，所以

$$v = \frac{2h}{l_2} v_0 \tag{14-101}$$

式中 v_0——矿浆沿给矿槽向下运动进入工作区时的平均速度（假定等于在同方向上的磁性矿粒运动的平均速度）。

将式（14-101）代入式（14-99），得

$$F_斯 = \frac{36\mu}{d^2 \rho} \cdot \frac{h}{l_2} v_0 \tag{14-102}$$

这样，为了使磁选机中的磁性矿粒能通过磁力 $F_磁$ 作用方向上的路程 h，就必须增加在这一路程上的磁力，磁力所增加之量应等于按式（14-102）求得的 $F_斯$ 值。这就是用以克服磁性矿粒运动时所受的水介质阻力必需的附加磁力。

（3）使磁性矿粒具有平均速度 v 时所需要的力，等于加速度 a_1，即

$$F_v = a_1 = \frac{2h}{t^2} = \frac{2h v_0^2}{l_2^2} \tag{14-103}$$

吸出磁性矿粒所需要的磁力为

$$F_磁 \geqslant g_0 + \frac{2h v_0^2}{l_2^2} + \frac{36\mu h v_0}{d^2 \rho l_2} = g\frac{\rho - 1000}{\rho} + \frac{2h v_0}{l_2}\left(\frac{v_0}{l_2} + \frac{18\mu}{d^2 \rho}\right) \tag{14-104}$$

磁选机工作区的必要长度为

$$l_2 = \frac{18\mu h v_0 + v_0 \sqrt{2h(162\mu^2 h + d^4 \rho^2)(F_磁 - g_0)}}{d^2 \rho (F_磁 - g_0)} \tag{14-105}$$

对 d 解式（14-104）得出回收磁性矿粒的粒度下限为

$$d \geqslant \sqrt{\frac{36\mu h v_0}{\rho l_2\left(F_磁 - g_0 - \dfrac{2h v_0^2}{l_2^2}\right)}} \tag{14-106}$$

从式（14-106）可看出，在湿式磁选时，回收磁性矿粒的粒度下限随 $F_磁$、l_2 的增大和 h 的减小而减小。

15　选矿试验测试数据调整技术

15.1　计算误差及产率最佳值

在进行流程作业计算时，由于取样、化验、粒度分析等误差，往往使计算值偏离作业真值，从而产生矛盾结果。为此，在这一章主要介绍如何估计这些误差，如何调整误差以及如何求最佳值。

如图 15 – 1 所示为最简单的分离作业。Q_a^*、Q_b^*、Q_c^* 分别为给矿、精矿、尾矿的真实流量（t/h），三个产物中 n 个成分含量的真值分别为

$$a_1^*,\ a_2^*,\ \cdots,\ a_n^*;\ b_1^*,\ b_2^*,\ \cdots,\ b_n^*;\ c_1^*,\ c_2^*,\ \cdots,\ c_n^*$$

根据物料平衡可以得出

$$\begin{cases} Q_a^* = Q_b^* + Q_c^* \\ a_1^* Q_a^* = b_1^* Q_b^* + c_1^* Q_c^* \\ a_2^* Q_a^* = b_2^* Q_b^* + c_2^* Q_c^* \\ \qquad\vdots \\ a_n^* Q_a^* = b_n^* Q_b^* + c_n^* Q_c^* \end{cases} \qquad (15-1)$$

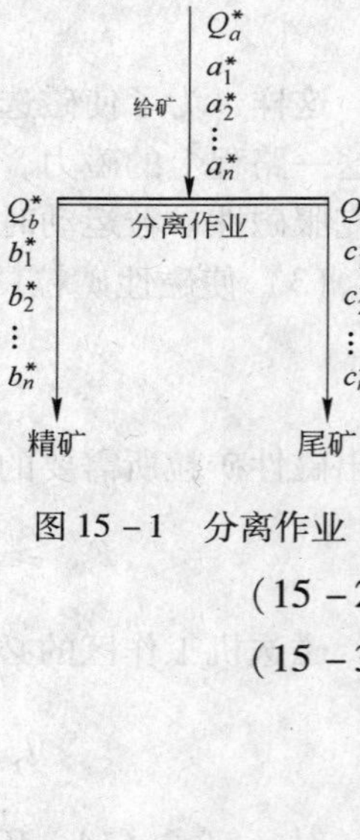

上述方程以产率表示为

$$\gamma_a^* = \frac{Q_a^*}{Q_a^*} = 1.0, \quad \gamma_b^* = \frac{Q_b^*}{Q_a^*}, \quad \gamma_c^* = \frac{Q_c^*}{Q_a^*}$$

所以

$$\gamma_a^* = \gamma_b^* + \gamma_c^* \qquad\qquad (15-2)$$

$$1 = \gamma_b^* + \gamma_c^* \qquad\qquad (15-3)$$

由此得

$$\begin{cases} a_1^* = b_1^* \gamma_b^* + c_1^* \gamma_c^* \\ a_2^* = b_2^* \gamma_b^* + c_2^* \gamma_c^* \\ \qquad\vdots \\ a_n^* = b_n^* \gamma_b^* + c_n^* \gamma_c^* \end{cases} \qquad (15-4)$$

由于取样、分析等有误差，则由式（15 – 4）方程组按各成分分别计算出的 γ_{bi} 值是不一样的，即

$$\gamma_{b1} = \frac{a_1^* - c_1}{b_1^* - c_1}$$

$$\gamma_{b2} = \frac{a_2^* - c_2}{b_2^* - c_2}$$

如果有误差存在，则 $\gamma_{b1} \neq \gamma_{b2} \neq \gamma_{b3} \neq \cdots \neq \gamma_{bi}$，问题是如何决定 γ_b 的最佳值。

图 15 – 1　分离作业

设 γ_b^* 为真值，$\gamma_{bi}(i=1,2,\cdots,n)$ 为按相应成分的计算值，a_i、b_i、c_i 为相应产物中各成分的估计值，下面介绍产率 γ_{bi} 最佳值的估计方法。

15.1.1 按单成分计算 γ_b 的最佳值

由式（15-3）得

$$\gamma_{ci} = 1 - \gamma_{bi} \tag{15-5}$$

由此得

$$a_i = b_i^* \gamma_{bi} + (1 - \gamma_{bi}) c_i^* \tag{15-6}$$

式（15-6）为按估计值 γ_b 计算 a_i 的估计值。

产物 Q_a 中 i 成分的偏差 Δ_i 可用式（15-7）表示：

$$\Delta_i = a_i^* - a_i = a_i^* - [b_i^* \gamma_{bi} + (1 - \gamma_{bi}) c_i^*] = (a_i^* - c_i^*) + \gamma_{bi}(c_i^* - b_i^*) \tag{15-7}$$

式（15-7）说明 γ_b 为随机变量。根据式（15-7）可用作图法按某成分估计出 γ_b 的最佳值 γ_{bi}，如图 15-2 所示，Δ_i 以纵坐标表示，γ_b 以横坐标表示。存在下述三种情况：

(1) $\gamma_b = 0$，$\Delta_i = a_i^* - c_i^*$；

(2) $\gamma_b = 1.0$，$\Delta_i = a_i^* - b_i^*$；

(3) $\Delta_i = 0$，$\gamma_{bi} = \overline{\gamma}_{bi}$。

γ_{bi} 即为按 i 成分算出的最佳值。

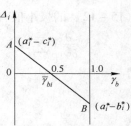

图 15-2 变化图（按式（15-7））

式（15-7）为线性关系式，也可根据最小二乘法求 γ_{bi} 的最佳值 $\overline{\gamma}_{bi}$。由式（15-7）有

$$\Delta_i^2 = (a_i^* - a_i)^2 = [(a_i^* - c_i^*) + \gamma_{bi}(c_i^* - b_i^*)]^2 \tag{15-8}$$

求 Δ_i 的极小值，则

$$\frac{\mathrm{d}}{\mathrm{d}\gamma_{bi}}(\Delta_i^2) = [(a_i^* - c_i^*) + \gamma_{bi}(c_i^* - b_i^*)](c_i^* - b_i^*) = 0$$

得

$$\overline{\gamma}_{bi} = \frac{a_i^* - c_i^*}{b_i^* - c_i^*} \tag{15-9}$$

根据式（15-8）利用作图法也可求出最佳值 $\overline{\gamma}_{bi}$。

如图 15-3 所示，纵坐标表示 Δ_i^2，横坐标表示 γ_{bi}，则

(1) $\gamma_{bi} = 0$，$\Delta_i^2 = (a_i^* - c_i^*)^2$；

(2) $\gamma_{bi} = 1.0$，$\Delta_i^2 = (a_i^* - b_i^*)^2$；

(3) $\Delta_i = 0$，$\gamma_{bi} = \overline{\gamma}_{bi} = \dfrac{a_i^* - c_i^*}{b_i^* - c_i^*}$。

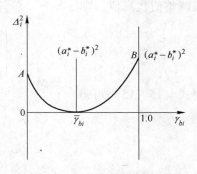

图 15-3 变化图（按式（15-8））

以上介绍的为按单成分估算最佳值 $\overline{\gamma}_{bi}$ 的方法。实际上各成分的 a_i^*、b_i^*、c_i^* 值不易求得，而是将 i 成分多次分析求其数学期望值 $\overline{a}_i$、$\overline{b}_i$、$\overline{c}_i$，用其代替 a_i^*、b_i^*、c_i^* 值。上述方法的缺陷是没有利用各成分的所有信息。按照各成分算出 γ_{bi}，然后按式（15-10）求数

学期望 $\overline{\gamma}_b$ 值，不如按后面式（15-14）算出的 $\overline{\gamma}_b$ 值精度高。

$$\overline{\gamma}_b = \frac{1}{n} \sum_{i=1}^{n} \gamma_{bi} \qquad (15-10)$$

15.1.2 按所有成分信息计算最佳值 $\overline{\gamma}_b$

求式（15-8）的误差平方和得

$$\sum_{i=1}^{n} \Delta_i^2 = \sum_{i=1}^{n} (a_i - a_i^*)^2 \qquad (15-11)$$

如果各成分用试验信息，$\overline{\gamma}_b$ 为由各成分计算所得的最佳值，则

$$\sum_{i=1}^{n} \Delta_i^2 = \sum_{i=1}^{n} \{a_i - [b_i\overline{\gamma}_b + (1-\overline{\gamma}_b)c_i]\}^2 = \sum_{i=1}^{n} [(a_i - c_i) - \overline{\gamma}_b(b_i - c_i)]^2 \qquad (15-12)$$

求式（15-12）的极小值有

$$\frac{\partial}{\partial\gamma_b}\left(\sum_{i=1}^{n} \Delta_i^2\right) = -2\sum_{i=1}^{n} [(a_i - c_i) - \overline{\gamma}_b(b_i - c_i)](b_i - c_i) = 0 \qquad (15-13)$$

得

$$\overline{\gamma}_b = \frac{\displaystyle\sum_{i=1}^{n} (a_i - c_i)(b_i - c_i)}{\displaystyle\sum_{i=1}^{n} (b_i - c_i)^2} \qquad (15-14)$$

式中　a_i，b_i，c_i——各产物某成分观测值。

按式（15-14）算的 $\overline{\gamma}_b$ 值为最佳值，求出最佳值 $\overline{\gamma}_b$ 后即可对原始指标进行调整。

15.2　试验测试数据调整技术

求出最佳值 $\overline{\gamma}_b$ 后对原始指标进行调整，使之符合计算值，即接近真值。当要求精度不高时数据调整可用简单方法进行；要求精度高时，要精确计算。

15.2.1　简单计算

设三产品各成分调整后的计算值分别为 $\overline{a}_i$、$\overline{b}_i$、$\overline{c}_i$，则

$$\overline{a}_i \approx a_i^*；\quad \overline{b}_i \approx b_i^*；\quad \overline{c}_i \approx c_i^*$$

以调整值代真值，则

$$\begin{cases} \Delta a_i = a_i - a_i^* \approx a_i - \overline{a}_i \\ \Delta b_i = b_i - b_i^* \approx b_i - \overline{b}_i \\ \Delta c_i = c_i - c_i^* \approx c_i - \overline{c}_i \end{cases} \qquad (15-15)$$

由式（15-15）可得

$$\begin{cases} \overline{a}_i = a_i - \Delta a_i \\ \overline{b}_i = b_i - \Delta b_i \\ \overline{c}_i = c_i - \Delta c_i \end{cases} \qquad (15-16)$$

由前面知第 i 成分的误差为

$$\Delta_i = a_i - \overline{\gamma}_b b_i - (1 - \overline{\gamma}_b) c_i \qquad (15-17)$$

令
$$\Delta a_i = \frac{1}{2} \Delta_i \qquad (15-18)$$

仿照式（15-16）得

$$a_i = \overline{\gamma}_b b_i + (1 - \overline{\gamma}_b) c_i \qquad (15-19)$$

由误差传递函数得

$$f\left(a_i - \frac{\Delta_i}{2}\right) = \left[\overline{\gamma}_b b_i + (1 - \overline{\gamma}_b) c_i\right] + \frac{\Delta_i}{2} \frac{\partial f(a_i)}{\partial b_i} + \frac{\Delta_i}{2} \frac{\partial f(a_i)}{\partial c_i} + \cdots$$

$$= \overline{\gamma}_b b_i + (1 - \overline{\gamma}_b) c_i + \frac{\Delta_i}{2} \overline{\gamma}_b + \frac{\Delta_i}{2}(1 - \overline{\gamma}_b)$$

$$= \overline{\gamma}_b \left(b_i + \frac{\Delta_i}{2}\right) + (1 - \overline{\gamma}_b)\left(c_i + \frac{\Delta_i}{2}\right) \qquad (15-20)$$

由此得 a_i、b_i、c_i 的调整值为

$$\begin{cases} \overline{a}_i = a_i - \dfrac{\Delta_i}{2} \\[2mm] \overline{b}_i = b_i + \dfrac{\Delta_i}{2} \\[2mm] \overline{c}_i = c_i + \dfrac{\Delta_i}{2} \end{cases} \qquad (15-21)$$

由此得

$$\begin{cases} \Delta a_i = \dfrac{\Delta_i}{2} \\[2mm] \Delta b_i = -\dfrac{\Delta_i}{2} \\[2mm] \Delta c_i = -\dfrac{\Delta_i}{2} \end{cases} \qquad (15-22)$$

15.2.2 按最小二乘法精确调整

第 i 成分在各产物中误差平方和 S_i 为

$$S_i = \Delta a_i^2 + \Delta b_i^2 + \Delta c_i^2 \qquad (15-23)$$

仿照式（15-20）由误差传递函数可得式（15-17）的传递误差为

$$\Delta_i = \Delta a_i \frac{\partial f}{\partial a_i} + \Delta b_i \frac{\partial f}{\partial b_i} + \Delta c_i \frac{\partial f}{\partial c_i} = \Delta a_i - \left[\Delta b_i \overline{\gamma}_b + (1 - \overline{\gamma}_b) \Delta c_i\right] \qquad (15-24)$$

所以
$$\Delta a_i = \Delta_i + \Delta b_i \overline{\gamma}_b + (1 - \overline{\gamma}_b) \Delta c_i \qquad (15-25)$$

将式（15-25）代入式（15-23）得

$$S_i = \left[\Delta_i + \Delta b_i \overline{\gamma}_b + (1 - \overline{\gamma}_b) \Delta c_i\right]^2 + \Delta b_i^2 + \Delta c_i^2 \qquad (15-26)$$

由 $\dfrac{\partial S_i}{\partial (\Delta b_i)} = 0$，$\dfrac{\partial S_i}{\partial (\Delta c_i)} = 0$，可得

$$\begin{cases} \Delta_i \overline{\gamma}_b + \Delta b_i \overline{\gamma}_b^2 + (1 - \overline{\gamma}_b) \overline{\gamma}_b \Delta c_i + \Delta b_i = 0 \\ \left[\Delta_i + \overline{\gamma}_b \Delta b_i + (1 - \overline{\gamma}_b) \Delta c_i\right](1 - \overline{\gamma}_b) + \Delta c_i = 0 \end{cases} \qquad (15-27)$$

由以上两式解得

$$\Delta c_i = -\frac{\Delta_i(1 - \overline{\gamma}_b)}{1 + \overline{\gamma}_b^2 + (1 - \overline{\gamma}_b)^2} \qquad (15-28)$$

$$\Delta b_i = -\frac{\Delta_i \overline{\gamma}_b}{1 + \overline{\gamma}_b^2 + (1 - \overline{\gamma}_b)^2} \qquad (15-29)$$

将式（15-28）和式（15-29）代入式（15-25）后得

$$\Delta a_i = \frac{\Delta_i}{1 + \overline{\gamma}_b^2 + (1 - \overline{\gamma}_b)^2} \qquad (15-30)$$

令

$$k = 1 + \overline{\gamma}_b^2 + (1 - \overline{\gamma}_b)^2 \qquad (15-31)$$

则

$$\Delta a_i = \frac{\Delta_i}{k} \qquad (15-32)$$

$$\Delta b_i = -\frac{\Delta_i \overline{\gamma}_b}{k} \qquad (15-33)$$

$$\Delta c_i = -\frac{\Delta_i(1 - \overline{\gamma}_b)}{k} \qquad (15-34)$$

由此得测量误差的修正值为

$$\overline{a}_i = a_i - \Delta a_i = a_i - \frac{\Delta_i}{k} \qquad (15-35)$$

$$\overline{b}_i = b_i - \Delta b_i = b_i + \frac{\Delta_i}{k}\overline{\gamma}_b \qquad (15-36)$$

$$\overline{c}_i = c_i - \Delta c_i = c_i + \frac{\Delta_i}{k}(1 - \overline{\gamma}_b) \qquad (15-37)$$

上述计算步骤可归纳如下：

（1）根据测定值 a_i、b_i、c_i，按式（15-14）计算最优值 $\overline{\gamma}_b$，即

$$\overline{\gamma}_b = \frac{\sum_{i=1}^{n}(a_i - c_i)(b_i - c_i)}{\sum_{i=1}^{n}(b_i - c_i)^2}$$

（2）根据 $\overline{\gamma}_b$ 及 a_i、b_i、c_i 值，按式（15-17）计算某成分的误差 Δ_i 为

$$\Delta_i = a_i - [\overline{\gamma}_b b_i + (1 - \overline{\gamma}_b)c_i]$$

（3）根据 $\overline{\gamma}_b$ 按式（15-31）计算 k，即

$$k = 1 + \overline{\gamma}_b^2 + (1 - \overline{\gamma}_b)^2$$

（4）计算修正值 $\overline{a}_i$、$\overline{b}_i$、$\overline{c}_i$ 为

$$\overline{a}_i = a_i - \Delta a_i = a_i - \frac{\Delta_i}{k}$$

$$\overline{b}_i = b_i - \Delta b_i = b_i + \frac{\Delta_i}{k}\overline{\gamma}_b$$

$$\overline{c}_i = c_i - \Delta c_i = c_i + \frac{\Delta_i}{k}(1 - \overline{\gamma}_b)$$

15.2.3 按拉格朗日乘数法计算修正值（精确调整）

设 S 为误差平方和函数，f_j 为约束条件，λ_j 为拉格朗日因子，则

$$S_m = S_i + \sum_j \lambda_j f_j \tag{15-38}$$

每个成分的误差平方和可由式（15-23）得到，约束条件方程由式（15-25）得到，即

$$S_i = \Delta a_i^2 + \Delta b_i^2 + \Delta c_i^2$$
$$\Delta_i - \Delta a_i + \Delta b_i \overline{\gamma}_b + (1 - \overline{\gamma}_b)\Delta c_i = 0 \tag{15-39}$$

由式（15-38）得拉格朗日补助方程为

$$S_m = S_i + m\lambda_i [\Delta_i - \Delta a_i + \Delta b_i \overline{\gamma}_b + (1 - \overline{\gamma}_b)\Delta c_i] \tag{15-40}$$

为了计算方便，式（15-40）中可乘一任意因子 m，本计算方法中令 $m = 2$。将式（15-23）代入式（15-40）得

$$S_m = \Delta a_i^2 + \Delta b_i^2 + \Delta c_i^2 + 2\lambda_i [\Delta_i - \Delta a_i + \Delta b_i \overline{\gamma}_b + (1 - \overline{\gamma}_b)\Delta c_i] \tag{15-41}$$

求条件极值：

$$\frac{\partial S_m}{\partial \Delta a_i} = 2\Delta a_i - 2\lambda_i = 0$$

即

$$\Delta a_i = \lambda_i \tag{15-42}$$

$$\frac{\partial S_m}{\partial \Delta b_i} = 2\Delta b_i + 2\lambda_i \overline{\gamma}_b = 0$$

即

$$\Delta b_i = -\lambda_i \overline{\gamma}_b \tag{15-43}$$

$$\frac{\partial S_m}{\partial \Delta c_i} = 2\Delta c_i + 2\lambda_i (1 - \overline{\gamma}_b) = 0$$

即

$$\Delta c_i = -(1 - \overline{\gamma}_b)\lambda_i \tag{15-44}$$

由以上得调整值算式为

$$\overline{a}_i = a_i - \Delta a_i = a_i - \lambda_i \tag{15-45}$$

$$\overline{b}_i = b_i - \Delta b_i = b_i + \lambda_i \overline{\gamma}_b \tag{15-46}$$

$$\overline{c}_i = c_i - \Delta c_i = c_i + (1 - \overline{\gamma}_b)\lambda_i \tag{15-47}$$

由式（15-39）、式（15-42）~式（15-44）得

$$\Delta_i = \lambda_i [1 + \overline{\gamma}_b^2 + (1 - \overline{\gamma}_b)^2] \tag{15-48}$$

由式（15-48）得

$$\lambda_i = \frac{\Delta_i}{1 + \overline{\gamma}_b^2 + (1 - \overline{\gamma}_b)^2} = \frac{\Delta_i}{k} \tag{15-49}$$

将 λ_i 代入式（15-45）~式（15-47）可得与式（15-35）~式（15-37）一样的算式，但此法的推导简单得多。

此法的计算步骤可归纳如下：

（1）根据测定值 a_i、b_i、$c_i (i = 1, 2, \cdots, n)$，按式（15-14）计算最佳值 $\overline{\gamma}_b$。

（2）求出 $\overline{\gamma}_b$ 后代入式（15-17）求 Δ_i。

（3）求出 Δ_i 后代入式（15-49）求 λ_i。

（4）求出 λ_i 后代入式（15-45）~式（15-47）计算调整值 $\overline{a}_i$、$\overline{b}_i$、$\overline{c}_i$。

15.3　算　例

15.3.1　算例1

某一分选过程（见图 15-4），原矿、精矿、尾矿的粒度分析如表 15-1 所示，试计算 $\overline{\gamma}_b$，$\overline{\gamma}_c$，并用简调法及最小二乘法修正原始数据。

解：（1）计算 $\overline{\gamma}_b$。

$$\overline{\gamma}_b = \frac{\sum\limits_{i=1}^{5}(a_i-c_i)(b_i-c_i)}{\sum\limits_{i=1}^{5}(b_i-c_i)^2} = \frac{20.95}{80.76} = 0.259$$

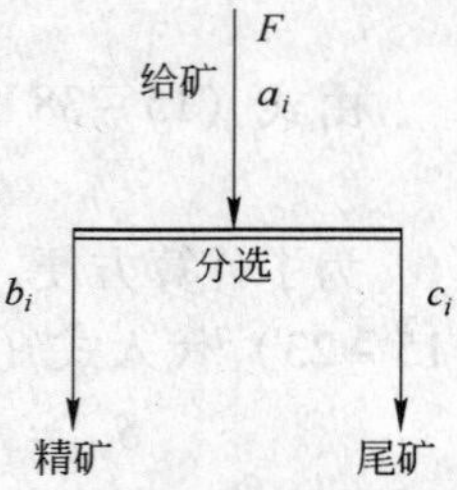

（2）计算各级别 Δ_i。

$$\Delta_i = a_i - \overline{\gamma}_b b_i - (1-\overline{\gamma}_b)c_i \quad (i=1,2,\cdots,9)$$

计算结果列于表 15-1 中。

（3）用简调法调整试验数据。

$$\overline{a}_i = a_i - \frac{\Delta_i}{2}, \quad \overline{b}_i = b_i + \frac{\Delta_i}{2}, \quad \overline{c}_i = c_i + \frac{\Delta_i}{2}$$

计算结果列于表 15-2 中。这种调整方法计算简单，但累积量不一定为 100%（例如 $\sum\limits_{i=1}^{5} a_i = 100.27$）。

（4）用最小二乘法调整试验数据。

计算 k 值：

$$k = 1 + \overline{\gamma}_b^2 + (1-\overline{\gamma}_b)^2 = 1.6093$$

计算各产物中各级别调整值：

$$\overline{a}_i = a_i - \frac{\Delta_i}{k}; \quad \overline{b}_i = b_i + \frac{\Delta_i}{k}\overline{\gamma}_b; \quad \overline{c}_i = c_i + (1-\overline{\gamma}_b)\frac{\Delta_i}{k}$$

计算结果列于表 15-2 中。

（5）$\overline{\gamma}_c = 1 - \overline{\gamma}_b = 1 - 0.259 = 0.741$。

由以上计算结果可以看出，按原始数据计算 γ_b 时各粒级结果相差很大，按调整后各粒级原始数据计算的 γ_b 值则非常接近。此外，按原始数据计算的 γ_{bi} 的平均值 $\overline{\gamma}_b$ 为 0.152。按调整后数据计算的 $\overline{\gamma}_b = 0.267$（或 0.268），此值非常接近于按式（15-14）计算的值。

给矿 $\begin{array}{c}F\\a_i\end{array}$

分选 b_i　c_i

精矿　　尾矿

图 15-4　分选图

表 15-1　算例1原始试验数据

产　物	粒级/mm					合　计
	+0.2	+0.15	+0.1	+0.074	-0.074	
a_i	5.35	24.51	32.19	25.22	12.73	100.00
b_i	2.24	21.72	29.42	28.21	18.36	100.00
c_i	7.03	23.92	33.58	25.08	10.39	100.00
γ_{bi}	0.354	-0.268	0.334	0.045	0.294	$\overline{\gamma}_b = 0.152$
Δ_i	-0.413	1.178	-0.278	-0.696	0.2096	

表 15-2 算例 1 数据调整计算结果

粒级/mm		+0.2	+0.15	+0.1	+0.074	-0.074	合计
简调	$\bar{a}_i$	5.55	23.93	32.32	25.56	12.62	100.27
	$\bar{b}_i$	2.09	22.31	29.28	27.86	18.46	100.00
	$\bar{c}_i$	6.83	24.51	33.44	24.72	10.50	100.00
	$\bar{\gamma}_b$	0.270	0.268	0.269	0.268	0.266	0.268
最小二乘法	$\bar{a}_i$	5.61	23.78	32.36	25.65	12.60	100.00
	$\bar{b}_i$	2.22	21.92	29.37	28.09	18.40	100.00
	$\bar{c}_i$	6.84	24.46	33.45	24.76	10.49	100.00
	$\bar{\gamma}_b$	0.266	0.268	0.267	0.267	0.267	0.267

15.3.2 算例 2

磨矿-分级流程如图 15-5 所示，各产物筛析结果如表 15-3 所示。根据筛析结果求各产物产率的最佳值；根据计算结果调整各产物粒度分析数据。

表 15-3 算例 2 磨矿-分级流程各产物粒度分布

粒度/mm	产 物				
	A	B	C	D	E
+2.26	0.1	—	—	—	—
+1.65	0.4	0.3	—	—	—
+1.16	1.0	0.2	—	—	—
+0.83	1.2	0.2	0.1	—	0.4
+0.59	1.6	0.3	0.1	—	0.3
+0.42	2.2	0.6	0.2	—	0.3
+0.29	2.9	1.2	0.7	—	0.9
+0.21	4.7	2.1	1.5	0.1	1.7
+0.15	8.1	5.7	4.9	0.3	4.7
+0.10	9.3	9.9	9.3	0.8	8.9
+0.074	12.8	25.4	24.6	2.6	21.6
+0.043	14.1	33.5	32.0	13.2	30.9
-0.043	41.6	20.6	26.6	83.0	30.3

解： 先推演计算公式。

当作业平衡时

$$\gamma_A = \gamma_D = 1.0$$
$$\gamma_B = \gamma_C = \gamma_E - 1.0$$
$$\gamma_E = 1 + \gamma_C$$

或
$$\gamma_E = \gamma_A + \gamma_C$$

设 a_i、b_i、c_i、d_i、e_i 分别为相应各产物中筛析所得第 i 粒级产率，则由矿量平衡可得

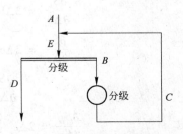

图 15-5 磨矿-分级流程

$$\gamma_E e_i = \gamma_A a_i + \gamma_C c_i$$

或

$$\gamma_E e_i = a_i + (\gamma_E - 1)c_i \tag{15-50}$$

则

$$\Delta_{1-i} = \gamma_E e_i - [a_i + (\gamma_E - 1)c_i] = \gamma_E(e_i - c_i) + (c_i - a_i) \tag{15-51}$$

同理

$$\gamma_E e_i = \gamma_B b_i + \gamma_D d_i$$

或

$$\gamma_E e_i = \gamma_D d_i + (\gamma_E - 1)b_i = d_i + (\gamma_E - 1)b_i \tag{15-52}$$

则

$$\Delta_{2-i} = \gamma_E e_i - [d_i + (\gamma_E - 1)b_i] = \gamma_E(e_i - b_i) + (b_i - d_i) \tag{15-53}$$

误差平方和 S 为

$$S = \sum_{i=1}^{n} (\Delta_{1-i}^2 + \Delta_{2-i}^2) = \sum_{i=1}^{n} [\gamma_E(e_i - c_i) + (c_i - a_i)]^2 + \sum_{i=1}^{n} [\gamma_E(e_i - b_i) + (b_i - d_i)]^2 \tag{15-54}$$

由

$$\frac{\partial S}{\partial \gamma_E} = 0$$

得

$$\overline{\gamma}_E = - \frac{\sum_{i=1}^{n} [(c_i - a_i)(e_i - c_i) + (c_i - b_i)(b_i - d_i)]}{\sum_{i=1}^{n} [(e_i - c_i)^2 + (e_i - b_i)^2]} \tag{15-55}$$

将有关数据代入式（15-55）后得

$$\overline{\gamma}_E = - \frac{-111.86 - 753.25}{24.32 + 117.80} = 6.087$$

下面按拉格朗日乘数法求偏差 Δ 及乘数因子 λ。

按拉格朗日乘数法求条件及极值：

$$S_i = \Delta a_i^2 + \Delta b_i^2 + \Delta c_i^2 + \Delta d_i^2 + \Delta e_i^2 \tag{15-56}$$

约束条件方程：

由

$$\Delta_{1-i} - \overline{\gamma}_E(e_i - c_i) - (c_i - a_i) = 0 \tag{15-57}$$

得

$$\Delta_{1-i} - \overline{\gamma}_E(\Delta e_i - \Delta c_i) - (\Delta c_i - \Delta a_i) = 0 \tag{15-58}$$

由

$$\Delta_{2-i} - \overline{\gamma}_E(e_i - b_i) - (b_i - d_i) = 0 \tag{15-59}$$

得

$$\Delta_{2-i} - \overline{\gamma}_E(\Delta e_i - \Delta b_i) - (\Delta b_i - \Delta d_i) = 0 \tag{15-60}$$

$$S_m = S_i - 2\lambda_1 [\Delta_{1-i} - \overline{\gamma}_E(\Delta e_i - \Delta c_i) - (\Delta c_i - \Delta a_i)] - 2\lambda_2 [\Delta_{2-i} - \overline{\gamma}_E(\Delta e_i - \Delta b_i) - (\Delta b_i - \Delta d_i)] \tag{15-61}$$

得

$$\frac{\partial S_m}{\partial \Delta a_i} = 2\Delta a_i - 2\lambda_1 = 0 \Rightarrow \Delta a_i = \lambda_1 \tag{15-62}$$

$$\frac{\partial S_m}{\partial \Delta b_i} = 2\Delta b_i - 2\lambda_2(\overline{\gamma}_E - 1) = 0 \Rightarrow \Delta b_i = \lambda_2(\overline{\gamma}_E - 1) \tag{15-63}$$

$$\frac{\partial S_m}{\partial \Delta c_i} = 2\Delta c_i - 2\lambda_1(\overline{\gamma}_E - 1) = 0 \Rightarrow \Delta c_i = \lambda_1(\overline{\gamma}_E - 1) \tag{15-64}$$

$$\frac{\partial S_m}{\partial \Delta d_i} = 2\Delta d_i - 2\lambda_2 = 0 \Rightarrow \Delta d_i = \lambda_2 \tag{15-65}$$

$$\frac{\partial S_m}{\partial \Delta e_i} = 2\Delta e_i + 2\overline{\gamma}_E(\lambda_1 + \lambda_2) = 0 \Rightarrow \Delta e_i = -\overline{\gamma}_E(\lambda_1 + \lambda_2) \tag{15-66}$$

由此得

$$\Delta_{1-i} = -\lambda_1 [1 + \overline{\gamma}_E^2 + (\overline{\gamma}_E - 1)^2] - \lambda_2 \overline{\gamma}_E^2 \qquad (15-67)$$

$$\Delta_{2-i} = -\lambda_1 \overline{\gamma}_E^2 - \lambda_2 [1 + \overline{\gamma}_E^2 + (\overline{\gamma}_E - 1)^2] \qquad (15-68)$$

即

$$\lambda_{1-i} = \frac{\Delta_{1-i}[1 + \overline{\gamma}_E^2 + (\overline{\gamma}_E - 1)^2] - \Delta_{2-i}\overline{\gamma}_E^2}{[1 + \overline{\gamma}_E^2 + (\gamma_E - 1)^2]^2 - \overline{\gamma}_E^4} \qquad (15-69)$$

$$\lambda_{2-i} = \frac{\Delta_{2-i}[1 + \overline{\gamma}_E^2 + (\overline{\gamma}_E - 1)^2] - \Delta_{1-i}\overline{\gamma}_E^2}{[1 + \overline{\gamma}_E^2 + (\gamma_E - 1)^2]^2 - \overline{\gamma}_E^4} \qquad (15-70)$$

上述计算步骤归纳如下：

（1）由试验数据按式（15-55）计算 $\overline{\gamma}_E$，得 $\overline{\gamma}_E = 6.087$。

（2）根据 $\overline{\gamma}_E$ 按式（15-57）和式（15-59）计算 Δ_{1-i}、Δ_{2-i}，计算结果列于表 15-4 中。

（3）已知 $\overline{\gamma}_E$、Δ_{1-i}、Δ_{2-i}，按式（15-69）和式（15-70）计算 λ_1、λ_2，计算结果列于表 15-4 中。

（4）求出 $\overline{\gamma}_E$、Δ_{1-i}、Δ_{2-i}、λ_1、λ_2 后计算 Δa_i、Δb_i、Δc_i、Δd_i、Δe_i 值。

（5）按下式计算调整值。

$$\overline{a}_i = a_i - \Delta a_i = a_i - \lambda_1 \qquad (15-71)$$

$$\overline{b}_i = b_i - \Delta b_i = b_i - \lambda_2(\overline{\gamma}_E - 1) \qquad (15-72)$$

$$\overline{c}_i = c_i - \Delta c_i = c_i - \lambda_1(\overline{\gamma}_E - 1) \qquad (15-73)$$

$$\overline{d}_i = d_i - \Delta d_i = d_i - \lambda_2 \qquad (15-74)$$

$$\overline{e}_i = e_i - \Delta e_i = e_i + \overline{\gamma}_E(\lambda_1 + \lambda_2) \qquad (15-75)$$

计算结果列于表 15-5 中。

表 15-4　算例 2 误差 Δ_i 及拉格朗日系数 λ_i 的计算

粒度/mm	Δ_1	Δ_2	λ_1	λ_2
+2.26	-0.10	0.00	0.0024	-0.0014
+1.65	-0.40	-1.53	-0.0114	0.0305
+1.16	-0.84	-0.918	0.007	0.0103
+0.83	+0.73	1.42	0.0023	-0.0235
+0.59	-0.28	0.30	0.0108	-0.0109
+0.42	-1.39	-1.23	0.0160	0.0099
+0.29	-0.98	-0.63	0.0146	0.0013
+0.21	-1.98	-0.43	0.0408	-0.0168
+0.15	-4.42	-0.69	0.0947	0.0441
+0.10	-2.43	3.01	0.0985	-0.1042
+0.074	-6.46	-0.33	0.1477	-0.0804
+0.043	11.20	3.87	-0.2110	0.06177
-0.043	7.52	-2.75	-0.2148	0.1676

表 15-5　算例 2 粒度分布调整值

粒度/mm	产 物				
	A	B	C	D	E
+2.26	0.1	—	—	—	—
+1.65	0.4	0.2	—	—	0.1
+1.16	1.0	0.2	—	—	0.1
+0.83	1.2	0.23	0.1	—	0.3
+0.59	1.6	0.34	0.1	—	0.3
+0.42	2.2	0.6	0.1	—	0.5
+0.29	2.9	1.22	0.6	—	1.0
+0.21	4.7	2.2	1.3	0.1	1.9
+0.15	8.0	5.9	4.4	0.4	5.0
+0.10	9.2	10.4	8.88	0.9	8.8
+0.074	12.7	25.7	23.9	2.7	22.0
+0.043	14.3	33.2	33.0	13.7	30.0
-0.043	41.7	19.7	27.7	82.2	30.0

16 高级编程语言在选矿中的应用

本章对以高级编程语言为基础的计算机技术在选矿中的应用进行了较为细致的论述与讲解。其中第 1 节内容为计算机技术在选矿行业中的应用概述；第 2 节以 Visual Basic 语言为例，介绍了面向对象、可视化的现代高级编程语言的特点、数据结构、控件和编程技巧等方面的知识；在此基础上，第 3 节以 VB 应用程序为例，介绍了 VB 语言在选矿数值计算方面的使用情况，包括软件功能、软件界面设计和后台程序模块编制等内容；第 4 ~ 6 节介绍了在选矿设计与选厂生产中获得实际应用的软件系统。

16.1 计算机在选矿中的应用概述

16.1.1 计算机技术在选矿行业中的发展

计算机科学与技术是一门既有深刻的理论基础与丰富的学术内涵，又有强烈的应用背景并能够对整个社会产生重大影响的高新技术科学。自 1946 年 2 月 14 日世界上第一台数字电子计算机 ENIAC 在美国宾夕法尼亚大学研制成功以来，计算机科技迅猛发展，并迅速在各行各业中得到普及与应用。

计算机技术在我国选矿行业的应用始于 20 世纪 80 年代初期。改革开放伊始，一方面，一批批学者、学生被派往发达国家考察、学习、工作，带回了电子计算机的操作技术；另一方面，通过中外学者互访，进行学术交流，一些外国专家带来简单的设备，向我们传播电子计算机的基本知识。随着学习交流的不断深入，我国从事选矿工作的学者及工程技术人员已经初步掌握了选矿试验数据处理及数质量流程计算相关软件的编制算法。1984 年 6 月，我国首届数模及计算机在选矿中的应用会议成功召开，会议上已经出现可实现某个生产作业过程仿真、过程优化计算、生产统计报表以及能计算任何复杂选矿流程物料平衡的程序软件。在翌年 12 月召开的全国第二届数模及计算机在选矿中的应用会议上，与会专家学者已开发出相应软件程序可实现基于小型开路试验结果进行闭路及扩大试验结果的模拟预测、局部作业设计方案的比较以及选矿厂磨矿分级与浮选作业的计算机稳定控制等。特别值得一提的是学者李世锟对一个矿区多种类型矿石做了大量的选矿工艺制度研究工作，将大量研究资料储存于计算机内，生产过程中如遇矿石类型改变，只需输入表征该类矿石的必要信息，计算机就可以按照编制好的程序进行分析判断，然后自动绘制出相适应的选别流程图并提供相应的工艺制度。该研究的意义在于说明了电子计算机在选矿工艺研究中具有记忆人的工作经验和思维判断并做出决策的能力，这就启发选矿工作者去建立大量各种类型矿石的特征信息与其选矿工艺之间的联系，只要输入某类矿石的特征信息便可以输出适用的工艺流程药剂制度和指标来。实际上澳大利亚 JK 公司已开发出具有上述功能的选矿碎磨流程设计软件 JKSimMet，该软件只需要输入待处理矿石冲击破碎函数中

的特征参数 A 和 b 值，以及磨蚀参数 Ta，再辅以流程设计的一些关键参数，如处理能力、工作制度、小时处理量、富裕度系数、破碎机排矿口宽度和磨矿最终产品粒度等，就可在 JKSimMet 软件中对碎磨工序进行工艺流程设计、设备参数选型及产品指标模拟等工作。

16.1.2　计算机技术在选矿行业中的应用水平及研究方向

选矿学者曾树凡认为，计算机在选矿中的应用可分为初级、中级、高级三个阶段。初级阶段的应用技术主要包括：实验数据计算处理、图表的绘制、作业物料平衡及某种组成状态的平衡计算、企业生产及经济管理统计报表的编制等。中级阶段的应用技术主要是：根据小型试验数据结果预测中间试验和扩大试验结果，根据有限的实测资料对作业条件进行优化选择，大型复杂基建项目施工进度计划的优化，单元作业设计方案比较及某些复杂作业的计算机仿真等。这些中级应用技术十分重要，它们是高级应用技术的基础和组成元件，其完善程度将直接影响高级应用技术的质量。计算机技术在选矿中应用的高级阶段表现为与人工智能技术的紧密关联。如与网络化技术相结合的选矿厂生产过程自动化控制系统，该系统具有对过程扰动检测反应灵、控制调节精度高的特点，且具有最佳化自适应控制的方案和相应软件，表现出较高的人工智能性。又如用于选矿工程设计的智能决策支持系统，该系统具有良好的人机界面，可根据已有知识和经验来分析问题并提供解决问题最好途径的能力，同时又是允许决策者直接干预并能接受决策者直观判断和经验的动态交互式计算机系统。

综合评述国内选矿工作者对计算机技术应用的研究成果，其研究方向可大体归纳总结为三点：（1）将计算机高级编程语言应用于选矿工艺流程计算、选矿厂的初步设计计算及设备选型等，如较为常用的高级编程语言 Visual Basic（简称 VB），利用该语言解决工程中具有规律性和有固定的理论或算法的参数计算已成为必然的趋势。（2）将高级编程语言编制的软件与其他类软件（专业绘图软件或数据库服务器管理软件等）相结合，用于选矿厂设计工作或生产管理工作，如利用 VB 中的 OLE 技术实现 CAD 的图形链接与嵌入，双击对象即可进入 CAD 环境编辑图形，实现了对多种软件的集成，使得开发的应用程序费用低、灵活、高效和用户界面友好。又如利用高级语言编制的选矿专业软件结合 AutoCAD 绘图技术，可避免大量的重复劳动，提高工作效率，并且使设计规范化。又如用 VB 语言结合 SQL Server 开发选矿厂设备润滑磨损状态系统，实现了对选矿厂设备润滑磨损状态的智能分析和评定。（3）将以 MATLAB 为代表的计算机仿真技术应用于选矿过程的模拟与仿真，可以方便、快捷地求出在各种不同的操作条件下选矿生产的最佳操作与控制，同时还可以预测产品的生产指标以及对设计方案进行论证等，如利用选矿过程的分批磨矿总体平衡模型和分批浮选模型等构建选矿的计算仿真平台，预测产品指标等。

16.1.3　计算机在选矿行业中的应用文献综述

武汉化工学院李冬莲、楚昊通过对选矿厂初步设计计算的整理总结，利用 VB 编译选矿厂初步选型计算的图形用户界面，大大提高了选矿厂初步设计方案的选择和设备选型的计算效率。该选矿厂初步设计计算应用软件主要包括选矿厂规模的划分与工作制度及主要设备年作业率的计算、工艺流程设计方案的比较计算、主要工艺设备的选择计算和辅助设备与设施的选择计算四个部分，软件解决了选矿厂初步设计中因计算量大、过程烦琐冗长、传统的大量的人工计算造成运算错误和不必要的时间浪费等问题，有效地提高了设计计算周期，节省了人力物力。上述研究人员还根据选矿厂设计的实际课题需要，针对选矿设备形象简图的绘制，利用 VB 的对象链接与嵌入技术 OLE 进行了 AutoCAD 的二次开发设计，研制了可视化图形界面软件，利用 VB 语言通过编程从 AutoCAD 内部或外部来控制和操纵 AutoCAD，达到了对选矿机械设备图的查找、比较和调用。

原化工部连云港设计研究院刘玖玖针对选矿工艺流程计算中物料和矿浆平衡非常困难、采用人工计算方法花费时间多、工作量大且容易发生错误的问题，利用 VB 开发了选矿工艺流程计算应用软件中的原始数据和流程计算两个模块。该软件以给矿及产品的相关数据作为流程计算的基础，采用 MS ACCESS 制作流程计算模块所需的原始数据库文件，用 VB 开发的应用程序存取和管理该数据文件。在流程计算模块中，用已知物料关联矩阵和待求物料关联矩阵表示这些产物在流程与选别作业中的关系，同时引入产率向量和金属量向量，利用已知产物和待求产物之间的产率平衡关系和金属量平衡关系，求解待求产物的相关量值。研究表明该方法能节约大量的时间和人工，使得设计人员有更多的时间和精力解决设计方案等关键问题，提高设计质量和速度。

南昌有色冶金设计研究院应用高级编程语言自行研发了选矿厂工艺流程指标计算软件 XK - LCJS(2.0 版)，该软件解决了选矿厂工艺流程计算中工作量很大，每个作业指标都必须依据选矿试验结果和类似选矿厂的生产实践来确定，每个指标需前后反复调整且选矿厂工艺指标多、计算公式多、设备种类多、修正系数多要不断地查阅设计手册等资料等不便问题，可计算单金属或多金属两产物选别工艺流程的指标，数质量和矿浆流程指标也可同时算出。如果选别流程是浮选流程还能计算选别各作业的浮选设备，并可进行多方案选择计算。该软件全部计算过程仅需要 10min 左右，且已在麻姑山铜矿、月山铜矿、新华山铜金银硫矿、武山铜矿综合回收厂等工程上获得应用，产生了很好的效果。该单位研发的水力旋流器选择与计算软件将原来需要费时 1 个多小时完成的计算过程缩短至 1min，规避了手算时所用的公式既繁且长及影响因素多、易出错等问题。

南方冶金学院（现江西理工大学）严群、叶雪均等针对选矿厂设计的实际工作需要开发了选矿设备形象联系图绘图软件，该软件的开发由两部分组成，一是利用 Autolisp、DCL 语言，结合 AutoCAD 提供的幻灯片技术、菜单技术等开发工具和选矿专业知识对 AutoCAD 2000 进行二次开发，把它改造成满足选矿设备形象联系图绘制的图形处理器；二是利用 VB 语言结合 Access 数据库开发了选矿设备数据库管理模块。该软件减少了绘图过程中的许多重复工作，减轻了工作量，缩短了设计周期。该系统在会东铅锌矿流程考察报告的设备形象联系图绘制工作中得到了实际应用，取得了较好的使用效果。

南方冶金学院郭年琴等针对选矿厂设备润滑磨损状态的诊断问题，从检测润滑油中的磨损金属颗粒入手，根据油样化验报告、检测评判标准及多年检测经验与选矿厂设备情况，采用 VB6.0 与 SQL Server 2000 进行编程，通过构建数据库和知识库，设计了选矿厂设备润滑磨损状态分析管理系统；根据对选矿厂设备润滑油液理化分析、光谱分析、铁谱分析以及润滑系统污染度检测的数据结果，用计算机实现统计分析、油样趋势图分析和报警设置等。该系统在德兴铜矿大山选矿厂获得了应用，结果表明，其对选矿厂设备润滑磨损状态通过计算机进行智能分析、评定判断，改变了传统的设备润滑管理模式和方法，能快速和较准确地判断设备润滑、磨损状况，及时排除设备故障隐患，确保选矿厂设备安全可靠运行，提高了选矿厂设备管理水平和效率。

中南大学杨英杰等根据选矿中的一些通用数学模型，利用 MATLAB 中的 Simulink 软件工具，开发了一个选矿系统的仿真平台，依据分批磨矿总体平衡模型和通用浮选模型构建了分批磨矿模块库和分批浮选模块库。通过计算机仿真，分批磨矿试验的仿真结果符合分批磨矿过程的客观规律，分批浮选仿真试验回收率的仿真值与试验值非常吻合。研究结果表明，结合选矿过程中的通用数学模型，利用 MATLAB/Simulink 软件，可以方便、有效地进行计算机仿真。在选矿厂的优化控制方面，MATLAB/Simulink 计算机仿真具有良好的发展前景。

16.2　高级计算机语言编程基础

高级编程语言是计算机科技应用的基石，选矿技术涉及的数值计算、流程设计、过程模拟与控制以及各种专属软件的开发等都离不开高级编程语言。面向现代应用的高级编程语言虽然很多，但其在本质上具有相同性，因此本节选择其中通俗易学而又功能强大的 Visual Basic 语言，以其为范本，通过对于该语言的详细介绍使学习者了解高级语言的结构特点、运行机制、软件环境及编程方法等相关内容，从而对高级语言达到触类旁通的目的。

16.2.1　VB 的语言特性

VB 是 Microsoft 公司推出的一种完全支持结构化编程的高级语言，设计过程可视，设计思路面向对象，它的出现使 Windows 应用程序设计变得更加轻松有趣。VB 的中心思想就是要便于程序员使用，无论是新手或者专家。VB 使用了可以简单建立应用程序的图形用户界面（GUI）系统，但是又可以开发相当复杂的程序，如图 16－1 所示。

VB 程序是一种基于窗体的可视化组件的集合，并且增加代码来指定组件的属性和方法。因为默认的属性和方法已经有一部分定义在了组件内，所以程序员不用写多少代码就可以完成一个简单的程序。窗体控件的增加和改变可以用拖放技术实现。一个排列满控件的工具箱用来显示可用控件（比如文本框或者按钮）。每个控件都有自己的属性和事件。默认的属性值会在控件创建的时候提供，但是程序员也可以进行更改。很多的属性值可以在运行时随着用户的动作和修改进行改动，这样就形成了一个动态的程序。举例来说，窗体的大小改变事件中加入了可以改变控件位置的代码，在运行时每当用户更改窗口大小，控件也会随之改变位置。在文本框中的文字改变事件中加入相应的代码，程序就能够在文字输入的时候自动翻译或者阻止某些字符的输入。

VB 程序可以包含一个或多个窗体，或者是一个主窗体和多个子窗体，类似于操作系统的样子。有很少功能的对话框窗口（比如没有最大化和最小化按钮的窗体）可以用来提供弹出功能。VB 的兼容性与集成化使得大量的外界控件有了自己的生存空间，大量的第三方控件针对 VB 提供。VB 也提供了建立、使用和重用这些控件的方法。

VB 语言的最基本概念包括对象、类、属性、方法和事件，其中对象与类是 VB 编程中最基本的单元，而属性、方法和事件用来说明和衡量一个对象的特征。

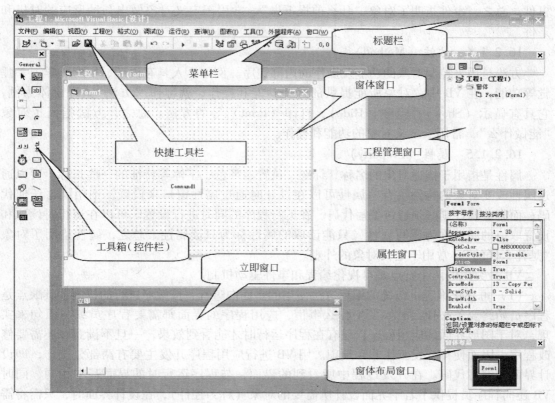

图 16 - 1 VB 的编程环境

16.2.1.1 对象(Object)

VB 具有"面向对象"的特性，VB 应用程序的基本单元是对象，用 VB 编程就是用"对象"组装程序。这种"面向对象"的编程方法与传统的全部用代码编制程序的方法有很大区别，就像用集成电路芯片组装电视机和用三极管、二极管组装电视机的区别一样。显然，"面向对象"的编程方法比传统的编程方法更简单、更方便，并且编写出的程序也更加稳定。因此，"对象"可以被看做 VB 程序设计的核心。在 VB 程序设计中，对象中还可以包含头、手、腿、脚等部位，其中的每个部位又可以单独作为被研究的对象。在 VB 程序设计中，整个应用程序就是一个对象，应用程序中又包含窗体（Frame）、命令按钮（Command）、菜单（Menu）等对象。

16.2.1.2 类(Class)

在 VB 中，对象是由类创建的，因此对象可以说是类的具体实例，这就好比是蛋糕和做蛋糕的模具之间的关系。各种不同的对象分属于各种不同的种类。同一类对象不一定具有完全相同的特性，但其绝大部分特性相同。

16.2.1.3 事件(Event)

事件是指发生在某一对象上的事情。事件又可分为鼠标事件、键盘事件等。例如，在命令按钮（Command Button）这一对象上可能发生鼠标单击（Click）、鼠标移动（Mouse Move）、鼠标按下（Mouse Down）等鼠标事件，也可能发生键盘按下（Key Down）等键盘事件。总之，事件指明了对象"什么前提下做"，常用于定义对象做出某种反应的时机和条件。

16.2.1.4　方法（Method）

方法是用来控制对象的功能及操作的内部程序。例如，人具有说话、行走、学习、睡觉等功能，在 VB 中，对象所能提供的这些功能和操作，就称作"方法"。以窗体为例，它具有显示（Show）、隐藏（Hide）、打印（Print）等的方法。总之，方法指明了对象"能做什么"，常用于定义对象的功能和操作。

16.2.1.5　属性（Property）

属性是指用于描述对象的名称、标题、位置、颜色、字体等特征的一些指标。可以通过属性改变对象的特性。有些属性可以在设计时通过属性窗口来设置，不用编写任何代码；而有些属性则必须通过编写代码，在运行程序的同时进行设置。可以在运行时读取和设置取值的属性称为读写属性，只能读取的属性称为只读属性。总之，属性指明了对象"是什么样的"，常用于定义对象的外观。

VB 最突出的两个特点是可视化编程和事件驱动机制。

（1）可视化编程。传统的编程方法使用的是面向过程、按顺序进行的机制，其缺点是程序员始终要关心什么时候发生什么事情，应用程序的界面都需要程序员编写语句来实现，对于图形界面的应用程序，只有在程序运行时才能看到效果，一旦不满意，还需要修改程序，因而使得开发工作非常烦琐。用 VB 进行应用程序开发主要有两部分工作，即设计界面和编写代码。在开发过程中所看到的界面，与程序运行时的界面基本相同，同时 VB 还向程序员提供了若干界面设计所需要的对象（称为控件），在设计界面时，只需将需要的控件放到窗口的指定位置即可，整个界面设计过程基本不需要编写代码。概括地说，可视化编程就是程序员在开发过程中能看到界面的实际效果。

（2）事件驱动机制。用 VB 开发的应用程序，代码不是按照预定的路径执行，而是在响应不同的事件时执行不同的代码片段。事件可以由用户操作触发，如单击鼠标、键盘输入等；也可以由来自操作系统或其他应用程序的消息触发。这些事件的顺序决定了代码执行的顺序。概括地说，事件驱动是指应用程序没有预定的执行路径，而是由程序运行过程中的事件决定。

16.2.2　VB 的数据与表达式

一个有意义的程序是由一条条语句构成的，语句由表达式、单词构成，而单词与表达式都是由一些字符组成的。在程序设计语言中，字符、词汇、表达式、语句过程、函数等称为"语法单位"。

16.2.2.1　VB 的基本字符集和词汇集

字符是构成程序设计语言的最小语法单位。每种程序设计语言都有一个自己的字符集。VB 的基本字符集采用 ASCII 字符集，共有 128 个字符，包括数字：0，1，2，3，4，5，6，7，8，9；英文字母：A～Z，a～z；特殊字符：！"#$ %^& * +，< = >？［＼］{}＿ ～等。

词汇是程序设计语言中具有独立意义的最基本结构。例如，"3.2"是一个单词，表示值为 3.2 的实数。在 VB 语言中，词汇符号一般包括运算符、界符、关键字、标识符、各类型常数等。

运算符用于表示数据的各种运算。界符也称为间隔符，它们决定了词汇符号的分隔。运算符包括算术运算符（如 +（加）、－（减）、*（乘）、/（除）、^（乘幂）等），字符串运算符（&(字符串加合)），比较运算符（>、<、=），逻辑运算符（And(逻辑与)、Or(逻辑或)、Not(逻辑非)、Eqv(等价)）等。

关键字又称保留字，其在语言系统中已被赋予了固定的含义，往往表示系统提供的标准过程、函数、运算符、常量等。在 VB 中，当用户在代码编辑窗口输入关键字时，无论大小写字母，系统同样能够识别，并自动转换为系统标准格式。如 Dim、Const、As、Do、Loop、If、Print 等都是关键字。

标识符用于标记用户自定义的常量、类型、变量、过程、控件或函数等。在 VB 中，标识符的命名必须遵循如下规则：必须以字母开头，由字母、数字和下划线组成；不能超过 255 个字符；不能和关键字同名；允许使用汉字作为用户自定义标识符。

16.2.2.2 VB 的基本数据类型

"数据"是信息在计算机内的表现形式，即程序的处理对象。VB 提供的基本数据类型与其他高级语言基本一致，主要有字符串型、数值型、逻辑型和日期型。

VB 的字符串（String）是一组字符序列，由放在一对双引号中的 ASCII 符或者汉字组成。字符串中包含字符（含汉字）的个数称为字符串长度。长度为零的字符串称为空字符串。如"矿物"、"Float"、"6 + 7 ="等。需要注意的是双引号在程序代码中起到字符串的界定作用，当输出一个字符串时，并不显示双引号；在字符串中，字符是靠 ASCII 码识别的。所以字母的大小写是有区别的。

VB 的数值型数据分为整型数和实型数两大类。整型数是不带小数点和指数符号的数，又可分为整型和长整型。实型数是带小数点的数，又可分为浮点数和定点数。

VB 的逻辑型数据（Boolean）只有两个值，即 True 和 False。当把逻辑型数据转换为数值型数据时，False 为 0，True 为 －1。

16.2.2.3 VB 中的常量与变量

常量与变量是高级计算机语言的特征之一，程序中不同的数据类型既可以表现为常量形式，也可以表现为变量形式。常量值在程序执行期间不发生变化。变量代表内存中指定的存储单元，存储单元中可以根据需要赋予不同的数值，所以变量值是可以变化的。

VB 的常量分为文字常量和符号常量。文字常量的类型和值由它本身的表示形式决定。如"Mineral Processing"是字符串常量，2897 是整数常量。在程序设计中，常会遇到多次出现而又不易记忆的常数值，我们可以用标识符对这些常数值命名，取代程序中出现的常数值。这个被定义的常量名称为符号常量。符合常量说明的一般格式为：Const <符号常量名> [as <类型>] = <表达式>。其中 <符号常量名> 是用于替代常数值的用户定义标识符。as <类型> 是可选的，用于说明常数的数据类型。<表达式> 是必需的，可以为数字、文字或者表达式。如 Const a as string = "Gravity Separation"。

变量是一个有名称的内存单元，每个变量都有一个用户定义的标识符名称和数据类型，程序通过变量名来引用变量值。在 VB 中可以显式或者隐式说明变量和它的类型。显式声明的标准格式为：<说明符> <变量名> [as <数据类型>]。通常采用 Dim 作为说明符，如：Dim b as integer。在 VB 中，如果使用一个变量前不事先经过声明，称为隐式声明，使用时系统会以该名字自动创建一个变量，并默认为可变类型，这样做看似方便，但容易导致一些难以查找的错误。因此如果要做到变量必须经过声明才能够使用，就要在程序模块的声明段加入：Option Explicit，此时如果 VB 遇到未经说明的标识符，就会发出警告。

在声明语句中，如果使用说明符 Variant 来定义变量或仅定义变量而不做类型声明，则该变量称为可变类型变量。这样变量对数据的存储形式将随着存放的数据类型而发生变化，VB 自动完成各种必要的转换。由说明符 Static 声明的变量称为静态变量。程序模块运行结束后，VB 不收回静态变量，并且保留它们的值。再次调用程序模块时，对变量内容也不会刷新，而是继续对它们操作。

VB 的变量还存在作用域的问题，其作用范围与声明语句位置有关。这点与常量是一个道理。若声明语句出现在工程标准模块的声明部分，则该变量在工程中所有的窗体范围内均可识别和使用。若声明语句出现在窗体的声明部分，则窗体与其中所有控件的事件驱动程序都能够使用这些变量。如果在过程（private sub 与 end sub 之间）内部声明，则只在该过程内部有效，过程一旦结束，系统会把这些存储单元收回，变量随之消失。

16.2.2.4　VB 的运算符和表达式

运算是对数据的加工，最基本的运算形式常常可以用一些简洁的符号来表述，这些符号称为运算符或者操作符。被运算的对象——数据，称为运算量或操作数。由运算符和运算量构成的式子，目的是求出一个新的数值，这种式子称为表达式。表达式是由常量、变量、函数、运算符和括号组成。VB 总共有四种类型的运算，分别为算数运算、字符串运算、关系运算和逻辑运算，因此也就存在上述四种类型的运算符和表达式，具体如表 16 – 1 所示。

表 16 – 1　VB 的运算与运算符

运算类型	运算符类型	表达式形式	运算结果
算术运算	^指数；＊乘法；/浮点除法；\ 整数除法；Mod 取模；＋加法；－取负，减法	$x\hat{\ }y$；$x * y$；x/y；$x \backslash y$；$x\,Mod\,y$；$x + y$；$- y$；$x - y$	数　值
字符串运算	＋、＆字符串加合	$x + y$；$x \& y$	字符串
关系运算	＝相等；＞＜不相等；＜小于；＞大于；＜＝小于等于；＞＝大于等于	$x = y$；$x > < y$；$x < y$；$x > y$；$x < = y$；$x > = y$	逻辑值
逻辑运算	Not 非；And 与；Or 或；Xor 异或；Eqv 等价；Imp 蕴含	Not T；T and F；T or F；T Xor F；T Eqv F；T Imp	逻辑值

一个表达式中可能含有多种运算，计算机按如下顺序对表达式进行求值：函数运算、算术运算、关系运算、逻辑运算。

16.2.2.5　VB 的内部函数

VB 既为用户预先定义了一批内部函数供用户随时调用，也允许用户自定义函数过程。VB 的内部函数大体可以分为 5 类：转换函数、数学函数、字符串函数、时间日期函数和随机函数。这些函数都带有一个或几个自变量，在程序设计语言中称为"参数"。函数对这些参数运算，返回一个结果值。其一般调用格式为：＜函数名＞（［＜参数表＞］）。

转换函数用于数据类型或形式的转换。如取整函数 Int(n)，返回不大于 n 的最大整数；类型转换函数 Asc(s)，返回字符串 s 的首字母的 ASC 码值；Val(s)，返回字符串表达式中所含的数值；Str(n)，返回数值 n 的字符串形式；Fix(n)，去掉 n 的小数部分，返回其整数部分。

数学函数用于各种数学运算。如三角函数 Sin(x)、Cos(x)；绝对值函数 Abs(x)，返回 x 的绝对值；符号函数 Sgn(x)，返回符号，返回值分别为 0($x = 0$)，-1 ($x < 0$)，1($x > 0$)；平方根函数 Sqr(x)，返回 x 的平方根；指数函数 Exp(x)，返回以 e 为底，以 x 为指数的值；对数函数 Log(x)，返回 x 的对数。

字符串函数用于处理各类字符串。如删除空白字符串函数 LTrim(S)，去掉字符串左边的空白字符；字符串截取函数 Mid(s, p, n)，在 s 中从第 p 个字符开始，向后取 n 个字符；字符串的长度测试函数 Len(s)，返回 s 所含的字符个数；String(n, ch)，生成 n 个由 ch 指定的同一字符组成的字符串；字母大小写转换函数 Ucase(s)，把 s 中的小写字母转换成大写字母。

VB 的随机函数和随机语句是用于产生随机数的，随机数在测试、模拟以及游戏程序中经常被使用。随机函数 Rnd(x)，用于产生一个大于或等于 0 而小于 1 的单精度随机数。在使用随机函数前，必须使用 Randomize 对 Rnd 函数的随机数生成器初始化，否则会产生伪随机数序列。

16.2.3 VB 程序的执行控制结构

与其他高级计算机语言一致，VB 有三种程序执行控制的基本结构，即顺序结构、分支结构和循环结构。

16.2.3.1 顺序结构

顺序结构是 VB 程序流程中最简单的控制结构，即程序按照语句的先后顺次执行，组成程序的最基本语句是赋值语句，其作用就是把一个表达式的值赋给一个变量或控件的一个属性。一般形式为：＜变量名＞ = ＜表达式＞或者 ［＜对象名＞.］＜属性名＞ = 表达式。

赋值语句首先计算等号右边的表达式，然后将此值赋给等号左边的标识符代表的变量或控件属性并作为它的当前值，该值保存到下一次对它赋值为止。

在程序执行的过程中经常需要用户通过键盘或鼠标输入信息数据或反馈，供程序处理之用，VB 为此提供了对话框函数（InputBox）和消息框函数（MsgBox），体现出 VB 程序强大的人机交互能力，如图 16 – 2 所示。

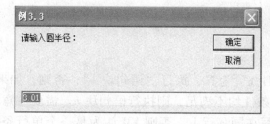 

图 16 – 2   对话框函数与消息框函数

InputBox 函数产生一对话框作为输入数据的界面，等待用户输入正文或按下按钮，函数返回的字符串型数据将被赋值给等号左边的变量。其使用格式为：a = InputBox（<prompt>），其中<prompt>为对话框提示消息出现的字符串表达式，函数每执行一次，只能输入一个数据。因此实际情况下，经常把该函数与循环语句和数组一同使用。

MsgBox 函数用于接受用户简单的选择信息以决定其后的操作。MsgBox 函数在对话框中显示消息，等待用户单击按钮，并返回一个整型值，告诉程序单击了哪一个按钮。一般形式为：MsgBox（<promp>［，<buttons>］［，<title>]），其中<promp>用于说明提示信息；<buttons>用于指定显示按钮的数目及形式和使用的图标样式；<title>是在对话框标题栏中显示的字符串表达式。需要注意的是，VB 各类函数所附带的参数一定要按顺序排列，如果省略其中某些参数，则必须加入相应的逗号予以分隔。

为了提高程序的可读性，有时要在程序适当位置加上必要的注释，因此 VB 提供了注释语句，即在语句前面缀写一个撇号或 Rem，任何字符包括汉字都可以放在注释语句中作为注释内容；VB 还提供了暂停语句 stop 用来暂停程序执行，相当于在程序代码中设置断点，Stop 语句可以放在程序中任意地方；用来结束一个程序，需要使用结束语句 end，程序将释放所有变量，并关闭所有数据文件。

16.2.3.2 分支结构

在程序设计中，常常会遇到某些运算和操作的执行取决于某条件是否成立的情况，对于这类具有两个分支的操作，VB 提供了单行条件语句。而对于分支条件往往不限于两个，需要在不同情况下选择不同的语句执行，这就需要用到块结构条件语句，此外 VB 还提供了实现多种选择的情况语句。

单行条件语句的格式为：If<条件>Then<语句1>［Else<语句2>］。

其中条件通常为关系表达式或者逻辑表达式，语句的功能是：如果"条件"为真，执行"语句1"，否则执行"语句2"，视程序具体情况，Else 可以省略。此外，单行结构条件语句必须在一行 255 个字符内书写完毕。

如果条件分支执行的操作比较复杂，不能在一个逻辑行内书写完毕，可以用块结构条件语句。其程序构造如下：

```
If<条件1>  then
        <语句块1>
[ElseIf<条件2>  then
        <语句块2>]
        ……
[Else
        <语句块n>]
End if
```

该段程序的执行过程为：如果"条件1"为真，执行"语句块1"；否则，如果"条件2"为真，执行"语句块2"；如上述条件均不满足，则执行语句块 n。需要注意的是："语句块"中的语句不能和前面的 then 写在同一行上，否则 VB 认为是一个单行条件句；块结构必须以 End if 结束；ElseIf 子句没有数量限制，可以根据需要加入任意多个。

有时程序在某种状态下，会有多种可能选择。具有多个分支时，使用情况语句更为简便。其程序构造如下：

```
Select Case <测试表达式>
    Case <表达式表列1>
        <语句块1>
        ⋮
    Case else
        <语句块 n>
End Select
```

情况语句的执行过程是：先对"测试表达式"取值，然后顺序测试该值与哪一个 Case 子句的"表达式表列"相匹配；如果找到了，则执行该 Case 分支的有关语句块，然后把控制转移到 End Select 后面的语句；如果没有找到，则执行 Case else 分支有关的语句块，然后把控制转移到 End Select 后面的语句。需要说明的是，"测试表达式"可以是数值表达式或字符串表达式，通常为变量；"表达式表列"称为值域，可以为彼此独立的表达式，也可以为 <表达式1> to <表达式2> 的形式，还可以为 is <关系表达式> 的形式。

16.2.3.3 循环结构

在程序中，为了解决某一问题或求取某一计算结果，往往需要重复地按某一固定模式进行操作，该过程称为循环。从控制流程看，如果一个程序模块的出口具有返回入口的流程线，就构成了循环。重复执行的语句序列称为循环体。进入循环体的条件称为循环条件。循环体不能无休止的执行下去，因此必须有循环结束条件。VB 提供了 3 种循环语句：While 循环、Do 循环和 For 循环。

While 循环根据某一条件进行判断，决定是否执行循环，程序构造如下：

```
While    <条件>
         <语句块>
Wend
```

该程序执行的流程为：如果"条件"为 True，执行由"语句块"组成的循环体，当遇到 Wend 语句时，返回到 While 语句，并对"条件"进行测试，如果仍为 True，则重复执行上述过程。如果条件为 False，则不再执行"语句块"，而是执行 Wend 后面的语句。While…Wend 语句是 VB 中最简单的循环语句，更为典型和灵活的是 Do 循环语句，它们完全可以替代 While 循环。

Do…Loop 循环语句也是根据条件决定循环的语句。Do…Loop 具有很灵活的构造形式：既能够指定循环条件，也能够指定循环结束条件；既可以构成先判断条件形式，也可以构成后判断条件形式。

先判断条件形式的 Do…Loop 语句构造及运算流程图如下：

```
Do [While/Until <条件>]
    [<语句块>]
Loop
```

如图 16-3 所示，Do While…Loop 语句的执行过程为：当指定的循环条件为 True 时重复执行语句块组成的循环体。进入循环体时，如果循环条件不成立，就不会执行循环体的语句块。这点和 While…Wend 语句是完全一致的。其中关键字 While 用于指定循环条件。

如图 16－4 所示，Do Until…Loop 语句的执行过程为：直到指定的循环结束条件变为 True 之前重复执行语句块组成的循环体。进入循环体时，如果循环结束条件成立，就不会执行循环体的语句块。关键字 Until 用于指定循环结束条件。

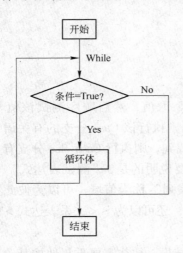
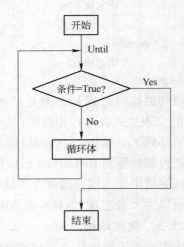

图 16－3　Do While…Loop 执行过程　　　图 16－4　Do Until…Loop 执行过程

后判断条件形式的 Do…Loop 语句格式如下：

```
Do
    [〈语句块〉]
Loop[While/Until〈条件〉]
```

后判断条件形式的 Do…Loop While/Until 语句与先判断条件形式的区别是首先执行循环体，然后测试循环条件或者循环终止条件，所以这种结构至少执行一次循环体。

For…next 通常用于循环次数已知的程序结构。其程序构造如下：

```
For <控制变量> =〈初值〉To〈终值〉[Step〈步长〉]
    [〈循环体〉]
Next[〈控制变量〉]
```

该程序中控制变量又称为"循环控制变量"，是一个数值变量；"初值"、"终值"和"步长"均为数值表达式；当步长大于 0 时，做递增循环，当步长小于 0 时，作递减循环，步长不应为 0，否则作"死循环"。该循环的执行过程是：首先把"初值"赋给"控制变量"，接着检查"控制变量"是否超过"终值"，如果超过就停止执行循环体，跳出循环，执行 Next 后面的语句；否则执行一次循环体，然后把"控制变量" ＋"步长"的值赋给"控制变量"，重复上述过程。需注意：尽量不要在循环体内修改控制变量的值，否则容易引起程序的逻辑错误。而控制变量的"初值"、"终值"和"步长"在进入 For 循环时，就被系统锁定了，并不会因为循环体内对它们修改而影响循环的次数。

在一个循环结构的循环体内含有另一个循环结构时，就形成了嵌套循环，也称多重循环。各种形式的循环语句都能够相互嵌套，VB 没有具体规定嵌套层数。嵌套的原则是：外层与内层循环必须层层相套，循环体之间不能交叉。同理，当条件语句所执行的语句里包含了条件语句，称为条件语句的嵌套。

16.2.4 VB 的常用控件

VB 为程序开发者提供了大量便于使用的控件，控件的实质就是一段被封装好的程序，在程序中控件可实现的功能、自身的属性、可响应的事件和方法已经被预先定义好，因此避免了程序开发人员大量繁琐且重复的劳动，使编程更加高效便利。本小节主要介绍 VB 开发界面左侧控件栏中常用控件的功能、属性、事件和方法，其中相当一部分属性、事件和方法为多数控件共有，也存在一部分为某些控件特有。

16.2.4.1 窗体

窗体（Form）虽然不属于控件，但却是 VB 最重要的一个对象，VB 的所有程序界面都是在窗体的基础上开发的，窗体除了有自己的属性、方法、事件外，还像容器一样，可以在它上面放置除了窗体之外的所有控件。

窗体的常用属性包括：Name（字符型），用于定义窗体的名称，该名称是程序代码辨识对象和控件的唯一标志，所有控件均具有该属性；Caption（字符型），用于设定或返回窗体标题栏中显示的文本；BackColor 和 ForeColor（数值型），用于返回或设定窗体的背景颜色和前景颜色，其中前景颜色是执行 Print 方法时所显示的文本的颜色；Enabled（逻辑型），决定对象与控件在运行时是否响应事件，为 True 时，响应事件，反之则不响应任何事件。

窗体的主要事件包括：单击事件（Click）和双击事件（Dblclick），在程序运行后，单击或双击窗体，将触发 Click 事件或 Dblclick 事件，绝大多数控件均响应该事件；装载事件（Load）把窗体装入内存时触发，常用于启动程序时对变量和属性的初始化、装载数据等；QueryUnload 事件与 Unload 事件，关闭窗体时触发，其参数 Cancel 为 True 时，阻止关闭窗体，反之则正常关闭

窗体的主要方法包括：Print 方法，是在窗体和其他对象、控件（立即窗口、图片框、打印机）上输出文本、数据的一个重要方法，格式为：［＜对象名＞.］Print＜表达式＞；Cls 方法，用于清除由 Print 方法产生在窗体上的文本或图片框中的图形，格式为：［＜对象名＞.］Cls；Move 方法，用于移动对象或控件的位置和设置其外观尺寸，格式为：［＜对象名＞.］Move＜左边距＞，＜右边距＞，＜高度＞，＜宽度＞。

16.2.4.2 标签和文本框

标签 **A** 和文本框 圇 都是针对文本操作的控件，不同之处在于标签（Label）用于显示只读文本，文本框（Textbox）用于显示和编辑文本，同时接受用户的信息输入。

标签常用属性、事件包括：Caption（字符型），用来在标签中显示文本；Alignment（数值型），确定标签中标题的放置方式，"0" 标题居左，"1" 标题居右，"2" 标题居中；Autosize（逻辑型），为 True 时，标签自动调整到标题大小，为 False 时，标签大小不动；Borderstyle（数值型），用于设置标签有无边框；Enabled（逻辑型），默认为 True，响应鼠标事件，当为 False 时，可以屏蔽鼠标事件，此时文本变为灰色，此属性为绝大多数控件共有；Visible（逻辑型），决定程序运行后，控件是否在屏幕上显示出来，True 时为可见，False 时为不可见，此属性为绝大多数控件共有。和其他控件一样，标签也可以响应鼠标的单击和双击事件。

文本框常用属性、事件和方法包括：Text（字符型），用于返回或设置文本框中显示

的内容；MultiLine（逻辑型），决定控件是否允许接受多行文本；PassWordChar（字符型），用于密码口令的输入，可以把它设为字符形式，如"*"，则用户看到的是该字符，计算机接受的是实际输入的文本；文本框除了支持鼠标单击、双击事件外，还支持：Change 事件，当用户向文本框输入新的信息或程序对 Text 属性赋值，从而改变原来的 Text 属性时，触发该事件；GotFocus 和 Lostfocus 事件，当控件获得或者失去焦点时，触发该事件，此事件为绝大多数控件共有；Keypress 事件，在键盘上按下某个键时触发该事件；SetFocus 方法，其作用是把焦点移到指定的对象上，使对象获得焦点。

16.2.4.3　图片框和图像框

图片框 📷 和图像框 🖼 都可用于在窗体的指定位置显示图形信息。二者的主要区别是：图片框（PictureBox）可以作为其他控件的父对象，而且可以通过 Print 方法接受文本；而图像框（Image）只能显示图形信息。

图片框与图像框的主要属性、事件和方法包括：Picture 属性，用于图片框和图像框显示图片，在程序设计阶段，可以通过属性列表载入计算机中的图片文件，在程序运行阶段，可以通过 LoadPicture 函数对象的 Picture 属性赋值，即加载图片文件，一般格式为：[< 对象 > .] Picture = LoadPicture（["文件名"]），如果无文件名，表示清空所指对象的图形；Autosize（逻辑型），该属性用于图片框，可以使控件自动改变其大小以显示全部内容；Stretch（逻辑型），该属性用于图像框，指定一个图形是否要调整大小，以适应控件的大小；图片框与图像框均可以接受单击和双击事件，此外图片框还可以使用 Cls、Print 方法。

16.2.4.4　命令按钮、复选框、单选按钮和框架

命令按钮 ⊐、复选框 ☑ 和单选按钮 ⊙ 都是通过鼠标的点击来返回用户指令信息的控件。命令按钮（Command Button）通常用来执行单击或双击时执行指定的操作。复选框（Check Box）、单选按钮（Option Button）用来表示"选"或"不选"两种状态，用户可以通过改变它们的状态来执行不同操作。在同一个"父对象"中，一组单选按钮只能选中一个，而一组复选框却可以选择多个。

除了常用的属性外，命令按钮还有如下属性：Cancel（逻辑型），当某按钮属性为 True 时，按 Esc 键与单击该按钮作用相同；Default（逻辑型），当某按钮属性为 True 时，若焦点不在任何命令按钮上，按回车键与单击该命令按钮作用相同。

对于复选框和单选按钮，还可以使用 Value 属性，用来表示复选框和单选按钮的状态。单选按钮属性值为 T 或者 F，当值为 T 时，按钮是打开状态，圆圈中有小黑点，否则该按钮是关闭，只有圆圈；复选框的 Value 属性值可以为 0（没有选中该框），1（选中该框），2（该框被禁用，显示灰色）。

框架（Frame）🔲 用于窗体上的对象分组，可以把不同对象放在一个框架内，框架提供了视觉上的区分和总体上的激活/屏蔽特性。框架具有与其他控件一致的通用属性：Caption 属性用于定义框架的可见文字部分；只有当 Enabled 属性为 T 时，才能保证框架内的对象是"活动"的，反之则其标题会变成灰色，框架中的所有对象被屏蔽；不同的是，框架不响应鼠标事件和用户输入，不能显示文本和图形，即不支持 Print 属性，也没有 Picture 属性。

16.2.4.5　列表框和组合框

列表框 🖳 和组合框 🖳 是两个进行快速浏览和标准化输入数据的重要控件。

列表框（ListBox）是以列表形式显示一个项目列表，让用户从中选择一项或多项。如果项目太多，超过列表框设计时的长度，VB 自动给列表框添加垂直或水平滚动条。

列表框除了具有一些通用属性外，还有一些特殊属性：Columns（整型），决定列表框是水平滚动还是垂直滚动，以及显示列表中的项目的方式；List，该属性是一个字符串数组，数组的每一个元素对应一个列表项目，用于返回或者设置控件的列表项目，该属性可以在设计时通过属性窗口设定，也可以在运行时修改，其使用格式为：［＜控件名＞］. list（＜下标＞）［＝＜字符串＞］，其中下标是某一项目的序号，其值为 0 到 ListCount－1；ListCount（整型），控件中列表项目的个数；ListIndex（整型），在程序中返回或设置所选的项目下标，第一个项目下标为 0，最后一个项目是 ListCount－1；Select，该属性是一个与控件的 List 属性具有相同项数的布尔数组，返回列表框中各个项的选择状态，当选中了 List 属性的一项时，该对应项的数组元素值为 T，反之则表示该项未被选中；Text（字符串型），返回列表框中当前选择的项目。

列表框接受单双击、GotFofcus、LostFocus 等常用事件。还可以使用 AddItem、Clear 和 RemoveItem 三种方法：AddItem 方法，用于把字符串的文本插入到"下标"指定的列表框位置中，格式为：＜列表框名＞. AddItem ＜字符串＞［，＜下标＞］，如果默认下标，则把文本添加到列表框的尾部；Clear 方法，用于清除列表框中全部内容；RemoveItem 方法，用于删除列表框中的指定项目，其格式为：＜列表框名＞. RemoveItem ＜下标＞。

组合框（ComboBox）是一种同时具有文本框和列表框特性的控件。它可以像列表框一样，让用户通过鼠标来选择所需要的项目，也可以像文本框那样，用键入方式输入项目。

除了一般属性外，组合框还具有一些特殊属性：Style（整型），设置值为 0、1、2，决定组合框的三种样式；Text，该属性是用户所选择的项目的文本或直接从文本编辑区输入的文本；组合框可响应的事件包括 Click、DblClick、Change 和 Dropdown 事件等。列表框使用的 AddItem、Clear 和 RemoveItem 方法同样适用于组合框。

16.2.4.6　计时器

VB 可以利用系统内部的时钟计时，而且可以使用计时器（Timer）控件 ⏱，由用户定制时间间隔（Interval），在每一个时间间隔触发一个计时器事件。VB 程序的大多数动态效果均是依靠计时器控件来实现的。

计时器控件最重要的属性是 Interval（整型），用于设定计时器触发事件的时间间隔，时间间隔以毫秒为单位，若把属性值设为 1000，则表示每秒钟产生一个 Timer 事件，如果希望每秒钟发生 n 个事件，则 Interval 属性值为 $n/1000$。若属性为 0，计时器无效；Timer 控件只支持 Timer 事件，每当经过一个 Interval 属性规定的事件间隔，就触发 Timer 事件。

16.2.4.7　图形控件

直线控件 ╲ 和形状控件 ⬭ 用于绘制一般几何图。直线控件（Line）用于建立简单的直线，通过属性变化可以改变直线的粗细、颜色和线型。用形状控件（Shape）可以画矩形，通过对其 Shape 属性的修改，可以画出圆、椭圆和圆角矩形，同时可以设置图形边界颜色和填充颜色。

直线和形状控件的常用属性包括：BorderColor，用于设置直线和形状边界的颜色；BorderStyle，用于确定直线和形状边界线的线型；BorderWidth，用于指定直线和形状边界线的线条宽度；BackStyle，用于指定形状控件的背景是透明或非透明；FillColor，定义形状内部的颜色；FillStyle，返回或设置用来填充形状控件生成图形的图案模式，共有八种取值；Shape，确定形状控件所画的几何特征。

16.2.5　多重窗体和菜单设计

在 VB 编程的实际应用中，单一窗体并不能够满足要求，为此 VB 提供了多重窗体程序设计，每个窗体都可以有自己的程序代码和完成不同的操作，因此就可以把一个复杂的问题分解为若干个简单问题，每个简单问题使用一个窗体。与单一窗体程序设计一样，多重窗体程序设计也基本分为三步：建立界面、编写程序、运行程序。要建立的界面由多个窗体组成，每个窗体设计与前文讨论的完全一致。

多重窗体是单一窗体的集合，关键问题是作为一个完整的工程，如何把它们组装起来，并根据程序功能实现互相切换，这就需要用到相关语句和方法：Load 语句，其功能是把一个窗体装入内存，执行后可引用窗体中的控件及各种属性，但此时窗体并没有在屏幕上显示出来，其格式为：Load <窗体名称>；Unload 语句，该语句删除内存中指定的窗体，其格式为：Unload <窗体名称>；Show 方法，兼有装入和显示窗体功能，执行 Show 方法时，如果窗体不在内存，则自动把其装入内存，再显示之，其格式为：［<窗体名称>］.Show；Hide 方法，该方法使窗体隐藏，不在屏幕上显示，但仍在内存中，因此与 Unload 不同，其格式为：<窗体名称>.Hide。

对于多重窗体程序的执行，必须要指定一个窗体作为启动窗体，如果没有指定，系统则认为程序设计时第一个定制的窗体为启动窗体。只有启动窗体在程序运行时能自动显示出来，其他窗体必须通过 Show 方法才能看到。若要改变启动窗体，则要从 VB 软件菜单栏的"工程"菜单中选取"工程属性"，选取"通用"选项卡，在"启动对象"列表中选取要作为新启动窗体的窗体，选取确定，完成操作。如果要结束多重窗体的应用程序，也要使用 End 语句，系统会自动卸载工程中所有窗体。

菜单是 Windows 界面的重要组成部分。菜单交互是让用户在一组多个可能的对象中进行选择，各种可能的选择会以菜单项的形式分层显示在屏幕上。每个菜单项被选取都会导致执行某一种操作。

一个程序往往有一个主菜单，其中包括若干候选项目。主菜单的每一项又可以下拉出下一级菜单，称为子菜单。在窗体上设计下拉菜单，窗体可以分为三部分：第一部分是主菜单行，位于窗体顶部；第二部分为子菜单区，这一区域是临时性的弹出区域；第三部分为工作区。如图 16-5 所示。

在 VB 中，把菜单项作为一个控件处理，使用菜单编辑器来设计菜单的过程就是对菜单项属性设置的过程。菜单编辑器是一个在窗体上创建菜单或者修改一个已有菜单的工具。单击 VB 软件菜单栏的"工具"菜单，选取菜单编辑器，如图 16-6 所示，其窗口分为三部分，即属性区、编辑区和菜单项显示区。

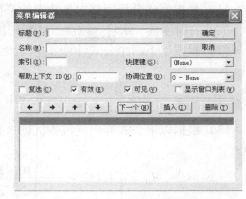

图 16 – 5   主菜单与子菜单   图 16 – 6   菜单编辑器

　　属性区位于窗口的上半部，用于输入或者修改菜单项的各种属性。"标题"用于输入菜单项显示的字符串，相当于控件的 Caption 属性，将出现在菜单中；"名称"用于输入菜单项的控件名，控件名是用户自定义的标识符且仅用于代码中，相当于 name 属性；"索引"指定一个数字值来确定菜单项控件在控件数组中的序号；"快捷键"用于为菜单命令选快捷键；"复选"允许在菜单项左边设置复选标记；"有效"决定是否让菜单对事件做出响应；"可见"用于设置是否将菜单项显示在菜单上。上述属性中最重要的就是标题和名称，作为菜单的必要属性必须被指定。

　　编辑区位于编辑窗口的中部，共有 7 个按钮。右箭头，用来确定菜单的层次，每单击一次把选定的菜单向下移一个等级；左箭头，每单击一次把选定的菜单向上移一个等级；上箭头，每单击一次把选定的菜单项在同级内向上移一个位置；下箭头，每单击一次把选定的菜单项在同级内向下移一个位置；下一个，将选定移动到下一行；插入，在列表框的当前选定行上方插入一行；删除，删除当前选定行。

　　菜单项显示区位于窗口下部，输入的菜单项都在这里显示，并通过内缩符号表示菜单项的层次，条形光标所在的菜单项是当前菜单项，只要选取一个没有子菜单的菜单项就会打开代码编辑窗口，产生与此项相关的 Click 事件过程，程序设计人员只需将此菜单项所要执行的操作通过代码编辑在该事件过程中即可。

16.3   VB 在选矿数值计算中的应用

　　数值计算是选矿技术中的重要内容之一，其特点是运算量巨大、重复性工作较多及较易发生人为错误，因此也成为计算机高级语言最容易切入的部分之一。本节共分四个小节，由浅入深讲解 VB 在选矿数值计算中的应用，其中第一小节介绍采用单一窗体设计用于旋流器相关计算的小程序，第二、三和四小节介绍采用多重窗体技术设计的程序分别用于筛分设备能力计算、磨矿与粒度分析实验及浮选条件实验的数值计算与分析。

16.3.1   水力旋流器的选择与计算软件

16.3.1.1   旋流器设计计算软件

以往在进行水力旋流器计算时，按以下步骤进行：

（1）根据磨矿分级回路中各物料的平衡原理及已知的必要条件计算出旋流器给矿、溢流、沉砂的固体量、水量、浓度、矿浆密度等指标。

（2）根据以下两个公式计算 $d_{50(c)}$，然后求出旋流器直径 D。

$$d_{50(c)} = fd_T$$

$$d_{50(c)} = \frac{11.93D^{0.66}}{P^{0.28}(\rho - 1)^{0.5}} \exp(-0.301 + 0.0945C_V - 0.00356C_V^3 + 0.0000684C_V^3)$$

（3）根据以下公式算出旋流器沉砂口直径 d_H，再算出溢流口直径 d_e 和给矿管当量直径 d_n。

$$d_H = \left(4.162 - \frac{16.43}{2.65 - \rho + \frac{100\rho}{Cw}} + 1.101n\frac{u}{0.907\rho} \right) \times 2.54$$

$$d_c = \frac{d_H}{0.3 \sim 0.5}$$

$$d_n = 0.7 \sim 0.8d_c$$

（4）根据公式 $V = 3 - k_n k_d d_n d_c \sqrt{p_0}$ 求出单台旋流器的处理量。

（5）根据旋流器给矿总量及单台处理量 V 算出所需旋流器台数。

注：以上公式符号的含义见《选矿设计手册》第 161 ~ 164 页。

整个计算过程费时，而且所用的公式既繁且长，加上影响因素多，显得特别麻烦。若用水力旋流器计算专用软件进行计算，则计算速度非常快，只需花几分钟时间。下面用实例说明该软件的使用方法。

开机后运行软件，根据提示输入以下参数：

旋流器溢流固体量（t/h）	144.75	旋流器溢流质量浓度（%）	30
旋流器溢流粒度（μm）	74	旋流器溢流粒度百分含量（%）	60
矿石密度（t/m³）	3.12	进口压力（kPa）	90
循环负荷（%）	150	沉砂质量浓度（%）	70

此时，计算机便自动进行物料平衡的计算，并在屏幕上显示旋流器直径 $D = 148.9676$ 供选择参考。之后再输入以下参数：

所确定的旋流器直径（cm）	35	旋流器锥角（°）	20

接着计算出溢流口直径 $d_c = 12\text{cm}$；给矿管当量直径 $d_n = 8\text{cm}$；沉砂口直径 $d_H = 7\text{cm}$；单台生产能力 $V = 92.16\text{m}^3/\text{h}$；所需旋流器台数 $n = 6$ 台。

（本小节内容选编自王莉萌《计算机在选矿工程设计中应用及体会》，摘自《有色冶金设计与研究》）

16.3.1.2　旋流器分级效率计算软件

旋流器的分级效率是考察分级效果的重要参考指标，旋流器的综合效率与量效率的计算公式较为繁琐，特别是涉及试验条件点较多时，计算量很大，该程序的编制可以使旋流器综合效率与量效率的计算变得非常简单轻松。

如图 16 - 7 所示，该程序界面较为简洁，数据输入、计算与结果显示均在单一窗体内执行，试验数据的输入与结果输出均由文本框完成，标签用于显示标题信息，按钮的单击事件触发后台计算程序，根据输入数据计算结果值。运算模块代码如下：

```
Private Sub Command1_Click( )
    Dim yl200, yl300, cs200, cs300, yk200, yk300, t1, t2, t3, fj200, fj300, fjl200, fjl300
As Single
    t1 = Val(Text1. Text) + Val(Text2. Text) + Val(Text3. Text)
    yl200 = (Val(Text2. Text) + Val(Text3. Text))/ t1
    yl300 = Val(Text3. Text)/ t1
    t2 = Val(Text4. Text) + Val(Text5. Text) + Val(Text6. Text)
    cs200 = (Val(Text5. Text) + Val(Text6. Text))/ t2
    cs300 = Val(Text6. Text)/ t2
    t3 = Val(Text7. Text) + Val(Text8. Text) + Val(Text9. Text)
    yk200 = (Val(Text8. Text) + Val(Text9. Text))/ t3
    yk300 = Val(Text9. Text)/ t3
    fj200 = ((yl200 * (yk200 - cs200))/(yk200 * (yl200 - cs200))) * 100
    fj300 = ((yl300 * (yk300 - cs300))/(yk300 * (yl300 - cs300))) * 100
    Text10. Text = fj200
    Text11. Text = fj300
    fjl200 = (((yk200 - cs200) * (yl200 - yk200))/(yk200 * (yl200 - cs200) * (1 -
yk200))) * 100
    fjl300 = (((yk300 - cs300) * (yl300 - yk300))/(yk300 * (yl300 - cs300) * (1 -
yk300))) * 100
    Text12. Text = fjl200
    Text13. Text = fjl300
End Sub
```

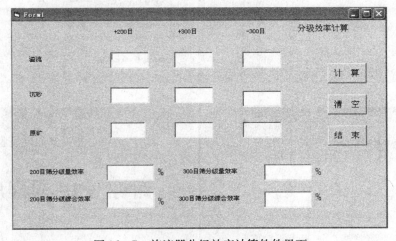

图 16 - 7   旋流器分级效率计算软件界面

16.3.2   用于筛分设备生产能力计算的辅助程序

16.3.2.1   软件功能

本程序用于计算筛分设备（固定筛、振动筛）的生产能力。

需要注意：有些参数不是直接输入，而是根据某些相关条件采用插值法求得的，所以使用本程序时在计算界面根据提示输入相应的参数即可。

16.3.2.2　软件界面设计

如图 16-8 所示，该程序由欢迎界面、说明界面、筛分设备选择界面、固定筛计算界面、振动筛计算界面、信息反馈界面和退出界面组成，各界面之间可根据使用者的选择自由切换。程序总共使用了按钮、标签、文本框、组合框、时钟（用于实现滚动字幕）和 OLE 容器六种控件。该程序虽然较为简单，但程序界面规整简洁，控件使用得当，较为适合初学者调制研习。

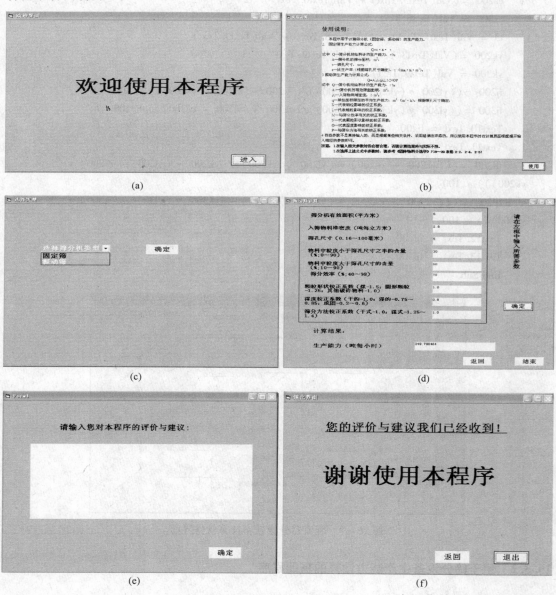

图 16-8　筛分设备生产能力计算辅助程序界面

(a) 欢迎界面；(b) 说明界面；(c) 筛分设备选择界面；(d) 振动筛计算界面；

(e) 信息反馈界面；(f) 退出界面

16. 3. 2. 3　软件流程与程序设计

本程序应用了 VB 的多重窗体设计技术，使用 Show 和 Hide 方法实现不同窗体间的切换；使用 OLE 嵌入式技术实现了 VB 对 Word 文档的调用；用组合框控件实现了对筛分设备的选择。

固定筛生产能力计算公式为

$$Q = \varepsilon As$$

式中　Q——筛分机按给料计的生产能力，t/h；

　　　ε——比生产率（根据筛孔尺寸确定），$t/(mm \cdot h \cdot m^2)$；

　　　A——筛分机的筛分面积，m^2；

　　　s——筛孔尺寸，mm。

振动筛生产能力计算公式为

$$Q = A_1 \rho_0 qKLMNOP$$

式中　Q——筛分机按给料计的生产能力，t/h；

　　　A_1——筛分机的有效筛面面积，m^2；

　　　ρ_0——入筛物料堆密度，t/m^3；

　　　q——单位面积筛面的平均生产能力，$m^3/(m^2 \cdot h)$，根据筛孔尺寸确定；

　　　K——细粒影响的校正系数；

　　　L——粗粒影响的校正系数；

　　　M——与筛分效率有关的校正系数；

　　　N——颗粒形状影响的校正系数；

　　　O——湿度影响的校正系数；

　　　P——与筛分方法有关的校正系数。

本软件在欢迎界面采用时钟控件实现了欢迎字幕的滚动效果，其源代码如下：

```
Private Sub Timer1_ Timer ( )
    Label1. Left = Label1. Left + 50
    If Label1. Left > 5870 Then
        Label1. Left = 150
    End If
End Sub
```

在筛分设备计算界面中，采用按钮单击事件来触发计算模块，在计算程序中多次使用了多条件选择的 Select Case 语句，其部分源代码如下：

```
Private Sub Command1_Click( )
Dim Q#, A#, e#, D#, K#, L#, M#, N#, O#, P#
    A = Text1. Text
    e = Text2. Text
    s = Text3. Text
Select Case s
  Case 80 To 100
    D = 56 +(63 - 56) * (s - 80)/(100 - 80)
    ……
  Case 0. 16 To 0. 2
```

$$D = 1.9 + (2.2 - 1.9) * (s - 0.16)/(0.2 - 0.16)$$

```
End Select
s = Text4. Text
......
P = Text9. Text
Q = A * e * D * K * L * M * N * O * P
Text10. Text = Q
End Sub
```

16.3.3　用于磨矿动力学与筛分分析实验的辅助程序

16.3.3.1　程序的意义与功能

磨矿动力学与筛分分析实验是矿物加工工程最基本的实验内容之一，本软件的编制为上述实验提供教辅帮助，其功能为：磨矿动力学方程的教学内容；处理批次磨矿条件下不同磨矿时间的实验结果；根据实验结果求解磨矿动力学方程；利用表格法对物料进行筛分结果统计；利用曲线法绘制物料粒度分布的正累积曲线与负累积曲线。

16.3.3.2　程序的界面设计

如图 16-9 所示，本程序主要由主界面、磨矿动力学方程演示界面、批次磨矿数据处理界面、磨矿动力学方程求解界面、物料筛分分析方法选择界面、表格法粒度分布结果界面和曲线法粒度分布结果界面七个部分构成，主界面提供四个按钮分别实现动力学方程、数据处理、筛分分析和退出四项功能；磨矿动力学方程演示界面使用了大量的标签控件用以介绍说明磨矿动力学方程的形式与参数意义；批次磨矿数据处理界面运用文本框、标签与图形控件完成了软件界面设计，单击"结果计算"按钮会触发后台程序对实验获取的数据结果进行处理，并通过上述结果求解出磨矿动力学方程，在"求解方程"界面中呈现出来；在筛分粒度分布结果界面中，主要采用列表框控件对筛分产品各粒级的个别产率、正累计产率和负累计产率进行了显示；在"曲线法"界面，根据表格法计算出的产品粒度分布结果，运用 Line 方法绘制了曲线的坐标系，同时自定了 DrawCurve 函数用于绘制粒度曲线，再通过两次调用该函数来绘制正累计曲线与负累计曲线，在绘制粒度曲线的程序模块中，大量使用了 Pset、Line 和 Circle 方法实现了曲线与曲线上取值点的绘制，并通过该曲线查找出产品细度（95%通过的筛孔尺寸）继而显示在该界面的文本框中。

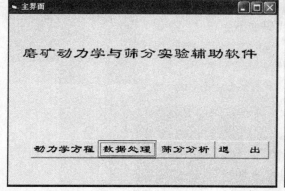

(a)

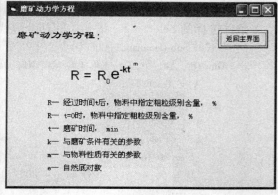

(b)

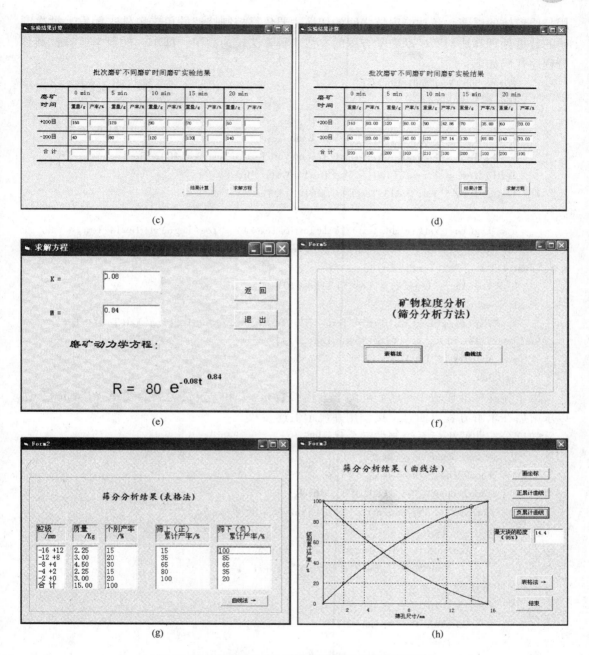

图 16-9 磨矿动力学与筛分分析实验辅助程序界面

（a）程序主界面；（b）磨矿动力学方程演示界面；（c）批次磨矿实验数据输入界面；

（d）批次磨矿实验数据输出界面；（e）磨矿动力学方程求解界面；

（f）物料筛分分析方法选择界面；（g）表格法粒度分布结果界面；

（h）曲线法粒度分布结果界面

16.3.3.3 软件流程与程序设计

该软件运用 VB 多重窗体编程技术，依然使用了 Show 与 Hide 方法来实现新窗体的调用与原窗体的屏蔽，各功能窗体之间的切换主要依靠控制按钮的单击事件来触发。批次磨矿的数据处理算法与磨矿动力学方程的参数求解算法较为简单，即单一的数学运算，其部分程序代码如下：

```
Private Sub Command1_Click( )
Dim a, b As Single

Text15. Text = Val(Text1. Text) + Val(Text2. Text)
Text14. Text = Format$ ((Val(Text1. Text)/ Val(Text15. Text)) * 100, "fixed")
Text13. Text = Format$ (100 - Val(Text14. Text), "fixed")
Text12. Text = Val(Text13. Text) + Val(Text14. Text)
……
a = Log(Log(Val(Text14. Text)/ Val(Text16. Text))) + Log(Log(Val(Text14. Text)/ Val
(Text25. Text))) - Log (Log (Val (Text14. Text)/ Val (Text22. Text))) - Log (Log (Val
(Text14. Text)/ Val(Text8. Text)))
b = Log(15) + Log(20) - Log(5) - Log(10)
m = a / b
k = Exp((Log(Log(Val(Text14. Text)/ Val(Text16. Text))) + Log(Log(Val(Text14. Text)/
Val(Text25. Text))) - m * (Log(15) + Log(20)))/ 2)
r = Val(Text14. Text)
End Sub
```

因事先在标准模块中将磨矿动力学方程参数 m、k 和 r 定义为公共变量（Public），所以求解后在求解方程界面可直接调用并显示上述参数。

粒度分布曲线坐标系绘制的部分代码如下：

```
Private Sub Command4_Click( )
    Form7. DrawStyle = 6
    Form7. Line(0, 0) - (80, 100), 16, B
    CurrentX = 35: CurrentY = -10: Print "筛孔尺寸/mm"
    For i = 0 To 7
        CurrentX = -8: CurrentY = 70 - i * 5
            Print Mid$ ("级别累计产率/%", i + 1, 1)
    Next i
    For i = 0 To 5
        CurrentX = -6: CurrentY = i * 20 + 2
            Print i * 20
    Next i
……
    End Sub
```

用于绘制粒度曲线的自定义 DrawCurve 函数部分代码如下：

```
Private Sub drawcurbe(X( )As Single, Y( )As Single, n As Integer)
Dim sx1!, sx2!, sx3!, sx4!, sy!, sxy!, syx2!
Dim a, b, c, m1, j, k As Single
sx1 = 0: sx2 = 0: sx3 = 0: sx4 = 0
```

```
        sy = 0: sxy = 0: syx2 = 0
        For i = 0 To 5
            sx1 = sx1 + X(i)
            ……
            sxy = sxy + X(i) * Y(i)
            syx2 = syx2 + Y(i) * X(i) * X(i)
        Next i
        For i = 0 To 5
                Circle(X(i) * 5, Y(i)), 0.5, 16
        Next i
        m1 = n * sx2 * sx4 + 2 * sx1 * sx2 * sx3 – sx2 * sx2 * sx2 – n * sx3 * sx3 –
        sx1 * sx1 * sx4
        a = ((sx2 * sx4 – sx3 * sx3) * sy – (sx1 * sx4 – sx2 * sx3) * sxy + (sx1 * sx3 –
        sx2 * sx2) * syx2)/ m1
        ……
        If m2 = 0 Then
                Form7.DrawStyle = 2
                m1 = (Sqr(b * b – 4 * c * (a – 95)) – b)/(2 * c)
                Line(0, 95) – (m1 * 5, 95)
                Line – (m1 * 5, 0)
                 Form7.DrawStyle = 6
                Circle(m1 * 5, 95), 1, 2
                Text1.Text = m1
        End If
        End Sub
```

调用 DrawCurve 函数绘制粒度分布曲线的程序代码如下：

```
        Private Sub Command2_Click()
            m2 = 1
            Form7.DrawStyle = 6
            n = 6
            For i = 0 To 4
                Y(i) = Val(Form6.List4.List(4 – i))
            Next i
            Y(5) = 0
            X(0) = 0: X(1) = 2: X(2) = 4: X(3) = 8: X(4) = 12: X(5) = 16
            Call drawcurbe(X, Y, n)
        End Sub
```

16.3.4 用于浮选实验的辅助程序

16.3.4.1 程序的意义与功能

本程序主要用于一般浮选条件实验的结果处理。浮选条件实验结果的处理是一项比较繁琐的工作，一般情况下，既需要表格形式的输出，也需要直观的图形，以便于查找最佳实验条件，并经常会遇到很多重复性工作，任务繁重，且容易出错。为了提高处理浮选条件实验结果的效率，减少不必要的失误，编制此程序，其主要功能包括：输入单组实验数据，输出产率和金属回收率；输入多组实验数据，以表格形式输出必要的数据；输入多组实验数据，以图形形式输出精矿品位、尾矿品位、回收率曲线。

16.3.4.2　程序的界面设计

如图 16-10 所示，该程序由六个窗体组成，共用一个模块。第一个窗体为进入程序的欢迎界面，并提供了帮助按钮和选择计算类型的按钮，使用了闪烁字体和动态图片增强表现效果，同时添加了 Windows Media Player 控件播放 mp3 歌曲；第二个窗体为帮助界面，

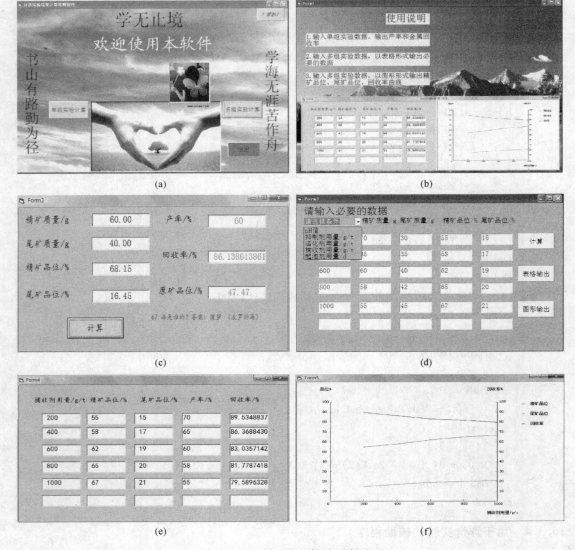

图 16-10　浮选实验辅助程序界面

（a）欢迎界面；（b）帮助界面；（c）单组实验数据计算界面；

（d）多组实验数据输入界面；（e）多组实验数据计算结果表格输出界面；

（f）多组实验数据计算结果图形输出界面

上面提供了程序应用指南；第三个窗体为单组实验数据计算界面，输入相应的值点击计算按钮就可得到单组实验的结果，每计算一次，界面右下角就会随机产生一则诙谐的小幽默，仅供紧张学习工作之余轻松一下；第四个窗体为多组实验数据输入窗体，上面有组合框可选择 pH 值、捕收剂用量、活化剂用量和抑制剂用量等实验条件，实验数据输入完成后点击计算按钮，即可计算出结果，然后根据需要，选择表格输出或者图形输出；第五个窗体为表格输出窗体，所得结果简单准确，只需使用截图功能便可复制到所需地方；第六个窗体为图形输出界面，界面简洁易懂，很容易判断出最佳的浮选实验条件。

16.3.4.3　软件流程与程序设计

该软件运用了多重窗体和模块技术，大量数组与变量均定义在模块中，供各个窗体调用；程序的流程机制依然是通过按钮的单击事件触发。

软件中使用了控件媒体播放器，其调用及播放动作的源代码如下：

```
Private Sub Form_Load( )
    WindowsMediaPlayer1. URL = App. Path & "\1. mp3"
End Sub
Private Sub WindowsMediaPlayer1_OpenStateChange( ByVal NewState As Long)
    If NewState = 1 Then '1 为停止(一曲播完)
        WindowsMediaPlayer1. Controls. play '再播放
    End If
End Sub
```

在单组实验数据计算模块，主要用到的计算公式为

$$q_1 = z_1/(z_1 + z_2)$$
$$h_1 = z_1 p_1/(z_1 p_1 + z_2 p_2)$$

式中　q_1——精矿产率；

　　　z_1——精矿质量；

　　　z_2——尾矿质量；

　　　h_1——金属回收率；

　　　p_1——精矿品位；

　　　p_2——尾矿品位。

其中 z_1、z_2、p_1、p_2 是需要输入的量，q_1、h_1 为返回的量。

对于界面右下角随机产生的小幽默，则是运用了 VB 的文件操作技术，将小幽默集锦事先存放于 oral. txt 文件中，再用 VB 代码打开并逐行读取文件，同时将之存放于数组中，随机显示数组项，从而实现上述功能，其源代码如下：

```
Open App. Path + "\oral. txt" For Input As #1
    Do While Not EOF(1)
    i = i + 1
    ReDim Preserve a(i)
    Line Input #1, a(i)
    Loop
    Close
    aa = Int(Rnd( ) * 227)
```

```
        Label8. Caption  =  a( aa)
```

对于试验结果的图形输出模块，主要使用了 VB 的绘图功能中 Line 语句，其部分源代码如下：

```
Private Sub Form_Resize( )
Form5. Refresh
Scale( -200, 120) - (1400, -20) ′重建坐标
Line(0, 0) - (0, 100) ′Y 轴
Line(0, 0) - (1000, 0) ′X 轴
    ……
For i = 0 To 100 Step 10
    Line(0, i) - (10, i), RGB(255, 0, 0) ′Y 轴的刻度
    If i < > 0 Then CurrentX  =  -60: CurrentY  =  i + 2: Print i
Next i
    ……
Select Case x
Case Is  =  1
Print ″抑制剂用量/g/t″
Case Is  =  2
Print ″活化剂用量/g/t″
Case Is  =  3
Print ″捕收剂用量/g/t″
End Select
    ……
End Sub
```

16. 4　VB 在选矿工艺流程计算中的应用

在选矿流程考察或工艺流程计算中，流程的物料平衡与矿浆平衡是运算量浩大且难度极大的工作，不但要耗费大量的人工，而且在计算过程中极易产生"人为失误"，因此本节主要介绍采用 VB 软件制作选矿工艺流程计算的应用程序，介绍其核心算法与代码编制。因软件内容较多，本节只针对软件的原始数据与流程计算两个最关键的模块作详细介绍，其中包括：用微软 Access 数据库制作平衡计算所需的原始数据文件，以供 VB 的数据控件调用；平衡计算的核心算法。

16. 4. 1　原始数据模块的编制

原始数据是流程计算的重要基础，包括已知的原矿、中矿、精矿及尾矿的一些数据。采用 MS Access 数据库，用 VB 开发的应用程序存取和管理数据，最终形成流程计算模块所需要的数据文件（如 * * * . dat）。以下以单金属选矿数质量流程为例，介绍原始数据处理程序（多金属及矿浆流程可类推）。

在窗口上添加两个数据控件 Data1、Data2，再添加两个 DBGRID 控件 Dbgrid1、Dbgrid2，并分别与 Data1、Data2 绑定，添加按钮控件 Command1，在按钮控件的单击事件

过程中编写程序如下：

```
Private Sub Command1_Click()
    Dim cdir,fname,jdstr,cwhstr,clstr,pwstr1,hsstr1,cwstr As String
    Dim cwbh,lrjd,lcjd,cwh As Integer
    Dim cl, pw1, hs1 As Single
    cdir = CurDir("")
    fname = cdir +"\ mill. dat"
    Open fname For Output As #1
    Data1. Recordset. MoveFirst
    For i = 0 To Data1. Recordset. RecordCount - 1
        cwbh = Data1. Recordset. Fields(0). Value          '得到产物编号
        lrjd = Data1. Recordset. Fields(1). Value          '得到流入产物节点号
        lcjd = Data1. Recordset. Fields(2). Value          '得到流出产物节点号
        jdstr = Trim(Str(cwbh)) +","+ Trim(Str(lrjd)) +","+ Trim(Str(lcjd))      '得到以
逗号分隔的产物汇集点(节点)字符串
        Print #1, jdstr
        Data1. Recordset. MoveNext
    Next i
    Data2. Recordset. MoveFirst
    For j = 0 To Data2. Recordset. RecordCount - 1
        cwh = Data2. Recordset. Fields(0). Value          '得到产物编号
        cl = Data2. Recordset. Fields(1). Value           '得到产量
        pw1 = Data2. Recordset. Fields(2). Value          '得到品位
        hs1 = Data2. Recordset. Fields(3). Val - ue       '得到回收率
        cwhstr = Trim(Str(cwh))
        cwstr = cwhstr +","+ clstr +","+ pwstr1 +","+ hsstr1
        Print #1, cwstr
        Data2. Recordset. MoveNext
    Next j
    Close #1
End Sub
```

以上程序生成供计算模块调用的数据文件 ＊＊＊.dat。

16.4.2　流程计算模块的编制

流程计算是该应用程序的核心，算法是计算的关键，以下给出其基本算法。

16.4.2.1　选矿工艺流程结构的表示方法

对于不同的选矿工艺流程皆可用关联矩阵 L 来表示产物和选别作业的关联关系。选矿流程计算就是已知选别作业中一些产物的品位和产率（回收率），需计算另一些产物的品位和产率（回收率）。这些产物在流程中与选别作业的关系，可以用已知产物关联矩阵 L_1 和待求产物关联矩阵 L_2 来表示。L_1 和 L_2 均为 N 阶方阵，显然这两个矩阵可以从矩阵 L 分解得到。

在流程计算中，为了使计算程序既能进行全流程的物料平衡计算，又能进行局部流程的

计算，可采用给矿产物和金属量向量的表示方法。对于给入选别作业 i 的给矿产物，当已知产率值时，可用给矿产物产率向量 $\boldsymbol{G}_i$ 表示，该向量是 N 维向量。对于给入选别作业 i 的给矿产物，当已知金属量值时，也可用给矿产物金属量向量 $\boldsymbol{P}_i$ 表示，该向量也是 N 维向量。

16.4.2.2 待求产物产率计算

已知产物和待求产物产率平衡关系，用矩阵式（16 – 1）表示如下：

$$\boldsymbol{L}_2\boldsymbol{\gamma}_2 = (-1)\boldsymbol{L}_1\boldsymbol{\gamma}_1 - \sum_{j=1}^{N} \boldsymbol{G}_j\boldsymbol{L}_2\boldsymbol{\gamma}_2 \qquad (16-1)$$

式中 $\boldsymbol{L}_2$——待求产物关联矩阵；

         $\boldsymbol{L}_1$——已知产物关联矩阵；

         $\boldsymbol{\gamma}_1$——已知产物产率向量；

         $\boldsymbol{\gamma}_2$——待求产物产率向量；

         $\boldsymbol{G}_j$——给入选别作业 j 的已知产率向量。

显然，矩阵式（16 – 1）是一个 N 元线性方程组，用主消元法求解即可得待求产物产率值。

16.4.2.3 待求产物品位计算

已知产物和待求产物金属量平衡关系，用矩阵式（16 – 2）表示如下：

$$\boldsymbol{L}_2\boldsymbol{\gamma}_2'\boldsymbol{\beta}_{2k} = (-1)\boldsymbol{L}_1\boldsymbol{\gamma}_1'\boldsymbol{\beta}_{1k} - \sum_{j=1}^{N} \boldsymbol{P}_{jk} \quad (k = 1, 2, \cdots, F) \qquad (16-2)$$

式中 $\boldsymbol{L}_2$——待求产物关联矩阵；

         $\boldsymbol{L}_1$——已知产物关联矩阵；

         $\boldsymbol{\gamma}_2'$——待求产物产率对角矩阵；

         $\boldsymbol{\gamma}_1'$——已知产物产率对角矩阵；

         $\boldsymbol{\beta}_{2k}$——待求产物第 k 个金属品位向量；

         $\boldsymbol{\beta}_{1k}$——已知产物第 k 个金属品位向量；

         $\boldsymbol{P}_{jk}$——给入选别作业 j 的第 k 个金属量向量。

显然，矩阵式（16 – 2）也是一个 N 元线性方程组，用主消元法求解即可得待求产物品位值。当有 F 个金属时，就需计算 F 次。

16.4.2.4 计算程序原则框图

选矿流程计算程序原则框图如图 16 – 11 所示。

用 VB 开发的应用程序调用原始数据模块中的数据文件（如 * * * . dat）作为已知量，再根据上述算法编制程序即可计算出未知量。限于篇幅，程序代码在此不作介绍。

（本节内容选编自刘玖玖《用 VB 开发选矿工艺流程计算应用软件》，摘自《化工矿物与加工》）

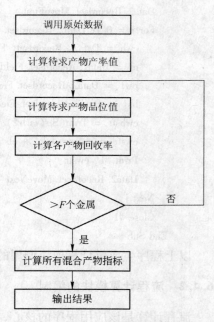

图 16 – 11   选矿流程计算程序原则框图

16.5   VB 在选矿厂初步设计计算中的应用

选矿厂设计主要是指将矿石或其他原料，用物理、化学方法，使有用矿物和脉石或杂质经济有效地分离，以满足冶炼厂或其他用户对产品要求的工厂设计。其主要内容包括：设计规模与产品方案、工艺流程、设计指标、工作制度与设备作业率、设备选择、生产检测、自动化、储存设施、检修设备与设施、车间组成、厂房建筑、设备配置、生产安全与环境保护以及工程概（预）算、技术经济指标等。

选矿厂设计是选矿工程技术的重要组成部分之一，本节主要通过对选矿厂初步设计计算内容的整理总结，介绍利用 VB 软件构建选矿厂初步选型计算的图形用户界面及后台算法程序，从而大大提高选矿厂初步设计方案的选择和设备选型的计算效率。

16.5.1　选矿厂初步设计计算的主要内容

选矿厂初步设计计算主要包括：选矿厂规模的划分、工作制度及主要设备年作业率的计算、工艺流程设计方案的比较计算、主要工艺设备的选择计算、辅助设备与设施的选择计算四个部分。下面以破碎筛分流程的制定与计算为例，介绍利用 VB 计算机语言在选矿厂初步设计计算中的编译与实现。

破碎筛分流程计算的目的在于确定出各破碎、筛分产物的绝对矿量（即产量 q_i）和相对矿量（即产率 γ_i），有时还需要确定破碎筛分过程中的物料粒度及其粒度组成，为设备选择提供依据。

计算破碎筛分流程须有下列原始资料：按原矿计的选矿厂（或破碎筛分厂）生产能力、矿石的物理性质（主要是矿石的可碎性（或硬度）、松散密度、含泥、含水量等）、原矿粒度特性、各段破碎机产物的粒度特性、原矿最大粒度及要求最终产物的最大粒度、各段筛分作业的筛分效率等。

流程计算步骤如下：

（1）确定工作制度，计算破碎车间小时生产能力；

（2）计算总破碎比及分配各段破碎比；

（3）计算各段破碎产物的最大粒度；

（4）计算各段破碎机的排矿口宽度 b，开路破碎机的排矿口按 $b = d_{max}/Z$ 算；

（5）确定各段筛子的筛孔尺寸和筛分效率；

（6）计算各段产物的矿量和产率；

（7）绘制数质量流程图。

16.5.2　软件图形用户界面的设计

软件图形用户界面的设计制作方法：在 VB 中新建一个工程窗体，窗体上放置若干 Frame、Label、Text、Combo Box、Command Button 控件，它们的属性如表 16 - 2 所示，软件编译主界面如图 16 - 12 所示。

表 16 - 2　选矿设备选型计算控件属性

默认控件名	设置的控件名 （Name）	标题（Caption）	文本属性（Text）
Frame1	Frame1	（1）确定工作制度计算破碎车间生产能力	无定义
Label1	Label1	全年工作天，每天班，每班运转时数	无定义
Label2	Label2	故破碎车间生产能力为：t/h	无定义

默认控件名	设置的控件名 （Name）	标题（Caption）	文本属性（Text）
Text1	Text1	无定义	空白
Text2	Text2	无定义	空白
Combo Box1	Combo Box1	无定义	空白
Combo Box2	Combo Box2	无定义	空白
Command1	Command1	三段一闭路流程图	
Command2	Command2	冯守本编《选矿厂设计》Z 值表	无定义
⋮	⋮	⋮	⋮

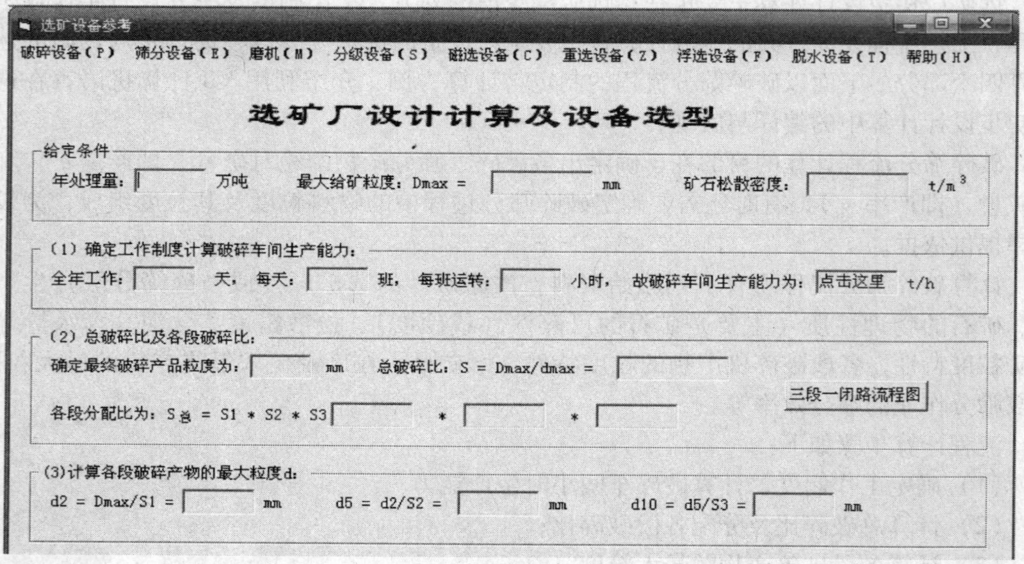

图 16－12　破碎筛分流程计算界面

16.5.3　软件的程序代码设计

设计并调整好软件界面后，在窗体代码窗口中编写对应的事件过程，具体代码如下：

```
Dim ds As Single
Dim a As Single
Private Sub Label85_Change( )
    Dim a As Single
    Dim b As Single
    a = Label63. Caption
    b = Label85. Caption
    Label77. Caption = a + b
    Label87. Caption = Format$ (100 * Label77. Caption /a ,"#. #")
End Sub
Private Sub Text1_Change( )
    On Error Resume Next
```

```
If Text1. Text < 3 Or Text1. Text > 5 Then
MsgBox "请确定输入的数值范围在 3 ~ 5 之间", vbExclamation, "提示"
Text1. Text = " "
Else
Label29. Caption = Format$ ( a /Text1. Text /Label9. Caption, "##. ##")
End If
Label20. Caption = Format$ ( txt2. Text /Text1. Tex, t "#")
Label23. Caption = Format$ ( Label20. Caption/Label9. Caption, "#")
Label28. Caption = Format$ ( Label23. Caption/Label29. Caption, "#")
End Sub
……
```

编译完成后运行程序，具体如图 16 – 13 ~ 图 16 – 15 所示。

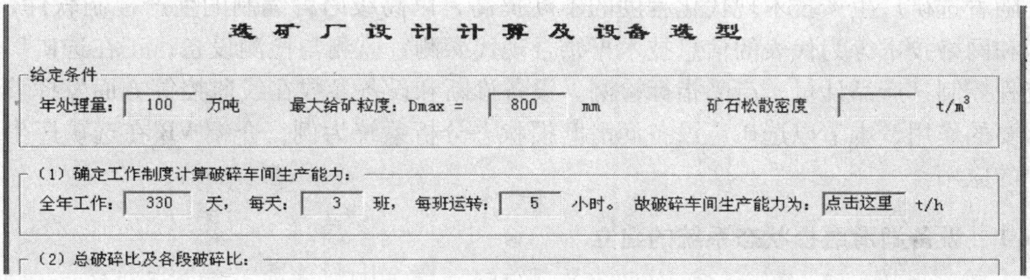

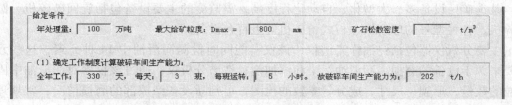

图 16 – 13　计算示例

图 16 – 14　计算结果显示

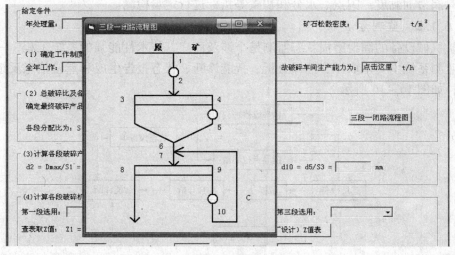

图 16 – 15　流程图示例

16.5.4　软件的启动、安装和运行

软件最终可采用 VB 中文版工具中的安装与展开向导（Package & Deployment）程序制作安装文件，使用户可以很方便地根据向导的操作提示逐步进行安装，只需双击安装目录下的 Setup. exe。安装完毕后，系统会自动在【开始】/【程序】菜单中添加选矿设备参考选型命令，单击图标即可运行程序。该程序可在现行通用计算机硬件架构和 Windows 系统上运行。（本节内容选编自李冬莲《VB 在矿物加工设计计算中的应用》，摘自《金属矿山》）

16.6　VB 在选矿厂生产过程中的应用

随着选矿厂生产技术现代化程度的不断提高，以高级语言编制的生产控制软件、PLC技术和网络技术等为代表的信息技术再结合现代探测、监测与检测设备，正在选矿厂的生产流程控制、产品计量、产品指标检测、设备诊断和设备参数在线监控等方面发挥着越来越重要的作用，本节以选矿厂设备润滑磨损状态分析系统为例，介绍 VB 在选矿厂生产过程中的应用。

16.6.1　设备润滑磨损状态系统的建立

16.6.1.1　主要监测设备与分析仪器

某选矿厂设备多，大型化、自动化程度高，需监测的主要设备包括旋回破碎机、圆锥破碎机、各种型号的球磨机、板式给矿机等近百台设备。

主要分析仪器包括：油样光谱仪，该仪器能同时检测润滑油中 14 种元素，这些元素主要来源于设备的磨损、润滑油污染和添加剂；铁谱分析仪，通过该仪器对润滑油中固体颗粒的数量、形貌、尺寸、成分等参数的检测，可判断设备摩擦部的磨损情况；常规理化指标检测仪，主要有运动黏度计、闪点测定器、全差示光度计和微量水分测定器等，这些仪器能对润滑油黏度、闪点、水分和积碳等指标进行定量检测。

16.6.1.2　监测方法

选矿机械设备的润滑磨损状态监测是个涉及面广、技术性能强的系统工程，一个完整的润滑监测系统主要由取样、油样分析、智能诊断、状态报告生成和点检信息反馈五个方面组成，如图 16 – 16 所示。

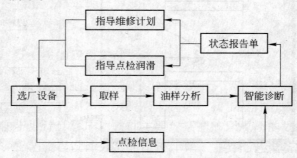

图 16 – 16　润滑磨损状态监测系统结构图

16.6.1.3 样品的获取与油样分析

取样的代表性直接决定了状态监测结论的准确性，所以确定油样的取样位置、时间和频率是非常关键的。根据选矿设备的特点和实际经验安排如下。

取样地点：始终固定在同一位置取样；在润滑油循环系统取样时，应在润滑油经摩擦部之后、过滤器之前取样；在油箱中取样时，一般应在离油箱底部 10cm 左右取样。取样时间：循环系统应在开机过程中取样，在油箱中取样时，也尽可能在开机状态下取样，否则应在停机后立即取样。取样频率：主要根据设备工况和对润滑磨损监测的要求来确定，分为定期取样和随机取样。

对选矿厂主要设备润滑油样取样后，分别用主要分析仪器进行油样化验，油样化验的数据全部输入计算机，存入数据库，进行统计分析查询和评判。

16.6.1.4 检测标准

润滑磨损状态检测标准的制订是一项很重要、难度也很大的工作，其重要意义是开展大型选矿设备的润滑磨损状态监测，实现计算机的统计分析判断。因此，必须有一套具体的检测标准，否则实际应用无从谈起。其难度是由于不同型号、不同工况的设备，其润滑磨损状态各不相同，检测的标准也不相同；甚至同一台设备不同运行阶段的检测标准也不相同。而且所谓检测标准本身就是个比较模糊的概念，尤其是对设备磨损状态的检测，必须要综合考虑光谱分析、铁谱分析的结果，并根据检测设备的具体情况，才能做出一个正确的检测结论。

针对上述情况，主要从两个方面来研究制定状态检测标准。一是通过对设备润滑磨损状态的长期检测，用现场试验的方法确定机器磨损参数的预警值；二是充分消化吸收国外同类型矿山设备润滑磨损状态检测的经验，参考有关的检测标准。对选矿厂主要设备的润滑磨损状态制订检测标准，如表 16-3 和表 16-4 所示。

表 16-3 选矿厂设备润滑磨损状态检测标准

设备名称	Visc/mm² · s⁻²	F. P/℃	H₂O/‰	Fe/10⁻⁶	Cu/10⁻⁶	Pb/10⁻⁶	Al/10⁻⁶	Si/10⁻⁶
球磨机	135 ~ 165	> 200	< 0.5	200	50	20	15	50
圆锥破碎机	60 ~ 75	> 200	< 0.1	50	25	20	10	20
旋回破碎机	280 ~ 350	> 200	< 0.1	200	50	20	15	50
铁板给矿机	60 ~ 75	> 200	< 0.1	100	25	20	20	50

表 16-4 磨损程度光谱分析判断标准

磨损程度	光谱分析判断标准	铁谱分析标准（判断标准磨损长轴 $D/\mu m$）
正常磨损	$ME < N$	$D < N$
异常磨损	$N \leqslant ME < 2N$	$15 \leqslant ME < 60$
严重磨损	$2N \leqslant ME < 4N$	$60 \leqslant ME < 200$
很严重磨损	$ME \geqslant 4N$	$D \geqslant 4N$

注：ME 为磨损金属含量；N 为磨损金属含量正常范围控制标准（见表 16-3）。

通过对近 5 年油液检测的研究，对主要设备制订了润滑检测标准，各项检测指标都在此范围内就意味着润滑状态正常。若一项或几项检测指标超出了此控制范围，计算机则提出判断可能发生故障的原因，提供给维修人员参考。

16.6.2　系统设计与功能

　　根据上述油样化验报告、检测评判的标准及多年检测的经验，结合选矿厂设备情况，编程建立数据库、知识库，实施计算机的统计分析、油样趋势图分析、报警设置等，建立选矿厂设备润滑磨损状态分析管理系统。选矿厂设备润滑磨损状态分析系统框图如图 16 - 17 所示。

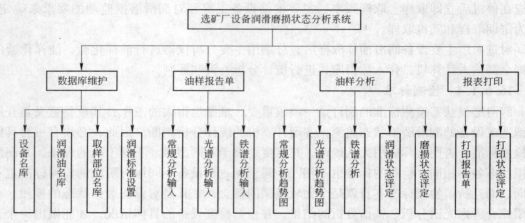

图 16 - 17　选矿厂设备润滑磨损状态分析系统框图

16.6.2.1　运行环境

　　系统在 Windows NT/98 以上网络平台运行，采用 VB 6.0 与 SQL ServerNT 数据库开发了系统各功能模块。

16.6.2.2　数据库维护模块

　　主要建立各设备名库、润滑油名库、取样部位名库等数据库，进行分类编码；设置对数据库记录、添加、修改、删除、查询等功能；设置选矿厂设备的润滑磨损状态检测标准，设置报警极限等。

16.6.2.3　油样报告单模块

　　该功能模块主要完成油样化验单的输入，如常规、光谱、铁谱化验报告单的输入。按设备取样部位、油品、油样编号、取样时间等逐项输入数据库存档，以便查询分析评判。

16.6.2.4　油样分析模块

　　油样分析模块主要对油样报告单的数据分别按照各个设备各自的特点和运行情况，设置润滑磨损状态检测标准和报警极限，进行统计分析，作出评判。

　　常规分析：按照某台设备、油品种类、取样时间、设备运行时间，常规分析其运动黏度、水分、积碳、酸值等。根据历次取样，画出取样时间与常规分析各个参数趋势曲线图，使之一目了然，看出这些参数的变化情况是否符合标准值。

　　光谱分析：分析油样中含 Fe、Cu、Pb、Sn、Al、Si、Na、Ni、Cr、Zn、Mo、Mn 等分布趋势曲线图，图 16 - 18 为光谱分析趋势曲线图。

　　铁谱分析：按照设备润滑油的种类、设备运行时间、使用时间、取样时间，分析其是否存在滑动擦伤、黏着磨损、疲劳剥落、磨料磨损、污染杂质等。

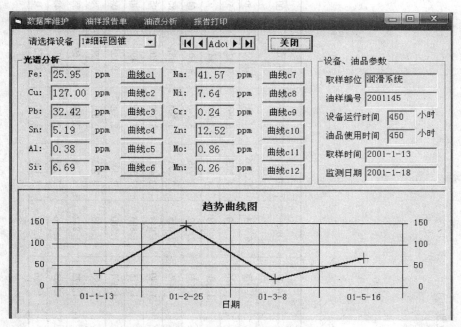

图 16－18 光谱分析趋势曲线图

润滑磨损状态评定：根据上面的常规分析、光谱分析和铁谱分析，最后按照某台设备的检测标准、报警极限作出推理判断，如图 16－19 所示，并可查询历史记录。

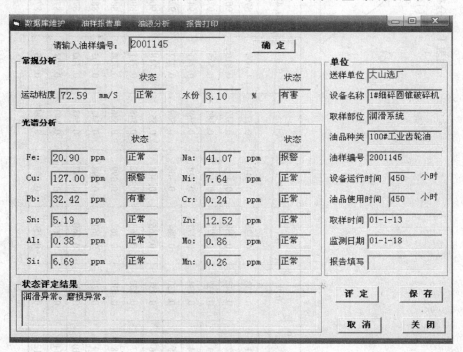

图 16－19 润滑磨损状态评定

（本节内容选编自郭年琴《选矿厂设备润滑磨损状态分析系统研究》，摘自《有色金属》）

附 录

附表 I t分布的双侧分位数(t_α)

$$P(|t| > t_\alpha) = \alpha$$

f \ α	0.9	0.8	0.7	0.6	0.5	0.4	0.3	0.2	0.1	0.05	0.02	0.01	0.001
1	0.158	0.325	0.510	0.727	1.000	1.376	1.963	3.078	6.314	12.706	31.821	63.657	636.619
2	0.142	0.289	0.445	0.617	0.816	1.061	1.386	1.886	2.920	4.303	6.965	9.925	31.598
3	0.137	0.277	0.424	0.584	0.565	0.978	1.250	1.638	2.353	3.182	4.541	5.841	12.924
4	0.134	0.271	0.414	0.569	0.741	0.941	1.190	1.533	2.132	2.776	3.747	4.604	8.610
5	0.132	0.267	0.408	0.559	0.727	0.920	1.156	1.476	2.015	2.571	3.365	4.032	6.859
6	0.131	0.265	0.404	0.553	0.718	0.906	1.134	1.440	1.943	2.447	3.143	3.707	5.959
7	0.130	0.263	0.402	0.549	0.711	0.896	1.119	1.415	1.895	2.365	2.998	3.499	5.405
8	0.130	0.262	0.399	0.546	0.706	0.889	1.108	1.397	1.860	2.306	2.896	3.355	5.041
9	0.129	0.261	0.398	0.543	0.703	0.883	1.100	1.383	1.833	2.262	2.821	3.250	4.781
10	0.129	0.260	0.397	0.542	0.700	0.879	1.093	1.372	1.812	2.228	2.764	3.169	4.587
11	0.129	0.260	0.396	0.540	0.697	0.876	1.088	1.363	1.796	2.201	2.718	3.106	4.437
12	0.128	0.259	0.395	0.539	0.695	0.873	1.083	1.356	1.782	2.179	2.681	3.055	4.318

续附表 I

α \ f	0.9	0.8	0.7	0.6	0.5	0.4	0.3	0.2	0.1	0.05	0.02	0.01	0.001
13	0.128	0.259	0.394	0.538	0.694	0.870	1.079	1.350	1.771	2.160	2.650	3.012	4.221
14	0.128	0.258	0.393	0.537	0.692	0.868	1.076	1.345	1.761	2.145	2.624	2.977	4.140
15	0.128	0.258	0.393	0.536	0.691	0.866	1.074	1.341	1.753	2.131	2.602	2.947	4.073
16	0.128	0.258	0.392	0.535	0.690	0.865	1.071	1.337	1.746	2.120	2.583	2.921	4.015
17	0.128	0.257	0.392	0.534	0.689	0.863	1.069	1.333	1.740	2.110	2.567	2.898	3.965
18	0.127	0.257	0.392	0.534	0.688	0.862	1.067	1.330	1.734	2.101	2.552	2.878	3.922
19	0.127	0.257	0.391	0.533	0.688	0.861	1.066	1.328	1.729	2.093	2.539	2.861	3.883
20	0.127	0.257	0.391	0.533	0.687	0.860	1.064	1.325	1.725	2.086	2.528	2.845	3.850
21	0.127	0.257	0.391	0.532	0.686	0.859	1.063	1.323	1.721	2.080	2.518	2.831	3.819
22	0.127	0.256	0.390	0.532	0.686	0.858	1.061	1.321	1.717	2.074	2.508	2.819	3.792
23	0.127	0.256	0.390	0.532	0.685	0.858	1.060	1.319	1.714	2.069	2.500	2.807	3.767
24	0.127	0.256	0.390	0.531	0.685	0.857	1.059	1.318	1.711	2.064	2.492	2.797	3.745
25	0.127	0.256	0.390	0.531	0.684	0.856	1.058	1.316	1.708	2.060	2.485	2.787	3.725
26	0.127	0.256	0.390	0.531	0.684	0.856	1.058	1.315	1.706	2.056	2.479	2.779	3.707
27	0.127	0.256	0.389	0.531	0.684	0.855	1.057	1.314	1.703	2.052	2.473	2.771	3.690
28	0.127	0.256	0.389	0.530	0.683	0.855	1.056	1.313	1.701	2.048	2.467	2.763	3.674
29	0.127	0.256	0.389	0.530	0.683	0.854	1.055	1.311	1.699	2.045	2.462	2.756	3.659
30	0.127	0.256	0.389	0.530	0.683	0.854	1.055	1.310	1.697	2.042	2.457	2.750	3.646
40	0.126	0.255	0.388	0.529	0.681	0.851	1.050	1.303	1.684	2.021	2.423	2.704	3.551
60	0.126	0.254	0.387	0.527	0.679	0.848	1.046	1.296	1.671	2.000	2.390	2.660	3.460
120	0.126	0.254	0.386	0.526	0.677	0.845	1.041	1.289	1.658	1.980	2.358	2.617	3.373
∞	0.126	0.253	0.385	0.524	0.674	0.842	1.036	1.282	1.645	1.960	2.326	2.576	3.291

附表 II　F 检验的临界值（F_α）

$$P(F > F_\alpha) = \alpha$$

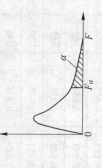

$\alpha = 0.25$

f_2 \ f_1	1	2	3	4	5	6	7	8	9	10	12	15	20	24	30	40	60	120	∞
1	5.83	7.50	8.20	8.58	8.82	8.98	9.10	9.19	9.26	9.32	9.41	9.49	9.58	9.63	9.67	9.71	9.76	9.80	9.85
2	2.57	3.00	3.15	3.23	3.28	3.31	3.34	3.35	3.37	3.38	3.39	3.41	3.43	3.43	3.44	3.45	3.46	3.47	3.48
3	2.02	2.28	2.36	2.39	2.41	2.42	2.43	2.44	2.44	2.44	2.45	2.46	2.46	2.46	2.47	2.47	2.47	2.47	2.47
4	1.81	2.00	2.05	2.06	2.07	2.08	2.08	2.08	2.08	2.08	2.08	2.08	2.08	2.08	2.08	2.08	2.08	2.08	2.08
5	1.69	1.85	1.88	1.89	1.89	1.89	1.89	1.89	1.89	1.89	1.89	1.89	1.88	1.88	1.88	1.88	1.87	1.87	1.87
6	1.62	1.76	1.78	1.79	1.79	1.78	1.78	1.78	1.77	1.77	1.77	1.76	1.76	1.75	1.75	1.75	1.74	1.74	1.74
7	1.57	1.70	1.72	1.72	1.71	1.71	1.70	1.70	1.69	1.69	1.68	1.68	1.67	1.67	1.66	1.66	1.65	1.65	1.65
8	1.54	1.66	1.67	1.66	1.66	1.65	1.64	1.64	1.63	1.63	1.62	1.62	1.61	1.60	1.60	1.59	1.59	1.58	1.58
9	1.51	1.62	1.63	1.63	1.62	1.61	1.60	1.60	1.59	1.59	1.58	1.57	1.56	1.56	1.55	1.54	1.54	1.53	1.53
10	1.49	1.60	1.60	1.59	1.59	1.58	1.57	1.56	1.56	1.55	1.54	1.53	1.52	1.52	1.51	1.51	1.50	1.49	1.48
11	1.47	1.58	1.58	1.57	1.56	1.55	1.54	1.53	1.53	1.52	1.51	1.50	1.49	1.49	1.48	1.47	1.47	1.46	1.45
12	1.46	1.56	1.56	1.55	1.54	1.53	1.52	1.51	1.51	1.50	1.49	1.48	1.47	1.46	1.45	1.45	1.44	1.43	1.42
13	1.45	1.55	1.55	1.53	1.52	1.51	1.50	1.49	1.49	1.48	1.47	1.46	1.45	1.44	1.43	1.42	1.42	1.41	1.40
14	1.44	1.53	1.53	1.52	1.51	1.50	1.49	1.47	1.48	1.46	1.45	1.44	1.43	1.42	1.41	1.41	1.40	1.39	1.38
15	1.43	1.52	1.52	1.51	1.49	1.48	1.47	1.46	1.46	1.45	1.44	1.43	1.41	1.41	1.40	1.39	1.38	1.37	1.36
16	1.42	1.51	1.51	1.50	1.48	1.47	1.46	1.45	1.44	1.44	1.43	1.41	1.40	1.39	1.38	1.37	1.36	1.35	1.34
17	1.42	1.51	1.50	1.49	1.47	1.46	1.45	1.44	1.43	1.43	1.41	1.40	1.39	1.38	1.37	1.36	1.35	1.34	1.33

续附表 Ⅱ

α = 0.25

f_2 \ f_1	1	2	3	4	5	6	7	8	9	10	12	15	20	24	30	40	60	120	∞
18	1.41	1.50	1.49	1.48	1.46	1.45	1.44	1.43	1.42	1.42	1.40	1.39	1.38	1.37	1.36	1.35	1.34	1.33	1.32
19	1.41	1.49	1.49	1.47	1.46	1.44	1.43	1.42	1.41	1.41	1.40	1.38	1.37	1.36	1.35	1.34	1.33	1.32	1.30
20	1.40	1.49	1.48	1.47	1.45	1.44	1.43	1.42	1.41	1.40	1.39	1.37	1.36	1.35	1.34	1.33	1.32	1.31	1.29
21	1.40	1.48	1.48	1.46	1.44	1.43	1.42	1.41	1.40	1.39	1.38	1.37	1.35	1.34	1.33	1.32	1.31	1.30	1.28
22	1.40	1.48	1.47	1.45	1.44	1.42	1.41	1.40	1.39	1.39	1.37	1.36	1.34	1.33	1.32	1.31	1.30	1.29	1.28
23	1.39	1.47	1.47	1.45	1.43	1.42	1.41	1.40	1.39	1.38	1.37	1.35	1.34	1.33	1.32	1.31	1.30	1.28	1.27
24	1.39	1.47	1.46	1.44	1.43	1.41	1.40	1.39	1.38	1.38	1.36	1.35	1.33	1.32	1.31	1.30	1.29	1.28	1.26
25	1.39	1.47	1.46	1.44	1.42	1.41	1.40	1.39	1.38	1.37	1.36	1.34	1.33	1.32	1.31	1.29	1.28	1.27	1.25
26	1.38	1.46	1.45	1.44	1.42	1.41	1.39	1.38	1.37	1.37	1.35	1.34	1.32	1.31	1.30	1.29	1.28	1.26	1.25
27	1.38	1.46	1.45	1.43	1.42	1.40	1.39	1.38	1.37	1.36	1.35	1.33	1.32	1.31	1.30	1.28	1.27	1.26	1.24
28	1.38	1.46	1.45	1.43	1.41	1.40	1.39	1.38	1.37	1.36	1.34	1.33	1.31	1.30	1.29	1.28	1.27	1.25	1.24
29	1.38	1.45	1.45	1.43	1.41	1.40	1.38	1.37	1.36	1.35	1.34	1.32	1.31	1.30	1.29	1.27	1.26	1.25	1.23
30	1.38	1.45	1.44	1.42	1.41	1.39	1.38	1.37	1.36	1.35	1.34	1.32	1.30	1.29	1.28	1.27	1.26	1.24	1.23
40	1.36	1.44	1.42	1.40	1.39	1.37	1.36	1.35	1.34	1.33	1.31	1.30	1.28	1.26	1.25	1.24	1.22	1.21	1.19
60	1.35	1.42	1.41	1.38	1.37	1.35	1.33	1.32	1.31	1.30	1.29	1.27	1.25	1.24	1.22	1.21	1.19	1.17	1.15
120	1.34	1.40	1.39	1.37	1.35	1.33	1.31	1.30	1.29	1.28	1.26	1.24	1.22	1.21	1.19	1.18	1.16	1.13	1.10
∞	1.32	1.39	1.37	1.35	1.33	1.31	1.29	1.28	1.27	1.25	1.24	1.22	1.19	1.18	1.16	1.14	1.12	1.08	1.00

α = 0.10

f_2 \ f_1	1	2	3	4	5	6	7	8	9	10	15	20	30	50	100	200	500	∞
1	39.9	49.5	53.6	55.8	57.2	58.2	58.9	59.4	59.9	60.2	61.2	61.7	62.3	62.7	63.0	63.2	63.3	63.3
2	8.53	9.00	9.16	9.24	9.29	9.33	9.35	9.37	9.38	9.39	9.42	9.44	9.46	9.47	9.48	9.49	9.49	9.49

续附表 II

α = 0.10

f_2 \ f_1	1	2	3	4	5	6	7	8	9	10	15	20	30	50	100	200	500	∞
3	5.54	5.46	5.39	5.34	5.31	5.28	5.27	5.25	5.24	5.23	5.20	5.18	5.17	5.15	5.14	5.14	5.14	5.13
4	4.54	4.32	4.19	4.11	4.05	4.01	3.98	3.95	3.94	3.92	3.87	3.84	3.82	3.80	3.78	3.77	3.76	3.76
5	4.06	3.73	3.62	3.52	3.45	3.40	3.37	3.34	3.32	3.30	3.24	3.21	3.17	3.15	3.13	3.12	3.11	3.10
6	3.78	3.46	3.29	3.18	3.11	3.05	3.01	2.98	2.96	2.94	2.87	2.84	2.80	2.77	2.75	2.73	2.73	2.72
7	3.59	3.26	3.07	2.96	2.88	2.83	2.78	2.75	2.72	2.70	2.63	2.59	2.56	2.52	2.50	2.48	2.48	2.47
8	3.46	3.11	2.92	2.81	2.73	2.67	2.62	2.59	2.56	2.54	2.46	2.42	2.38	2.35	2.32	2.31	2.30	2.29
9	3.36	3.01	2.81	2.69	2.61	2.55	2.51	2.47	2.44	2.42	2.34	2.30	2.25	2.22	2.19	2.17	2.17	2.16
10	3.28	2.92	2.73	2.61	2.52	2.46	2.41	2.38	2.35	2.32	2.24	2.20	2.16	2.12	2.06	2.07	2.06	2.06
11	3.23	2.86	2.66	2.54	2.45	2.39	2.34	2.30	2.27	2.25	2.17	2.12	2.08	2.04	2.00	1.99	1.98	1.97
12	3.18	2.81	2.61	2.48	2.39	2.33	2.28	2.24	2.21	2.19	2.10	2.06	2.01	1.97	1.94	1.92	1.91	1.90
13	3.14	2.76	2.56	2.43	2.35	2.28	2.23	2.20	2.16	2.14	2.05	2.01	1.96	1.92	1.88	1.86	1.85	1.85
14	3.10	2.73	2.52	2.39	2.31	2.24	2.19	2.15	2.12	2.10	2.01	1.96	1.91	1.87	1.83	1.82	1.80	1.80
15	3.07	2.70	2.49	2.36	2.27	2.21	2.16	2.12	2.09	2.06	1.97	1.92	1.87	1.83	1.79	1.77	1.76	1.76
16	3.05	2.67	2.46	2.33	2.24	2.18	2.13	2.09	2.06	2.03	1.94	1.89	1.84	1.79	1.76	1.74	1.73	1.72
17	3.03	2.64	2.44	2.31	2.22	2.15	2.10	2.06	2.03	2.00	1.91	1.86	1.81	1.76	1.73	1.71	1.69	1.69
18	3.01	2.62	2.42	2.29	2.20	2.13	2.08	2.04	2.00	1.98	1.89	1.84	1.78	1.74	1.70	1.68	1.67	1.66
19	2.99	2.61	2.40	2.27	2.18	2.11	2.06	2.02	1.98	1.96	1.86	1.81	1.76	1.71	1.67	1.65	1.64	1.63
20	2.97	2.59	2.38	2.25	2.16	2.09	2.04	2.00	1.96	1.94	1.84	1.79	1.74	1.69	1.65	1.63	1.62	1.61
22	2.95	2.56	2.35	2.22	2.13	2.06	2.01	1.97	1.93	1.90	1.81	1.76	1.70	1.65	1.61	1.59	1.58	1.57
24	2.93	2.54	2.33	2.19	2.10	2.04	1.98	1.94	1.91	1.88	1.78	1.73	1.67	1.62	1.58	1.56	1.54	1.53
26	2.91	2.52	2.31	2.17	2.08	2.01	1.96	1.92	1.88	1.86	1.76	1.71	1.65	1.59	1.55	1.53	1.51	1.48
28	2.89	2.50	2.29	2.16	2.06	2.00	1.94	1.90	1.87	1.84	1.74	1.69	1.63	1.57	1.53	1.50	1.49	1.48

续附表 II

$\alpha = 0.10$

f_2 \ f_1	1	2	3	4	5	6	7	8	9	10	15	20	30	50	100	200	500	∞
30	2.88	2.49	2.28	2.14	2.05	1.98	1.93	1.88	1.85	1.82	1.72	1.67	1.61	1.55	1.51	1.48	1.47	1.46
40	2.84	2.44	2.23	2.09	2.00	1.93	1.87	1.83	1.79	1.76	1.66	1.61	1.54	1.48	1.43	1.41	1.39	1.38
50	2.81	2.41	2.20	2.06	1.97	1.90	1.84	1.80	1.76	1.73	1.63	1.57	1.50	1.44	1.39	1.36	1.34	1.33
60	2.79	2.39	2.18	2.04	1.95	1.87	1.82	1.77	1.74	1.71	1.60	1.54	1.48	1.41	1.36	1.33	1.31	1.29
80	2.77	2.37	2.15	2.02	1.92	1.85	1.79	1.75	1.71	1.68	1.57	1.51	1.44	1.38	1.32	1.28	1.26	1.24
100	2.76	2.36	2.14	2.00	1.91	1.83	1.78	1.73	1.70	1.66	1.56	1.49	1.42	1.35	1.29	1.26	1.23	1.21
200	2.73	2.33	2.11	1.97	1.88	1.80	1.75	1.70	1.66	1.63	1.52	1.46	1.38	1.31	1.24	1.20	1.17	1.14
500	2.72	2.31	2.10	1.96	1.86	1.79	1.73	1.68	1.64	1.61	1.50	1.44	1.36	1.28	1.21	1.16	1.12	1.09
∞	2.71	2.30	2.08	1.94	1.85	1.77	1.72	1.67	1.63	1.60	1.49	1.42	1.34	1.26	1.18	1.13	1.08	1.00

$\alpha = 0.05$

f_2 \ f_1	1	2	3	4	5	6	7	8	9	10	12	14	16	18	20
1	161	200	216	225	230	234	237	239	241	242	244	245	246	247	248
2	18.5	19.0	19.2	19.2	19.3	19.3	19.4	19.4	19.4	19.4	19.4	19.4	19.4	19.4	19.4
3	10.1	9.55	9.28	9.12	9.01	8.94	8.89	8.85	8.81	8.79	8.74	8.71	8.69	8.67	8.66
4	7.71	6.64	6.59	6.39	6.26	6.16	6.09	6.04	6.00	5.96	5.91	5.87	5.84	5.82	5.80
5	6.61	5.79	5.41	5.19	5.05	4.95	4.88	4.82	4.77	4.74	4.68	4.64	4.60	4.58	4.56
6	5.99	5.14	4.76	4.53	4.39	4.28	4.21	4.15	4.10	4.06	4.00	3.96	3.92	3.90	3.87
7	5.59	4.74	4.35	4.12	3.97	3.87	3.79	3.73	3.68	3.64	3.57	3.53	3.49	3.47	3.44
8	5.32	4.46	4.07	3.84	3.69	3.58	3.50	3.44	3.39	3.35	3.28	3.24	3.20	3.17	3.15
9	5.12	4.26	3.86	3.63	3.48	3.37	3.29	3.23	3.18	3.14	3.07	3.03	2.99	2.96	2.94
10	4.96	4.10	3.71	3.48	3.33	3.22	3.14	3.07	3.02	2.98	2.91	2.86	2.83	2.80	2.77

续附表Ⅱ

α＝0.05

f_2 \ f_1	1	2	3	4	5	6	7	8	9	10	12	14	16	18	20
11	4.84	3.98	3.59	3.36	3.20	3.09	3.01	2.95	2.90	2.85	2.79	2.74	2.70	2.67	2.65
12	4.75	3.89	3.49	3.26	3.11	3.00	2.91	2.85	2.80	2.75	2.69	2.64	2.60	2.57	2.54
13	4.67	3.81	3.41	3.18	3.03	2.92	2.83	2.77	2.71	2.67	2.60	2.55	2.51	2.48	2.46
14	4.60	3.74	3.34	3.11	2.96	2.85	2.76	2.70	2.65	2.60	2.53	2.48	2.44	2.41	2.39
15	4.54	3.68	3.29	3.06	2.90	2.79	2.71	2.64	2.59	2.54	2.48	2.42	2.38	2.35	2.33
16	4.49	3.63	3.24	3.01	2.85	2.74	2.66	2.59	2.54	2.49	2.42	2.37	2.33	2.30	2.28
17	4.45	3.59	3.20	2.96	2.81	2.70	2.61	2.55	2.49	2.45	2.38	2.33	2.29	2.26	2.23
18	4.41	3.55	3.16	2.93	2.77	2.66	2.58	2.51	2.46	2.41	2.34	2.29	2.25	2.22	2.19
19	4.38	3.52	3.13	2.90	2.74	2.63	2.54	2.48	2.42	2.38	2.31	2.26	2.21	2.18	2.16
20	4.35	3.49	3.10	2.87	2.71	2.60	2.51	2.45	2.36	2.35	2.28	2.22	2.18	2.15	2.12
21	4.32	3.47	3.07	2.84	2.68	2.57	2.49	2.42	2.37	2.32	2.25	2.20	2.16	2.12	2.10
22	4.30	3.44	3.05	2.82	2.66	2.55	2.46	2.40	2.34	2.30	2.23	2.17	2.13	2.10	2.07
23	4.28	3.42	3.03	2.80	2.64	2.53	2.44	2.37	2.32	2.27	2.20	2.15	2.11	2.07	2.05
24	4.26	3.40	3.01	2.78	2.62	2.51	2.42	2.36	2.30	2.25	2.18	2.13	2.09	2.05	2.03
25	4.24	3.39	2.99	2.26	2.60	2.49	2.40	2.34	2.28	2.24	2.16	2.11	2.07	2.04	2.01
26	4.23	3.37	2.98	2.74	2.59	2.47	2.39	2.32	2.27	2.22	2.15	2.09	2.05	2.02	1.99
27	4.21	3.35	2.96	2.73	2.57	2.46	2.37	2.31	2.25	2.20	2.13	2.08	2.04	2.00	1.97
28	4.20	3.34	2.95	2.71	2.56	2.45	2.36	2.29	2.24	2.19	2.12	2.06	2.02	1.99	1.96
29	4.18	3.33	2.93	2.70	2.55	2.43	2.35	2.28	2.22	2.18	2.10	2.05	2.01	1.97	1.94
30	4.17	3.32	2.92	2.69	2.53	2.42	2.33	2.27	2.21	2.16	2.09	2.04	1.99	1.96	1.93
32	4.15	3.29	2.90	2.67	2.51	2.40	2.31	2.23	2.19	2.14	2.07	2.01	1.97	1.94	1.91
34	4.13	3.28	2.88	2.65	2.49	2.38	2.29	2.23	2.17	2.12	2.05	1.99	1.95	1.92	1.89
36	4.11	3.26	2.87	2.63	2.48	2.36	2.28	2.21	2.15	2.11	2.03	1.98	1.93	1.90	1.87

续附表 II

α = 0.05

f_2 \ f_1	1	2	3	4	5	6	7	8	9	10	12	14	16	18	20
38	4.10	3.24	2.85	2.62	2.46	2.35	2.26	2.19	2.14	2.09	2.02	1.96	1.92	1.88	1.85
40	4.08	3.23	2.84	2.61	2.45	2.34	2.25	2.18	2.12	2.08	2.00	1.95	1.90	1.87	1.84
42	4.07	3.22	2.83	2.59	2.44	2.32	2.24	2.17	2.11	2.06	1.99	1.93	1.89	1.86	1.83
44	4.06	3.21	2.82	2.58	2.43	2.31	2.23	2.16	2.10	2.05	1.98	1.92	1.88	1.84	1.81
46	4.05	3.20	2.81	2.57	2.42	2.30	2.22	2.15	2.09	2.04	1.97	1.91	1.87	1.83	1.80
48	4.04	3.19	2.80	2.57	2.41	2.29	2.21	2.14	2.08	2.03	1.96	1.90	1.86	1.82	1.79
50	4.03	3.18	2.79	2.56	2.40	2.29	2.20	2.13	2.07	2.03	1.95	1.89	1.85	1.81	1.78
60	4.00	3.15	2.76	2.53	2.37	2.25	2.17	2.10	2.04	1.99	1.92	1.86	1.82	1.78	1.75
80	3.96	3.11	2.72	2.49	2.33	2.21	2.13	2.06	2.00	1.95	1.88	1.82	1.77	1.73	1.70
100	3.94	3.09	2.70	2.46	2.31	2.19	2.10	2.03	1.97	1.93	1.85	1.79	1.75	1.71	1.68
125	3.92	3.07	2.68	2.44	2.29	2.17	2.08	2.01	1.96	1.91	1.83	1.77	1.72	1.69	1.65
150	3.90	3.06	2.66	2.43	2.27	2.16	2.07	2.00	1.94	1.89	1.82	1.76	1.71	1.67	1.64
200	3.89	3.04	2.65	2.42	2.26	2.14	2.06	1.98	1.93	1.88	1.80	1.74	1.69	1.66	1.62
300	3.87	3.03	2.63	2.40	2.24	2.13	2.04	1.97	1.91	1.86	1.78	1.74	1.68	1.64	1.61
500	3.86	3.01	2.62	2.39	2.23	2.12	2.03	1.96	1.90	1.85	1.77	1.71	1.66	1.62	1.59
1000	3.85	3.00	2.61	2.38	2.22	2.11	2.02	1.95	1.89	1.84	1.76	1.70	1.65	1.61	1.58
∞	3.84	3.00	2.60	2.37	2.21	2.10	2.01	1.94	1.88	1.83	1.75	1.69	1.64	1.60	1.57

f_2 \ f_1	22	24	26	28	30	35	40	45	50	60	80	100	200	500	∞
1	249	249	249	250	250	251	251	251	252	252	252	253	254	254	254
2	19.5	19.5	19.5	19.5	19.5	19.5	19.5	19.5	19.5	19.5	19.5	19.5	19.5	19.5	19.5

续附表 Ⅱ

α = 0.05

f_2 \ f_1	22	24	26	28	30	35	40	45	50	60	80	100	200	500	∞
3	8.65	8.64	8.63	8.62	8.62	8.60	8.59	8.59	8.58	8.57	8.56	8.55	8.54	8.53	8.53
4	5.79	5.77	5.76	5.75	5.75	5.73	5.72	5.71	5.70	5.69	5.67	5.66	5.65	5.64	5.63
5	4.54	4.53	4.52	4.50	4.50	4.48	4.46	4.45	4.44	4.43	4.41	4.41	4.39	4.37	4.37
6	3.86	3.84	3.83	3.82	3.81	3.79	3.77	3.76	3.75	3.74	3.72	3.71	3.69	3.68	3.67
7	3.43	3.41	3.40	3.39	3.38	3.36	3.34	3.33	3.32	3.30	3.29	3.27	3.25	3.24	3.23
8	3.13	3.12	3.10	3.09	3.08	3.06	3.04	3.03	3.02	3.01	2.99	2.97	2.95	2.94	2.93
9	2.92	2.90	2.89	2.87	2.86	2.84	2.83	2.81	2.80	2.79	2.77	2.76	2.73	2.72	2.71
10	2.75	2.74	2.72	2.71	2.70	2.68	2.66	2.65	2.64	2.62	2.60	2.59	2.56	2.55	2.54
11	2.63	2.61	2.59	2.58	2.57	2.55	2.53	2.52	2.51	2.49	2.47	2.46	2.43	2.42	2.40
12	2.52	2.51	2.49	2.48	2.47	2.44	2.43	2.41	2.40	2.38	2.36	2.35	2.32	2.31	2.30
13	2.44	2.42	2.41	2.39	2.38	2.36	2.34	2.33	2.31	2.30	2.27	2.26	2.23	2.22	2.21
14	2.37	2.35	2.33	2.32	2.31	2.28	2.27	2.25	2.24	2.22	2.20	2.19	2.16	2.14	2.13
15	2.31	2.29	2.27	2.26	2.25	2.22	2.20	2.19	2.18	2.16	2.14	2.12	2.10	2.08	2.07
16	2.25	2.24	2.22	2.21	2.19	2.17	2.15	2.14	2.12	2.11	2.08	2.07	2.04	2.02	2.01
17	2.21	2.19	2.17	2.16	2.15	2.12	2.10	2.09	2.08	2.06	2.03	2.02	1.99	1.97	1.96
18	2.17	2.15	2.13	2.12	2.11	2.08	2.06	2.05	2.04	2.02	1.99	1.98	1.95	1.93	1.92
19	2.13	2.11	2.10	2.08	2.07	2.05	2.03	2.01	2.00	1.98	1.96	1.94	1.91	1.89	1.88
20	2.10	2.08	2.07	2.05	2.04	2.01	1.99	1.98	1.97	1.95	1.92	1.91	1.88	1.86	1.84
21	2.07	2.05	2.04	2.02	2.01	1.98	1.96	1.95	1.94	1.92	1.89	1.88	1.84	1.82	1.81
22	2.05	2.03	2.01	2.00	1.98	1.96	1.94	1.92	1.91	1.89	1.86	1.85	1.82	1.80	1.78
23	2.02	2.00	1.99	1.97	1.96	1.93	1.91	1.90	1.88	1.86	1.84	1.82	1.79	1.77	1.76
24	2.00	1.98	1.97	1.95	1.94	1.91	1.89	1.88	1.86	1.84	1.82	1.80	1.77	1.75	1.73

续附表 II

α=0.05

f_2 \ f_1	22	24	26	28	30	35	40	45	50	60	80	100	200	500	∞
25	1.98	1.96	1.95	1.93	1.92	1.89	1.87	1.86	1.84	1.82	1.80	1.78	1.75	1.73	1.71
26	1.97	1.95	1.93	1.91	1.90	1.87	1.85	1.84	1.82	1.80	1.78	1.76	1.73	1.71	1.69
27	1.95	1.93	1.91	1.90	1.88	1.86	1.84	1.82	1.81	1.79	1.76	1.74	1.71	1.69	1.67
28	1.93	1.91	1.90	1.88	1.87	1.84	1.82	1.80	1.79	1.77	1.74	1.73	1.69	1.67	1.65
29	1.92	1.90	1.88	1.87	1.85	1.83	1.81	1.79	1.77	1.75	1.73	1.71	1.67	1.65	1.64
30	1.91	1.89	1.87	1.85	1.84	1.81	1.79	1.77	1.76	1.74	1.71	1.70	1.66	1.64	1.62
32	1.88	1.86	1.85	1.83	1.82	1.79	1.77	1.75	1.74	1.71	1.69	1.67	1.63	1.61	1.59
34	1.86	1.84	1.82	1.80	1.80	1.77	1.75	1.73	1.71	1.69	1.66	1.65	1.61	1.59	1.57
36	1.85	1.82	1.81	1.79	1.78	1.75	1.73	1.71	1.69	1.67	1.64	1.62	1.59	1.56	1.55
38	1.83	1.81	1.79	1.77	1.76	1.73	1.71	1.69	1.68	1.65	1.62	1.61	1.57	1.54	1.53
40	1.81	1.79	1.77	1.76	1.74	1.72	1.69	1.67	1.66	1.64	1.61	1.59	1.55	1.53	1.51
42	1.80	1.78	1.76	1.74	1.73	1.70	1.68	1.66	1.65	1.62	1.59	1.57	1.53	1.51	1.49
44	1.79	1.77	1.75	1.73	1.72	1.69	1.67	1.65	1.63	1.61	1.58	1.56	1.52	1.49	1.48
46	1.78	1.76	1.74	1.72	1.71	1.68	1.65	1.64	1.62	1.60	1.57	1.55	1.51	1.48	1.46
48	1.77	1.75	1.73	1.71	1.70	1.67	1.64	1.62	1.61	1.59	1.56	1.54	1.49	1.47	1.45
50	1.76	1.74	1.72	1.70	1.69	1.66	1.63	1.61	1.60	1.58	1.54	1.52	1.48	1.46	1.44
60	1.72	1.70	1.68	1.66	1.65	1.62	1.59	1.57	1.56	1.53	1.50	1.48	1.44	1.41	1.39
80	1.68	1.65	1.63	1.62	1.60	1.57	1.54	1.52	1.51	1.48	1.45	1.43	1.38	1.35	1.32
100	1.65	1.63	1.61	1.59	1.57	1.54	1.52	1.49	1.48	1.45	1.45	1.39	1.34	1.31	1.28
125	1.63	1.60	1.58	1.57	1.55	1.52	1.49	1.47	1.45	1.42	1.39	1.36	1.31	1.27	1.25
150	1.61	1.59	1.57	1.55	1.53	1.50	1.48	1.45	1.44	1.41	1.37	1.34	1.29	1.25	1.22
200	1.60	1.57	1.55	1.53	1.52	1.48	1.46	1.43	1.41	1.39	1.35	1.32	1.26	1.22	1.19

续附表 II

α = 0.05

f_2 ＼ f_1	22	24	26	28	30	35	40	45	50	60	80	100	200	500	∞
300	1.58	1.55	1.53	1.51	1.50	1.46	1.43	1.41	1.39	1.36	1.32	1.30	1.23	1.19	1.15
500	1.56	1.54	1.52	1.50	1.48	1.45	1.42	1.40	1.38	1.34	1.30	1.28	1.21	1.16	1.11
1000	1.55	1.53	1.51	1.49	1.47	1.44	1.41	1.38	1.36	1.33	1.29	1.26	1.19	1.13	1.08
∞	1.54	1.52	1.50	1.48	1.46	1.42	1.39	1.37	1.35	1.32	1.27	1.24	1.17	1.11	1.00

α = 0.01

f_2 ＼ f_1	1	2	3	4	5	6	7	8	9	10	12	14	16	18	20
1	4052	5000	5403	5625	5764	5859	5928	5981	6022	6056	6106	6143	6170	6192	6209
2	98.5	99.0	99.2	99.2	99.3	99.3	99.4	99.4	99.4	99.4	99.4	99.4	99.4	99.4	99.4
3	34.1	30.8	29.5	28.7	28.2	27.9	27.7	27.5	27.3	27.2	27.1	26.9	26.8	26.8	26.7
4	21.2	18.0	16.7	16.0	15.5	15.2	15.0	14.8	14.7	14.5	14.4	14.2	14.2	14.1	14.0
5	16.3	13.3	12.1	11.4	11.0	10.7	10.5	10.3	10.2	10.1	9.89	9.77	9.68	9.61	9.55
6	13.7	10.9	9.78	9.15	8.75	8.47	8.26	8.10	7.98	7.87	7.72	7.60	7.52	7.45	7.40
7	12.2	9.55	8.45	7.85	7.46	7.19	6.99	6.84	6.72	6.62	6.47	6.36	6.27	6.21	6.16
8	11.3	8.65	7.59	7.01	6.63	6.37	6.18	6.03	5.91	5.81	5.67	5.56	5.48	5.41	5.36
9	10.6	8.02	6.99	6.42	6.06	5.80	5.61	5.47	5.35	5.26	5.11	5.00	4.92	4.86	4.81
10	10.0	7.56	6.55	5.99	5.64	5.39	5.25	5.06	4.94	4.85	4.71	4.60	4.52	4.46	4.41
11	9.65	7.21	6.22	5.67	5.32	5.07	4.89	4.74	4.63	4.54	4.40	4.29	4.21	4.15	4.10
12	9.33	6.93	5.95	5.41	5.06	4.82	4.64	4.50	4.39	4.30	4.16	4.05	3.97	3.91	3.86
13	9.07	6.70	5.74	5.21	4.86	4.62	4.44	4.30	4.19	4.10	3.96	3.86	3.78	3.71	3.66
14	8.86	6.51	5.56	5.04	4.70	4.46	2.28	4.14	4.03	3.94	3.80	3.70	3.62	3.56	3.51
15	8.68	6.36	5.42	4.89	4.56	4.32	4.14	4.00	3.89	3.80	3.67	3.56	3.49	3.42	3.37

续附表 II

$\alpha = 0.01$

f_2 \ f_1	1	2	3	4	5	6	7	8	9	10	12	14	16	18	20
16	8.53	6.23	5.29	4.77	4.44	4.20	4.03	3.89	3.78	3.69	3.55	3.45	3.37	3.31	3.26
17	8.40	6.11	5.18	4.67	4.34	4.10	3.93	3.79	3.68	3.59	3.46	3.35	3.27	3.21	3.16
18	8.29	6.01	5.09	4.58	4.25	4.01	3.84	3.71	3.60	3.51	3.37	3.27	3.19	3.13	3.08
19	8.18	5.93	5.01	4.50	4.17	3.94	3.77	3.63	3.52	3.43	3.30	3.19	3.12	3.05	3.00
20	8.10	5.85	4.94	4.43	4.10	3.87	3.70	3.56	3.46	3.37	3.23	3.13	3.05	2.99	2.94
21	8.02	5.78	4.87	4.37	4.04	3.81	3.64	3.51	3.40	3.31	3.17	3.07	2.99	2.93	2.88
22	7.95	5.72	4.82	4.31	3.99	3.76	3.59	3.45	3.35	3.26	3.12	3.02	2.94	2.88	2.83
23	7.88	5.66	4.76	4.26	3.94	3.71	3.54	3.41	3.30	3.21	3.07	2.97	2.89	2.83	2.78
24	7.82	5.61	4.72	4.22	3.90	3.67	3.50	3.36	3.26	3.17	3.03	2.93	2.85	2.79	2.74
25	7.77	5.57	4.68	4.18	3.86	3.63	3.46	3.32	3.22	3.13	2.99	2.89	2.81	2.75	2.70
26	7.72	5.53	4.64	4.14	3.82	3.59	3.42	3.29	3.18	3.09	2.96	2.86	2.78	2.72	2.66
27	7.68	5.49	4.60	4.11	3.78	3.56	3.39	3.26	3.15	3.06	2.93	2.82	2.75	2.68	2.63
28	7.64	5.45	4.57	4.07	3.75	3.53	3.36	3.23	3.12	3.03	2.90	2.79	2.72	2.65	2.60
29	7.60	5.42	4.54	4.04	3.73	3.50	3.33	3.20	3.09	3.00	2.87	2.77	2.69	2.62	2.57
30	7.56	5.39	4.51	4.02	3.70	3.47	3.30	3.17	3.07	2.98	2.84	2.74	2.66	2.60	2.55
32	7.50	5.34	4.46	3.97	3.65	3.43	3.26	3.13	3.02	2.93	2.80	2.70	2.62	2.55	2.50
34	7.44	5.29	4.42	3.93	3.61	3.39	3.22	3.09	2.98	2.89	2.76	2.66	2.58	2.51	2.46
36	7.40	5.25	4.38	3.89	3.57	3.35	3.18	3.05	2.95	2.86	2.72	2.62	2.54	2.48	2.43
38	7.35	5.21	4.34	3.86	3.54	3.32	3.15	3.02	2.92	2.83	2.69	2.59	2.51	2.45	2.40
40	7.31	5.18	4.31	3.83	3.51	3.29	3.12	2.99	2.89	2.80	2.66	2.56	2.48	2.42	2.37
42	7.28	5.15	4.29	3.80	3.49	3.27	3.10	2.97	2.86	2.78	2.64	2.54	2.46	2.40	2.34
44	7.25	5.12	4.26	3.78	3.47	3.24	3.08	2.95	2.84	2.75	2.62	2.52	2.44	2.37	2.32

续附表 Ⅱ

α = 0.01

f_2 \ f_1	20	18	16	14	12	10	9	8	7	6	5	4	3	2	1
46	2.30	2.35	2.42	2.50	2.60	2.73	2.82	2.93	3.06	3.22	3.44	3.76	4.24	5.10	7.22
48	2.28	2.33	2.40	2.48	2.58	2.72	2.80	2.91	3.04	3.20	3.43	3.74	4.22	5.08	7.20
50	2.27	2.32	2.38	2.46	2.56	2.70	2.79	2.89	3.02	3.19	3.41	3.72	4.20	5.06	7.17
60	2.20	2.25	2.31	2.39	2.50	2.63	2.72	2.82	2.65	3.12	3.34	3.65	4.13	4.98	7.08
80	2.12	2.17	2.23	2.31	2.42	2.55	2.64	2.74	2.87	3.04	2.26	3.56	4.04	4.88	6.96
100	2.07	2.12	2.19	2.26	2.37	2.50	2.59	2.69	2.82	2.99	3.21	3.51	3.98	4.82	6.90
125	2.03	2.08	2.15	2.23	2.33	2.47	2.55	2.66	2.79	2.95	3.17	3.47	3.94	4.78	6.84
150	2.00	2.06	2.12	2.20	2.31	2.44	2.53	2.63	2.76	2.92	3.14	3.45	3.92	4.75	6.81
200	1.97	2.02	2.09	2.17	2.27	2.41	2.50	2.60	2.73	2.89	3.11	3.41	3.88	4.71	6.76
300	1.94	1.99	2.06	2.14	2.24	2.38	2.47	2.57	2.70	2.86	3.08	3.38	3.85	4.68	6.72
500	1.92	1.97	2.04	2.12	2.22	2.36	2.44	2.55	2.68	2.84	3.05	3.36	3.82	4.65	6.69
1000	1.90	1.95	2.02	2.10	2.20	2.34	2.43	2.53	2.66	2.82	3.04	3.34	3.80	4.63	6.66
∞	1.88	1.93	2.00	2.08	2.18	2.32	2.41	2.51	2.64	2.80	3.02	3.32	3.78	4.61	6.63

f_2 \ f_1	∞	500	200	100	80	60	50	45	40	35	30	28	26	24	22
1	6366	6360	6350	6334	6326	6313	6303	6296	6287	6276	6261	6253	6245	6235	6223
2	99.5	99.5	99.5	99.5	99.5	99.5	99.5	99.5	99.5	99.5	99.5	99.5	99.5	99.5	99.5
3	26.1	26.1	26.2	26.2	26.3	26.3	26.4	26.4	26.4	26.5	26.5	26.6	26.6	26.6	26.6
4	13.5	13.5	13.5	13.6	13.6	13.7	13.7	13.7	13.7	13.8	13.8	13.9	13.9	13.9	14.0
5	9.02	9.04	9.08	9.13	9.16	9.20	9.24	9.26	9.29	9.33	9.38	9.40	9.43	9.47	9.51
6	6.88	6.90	6.93	6.99	7.01	7.06	7.09	7.11	7.14	7.18	7.23	7.25	7.28	7.31	7.35

续附表Ⅱ

$\alpha = 0.01$

f_2 \ f_1	22	24	26	28	30	35	40	45	50	60	80	100	200	500	∞
7	6.11	6.07	6.04	6.02	5.99	5.94	5.91	5.88	5.86	5.82	5.78	5.75	5.70	5.67	5.65
8	5.32	5.28	5.25	5.22	5.20	5.15	5.12	5.00	5.07	5.03	4.99	4.96	4.91	4.88	4.86
9	4.77	4.73	4.70	4.67	4.65	4.60	4.57	4.54	4.52	4.48	4.44	4.42	4.36	4.33	4.31
10	4.36	4.33	4.30	4.27	4.25	4.20	4.17	4.14	4.12	4.08	4.04	4.01	3.96	3.93	3.91
11	4.06	4.02	3.99	3.96	3.94	3.89	3.86	3.83	3.81	3.78	3.73	3.71	3.66	3.62	3.60
12	3.82	3.78	3.75	3.72	3.70	3.65	3.62	3.59	3.57	3.54	3.49	3.47	3.41	3.38	3.36
13	3.62	3.59	3.56	3.53	3.51	3.46	3.43	3.40	3.38	3.34	3.30	3.27	3.22	3.19	3.17
14	3.46	3.43	3.40	3.37	3.35	3.30	3.27	3.24	3.22	3.18	3.14	3.11	3.06	3.03	3.00
15	3.33	3.29	3.29	3.24	3.21	3.17	3.13	3.10	3.08	3.05	3.00	2.98	2.92	2.89	2.87
16	3.22	3.18	3.15	3.12	3.10	3.05	3.02	2.99	2.97	2.93	2.89	2.86	2.81	2.78	2.75
17	3.12	3.08	3.05	3.03	3.00	2.96	2.92	2.89	2.87	2.83	2.79	2.76	2.71	2.68	2.65
18	3.03	3.00	2.97	2.94	2.92	2.87	2.84	2.81	2.78	2.75	2.70	2.68	2.62	2.59	2.57
19	2.96	2.92	2.89	2.87	2.84	2.80	2.76	2.73	2.71	2.67	2.63	2.60	2.55	2.51	2.49
20	2.90	2.86	2.83	2.80	2.78	2.73	2.69	2.67	2.64	2.61	2.56	2.54	2.48	2.44	2.42
21	2.84	2.80	2.77	2.74	2.72	2.67	2.64	2.61	2.58	2.55	2.50	2.48	2.42	2.38	2.36
22	2.78	2.75	2.72	2.69	2.67	2.62	2.58	2.55	2.53	2.50	2.45	2.42	2.36	2.33	2.31
23	2.74	2.70	2.67	2.64	2.62	2.57	2.54	2.51	2.48	2.45	2.40	2.37	2.32	2.28	2.26
24	2.70	2.66	2.63	2.60	2.58	2.53	2.49	2.46	2.44	2.40	2.36	2.33	2.27	2.24	2.21
25	2.66	2.62	2.59	2.56	2.54	2.49	2.45	2.42	2.40	2.36	2.32	2.29	2.23	2.19	2.17
26	2.62	2.58	2.55	2.53	2.50	2.45	2.42	2.39	2.36	2.33	2.28	2.25	2.19	2.16	2.13
27	2.59	2.55	2.52	2.49	2.47	2.42	2.38	2.35	2.33	2.29	2.25	2.22	2.16	2.12	2.10
28	2.56	2.52	2.49	2.46	2.44	2.39	2.35	2.32	2.30	2.26	2.22	2.19	2.13	2.09	2.06

续附表 Ⅱ

$\alpha = 0.01$

f_2 \ f_1	22	24	26	28	30	35	40	45	50	60	80	100	200	500	∞
29	2.53	2.49	2.46	2.44	2.41	2.36	2.33	2.30	2.27	2.23	2.19	2.16	2.10	2.06	2.03
30	2.51	2.47	2.44	2.41	2.39	2.34	2.30	2.27	2.25	2.21	2.16	2.13	2.07	2.03	2.01
32	2.46	2.42	2.39	2.36	2.34	2.29	2.25	2.22	2.20	2.16	2.11	2.08	2.02	1.98	1.96
34	2.42	2.38	2.35	2.32	2.30	2.25	2.21	2.18	2.16	2.12	2.07	2.04	1.98	1.94	1.91
36	2.38	2.35	2.32	2.29	2.26	2.21	2.17	2.14	2.12	2.08	2.03	2.00	1.94	1.90	1.87
38	2.35	2.32	2.28	2.26	2.23	2.18	2.14	2.11	2.09	2.05	2.00	1.97	1.90	1.86	1.84
40	2.33	2.29	2.26	2.23	2.20	2.15	2.11	2.08	2.06	2.02	1.97	1.94	1.87	1.83	1.80
42	2.30	2.26	2.23	2.20	2.18	2.13	2.09	2.06	2.03	1.99	1.94	1.91	1.85	1.80	1.78
44	2.28	2.24	2.21	2.18	2.15	2.10	2.06	2.03	2.01	1.97	1.92	1.89	1.82	1.78	1.75
46	2.26	2.22	2.19	2.16	2.13	2.08	2.04	2.01	1.99	1.95	1.90	1.86	1.80	1.75	1.73
48	2.24	2.20	2.17	2.14	2.12	2.06	2.02	1.99	1.97	1.93	1.88	1.84	1.78	1.73	1.70
50	2.22	2.18	2.15	2.12	2.10	2.05	2.01	1.97	1.95	1.91	1.86	1.82	1.76	1.71	1.68
60	2.15	2.12	2.08	2.05	2.03	1.98	1.94	1.90	1.88	1.84	1.78	1.75	1.68	1.63	1.60
80	2.07	2.03	2.00	1.97	1.94	1.89	1.85	1.81	1.79	1.75	1.75	1.66	1.58	1.53	1.49
100	2.02	1.98	1.94	1.92	1.89	1.84	1.80	1.76	1.73	1.69	1.63	1.60	1.52	1.47	1.43
125	1.98	1.94	1.91	1.88	1.85	1.80	1.76	1.72	1.69	1.65	1.59	1.55	1.47	1.41	1.37
150	1.96	1.92	1.88	1.85	1.83	1.77	1.73	1.69	1.66	1.62	1.56	1.52	1.43	1.38	1.33
200	1.93	1.89	1.85	1.82	1.79	1.74	1.69	1.66	1.63	1.58	1.52	1.48	1.39	1.33	1.28
300	1.89	1.85	1.82	1.79	1.76	1.71	1.66	1.62	1.59	1.55	1.48	1.44	1.35	1.28	1.22
500	1.87	1.83	1.79	1.76	1.74	1.68	1.63	1.60	1.56	1.52	1.45	1.41	1.31	1.23	1.16
1000	1.85	1.81	1.77	1.74	1.72	1.66	1.61	1.57	1.54	1.50	1.50	1.38	1.28	1.19	1.11
∞	1.83	1.79	1.76	1.72	1.70	1.64	1.59	1.55	1.52	1.47	1.40	1.36	1.25	1.15	1.00

附表Ⅲ　正交多项式（$N = 2 \sim 30$）

x_i	$N=2$	$N=3$		$N=4$			$N=5$			
	$2\psi_1$	ψ_1	$3\psi_2$	$2\psi_1$	ψ_2	$\frac{10}{3}\psi_3$	ψ_1	ψ_2	$\frac{5}{6}\psi_3$	$\frac{35}{12}\psi_4$
1	-1	-1	1	-3	1	-1	-2	2	-1	1
2	1	0	-2	-1	-1	3	-1	-1	2	-4
3		1	1	1	-1	-3	0	-2	0	6
4				3	1	1	1	-1	-2	-4
5							2	2	1	1
6										
s_j	2	2	6	20	4	20	10	14	10	70

x_i	$N=6$					$N=7$				
	$2\psi_1$	$\frac{3}{2}\psi_2$	$\frac{5}{3}\psi_3$	$\frac{7}{12}\psi_4$	$\frac{21}{10}\psi_5$	ψ_1	ψ_2	$\frac{1}{6}\psi_3$	$\frac{7}{12}\psi_4$	$\frac{7}{20}\psi_5$
1	-5	5	-5	1	-1	-3	5	-1	3	-1
2	-3	-1	7	-3	5	-2	0	1	-7	4
3	-1	-4	4	2	-10	-1	-3	1	1	-5
4	1	-4	-4	2	10	0	-4	0	6	0
5	3	-1	-7	-3	-5	1	-3	-1	1	5
6	5	5	5	1	1	2	0	-1	-7	-4
7						3	5	1	3	1
8										
9										
s_j	70	84	180	28	252	28	84	6	154	84

x_i	$N=8$					$N=9$				
	$2\psi_1$	ψ_2	$\frac{2}{3}\psi_3$	$\frac{7}{12}\psi_4$	$\frac{7}{10}\psi_5$	ψ_1	$3\psi_2$	$\frac{5}{6}\psi_3$	$\frac{7}{12}\psi_4$	$\frac{3}{20}\psi_5$
1	-7	7	-7	7	-7	-4	28	-14	14	-4
2	-5	1	5	-13	23	-3	7	7	-21	11
3	-3	-3	7	-3	-17	-2	-8	13	-11	-4
4	-1	-5	3	9	-15	-1	-17	9	9	-9
5	1	-5	-3	9	15	0	-20	0	18	0
6	3	-3	-7	-3	17	1	-17	-9	9	9
7	5	1	-5	-13	-23	2	-8	-13	-11	4
8	7	7	7	7	7	3	7	-7	-21	-11
9						4	28	14	14	4
s_j	168	168	264	616	2184	60	2772	990	2002	468

x_i	$N=10$					$N=11$				
	$2\psi_1$	$\frac{1}{2}\psi_2$	$\frac{5}{3}\psi_3$	$\frac{5}{12}\psi_4$	$\frac{1}{10}\psi_5$	ψ_1	ψ_2	$\frac{5}{6}\psi_3$	$\frac{1}{12}\psi_4$	$\frac{1}{40}\psi_5$
1	-9	6	-42	18	-6	-5	15	-30	6	-3
2	-7	2	14	-22	14	-4	6	6	-6	6
3	-5	-1	35	-17	-1	-3	-1	22	-6	1
4	-3	-3	31	3	-11	-2	-6	23	-1	-4
5	-1	-4	12	18	-6	-1	-9	14	4	-4
6	1	-4	-12	18	6	0	-10	0	6	0
7	3	-3	-31	3	11	1	-9	-14	4	4
8	5	-1	-35	-17	1	2	-6	-23	-1	4
9	7	2	-14	-22	-14	3	-1	-22	-6	-1
10	9	6	42	18	6	4	6	-6	-6	-6
11						5	15	30	6	3
12										
s_j	330	132	8580	2860	780	110	858	4290	286	156

x_i	$N=12$					$N=13$				
	$2\psi_1$	$3\psi_2$	$\frac{2}{3}\psi_3$	$\frac{7}{24}\psi_4$	$\frac{3}{20}\psi_5$	ψ_1	ψ_2	$\frac{1}{6}\psi_3$	$\frac{7}{12}\psi_4$	$\frac{7}{120}\psi_5$
1	-11	55	-33	33	-33	-6	22	-11	99	-22
2	-9	25	3	-27	57	-5	11	0	-66	33
3	-7	1	21	-33	21	-4	2	6	-96	18
4	-5	-17	25	-13	-29	-3	-5	8	-54	-11
5	-3	-29	19	12	-44	-2	-10	7	11	-26
6	-1	-35	7	28	-20	-1	-13	4	64	-20
7	1	-35	-7	28	20	0	-14	0	84	0
8	3	-29	-19	12	44	1	-13	-4	64	20
9	5	-17	-25	-13	29	2	-10	-7	11	26
10	7	1	-21	-33	-21	3	-5	-8	-54	11
11	9	25	-3	-27	-57	4	2	-6	-96	-18
12	11	55	33	33	33	5	11	0	-66	-33
13						6	22	11	99	22
14										
15										
s_j	572	12012	5148	8008	15912	182	2002	572	68068	6188

x_i			$N = 14$					$N = 15$		
	$2\psi_1$	$\frac{1}{2}\psi_2$	$\frac{5}{3}\psi_3$	$\frac{7}{12}\psi_4$	$\frac{7}{30}\psi_5$	ψ_1	$3\psi_2$	$\frac{5}{6}\psi_3$	$\frac{35}{12}\psi_4$	$\frac{21}{20}\psi_5$
1	-13	13	-143	143	-143	-7	91	-91	1001	-1001
2	-11	7	-11	-77	187	-6	52	-13	-429	-1144
3	-9	2	66	-132	132	-5	19	35	-869	979
4	-7	-2	98	-92	-28	-4	-8	58	-704	44
5	-5	-5	95	-13	-139	-3	-29	61	-249	-751
6	-3	-7	67	63	-145	-2	-44	49	251	-1000
7	-1	-8	24	108	-60	-1	-53	27	621	-675
8	1	-8	-24	108	60	0	-56	0	756	0
9	3	-7	-67	63	145	1	-53	-27	621	675
10	5	-5	-95	-13	139	2	-44	-49	251	1000
11	7	-2	-98	-92	28	3	-29	-61	-249	751
12	9	2	-66	-132	-132	4	-8	-58	-704	-44
13	11	7	11	-77	-187	5	19	-35	-869	-979
14	13	13	143	143	143	6	52	13	-429	-1144
15						7	91	91	1001	1001
s_j	910	728	97240	136136	235144	280	37128	39786	6466460	10581480

x_i			$N = 16$					$N = 17$		
	$2\psi_1$	ψ_2	$\frac{10}{3}\psi_3$	$\frac{7}{12}\psi_4$	$\frac{1}{10}\psi_5$	ψ_1	ψ_2	$\frac{1}{6}\psi_3$	$\frac{1}{12}\psi_4$	$\frac{1}{20}\psi_5$
1	-15	35	-455	273	-143	-8	40	-28	52	-104
2	-13	21	-91	-91	143	-7	25	-7	-13	94
3	-11	9	143	-221	143	-6	12	7	-39	104
4	-9	-1	267	-201	33	-5	1	15	-39	30
5	-7	-9	301	-101	-77	-4	-8	18	-24	-36
6	-5	-15	265	23	-131	-3	-15	17	-3	-83
7	-3	-19	179	129	-115	-2	-20	13	17	-88
8	-1	-21	63	189	-45	-1	-23	7	31	-55
9						0	-24	0	36	0
s_j	1360	5712	1007760	470288	201552	408	7752	3876	16796	10776

x_i			$N = 18$					$N = 19$		
	$2\psi_1$	$\frac{3}{2}\psi_2$	$\frac{1}{3}\psi_3$	$\frac{1}{12}\psi_4$	$\frac{3}{10}\psi_5$	ψ_1	ψ_2	$\frac{5}{6}\psi_3$	$\frac{7}{12}\psi_4$	$\frac{1}{40}\psi_5$
1	-17	68	-68	68	-884	-9	51	-204	612	-102
2	-15	44	-20	-12	676	-8	34	-68	-68	68

x_i	$N = 18$					$N = 19$				
	$2\psi_1$	$\dfrac{3}{2}\psi_2$	$\dfrac{1}{3}\psi_3$	$\dfrac{1}{12}\psi_4$	$\dfrac{3}{10}\psi_5$	ψ_1	ψ_2	$\dfrac{5}{6}\psi_3$	$\dfrac{7}{12}\psi_4$	$\dfrac{1}{40}\psi_5$
3	-13	23	13	-47	871	-7	19	28	-388	98
4	-11	5	33	-51	429	-6	6	89	-453	58
5	-9	-10	42	-36	-156	-5	-5	120	-354	-3
6	-7	-22	42	-12	-588	-4	-14	126	-168	-54
7	-5	-31	35	13	-733	-3	-21	112	42	-79
8	-3	-37	23	33	-583	-2	-26	83	227	-74
9	-1	-40	8	44	-220	-1	-29	44	352	-44
10						0	-30	0	396	0
s_j	1938	23256	23256	28424	6953544	570	13566	213180	2288132	89148

x_i	$N = 20$				
	$2\psi_1$	ψ_2	$\dfrac{10}{3}\psi_3$	$\dfrac{35}{24}\psi_4$	$\dfrac{7}{20}\psi_5$
1	-19	57	-969	1938	-1938
2	-17	39	-357	-102	1122
3	-15	23	85	-1122	1802
4	-13	9	377	-1402	1222
5	-11	-3	539	-1187	187
6	-9	-13	591	-687	-771
7	-7	-21	553	-77	-1351
8	-5	-27	445	503	-1441
9	-3	-31	287	948	-1076
10	-1	-33	99	1188	-396
s_j	2660	17556	4903140	22881320	31201800

x_i	$N = 21$				
	ψ_1	$3\psi_2$	$\dfrac{5}{6}\psi_3$	$\dfrac{7}{12}\psi_4$	$\dfrac{21}{40}\psi_5$
1	-10	190	-285	969	-3876
2	-9	133	-114	0	1938
3	-8	82	12	-510	3468
4	-7	37	98	-680	2618
5	-6	-2	149	-615	783
6	-5	-35	170	-406	-1063
7	-4	-62	166	-130	-2354
8	-3	-83	142	150	-2819

x_i	ψ_1	$3\psi_2$	$\dfrac{5}{6}\psi_3$	$\dfrac{7}{12}\psi_4$	$\dfrac{21}{40}\psi_5$
			$N=21$		
9	-2	-98	103	385	-2444
10	-1	-107	54	540	-1404
11	0	-110	0	594	0
s_j	770	201894	432630	5720330	121687020

x_i	$2\psi_1$	$\dfrac{1}{2}\psi_2$	$\dfrac{1}{3}\psi_3$	$\dfrac{7}{12}\psi_4$	$\dfrac{7}{30}\psi_5$
			$N=22$		
1	-21	35	-133	1197	-2261
2	-19	25	-57	57	969
3	-17	16	0	-570	1938
4	-15	8	40	-810	1598
5	-13	1	65	-775	663
6	-11	-5	77	-563	-363
7	-9	-10	78	-258	-1158
8	-7	-14	70	70	-1554
9	-5	-17	55	365	-1509
10	-3	-19	35	585	-1079
11	-1	-20	12	702	-390
s_j	3542	7084	96140	8748740	40562340

x_i	ψ_1	ψ_2	$\dfrac{1}{6}\psi_3$	$\dfrac{7}{12}\psi_4$	$\dfrac{1}{60}\psi_5$
			$N=23$		
1	-11	77	-77	1463	-209
2	-10	56	-35	133	76
3	-9	37	-3	-627	171
4	-8	20	20	-950	152
5	-7	5	35	-955	77
6	-6	-8	43	-747	-12
7	-5	-19	45	-417	-87
8	-4	-28	42	-42	-132
9	-3	-35	35	315	-141
10	-2	-40	25	605	-116
11	-1	-43	13	793	-65
12	0	-44	0	858	0
s_j	1012	35420	32890	13123110	340860

x_i	\multicolumn{5}{c}{$N=24$}
	$2\psi_1$	$3\psi_2$	$\frac{10}{3}\psi_3$	$\frac{1}{12}\psi_4$	$\frac{3}{10}\psi_5$
1	-23	253	-1771	253	-4807
2	-21	187	-847	33	1463
3	-19	127	-133	-97	3743
4	-17	73	391	-157	3553
5	-15	25	745	-165	2071
6	-13	-17	949	-137	169
7	-11	-53	1023	-87	-1551
8	-9	-83	987	-27	-2721
9	-7	-107	861	33	-3171
10	-5	-125	665	85	-2893
11	-3	-137	419	123	-2005
12	-1	-143	143	143	-715
s_j	4600	394680	17760600	394680	177928920

x_i	\multicolumn{5}{c}{$N=25$}
	ψ_1	ψ_2	$\frac{5}{6}\psi_3$	$\frac{5}{12}\psi_4$	$\frac{1}{20}\psi_5$
1	-12	92	-506	1518	-1012
2	-11	69	-253	253	253
3	-10	48	-55	-517	748
4	-9	29	93	-897	753
5	-8	12	196	-982	488
6	-7	-3	259	-857	119
7	-6	-16	287	-597	-236
8	-5	-27	285	-267	-501
9	-4	-36	258	78	-636
10	-3	-43	211	393	-631
11	-2	-48	149	643	-500
12	-1	-51	77	803	-275
13	0	-52	0	858	0
s_j	1300	53820	1480050	14307150	7803900

x_i	\multicolumn{5}{c}{$N=26$}
	$2\psi_1$	$\frac{1}{2}\psi_2$	$\frac{5}{3}\psi_3$	$\frac{7}{12}\psi_4$	$\frac{1}{10}\psi_5$
1	-25	50	-1150	2530	-2530
2	-23	38	-598	506	506

x_i	$N=26$				
	$2\psi_1$	$\frac{1}{2}\psi_2$	$\frac{5}{3}\psi_3$	$\frac{7}{12}\psi_4$	$\frac{1}{10}\psi_5$
3	-21	27	-161	-759	1771
4	-19	17	171	-1419	1881
5	-17	8	408	-1614	1326
6	-15	0	560	-1470	482
7	-13	-7	637	-1099	-377
8	-11	-13	649	-599	-1067
9	-9	-18	606	-54	-1482
10	-7	-22	518	466	-1582
11	-5	-25	395	905	-1381
12	-3	-27	247	1221	-935
13	-1	-28	84	1386	-330
s_j	5850	16380	7803900	4060020	48384180

x_i	$N=27$				
	ψ_1	$3\psi_2$	$\frac{1}{6}\psi_3$	$\frac{7}{12}\psi_4$	$\frac{21}{40}\psi_5$
1	-13	325	-130	2990	-16445
2	-12	250	-70	690	2530
3	-11	180	-22	-782	10879
4	-10	118	15	-1587	12144
5	-9	61	42	-1872	9174
6	-8	10	60	-1770	4188
7	-7	-35	70	-1400	-1162
8	-6	-74	73	-867	-5728
9	-5	-107	70	-262	-8803
10	-4	-134	62	338	-10058
11	-3	-155	50	870	-9479
12	-2	-170	35	1285	-7304
13	-1	-179	18	1548	-3960
14	0	-182	0	1638	0
s_j	1638	712530	101790	56448210	2032135560

x_i	$N=28$				
	$2\psi_1$	ψ_2	$\frac{2}{3}\psi_3$	$\frac{7}{24}\psi_4$	$\frac{7}{20}\psi_5$
1	-27	117	-585	1755	-13455
2	-25	91	-325	455	1495

x_i	$N=28$				
	$2\psi_1$	ψ_2	$\frac{2}{3}\psi_3$	$\frac{7}{24}\psi_4$	$\frac{7}{20}\psi_5$
3	-23	67	-115	-395	8395
4	-21	45	49	-879	9821
5	-19	25	171	-1674	7866
6	-17	7	255	-1050	4182
7	-15	-9	305	-870	22
8	-13	-23	325	-590	-3718
9	-11	-35	319	-259	-6457
10	-9	-45	291	81	-7887
11	-7	-53	245	395	-7931
12	-5	-59	185	655	-6701
13	-3	-63	115	840	-4456
14	-1	-65	39	936	-1560
s_j	7308	95004	2103660	19634160	1354757040

x_i	$N=29$				
	ψ_1	ψ_2	$\frac{5}{6}\psi_3$	$\frac{7}{12}\psi_4$	$\frac{7}{40}\psi_5$
1	-14	126	-819	4095	-8190
2	-13	99	-468	1170	585
3	-12	74	-182	-780	4810
4	-11	51	44	-1930	5880
5	-10	30	215	-2441	4958
6	-9	11	336	-2460	2946
7	-8	-6	412	-2120	556
8	-7	-21	448	-1540	-1694
9	-6	-34	449	-825	-3454
10	-5	-45	420	-66	-4521
11	-4	-54	366	660	-4818
12	-3	-61	292	1290	-4373
13	-2	-66	203	1775	-3298
14	-1	-69	104	2080	-1768
15	0	-70	0	2814	0
s_j	2030	113274	4207320	107987880	500671080

x_i	$N=30$				
	$2\psi_1$	$\frac{3}{2}\psi_2$	$\frac{5}{3}\psi_3$	$\frac{35}{12}\psi_4$	$\frac{3}{10}\psi_5$
1	-29	203	-1827	23751	-16965

x_i	$N=30$				
	$2\psi_1$	$\frac{3}{2}\psi_2$	$\frac{5}{3}\psi_3$	$\frac{35}{12}\psi_4$	$\frac{3}{10}\psi_5$
2	-27	161	-1071	7371	585
3	-25	122	-450	-3744	9360
4	-23	86	46	-10504	11960
5	-21	53	427	-13749	10535
6	-19	23	703	-14249	6821
7	-17	-4	884	-12704	2176
8	-15	-28	980	-9744	-2384
9	-13	-49	1001	-5929	-6149
10	-11	-67	957	-1749	-8679
11	-9	-82	858	2376	-9768
12	-7	-94	714	6096	-9408
13	-5	-103	535	9131	-7753
14	-3	-109	331	11271	-5083
15	-1	-112	112	12376	-1768
s_j	8990	302064	21360240	3671587920	2145733200

注：自 $N=16$ 起，只列出前一半的数值（包括 N 为奇数时的中间的数值）。后一半的数据，当 $j(\psi$ 的下标）为偶数时，与前一半对称；当 j 为奇数时，与前一半反对称（即数字对称，符号相反）。如对于 $N=16$，$(10/3)\psi_3$ 的后一半数的数值为 -63，-179，-265，-301，-267，-143，91，455，最后一行仍然是全部数值的平方和。

参 考 文 献

［1］上海师范大学数学系概率统计教研组．回归分析及其试验设计［M］．上海：上海教育出版社，1978．

［2］上潼致孝，等．自动控制理论［M］．张洪钺，译．北京：国防工业出版社，1979．

［3］潘裕焕．生产过程自动化中的数学模型［M］．北京：科学出版社，1977．

［4］李金平．应用数理统计［M］．开封：河南大学出版社，1992．

［5］张小蒂．应用回归分析［M］．杭州：浙江大学出版社，1991．

［6］湖北省大学生数学建模竞赛专家组．数学建模（本科册）［M］．武汉：华中科技大学出版社，2006．

［7］沈继红．数学建模［M］．哈尔滨：哈尔滨工程大学出版社，1998．

［8］白凤山．数学建模［M］．哈尔滨：哈尔滨工业大学出版社，2003．

［9］何晓群，刘文卿．应用回归分析［M］．北京：中国人民大学出版社，2007．

［10］何晓群．实用回归分析［M］．北京：高等教育出版社，2008．

［11］戴名强，李卫军，杨鹏飞．数学模型及其应用［M］．北京：科学出版社，2007．

［12］熊启才．数学模型方法及应用［M］．重庆：重庆大学出版社，2005．

［13］刘振学．实验设计与数据处理［M］．北京：化学工业出版社，2005．

［14］Разумов К А，Перов В А. Закономерности измелъчения в Шаровой Мелънице. В кн. труцы Ⅷ конгресса по Обогащеиию Полезных Ископаемых，Т．Ⅰ，1968．

［15］Шупов Л Л. Моделирование и Расчет на ЭВМ Схем Обогашення. Недра，1980．

［16］Андреев С Е，Товаров В В，Перов В А. Закономерности Измельчения Исчисление Характеристик Грануломелического Состава. Металлуртизлат，1960．

［17］Errol G Kelly，David J Spottiswood. Introduction to Mineral Processing［M］．New York，1982．

［18］Arbiter N，Harris C C，Stamboltzis G A. Single Fracture of Brittle Spheres［J］．AIME TRANS，1969，244(3)．

［19］陈炳辰．自磨产品粒度特性的研究［J］．金属矿山，1981(4)：19～24．

［20］陈炳辰，等．改善闭路细磨回路中分级作业效率的研究［J］．矿山技术，1982(1)：27～34．

［21］John A Herbst，等．粒度分析［J］．国外金属矿选矿，1981(4)：1～35．

［22］孙铁田．有关水力旋流器分离粒度的计算问题［J］．有色金属，1976(9)：63～66．

［23］Lynch A J，et al. Modelling and Scale–up of Hydrocyclone Classifiers［J］．XI. IMPC，1977．

［24］Bradley D. A Theoretical Study of the Hydrolic Cyclone［J］．Ind Chem，1958(34)．

［25］Dradly D，Pullin D J. Flow Patterns in the Hydrolic Cyclone and their Interpretation in Terms of Performance［J］．Trans Ind Chem Eng，1959(37)．

［26］Boadbent S R，et al. Coal Breakage Processes［J］．J Inst Fuel 1956/1957，29，30．

［27］Austin L G，Klimpel R R. Theory of Grinds［J］．Ind Eng Chem，1956(7)．

［28］Kelsall D F，Reid K J. The Derevation of a Mathematical Model for Breakage in a Small Continuous Wet Ball Mill［J］．Pro A M Inst Chem Eng，1967．

［29］Reid K J. A Solution to the Batch Grinding Equation［J］．Chem Eng Sci，1965．

［30］Whiten W J. A Matrix Theory of Comminution Machines［J］．Chem Eng Sci，1974．

［31］Справочник по Обогащению Руд. Подготовительные Процессы. Москва. недра，1982．

［32］陈炳辰．自磨机给料粒度组成对自磨机产量的影响［J］．金属矿山，1981(10)：38～40．

［33］Fuerstenau M C，Flotation A M. Gaudin. Memorial Volume. Vol 2，New York，1976．

［34］陈子鸣，吴多才．浮选动力学研究之一——矿物浮选速度模型［J］．有色金属，1978（10）：28～34.

［35］陈子鸣．浮选动力学研究之二——浮选速度常数分布密度函数的复原［J］．有色金属，1978（11）：27～34.

［36］许长连．最大 K 值与充气量的关系［J］．有色金属，1982（1）：39～41.

［37］施辉亮．浮选速度回归分析和速度系数探讨［J］．有色金属，1982（3）：37～43.

［38］许长连．浮选速度方程的级数问题［J］．有色金属，1983（5）：37～41.

［39］Klimpel R R. The Influence of a 24 – In Hydrocyclone［J］．Powder Technology，1982，31：255～262.

［40］Rogers R S C. A Classification Function for Vibrating Screens［J］．Powder Technology，1982，31：135～137.

［41］陈炳辰．磨矿原理［M］．北京：冶金工业出版社，1989.

［42］选矿设计手册编委会．选矿设计手册［M］．北京：冶金工业出版社，1988.

［43］陈炳辰．选矿数学模型［M］．沈阳：东北工学院出版社，1990.

冶金工业出版社部分图书推荐

书 名	作 者	定价（元）
现代金属矿床开采科学技术	古德生 等著	260.00
采矿工程师手册（上、下册）	于润沧 主编	395.00
现代采矿手册（上、中、下册）	王运敏 主编	1000.00
我国金属矿山安全与环境科技发展前瞻研究	古德生 等著	45.00
地下金属矿山灾害防治技术	宋卫东 等著	75.00
采矿学（第2版）（国规教材）	王 青 等编	58.00
地质学（第4版）（国规教材）	徐九华 等编	40.00
采矿工程概论（本科教材）	黄志安 等编	39.00
工程爆破（第2版）（国规教材）	翁春林 等编	32.00
矿山充填理论与技术（本科教材）	黄玉诚 编著	30.00
高等硬岩采矿学（第2版）（本科教材）	杨 鹏 编著	32.00
矿山充填力学基础（第2版）（本科教材）	蔡嗣经 编著	30.00
采矿工程CAD绘图基础教程（本科教材）	徐 帅 等编	42.00
露天矿边坡稳定分析与控制（本科教材）	常来山 等编	30.00
地下矿围岩压力分析与控制（本科教材）	杨宇江 等编	39.00
矿产资源开发利用与规划（本科教材）	邢立亭 等编	40.00
金属矿床露天开采（本科教材）	陈晓青 主编	28.00
矿井通风与除尘（本科教材）	浑宝炬 等编	25.00
固体物料分选学（第2版）（本科教材）	魏德洲 主编	59.00
碎矿与磨矿（第3版）（本科教材）	段希祥 主编	35.00
矿产资源综合利用（本科教材）	张 佶 主编	30.00
新编选矿概论（本科教材）	魏德洲 等编	26.00
矿山岩石力学（本科教材）	李俊平 主编	49.00
金属矿床开采（高职高专教材）	刘念苏 主编	53.00
矿山地质（高职高专教材）	刘兴科 等编	39.00
矿山爆破（高职高专教材）	张敢生 等编	29.00
岩石力学（高职高专教材）	杨建中 主编	26.00
金属矿山环境保护与安全（高职高专教材）	孙文武 等编	35.00
井巷设计与施工（高职高专教材）	李长权 等编	32.00
露天矿开采技术（高职高专教材）	夏建波 等编	32.00
金属矿床地下开采（高职高专教材）	李建波 主编	42.00